U0420304

儿童分析的故事

The story of children's analysis

梅兰妮·克莱因 儿童心理学

用游戏打开与儿童沟通的捷径，
以分析窥探儿童更复杂的心理世界

[英] 梅兰妮·克莱因 著
冀晖 译

北京理工大学出版社
BEIJING INSTITUTE OF TECHNOLOGY PRESS

图书在版编目(CIP)数据

儿童分析的故事 / （英）梅兰妮・克莱因著；冀晖译. — 北京 ：北京理工大学出版社，2021.1（2024.6重印）

ISBN 978-7-5682-9322-8

Ⅰ. ①儿… Ⅱ. ①梅… ②冀… Ⅲ. ①儿童－精神分析 Ⅳ. ①B844.1

中国版本图书馆 CIP 数据核字（2020）第 247723 号

责任编辑：封　雪　　　文案编辑：毛慧佳
责任校对：刘亚男　　　责任印制：施胜娟

出版发行 / 北京理工大学出版社有限责任公司
社　　址 / 北京市丰台区四合庄路6号
邮　　编 / 100070
电　　话 /（010）68944451（大众售后服务热线）
（010）68912824（大众售后服务热线）
网　　址 / http：// www.bitpress.com.cn

版 印 次 / 2024年6月第1版第2次印刷
印　　刷 / 天津明都商贸有限公司
开　　本 / 880 mm × 1230 mm　1/32
印　　张 / 14.75
字　　数 / 400千字
定　　价 / 88.00 元

CONTENTS

儿童分析的故事

目录

CONTENTS

目录

CONTENTS

目录

CONTENTS

目录

CONTENTS

目录

序 言

本书呈现的个案主要有以下几个目的：首先，我希望可以更详细地讲述我的分析技巧。其次，通过足够的分析记录，读者可以看到我的诠释如何在随后的素材中得到验证，也能够窥见分析过程中每天的变化与延续性。再次，大量细节也能够清楚地支持我所提出的分析概念。读者可以在每个面谈笔记结尾看到我对所采用的理论与技巧的评论。

在《儿童精神分析》一书中，我只能摘录部分观察，进行诠释。该书主要针对未被探究的焦虑内容和防卫提出假说，所以难以完整呈现我所有的分析技巧，特别是我惯常使用的移情诠释。本书记述的分析个案虽然只进行了为期约四个月的九十三次面谈，但个案出奇地配合，使我可以深入地进行分析。

我做了非常多的记录，但肯定难以完全确定记录的顺序，更难以逐字逐句将个案的联想和我的诠释记录下来。在整理个案面谈记录时，难免会遇到此类问题。若要逐字逐句进行记录，精神分析师就不得不将面谈过程中断做笔记，但如此一来就会严重干扰个案、扰乱正在进行的自由联想，记录者也难免会分心。

进行逐字逐句记录的另一种方法是使用录音机进行录音，但我认为无论录音机是否为隐藏式，都完全违背了精神分析的基本原则，即在分析过程中不允许有分析者与被分析者之外的任何听众。我认为，只要个案开始被分析者怀疑有录音机——人的洞察力是相当惊人的，他的言语举止就一定会跟与精神分析师独处表现不同；从精神分析师的角度来说，在有听众的情况下，也难以像与被分析者独处时那样自然而全面，难免有所顾虑。

基于上述各种原因，我认为，每次面谈结束后立刻做笔记，是可以最完整地呈现每日变化以及分析过程的最好方式，所以，即使被以上各种问题限制，我仍可以在本书中忠实完整地记述我的分析技巧及面谈素材。

需要一再强调的是，因性质不同之故，精神分析师提出的证据和物理科学的要求截然不同。我认为，在精神分析领域中，任何试图提出百分百精确并可供比对的资料的做法，都可以说是一种伪科学的做法。因为潜意识及精神分析师响应潜意识的行为是难以测量，也无法进行分类的。

举例说明，录音机只能够完全记录人的话语，但无法呈现讲话者的面部表情和肢体语言，但此类不可量化和录音的因素以及精神分析师在分析过程中的直觉和反应都有不可忽视的作用。

但是，因为精神分析是提出假设并在个案提供的素材中进行验证的过程，所以它仍是一种科学程序，精神分析的技巧也符合科学原则。精神分析师对个案素材的选择与诠释基于一致的理论架构，而将理论知识与对单一个案的深入观察结合在一起，则是精神分析师一定要做的工作。在分析过程中的某一时间点时，我们所面对的是焦虑、情绪和客体关系的某一种主导倾向，但个案素材所呈现的象征内容则与这个主导倾向有明确的相关意义。

本书旨在阐明精神分析的过程（包括选出素材中最急需分析的方面）并作出精确的诠释。个案的反应以及随后的关联会带来更多的素材，从而遵循相同的原则作出进一步分析。

修通是弗洛伊德认为，分析须达到的基本要求之一。修通的必要性在我们的日常经验中一再获得证实，例如，我们会看到个案在某个阶段获得领悟后，在接下来的面谈中又否定这个领悟，有时甚至似乎忘了自己曾接受过它。

当同样的素材在不同的情境下分别出现时，我们只有通过这些素材得出结论并且据此作出相应诠释，才能够逐步帮助个案获得更持久的领悟。完整的修通过程包括使人格产生转变、减弱分裂过程的强度（甚至在患有精神官能症的个案身上也可以看到）并且持续分析偏执焦虑及忧郁焦虑。修通最终会促进人格的整合。

我在本书中所作出的分析即便不完整，也通过各种途径给人以启发。从我的描述中可以看见我得以进入心智的深层，从而使个案释放其潜意识幻想，并且能够开始意识到自己的焦虑与防卫，但是完整的修通过程尚无法实现。

虽然分析时间过短造成了许多困难，但是我仍坚持不去修改分析技巧，甚至以一贯的方式诠释深层焦虑出现的情境以及与其相对应的防卫机制。只要个案能够在一定程度上对我的诠释有所理解，那么即便修通的过程并不完全，分析也是有价值的。尽管分裂与潜抑必将再度运作，但有些在心智基本层面形成的改变是永久的。

我坚信，无论今后我们的分析技巧如何精进，也不会导致分析时间的缩短。相反地，依据我的经验，治疗的时间越充裕，就越能够减轻个案的被害焦虑及忧郁焦虑，从而帮助他们完成人格的整合。

引 言

理查德十岁那年开始接受我的分析。1939年，第二次世界大战爆发。当时年仅8岁的理查德在战争的催化下焦虑加剧，症状已经严重到无法上学的程度。他非常惧怕其他孩子，因此越来越不敢独自出门，而且，从四五岁开始，理查德各方面的能力和对事物的兴趣逐渐被抑制（inhibition），这引起他父母的极大担忧。除了这些症状，他的忧郁症（hypochondriacal）极重，经常陷入低落的情绪中。他看起来郁郁寡欢，经常显露出这些症状，不过，有时——特别是在分析过程中最显著，他的忧郁消失了，眼神中突然闪现出生机和光芒，面容焕然一新。

理查德是一个在很多方面都很早熟且有天赋的孩子。他从小就展现出音乐天分，对大自然的喜爱更是明显，尽管他只喜爱大自然美好的一面。从他与人交谈时的措词与富有戏剧性的表现力，就能够看出他的艺术天赋。理查德与其他孩子相处不来，和大人倒相处融洽，尤其是和女性。他会试图展现交流天赋，给人留下深刻的印象，以此通过早熟的方式迎合别人。

理查德接受母乳喂养的情况不佳，可能持续不到几星期就结束了。他出生后身体一直很虚弱，饱受感冒与各种疾病的折磨。理查德的母亲说他动过两次手术（一次是三岁时割包皮，另一次是六岁时切除扁桃体）。他有一个年长他八岁的哥哥。理查德的母亲在临床上虽不算抑郁症患者，却也有抑郁的倾向。理查德只要有任何不适她都十分担心，母亲的态度多少影响了他的虑病恐惧。理查德对她而言显然是个累赘，即使她努力掩饰，还是看得出来她偏爱哥哥，哥哥在学校表现很好，也从不让她操心。虽然理查德深爱母亲，但他是一个相当不好带的孩子：他没有任何爱好，过度焦虑，而且太黏母亲。由于他一步也离不开母亲，所以无时无刻不黏着她，让她精疲力竭。另外，他的虑病恐惧还会受母亲和自己健康状况的影响。

母亲对理查德相当溺爱，甚至在某些方面宠坏了他，但她似乎没有意识到理查德与生俱来的爱与善良的能力，对他的未来也不抱希望；同时，她也相当有耐心。例如，她不会勉强理查德与其他孩子相处，也不会强迫他上学。

理查德的父亲很疼爱他，也很和蔼可亲，但他似乎把抚养孩子的责任都交给妻子来承担。虽然理查德的哥哥对他也很友善，但是兄弟俩没有什么共通点。整个家算是平静祥和的。

战争的爆发使理查德陷入更深的困境。他们举家搬到乡下，哥哥跟着学校一起迁走了。我当时住在威尔士的X村，为了方便分析，理查德和母亲被安排住在该村的一家旅馆里，离他们在战争期间居住的Y地不远。理查德每周六会回家过周末。离开家乡Z地让理查德非常难过，战争激起了他所有的焦虑，他特别害怕空袭和轰炸，密切注意任何有关战争的消息，也十分关注战争局势的变化。他在分析过程中一再表现出对战争的忧虑。

我为儿童租了一间游戏室，因为我用来治疗成人的住所并不适合分析儿童。这个游戏室面积很大，有两扇门，还连着厨房和厕所。理查德认为游戏室是我本人和分析的象征，所以对这个房间有了个人的情感，然而，这间游戏室也有一些缺点：有时会有女童子军来使用这个房间，所以我不能把一些书、图片或地图等物品移走。另外，这里没有等候室，也没有人去开门。每次与儿童面谈时，我都要去领钥匙、开门、锁门。理查德如果早到，偶尔会来迎接我。面谈结束后，他会等我把门锁上，再跟我走到转角（距离游戏室只有一百米左右）。只有我到村里去采购时，理查德才会跟着我多走一段路，在这种情况下，虽然我难免要跟他对话，但我也不会再作任何解读，或谈论任何私人的话题。事实上，我会尽量把每一次面谈都控制在五十分钟左右，与成人的时长相当。

在治疗过程中，理查德画了一系列画。他画画的方式很值得注意：没有经过构思就开始画，而最后的成品往往令人大吃一惊。我提供各种各样的游戏素材。理查德不仅用铅笔和蜡笔画画，还会把这些笔拿来当小人玩，而且他自己也带来了一些玩具船。理查德想把画带回家的时候，我会告诉他，把画留下来跟玩具放在一起更有助于分析，我们有时可能还想再看看这些画。我通过分析一再证实，他知道这些画对我很有意义，所以就把它们当作给我的礼物。我对这些“礼物”的接纳与重视，让他获得了一些肯定，并认为这是修复的方法。凡此种种，我都作出了分析。精神分析师保留儿童画作所产生的安抚效果，是儿童分析师经常面临的问题。而成人往往希望能够在分析情境之外对分析师有所裨益，这跟儿童想给分析师礼物是类似的情况。我发现要处理这些问题的唯一方法，就是去分析这些情感。

虽然每次面谈后我都尽量详细地记录下来，但是每次记录的详尽程度仍有所不同，特别是在治疗初期，有几次记录并不完整。我用引号标出患者的部分口述内容。除此之外，我无法将他的联想和我的诠释一字不差地重现出来，也没有办法全部记录下来。有时候焦虑会让理查德沉默好几个小时，可分析的素材也因此减少。患者的行为、姿势及面部表情的细微差别，还有联想之间停顿的时长，都是记录当中无法描述的，而这些细节在分析中都有特殊的意义。

在诠释中，我一向尽量避免使用任何明喻、暗喻或引述来解释我的观点（分析成人或儿童皆然）。在本书中，当我要回溯先前面谈的细节时，简洁起见，偶尔会使用一些专业术语，然而在实践中，即使是引导患者回顾先前素材，我也从不使用专业术语，不管对成人还是儿童都一样。我认为，尽量使用患者曾经说过的字词是很重要的，这样有助于削弱患者的阻抗力，还能引导他完整地回想起我提及的素材。在分析理查德的过程中，我必须要提到几个他原本不懂的术语，如“性器官”“有性能力”“性关系”或是“性交”。从某个时候开始，理查德称这个分析为“这个治疗”。诠释时，我会尽量使用理查德的语言，但记录时，我只能做到大概摘要，而且有时会把好几个诠释都整合在一起，所以看起来比较长，实际上其中穿插着一些游戏或是理查德自己的评论。

我认为，在素材以及诠释中要定义某些概念时，采用专业术语是必要的。当然，我不会用这些理论概念跟孩子说话，而是记录时把这些专业术语放在方括号里。

出于慎重考虑，我将患者的背景细节做了细微改动。我在本书中也尽量避免提及任何人物或外部环境。如序言中所述，尽管有这么多限制条件，我依然确信，通过本书的描述，我已基本真实地呈现了此案例的分析过程及我的分析技巧。

从一开始我就知道，这次精神分析只能维持四个月，然而经过深思熟虑后，我仍决定接下这项工作，因为理查德让我觉得就算分析效果有限，也还是能让他的情况得到改善。理查德深知自己身处困境，而且强烈渴望能获得帮助，所以我坚信他一定会非常配合。我也知道往后几年他没有机会再接受分析。当他知道有一个他认识，而且年纪比他大的男孩也是我的病人后，就更渴望能接受我的治疗了。

虽然我自始至终保持着一贯的治疗技巧和原则，但是在重读这份记录后，我发现我在这个案例中回答的问题比其他孩子的案例多。理查德从一开始就知道他的分析只能维持四个月，但随着治疗的推进，他开始了解自己需要更多的分析，整个治疗过程越接近尾声，他越害怕失去治疗机会。我也意识到自己的正向反移情（Positive Counter Transference），不过，我很审慎地秉持基本原则，即持续分析正向、负向移情以及深层焦虑。我认为，无论实际情况多么艰难，分析理查德因恐惧战争而引发的焦虑，是唯一尽可能帮助他的方式。我相信，我已经避免了因同情病患痛苦及正向反移情所可能导致的问题。

如我所料，这次分析的效果确实有限，可是对理查德以后的发展仍然有影响。他可以去学校上课了，后来家里请了私教，最后成功完成了大学学业。他与同侪的关系改善了，对母亲的依赖也减少了。他对科学产生了兴趣，并得到了一些就业机会。第二次世界大战结束后，我见过他好几次，但至今仍没有机会继续帮他分析。

第一次面谈（周一）

K太太在桌上放了一些小玩具、书写板、铅笔和粉笔，桌旁摆了两把椅子。她坐下时理查德也跟着坐下，对玩具视而不见，而是用期待和热切的眼神看着她，显然在等她开口。她对理查德说，他知道自己为什么来见她：他有一些困难，需要得到帮助。

理查德同意这个说法，并立刻开始倾诉他的苦恼（注记I）。他害怕街上的男孩子，也不敢自己出门，这种恐惧与日俱增，让他厌恶上学。他很关注战争局势，知道同盟国一定会赢，所以不太担心，但是希特勒做的事太可怕了，特别是对波兰人，他会不会也这样对待这里的人？但他坚信希特勒一定会被打败。（提到希特勒时，理查德去看了看挂在墙上的大地图）……K太太是奥地利人，对吧？虽然希特勒也是奥地利人，但是对奥地利人来说也很可怕。理查德说，有一枚炸弹就落在他老家（Z地）的花园边上，当时只有可怜的厨娘一个人在家里。理查德戏剧化地描述整件事的经过。实际上损失并不严重，有一些窗户被震碎，花园中的温室也被震塌了。可怜的厨娘一定吓坏了，她跑到邻居家去睡觉了。理查德觉得笼子里的金丝雀一定也被震得吓坏了……他再次谈到希特勒如何残暴地对待被他征服的国家……之后，他很努力地回想还有哪些烦恼没被提到。哦对，他经常好奇自己身体里长什么样，别人身体里又长什么样。他想知道血是怎么流的。如果有一个人一直倒立，所有血都流到脑子里，那他会死吗？

K太太问他，有时会不会也担心他母亲。

理查德说他晚上经常感到害怕，直到四五年前恐惧感才不那么真切了。最近，他睡前总感到“孤单和被遗弃”。他常常担心母亲的健康：有时她会身体不舒服。有一次母亲发生车祸，被人用担架抬回家，这是在他出生前发生的事，是别人告诉他的，但他经常会想起这件事。……晚上，他经常害怕会有流浪汉一样的坏人来家里绑架母亲。他会想象自己怎样拯救母亲，他可能会用热水烫那个流浪汉，让他不省人事，就算他自己被杀死也无所谓——不，他会很介意，但这也阻止不了他救母亲的决心。

K太太问，他觉得流浪汉是怎么进入母亲房间的。

理查德（一番抗拒后）说，他可能打碎了玻璃，从窗户进来的。

K太太问，他是不是担心流浪汉可能会伤害母亲。

理查德（不情愿地）回答说，他觉得那个男人可能会伤害她，但他会去救母亲。

K太太解释，在他看来，可能伤害母亲的流浪汉就像希特勒：希特勒利用空袭吓坏厨娘，而且对奥地利人很坏。理查德知道K太太也是奥地利人，所以她也会受到虐待。晚上，他可能担心父母亲上床之后会发生一些事，和性器官有关的事，会伤害到母亲（注记Ⅱ）。

理查德看起来担惊受怕。一开始他似乎并不知道"性器官"的意思。现在显然听懂了，而且心中百味杂陈。

K太太问他懂不懂什么是"性器官"。

理查德先说不懂，后来又承认他觉得自己懂。母亲曾经告诉他，小婴儿在她身体里长大。她身体里有小小的卵，而父亲会在她身体里放进某种液体，让她的卵长大。（理查德似乎不懂性交的概念，也不知道如何称呼性器官。）他接着说，父亲人很好、很和善，不会对母亲怎么样的。

K太太诠释说，他对父亲可能有矛盾的感觉。理查德虽然知道父亲是好人，但到了夜晚，当他感到恐惧时，就会担心父亲伤害母亲。当他想到流浪汉时，想不起卧室里还有父亲可以保护母亲。K太太解释，也就是说，他觉得父亲就是会伤害母亲的人。（这时，理查德露出佩服的神情，显然接受了这个诠释。）白天，理查德觉得父亲是好人，但到了晚上，他看不到父母、也不知道他们在床上做什么的时候，就会觉得父亲很坏，很危险；所有发生在厨娘身上的可怕事情，还有窗户被震碎，都有可能发生在母亲身上［父亲意象分裂成好的与坏的两部分］。虽然他完全没有意识到，但他心中可能已经有了这样的想法。刚才他提到希特勒对奥地利人施以暴行时，想表达的是，希特勒虐待奥地利人，包括K太太在内，就像坏父亲会虐待母亲一样。

理查德虽然没有明说，但似乎接受了这个诠释（注记Ⅲ）。面谈一开始，他就迫不及待想要一吐为快，好像等待已久。尽管他在面谈中一再露出焦虑与惊讶的神情，也拒绝接受某些诠释，但到最后他的态度已经有所转变，也不再那么紧张了。他说他注意到桌上的玩具、书写板和铅笔，但是他不喜欢玩玩具，喜欢说话和思考。他离开时，显得非常友善、满足，还说他很期待次日再来（注记Ⅳ）。

第一次面谈注记：

Ⅰ. 潜伏期（Latency Pericd）儿童往往会问为什么要接受精神分析，孩子很可能在家就已经提出这个问题。精神分析师最好事先跟孩子的母亲或父母亲讨论这一点。如果孩子已经意识到自己的某些困难，那么答案很简单：因为他有这些困难，所以需要接受治疗。在这个案例中，我亲自提出这个问题。有些情况下，尽管孩子渴望得到答案，也不会自己提出这个问题。这时，精神分析师可以主动提出问题，否则可能要等到多次面谈后，才有机会向孩子解释接受治疗的原因。另一种情况是，精神分析师需要先进入潜意识素材中，了解儿童渴望知道自己与精神分析师的关系并意识到自己需要接受精神分析，而且认为精神分析是对自己有帮助的。

Ⅱ. 移情诠释（Transference Interpretation）应该从什么时候开始，精神分析师各持己见。虽然我认为每次面谈都应该有移情诠释，但经验告诉我，刚开始的诠释不一定包括移情。如果患者的心思全在其与父母或兄弟姐妹的关系上，对于过去甚至现在的经验，精神分析师一定要让他畅所欲言，至于其指涉则应稍后再进行分析。另一种情况是，精神分析师可能会感觉到患者无论在说什么，情感重心都放在与精神分析师的关系上，这时，精神分析师首先要诠释的就是移情。毋庸置疑，移情诠释是指将患者对精神分析师的情感回溯到早期的客体，否则诠释就没有效果。在精神分析发展的早期，弗洛伊德发现了移情诠释的技巧后，移情诠释一直具有十分重要的意义。精神分析师必须在直觉的引导下，识别出在他还未直接提及的素材中存在的移情。

Ⅲ. 记录时，我会分别说明理查德对诠释的反应：有时他的回答是否定的，甚至表示强烈反对；有时又明确表示同意；还有时他的注意力不集中，似乎没有在听我说话。即使他的注意力不集中，也不代表他完全没有反应。我往往没有办法记录下诠释当时对他产生的影响。我说话时，他很少静静地坐着，可能会站起来，也可能会拿起玩具、铅笔或者纸张，有时还会打断我的话，提出进一步的联想或疑问。因此，我记录中的诠释往往比较长而连贯，但事实并非如此。

Ⅳ. 潜伏期的儿童很少会像理查德一样，短短几次面谈就带来这么多素材，因此在其他案例中的诠释就会有所不同。诠释的内容和时机因人而异，必须根据患者呈现的素材与情绪情境来决定（参见《儿童精神分析》第四章）。

第二次面谈（周二）

理查德比约定时间早到了几分钟，于是就站在门前的台阶上等待K太太。他似乎迫不及待想开始面谈。他说又想到一件总是让他烦恼的事，但跟昨天讲得很不一样，前后相差十万八千里。他担心太阳与地球会相撞，太阳可能会烧毁地球，木星和其他星球也会被摧毁。地球是唯一有人类居住的星球，它是多么重要和宝贵……他又望向地图，开始评论起希特勒对世界做的事有多残酷，造成如此不幸。他觉得希特勒可能正看着别人受苦而幸灾乐祸，还喜欢看人被鞭打……理查德指着地图上的瑞士，说这是一个中立小国，被庞大的德国“包围”，还有小小的葡萄牙是我们的朋友。（理查德提过他每天读三份报纸，并且收听所有广播的新闻。）瑞士这个小国很勇敢，只要是飞越自己国家领空的飞机，无论是德国的还是英国的，一律击落。

K太太诠释说，“宝贵的地球”就是母亲，地球上住的人是她的孩子，理查德希望他们会成为他的盟友，因此他才会提到葡萄牙这个小国和其他星球。太阳和地球相撞代表父母之间发生的事；“相差十万八千里”表示近在咫尺，就在父母的卧室里；被摧毁的星球代表他自己（也就是木星）以及母亲的其他孩子，如果他们妨碍到父母，就会被毁灭。讲完太阳和地球相撞后，理查德再度提到希特勒毁灭欧洲和世界。瑞士这样的小国也代表他自己。K太太要理查德回想昨天的素材：他会如何攻击绑架母亲的流浪汉，他会用热水烫他，让他不省人事，还有他自己可能会被杀害。这段叙述跟木星（他自己）在太阳和地球相撞时（父母之间）被摧毁的意义是相同的。

理查德认同部分诠释。他说他想到流浪汉的时候，经常觉得自己会因保护母亲而被杀死，不过他誓死抗争。他也同意K太太的解释，有人类居住而十分宝贵的地球指的就是母亲，他听过“地球母亲”的说法……理查德提到，他曾问母亲什么时候被车撞到，又被人用担架抬回家，母亲说是他两岁时发生的，他一直以为是他出生前的事……他说他憎恨希特勒，想要伤害他，他也恨戈培尔（Goebbels）和里宾特罗甫（Ribbentrop），他们居然敢说英国是侵略者。

K太太提到理查德昨天关于袭击流浪汉的素材，并指出他晚上睡觉时，不仅担心父亲会伤害母亲，有时还可能认为父母是在玩乐，因为父母让他“孤单和被遗弃”，所以感到嫉妒和生气。如果他因嫉妒而想伤害父母，就会感到愧疚。理查德告诉K太太，他常想到母亲出车祸的事，但一直以为是他出生前发生的。这个认知错误可能源于他的罪疚感；他必须说服自己跟那场车祸无关，车祸并不是他造成的。他担心流浪汉——父亲会伤害母亲，害怕太阳和地球会相撞，这可能与他对父母怀有敌意有关。

理查德起初强烈否认他上床睡觉时会有这样的想法，并说他只是觉得很害怕和不高兴，但他又说他会不停地与父母顶嘴，直到他们精疲力竭、忍无可忍，而且他很喜欢这么做。理查德还说，哥哥保罗放假回家时，他也会嫉妒，他觉得母亲更喜欢保罗。有时，母亲会给保罗寄巧克力，虽然理查德觉得这样做是对的，但还是心生厌恶。

K太太提到理查德对里宾特罗甫宣称英国是侵略者的谎言而感到愤慨，她说理查德可能觉得这些指控是针对他个人而更加愤怒。如果他感到嫉妒与愤怒，而且想要破坏父母的关系，那他就变成了侵略者。

理查德沉默不语，显然是在思考K太太的诠释，接着他笑了。问他为什么笑，他说因为喜欢思考。他一直在思考K太太说的话，并觉得她说的有道理……（诠释理查德的攻击性，先是遭到一番抵抗，随后显然放松了一些。）理查德提到他与保罗的关系，说起几年前保罗会捉弄他、追着他跑。他对保罗既爱又恨。有时两人会联手对付保姆，并且捉弄她（注记Ⅰ）；有时保姆会帮着理查德对抗保罗。理查德还提到最近和表弟彼得打架，他平时很喜欢彼得，但这次却被彼得打伤了。他说表弟比他块头大多了。

K太太指出，当彼得对他暴力相向时，理查德觉得他既是慈爱的父亲，又是希特勒，还是流浪汉代表的坏父亲。对理查德来说，要憎恨希特勒很容易，但是要憎恨他爱的父亲却令他很痛苦［矛盾心理］（Ambivalence）。

理查德再度怨恨地说，保罗放假回家时母亲总是很高兴，然后，提到他的猎犬波比，说波比总是很高兴见到他，而且全家只有它最喜欢他了（这时他的眼神闪烁着光芒）。理查德初见波比时它还是幼犬，现在波比还是会跳到他的腿上撒娇。他饶有兴致地说，父亲一从椅子上站起来，波比马上就跳上去占了他的位子，害父亲只能坐在边上。他们以前曾养过另一只狗，它十一岁时生病了，不得不实施安乐死。理查德对此感到非常难过，不过后来释怀了……理查德还提到了奶奶，他很喜欢奶奶，她在几年前去世了。

K太太诠释说，理查德的嫉妒与母亲更爱哥哥有关，紧接着他就提到波比很高兴见到他，还会跳到他腿上。波比似乎代表他的孩子，而理查德通过把自己置于母亲的角色来克服嫉妒和愤怒的感觉，但是当波比表示欢迎他和最喜欢他时，理查德又变成受到母亲宠爱的孩子，此时波比代表母亲。理查德讲完老狗被安乐死后，提到奶奶去世的事，这似乎代表他觉得奶奶也是被安乐死的，而且部分错误是他造成的，就像母亲的车祸一样。他很喜欢的奶奶可能也代表着K太太，或许他害怕自己会给K太太造成什么伤害。

这部分记录相当不完整。我确信理查德一定对这个诠释有所回应，很可能是否认了。我也没有将此次面谈的结束方式记录下来，不过如果我记得没错，理查德并未拒绝次日再来（注记Ⅱ）。

第二次面谈注记：

Ⅰ. 通常来说，保姆、叔叔阿姨或祖父母在孩子的生命中占有非常重要的位置。孩子和父母之间总会在某些方面发生冲突，但对于不受俄狄浦斯情结直接影响的人来说，并不会有这样的冲突。同样，兄弟姐妹也相对不受影响。这些孩子喜爱的对象还能强化父母好的面向。对于这些关系的记忆之所以变得重要，是因为有更多好的客体被内射。

Ⅱ. 第一次面谈中，我将目标明确放在分析理查德对于“坏的”、有性欲的父亲伤害母亲所产生的意识与潜意识焦虑。在第二次面谈中，我着重分析理查德的攻击性是如何造成他的焦虑的。我一再强调的分析儿童的首要目的就是分析他们被激起的焦虑。需要强调的是，由于焦虑会引发防卫机制的运作，因此在分析焦虑时，还需要将其所引发的防卫机制一并加以分析。

回到目前的素材：理查德意识到自己害怕流浪汉会绑架和伤害他母亲，但他没有意识到这种恐惧源于他对父母性交所产生的焦虑。我诠释这个焦虑内容时，特别强调理查德将父亲想成坏人对他而言太过痛苦，因此他将恐惧和怀疑转移到流浪汉和希特勒身上。这就是在分析防卫机制。

在第二次面谈中，理查德提到他对里宾特罗甫谎称英国是侵略者而感到愤怒，我将这诠释为代表他对自己攻击性产生的厌恶感（以及他对里宾特罗甫的仇恨）。同样，从面谈和诠释的细节中可以看出，我分析的内容不仅限于焦虑，还包括对抗焦虑的防卫方法。

我在《儿童精神分析》中指出，每次的诠释都应该要探索超我、本我与自我扮演的角色，这意味着，只有系统地探究心智各个层面及其功能，才能进行适当的诠释。

第三次面谈（周三）

理查德准时到了。他马上把注意力转移到地图上，表示他担心如果德国人占领了直布罗陀海峡，英国的战舰就会被封锁在地中海，无法通过苏伊士运河。他还提到受伤的士兵，并为他们的命运表示担忧。他想知道英国军队怎样才能从希腊脱身。希特勒会怎样对待希腊人？会奴役他们吗？理查德看着地图，忧心忡忡地说，葡萄牙跟德国相比简直是小巫见大巫，一定会被希特勒攻陷的。他还提到挪威，对挪威的立场表示怀疑，不过挪威应该还算是可靠的盟国。

K太太诠释说，理查德在潜意识里担心父亲把性器官放到母亲体内时，不知道会发生什么事。父亲可能会被困在母亲体内，就像英国战舰被困在地中海一样；而英国军队得从希腊撤出，也代表相同的意义。理查德在第一次面谈中，提到有一个倒立的人，因为血液都倒流到脑中而死，K太太表示，这就是理查德觉得父亲在晚上把性器官放到母亲体内后会发生的事。他也担心流浪汉父亲会伤害母亲，因此，对父母之间的事感到焦虑，同时，又因自己对父母的攻击欲望而感到罪疚。他的狗（波比）代表他自己，他想取代父亲的位置跟母亲在一起（有扶手的沙发代表床）。每当他感到嫉妒与愤怒时，就会在心里痛恨父亲、攻击父亲（注记Ⅰ），这也让他感到难过与罪疚［俄狄浦斯情境］（Oedipus Situation）。

对于狗代表他自己的说法，理查德微笑表示同意，但强烈反对K太太的其他诠释，因为他绝对不会做这样的事。

K太太解释说，理查德认为自己绝对不会真的攻击父亲，这让他如释重负，但他可能觉得自己的攻击欲望太过强烈，只要他希望父亲死，父亲就真的会死［思想万能］（Omnipotence of Thought）。（他似乎同意这一点）。K太太认为理查德对英国盟友的不信任与哥哥有关，他觉得哥哥不是一个可靠的盟友，不会与他一起对抗联合起来的父母（在素材中，哥哥是指德国与希特勒）。

理查德说，他闹脾气或让父母烦心时，他们可能会生他气，这时有人跟他处于同一阵地就好了。理查德表示他十分崇敬丘吉尔，丘吉尔帮助英国渡过了难关，他详细地表述了这一点。

K太太诠释说，丘吉尔和英国代表着父母的另一面：会保护母亲的好父亲以及关系非常好的父母，比现实中的父母更受他喜爱（理查德对这一点表示同意）。而德国和希特勒代表会对他生气的坏父母［父母意象分裂成好与坏，以及投射］。

理查德似乎对这个诠释很感兴趣，他沉默不语，显然是在思考这一点。这个新的领悟让他甚感欣慰，然后他说，心里有这么多种父母可真麻烦。

K太太指出，给理查德带来麻烦甚至痛苦的，是他对父母产生矛盾的情感。他爱父母，但又觉得自己对父母的仇恨与攻击欲望伤害了他们，并为此感到罪疚。K太太也把这点与他母亲在他两岁时发生车祸的素材连结在一起，他当时可能觉得代表坏流浪汉父亲的车撞伤母亲，是因为他对母亲生气，并且希望她受伤而造成的……

理查德说他喜欢带波比去散步。有一天晚上，他带着波比散步到十点才回家，拜访了很多人，他还特别提到一位女士。波比想找一只母狗生几只小狗，但是母亲不希望家里有两只狗。

K太太诠释说，波比代表理查德：他想独立，想要妻子和孩子，这样他就不会沮丧，也不会有仇恨与罪疚感了。

接着，理查德谈到那年他最快乐的一天。他们一起在雪中滑雪橇，几位朋友从雪橇上摔下来，其中有一位先生划伤了鼻子，而且他太太还压到了他身上。理查德自己也从雪橇上跌下来，但好在平安无事。那天真是太有趣了。

K太太指出，发生意外的那对夫妇代表他的父母。她刚才诠释过他对父母的攻击冲动，特别是与父母性交有关的（注记Ⅱ）。他马上想到滑雪橇时发生的意外事件，因为那代表父母性交，所以他为此感到罪疚，幸好情况并不严重。那位先生伤了鼻子，理查德却觉得很好笑，这意味着父亲弄伤了自己的性器官，正是他心里期待的事，但结果并不严重，他才会觉得好玩，而那天也成为开心的一天。

理查德说："我发现没有悲剧就没有幸福。"然后继续谈到另一个开心的日子。两年前，他跟父母去伦敦玩，他们参观了动物园，他拿东西喂关在笼子里的猴子吃。他说，有一只大猴子看起来"非常讨厌"，还有一只小猴子扑向理查德，打掉他的棒球帽，还想从他手里抢坚果吃。这个小猴子太贪婪了，不过他还是喂了那些猴子。

K太太指出，那只贪吃的小猴子代表他跟婴儿一样贪吃，但在理查德喂猴子时，又转换成喂小孩吃东西的父母。婴儿（小猴子和理查德）很贪婪、忘恩负义，还扯掉了父亲的性器官（理查德的棒球帽），所以那只代表父亲的山魈看起来又坏又危险［将攻击冲动投射于客体上］（注记Ⅲ）。

理查德（忧心忡忡）问K太太她平常放在包里的钟哪里去了，他说那是一个好时钟，他想再看看。

K太太从包里拿出时钟并指出理查德现在感到忧虑，他想看钟是因为想离开。

理查德说不对，他并不想走，只是因为跟母亲约好去散步，所以想确定他可以准时离开，还有，他喜欢那个钟的造型。

K太太诠释说，他急于确认母亲没事，没有因他贪婪的攻击而受伤，并且依然还爱他。看时钟（折叠式的旅行时钟）就好像在审视K太太的内心：他担心自己像小猴子一样已经攻击了K太太，她现在可能受伤了，或者对他生气了。K太太问，猴子事件是不是那快乐的一天发生的悲剧。

理查德回答说不是，猴子事件很有趣，也没有发生什么严重的事，但后来有一场暴风雨，他感冒了，还耳朵痛……他看着地图，对战况表示担忧。他让K太太一起看，比较德国和法国的大小。他说他很讨厌达伦（Darlan），他是帮助德国的叛徒。

K太太诠释说，理查德觉得自己如果贪心、有攻击性，又忘恩负义，就会成为叛徒。因此，猴子事件纵然有趣，事实上是一出"悲剧"，因为那只贪吃的小猴子就是他自己。

理查德再次显露出焦虑的迹象。他一直盯着时钟，时间一到就立刻站起身，不过他对K太太的态度仍然很友善。他说他乐意在这里待五十分钟，但结束后就想去找母亲了。很明显，他的阻抗增大了，而且急着离开，但同时又想对K太太保持友善的态度。

第三次面谈注记：

Ⅰ．后续的精神分析显示，理查德对父亲的攻击幻想不仅针对外在客体，也包括内在客体，不过，在目前这个阶段，我的诠释范围仅限于他对自己与外在客体关系的想法。当我有明确的潜意识素材，显示客体被内射后时，才会去诠释其内在客体及内在客体关系。

Ⅱ．理查德很特别的是，他觉得那场意外很好玩，这不仅因为事故并不严重，也因为当事人不是他父母。

Ⅲ．在素材中，理查德再次企图投射。他将摧毁冲动投射到猴子身上，试图把自己的一部分分裂出去，这样就可以让好的情感不受敌意影响。理查德听完我的诠释，表示想看我的时钟，并称赞说很喜欢，也是在表达这一点。他试图借此与精神分析师保持友好的关系，而精神分析师代表他的母亲。我要补充的是，理查德提到“惨剧”并试图用“那天他感冒了”来解释，即如果他没有将攻击欲望投射出去，就会觉得伤害了父母，也会因此陷入忧郁和罪疚感中。

第四次面谈（周四）

理查德再次谈起战争，特别说到俄国的举棋不定终将自寻麻烦。他还提到前日有关动物园的素材，说他没有发生意外，那天的惨剧就是他感冒了，耳朵痛。（意指他反对K太太对惨剧的实际意义所做的诠释；这显示他的阻抗。）理查德问K太太如何打发空闲时间，还问起她的家人。他想了解K先生的事以及他们有几个孩子、孩子多大了，做些什么工作，然后，理查德开始看房间里挂的几幅画，他饶有兴趣地指着一张有两条狗的画，还有另一张两只大狗中间有一只小狗的画，说小狗很可爱。

K太太简单回答了他问的私人问题。

理查德显然对K先生已经去世的事大吃一惊（虽然他在开始接受分析前就已经知道了），然而他很高兴听到有关她儿子的事。

K太太的诠释是，理查德希望获得她更多的爱和关注，并且嫉妒她的病人和儿子，这是源自嫉妒父亲、保罗与母亲的关系。她补充说，理查德对K太太晚上做的事感到好奇，就像对母亲好奇一样。画中的两只狗代表K太太与K先生，也代表母亲和父亲，而他希望自己是那只在父母中间的小狗（婴儿）并且享受他们的爱。他还希望能让K先生回到K太太身边。

理查德对K太太的时钟很感兴趣，说它是“好钟”。他想知道怎么把时钟打开和关闭。他边玩时钟边说很开心，天气很好，阳光灿烂。

K太太解释说，他虽然会嫉妒，可还是希望母亲再生几个宝宝。

理查德坚定地回答道，他常跟母亲说她应该再生几个宝宝，她总是说自己年纪太大了，这根本是胡说八道，她当然可以生“很多宝宝”（他仍在摆弄时钟）。

K太太诠释说，把玩“好”时钟（代表K太太）带给他的愉悦及他对此的兴趣，与了解K太太的家庭和生活情况带给他的满足感有关。享受阳光则与“好”母亲有关，也与他希望母亲再生几个会让她快乐的宝宝有关。同样，他也很高兴K太太有儿子和孙子。

理查德再次望向地图，表达了对俄国立场的不确定。他还问上次世界大战时奥地利站在哪一边（他其实知道答案），然后，他问K太太认识欧洲大陆的哪些国家。

K太太提到几个她去过的国家并诠释说，理查德对奥地利的怀疑表示对她不信任，而他对俄国的疑虑跟她有关，也跟母亲［“坏”母亲］有关。他不确定K太太和母亲是否是跟他一起对抗“坏”父亲（身为奥地利人的希特勒）的盟友。

理查德谈起波比，虽然波比是他和母亲一起养的，但实际上是属于他的狗。波比非常爱他，但很调皮，会去吃煤炭，一逗它就咬人，甚至连理查德也咬。他又提到，父亲一离开炉边的椅子，波比就会马上跳上去占座，让父亲几乎无处落座。

K太太提醒说，她上次对波比占据父亲座位的诠释是理查德嫉妒父亲，想要取代他的位置。他感到愤怒与嫉妒时可能也会咬人。K太太解释说，他专门提到波比吃煤炭，跟他以前对大便感到好奇有关，他可能想尝尝大便的味道。

理查德断然表示绝对不会做这样的事，尽管他小时候可能想过要这么做。他承认自己有时会想咬人；他愤怒时常常想咬人，特别是扮鬼脸时，他会张嘴做咬人的动作。他小时候曾经咬过他的保姆，跟狗打架时，如果狗咬他，他就咬回去，然后，理查德问起K太太的其他病人，特别问到约翰·威尔逊（John Wilson），想知道他们是否也在这个房间接受治疗。

K太太诠释说，理查德之所以这么问，是因为他为自己跟其他孩子一样在这间游戏室接受治疗而感到羞耻；作为孩子，这就代表他没有自控力——会想玩大便，还会像狗一样咬人。他嫉妒约翰，就像嫉妒保罗一样，因为约翰已经不再是“坏”孩子了。（既然理查德和约翰经常见面，想必他从约翰那里得知了一些事。他早就知道约翰并不在这间游戏室接受治疗，这跟他早就知道K先生已经去世却还是明知故问一样。他想从K太太口中听到这些事的原因有很多，其中之一是想知道K太太会不会说实话。）

第五次面谈（周五）

理查德一来就说他很高兴，外面阳光灿烂。他和一个七岁的男孩交了朋友，两个人一起玩沙子、造运河。理查德说他非常喜欢这间游戏室，并且称赞这个房间很棒，墙上还有这么多狗狗的画。他很期待这个周末回家。他说家里的花园很漂亮，但是他们刚搬去的时候，花园里的杂草多得“吓死人”。他谈到毕佛布鲁克勋爵（Lord Beaverbrook）调任的事，说不知继任者是否会做得跟他一样好。

K太太诠释说，游戏室代表K太太，理查德觉得游戏室“好”，是因为他对K太太有好感。他的新朋友代表弟弟，这与他希望强壮的父亲能让母亲生很多孩子（许多小狗）相关联。K太太还诠释说，理查德担心如果把父亲赶走（跟波比一样），他或许可以取代父亲，但却不能让母亲生孩子和维系整个家庭。他也很高兴周末要回家，为了维护家庭和谐，他希望能够抑制自己想取代父亲的欲望。杂草代表的是嫉妒父亲、想与父亲竞争而破坏家庭和谐的他，他形容杂草多到“吓死人”，是因为杂草代表危险的东西。

理查德打了个喷嚏，开始担心起来，他不知道自己是不是感冒了，自言自语道：“他吃鼻涕。”其实他想说：“他擤鼻涕。”当K太太纠正他的时候，他自己也觉得很好笑。

K太太继续诠释说，他害怕感冒，是怕身体里有不好的东西，所以才想把它擤出来。

理查德又看了看地图，问哪些国家是中立国。瑞典是其中之一，但可能维持不了多久，然后，他弯下身倒着看地图，说这样看的话，欧洲的形状变得很“好笑”，他说一切都“不对劲”，看起来“混作一团”了。

K太太将这与他的父母性交连结在一起；他想象父母性交时是“混作一团”的，让他分不清谁是谁。K太太也诠释说，他担心父母性交的时候会纠缠不清，乃至希特勒的坏阴茎就留在母亲体内［联合父母意象］

（Combined Parent Figure）。他所说的“不对劲”与“好笑”就是意指这件事，实际上他觉得父母性交是不好而且危险的事。

理查德表现出焦虑，他站起身，环顾四周，探看了各个角落。他先看了看钢琴，打开并试弹了一下。接着，他在一张边桌上发现一只以前没注意到的瓷鞋，里面有一块印度橡皮，他把橡皮拿出来，又放回去。理查德说，他觉得这间游戏室很好，他非常喜欢这里……他拿起K太太的时钟，问她时钟是什么时候、在哪里买到的，后来又问了些类似之前有关她先生的问题。

K太太诠释说，在游戏室里到处探看，代表理查德想要探索她身体内部，因为他迫切想知道K太太里面是否有希特勒/坏阴茎，还是有好的阴茎。因此他再次问起K先生的事。这些全都跟母亲以及“混作一团”的父母有关。他对母亲里面有什么的怀疑，与害怕自己里面不知道有什么、感冒以及身体里的混乱有关，同时，他也自我安慰说这个房间很好，他喜欢这里。这证明母亲与K太太都很好，她们体内并没有那个坏希特勒父亲［躁动防卫］（Manic Defence）。

理查德继续四处探索，发现有一张明信片夹在一扇屏风内，屏风的两侧形成一个角度。他表示喜欢明信片上的画，说上面有一只可爱的知更鸟。他想当知更鸟，而且一直都很喜欢知更鸟。

K太太诠释说，知更鸟代表好的阴茎，也代表小宝宝。他希望能生孩子，并且取代K先生和父亲。他对屏风的角度（两侧像双脚腿一样打开）特别感兴趣，表示他渴望与K太太和母亲性交。

理查德对大部分的诠释没有响应。他只说以前养过一只知更鸟，但后来飞走了，再也没有回来，然后，他看了看时钟，问时间到了没。

K太太诠释说，他想要一去不回，因为有关与K太太性交的诠释让他产生了恐惧感。知更鸟代表他的性器官，他很害怕失去它，或者已经失去它了。

理查德一开始不愿承认他想离开，而且试图保持礼貌，然后说，对，他的确希望面谈时间已经到了，但他不想在时间还没到之前离开。（面谈结束后，他没有等K太太就先行离开了。）

第六次面谈（周六）

这次是理查德的母亲带他来的，因为他太害怕其他小孩，不敢自己过来。他讲完这件事后，沉默了好久。

K太太提到昨天的诠释（注记Ⅰ）：知更鸟代表他的性器官，他想把它放进K太太的性器官里，但是他非常害怕这个欲望，主要因为害怕被流浪汉父亲攻击。他觉得与K太太独处非常危险，所以他对路上那些有敌意的孩子的恐惧加深了。理查德让母亲陪他来游戏室，也是要确保他与K太太之间没事。由于这次面谈之后就要回家过周末，他觉得自己对母亲的欲望可能会招致父亲的攻击，他迫切需要一个好母亲来保护他，让他不受有敌意的孩子与父亲的攻击，可是母亲（现在是以K太太为表征）激起了他的欲望，所以她也具有危险性。

理查德一直望着地图。他提到“孤独的罗马尼亚”，然后扩及其他国家发生的动乱。

K太太诠释说，理查德担心要是他满足了独占母亲的欲望，就会扰乱他的家庭，这也使他对父亲和保罗产生恐惧感，表现为对路上其他小孩的恐惧程度越来越深。还有，如果母亲最爱的人是他，他取代了父亲，父亲就会孤独、不开心。

理查德看起来既痛苦又担忧，说他不想听到这么不愉快的事。沉默许久，他问起约翰的事：他还没有痊愈吧？他什么时候能好起来？

K太太诠释说，理查德对她和分析都心存疑虑。提起这些恼人又吓人的想法，对他真的会有帮助吗？他还担心，如果他有性欲，那他一定很坏，坏到无药可救。这也激起他对母亲的怀疑，他觉得是母亲激起这些欲望（注记Ⅱ）。如果母亲不可靠，她就不会帮他一起对抗父亲，或是帮他控制自己，所以他根本不应该攻击或者取代父亲。

接着，理查德详细描述前日发生的“惨剧”：他玩沙子的时候把小铲子弄丢了，再也找不到了。

K太太的诠释是，理查德对K太太和母亲的欲望，导致他害怕失去自己的阴茎（小铲子）。K太太也提到他母亲说他的性器官动过手术，而且手术让他感到非常害怕（注记Ⅲ）。

理查德对K太太和母亲之间的谈话很感兴趣。他显然很清楚母亲与K太太安排治疗时一定谈过他，但是之前他没有提到这件事。现在他问K太太，母亲还告诉她哪些事了。

K太太简短地回答：母亲说他经常忧心忡忡，害怕别的小孩，还有一些其他困难，也说了一些他小时候的事，包括他做过手术。

理查德听后很满意，但显然心中仍有疑虑。他马上开始详细描述这台手术。他依稀记得大约三岁那年割包皮的情况，他不觉得痛，但是乙醚让他受不了。手术前，他被告知会闻一瓶香水一样的东西，并保证不会发生任何事情（这与母亲的描述吻合）。当天，他自己带了一瓶香水，希望他们能用他这瓶，被医生拒绝后，他就想用香水瓶砸他。即使至今，他还是想揍那位医生，此后他就一直痛恨他。他很讨厌乙醚的味道，现在都还害怕。回想起闻乙醚的那一刻，他突然说："好像有成百上千人在旁边一样。"但当时他觉得保姆会在旁边保护他。

K太太诠释理查德强烈的被害感：他说自己好像被成百上千的敌人包围，但却无力对抗。只有一个人会保护他——他的保姆。保姆代表着好母亲，但他心里还有一个坏母亲，这个坏母亲曾经对他说谎，所以他觉得坏母亲也加入了敌人的阵营。那位他想揍的坏医生代表坏父亲，坏父亲使他束手就擒，而且割断他的阴茎。

理查德同意这个诠释，然后开始谈起五岁时切除扁桃体的事。再次闻乙醚令他感到恐惧。他说那次手术后他病了很久。接着，他提到自己七岁半时的"第三次动手术"：他拔了好多颗牙，同样要闻乙醚。（理查德戏剧化地描述着，显然乐在其中。能够抱怨、表达自己的感觉与焦虑，而且知道K太太在感同身受地聆听，无疑极大减轻了他的痛苦。）

理查德再次探索房间，把注意力放在明信片上那只"可爱的"知更鸟上。他问K太太喜不喜欢它，然后，他又找到另一张也有知更鸟的明信片，不过却说它不太好看。

K太太指出，理查德更喜欢的那只知更鸟昂首挺胸，代表他的阴茎没有受伤；另一只知更鸟垂头丧气，代表受伤的阴茎。理查德想让K太太看他的阴茎，并且希望她会喜欢，此时K太太代表那位爱他、保护他的好保姆。这样，他就会相信自己的阴茎没有受伤。

理查德提到那两只他很喜爱的金丝雀。他告诉K太太，它们经常愤怒地“对话”，他觉得它们一定在吵架……他发现一张画着两只狗的画，发现这两只狗虽然是一个品种，但还是有些不同，然后，他指着之前喜欢的（第四次面谈）那张有三只狗的画，再次对中间的小狗表示喜爱。

K太太诠释说，理查德想知道父母之间的差异，以及他们的性器官有何不同。中间的小狗代表理查德，他希望把一起在床上的父母分开，一方面因为嫉妒，另一方面害怕他们联手对付自己。无论是动手术还是听到K太太和母亲谈论他，他可能都有这样的感觉。他似乎非常害怕父母吵架，想知道他们吵架的原因；他也许觉得自己就是父母吵架的原因。

（这次面谈如何结束也没有记录下来。）

第六次面谈注记：

Ⅰ. 通常，精神分析师会根据当次面谈的素材进行诠释，如果患者的焦虑过于强烈，以致完全无法表达，就必须参考前一次（或前几次）面谈的素材来做诠释。这次，理查德坚持让母亲陪他来游戏室，同时，他长时间保持沉默，都显示当时他处于焦虑中。

Ⅱ. 精神分析工作中经常会碰到儿童指责母亲引起他的性欲，指责她不只激起他的性欲，甚至主动诱惑他。这一指责源于婴儿时期的实际经验，母亲在护理婴儿身体时难免会碰到性器官，从而刺激了它。在某些情况下，母亲对孩子可能会产生无意甚至有意的引诱。

Ⅲ. 这里牵涉到儿童精神分析中的一个关键点。我在此提及理查德母亲曾告诉我的一个重要信息。我确信理查德早就知道我跟母亲谈论过他，事实上，尽管他不敢问，但他一直很想知道我和他的母亲谈过什么，而且对我们的谈话心怀疑虑。我提到这件事时，他明显松了一口气，不过他的疑虑尚未完全消除（对于这样多疑的孩子，换作任何人可能都无法打消他的疑虑）。我们想当然地认为，由父母安排治疗的儿童，会知道父母已经告诉精神分析师某些信息，精神分析师最好选择适当时机提及这件事。前日理查德的阉割焦虑已经凸显，在这次面谈中变得更为强烈；所以，手术和对母亲的疑虑所引起的阉割恐惧已构成分析素材，在此时提起此事实属必要。

精神分析师有时会在精神分析中提及父母所提供的信息，如生病或其他重要事件，但这并非常态作法；精神分析师必须从儿童身上寻找素材。尽管有时事先与他们的母亲联系，得知儿童的转变或其他相关信息，可能有助于精神分析师进行更全面的诠释，然而，精神分析师如果太常提及儿童与其父母之间的对话，可能会引发儿童的被害感。

第七次面谈（周一）

理查德很高兴见到K太太。他说周末太短暂了，好像他刚离开不久，她一直“都在身边”，仿佛他一直看着她的照片（他的意思是K太太一直在他脑海里）。他把周末发生的所有事都详细地告诉她（注记Ⅰ）。他说周末过得很愉快，可是有一件坏事：他来的路上，在旅馆下楼梯时不小心扭到脚了……他让K太太看看他的新衣服，袜子的颜色与这套衣服吗？理查德今天十分健谈。他说他常常烦恼一件事：他很怕自己会变成一无是处的笨蛋。

K太太诠释说，他在来的路上扭伤脚，表示他担心，如果他满足了成为男人的渴望，把性器官放到K太太的性器官里，可能会弄伤自己的性器官。他向K太太展示新衣服，并且希望她称赞他的袜子，实为希望K太太称赞他的性器官。接着，他说怕自己一无是处（变成笨蛋），即担心自己永远得不到想要的有力的成人性器官。

一会儿，理查德问电暖炉是不是K太太的，他现在才发现暖炉有一根发热管坏了……他告诉K太太，回到家第一个迎接他的是波比，波比非常热情地欢迎他。不，父亲才是第一个迎接他的。父亲看到他很惊讶——不，他不是这个意思，父亲看到他很高兴。金丝雀好像生病了，羽毛要掉光了。理查德玩弓箭时，一支箭轻轻地打到父亲的头上，但他没有受伤，也没有生气。

K太太的诠释是理查德想要射死父亲，所以他害怕父亲，并且怀疑父亲对他的爱。因此，他虽想说父亲很高兴，但却说成父亲很惊讶，好像并不期待见到他。“惊讶”其实代表更强烈的情感，理查德认为父亲根本不希望他回去，因为他潜意识里知道自己对父亲有攻击冲动。说到掉毛的金丝雀，K太太问他，父亲是否谢顶了。

理查德说是。

K太太诠释说，理查德提到金丝雀生病，因为他觉得自己嫉妒父亲，想取代他和母亲在一起，所以害父亲生病，伤害了他的性器官，还伤了他的头。他非常害怕父亲会报复他；上一次面谈中，他说害怕坏医生会伤害、摧毁或者拿走他的性器官，表示他担心父亲会这样对他。他刚才注意到的那根坏了的发热管，代表他的性器官；暖炉则代表K太太或母亲的性器官。他害怕父亲发现他对母亲的欲望后，或者更确切地说是想把他的性器官放到母亲的性器官里，就会处罚和攻击他，于是他更希望K太太称赞他的衣服和袜子，也就表示他更需要获得K太太的喜爱。

理查德望着地图，说战场上传来好消息，许多德国轰炸机被击落。罗马尼亚的形状看起来真好笑！罗马尼亚是一个“孤独”的国家。然后他倒着看地图（弯腰看），说“什么也看不明白”，又说这样不对劲，看起来很混乱。理查德抬起头，指着法国的布雷斯特（Brest）港，说父亲开过一个玩笑，他说德国先从布雷斯特的胸部（Breast）开始攻击，现在继续进攻腿部。理查德接连指出好几个位于欧洲大陆的城市，然后，他环顾整个房间，兴奋地发现很多以前没有注意到的东西，如游戏室的第二扇门、许多照片、明信片，还有几个小凳子（注记Ⅱ）。他又看了看那只瓷鞋，还发现一本有图片的日历，他喜欢其中一张有两座山的图片，接着，他说讨厌另一张图片，但是没有解释。

K太太问他为什么讨厌那张图片。

理查德（有点犹豫）说，他不喜欢棕色（其实是深棕色）的图片，棕色把田园风光变丑了。他拿起K太太的旅行时钟，上面的皮革也是棕色的，他摆弄着，将时钟的背面对着他和K太太，开怀大笑起来，他说这看起来很搞笑。

K太太诠释说，理查德觉得时钟的棕色背面很搞笑，因为让人联想到“大便”。他不喜欢那张棕色的图片，因为那会让K太太或母亲（乡村）看起来又脏又丑，同时，他又觉得很好玩，联想到“大便”和K太太的屁股都很搞笑。

理查德立刻同意时钟背面代表K太太的屁股。

K太太诠释说，理查德想探索她和母亲的内在。饱受攻击的孤独的罗马尼亚以及欧洲大陆上各个沦陷的城市，现在都代表K太太还有受伤的母亲。取笑布雷斯特港的父亲代表坏流浪汉和德国人，他正在攻击母亲的乳房和她身体的其他部位。理查德喜欢有两座山的图片，表达了他对母亲乳房的喜爱，而且希望它们保持完好。他在游戏室里面发现很多新东西，因为他逐渐意识到自己想把性器官放入母亲体内。理查德对棕色图片表示厌恶，表示虽然时钟背面是K太太的屁股这件事让他觉得好笑，但他其实是对K太太身体里的大便感到焦虑。

理查德提到几首诗，特别是华兹华斯（Wordsworth）的《水仙》（*The Daffodils*）。他还喜欢另一张风景画，画中有一座被阳光笼罩的高塔。

K太太诠释说，高塔代表父亲放在母亲体内的性器官，理查德喜爱这幅阳光普照的画画，表示他希望父母可以快乐地结合（注记Ⅲ）。（理查德欣赏自然美景的兴奋之情，可以明显看出他的躁症因子。）

理查德问K太太要不要去乡下（意指他可以陪她走一小段路）。他承认害怕在路上遇到其他孩子，想要K太太保护他。

K太太诠释说，他害怕遇到的孩子现在都代表父亲或父亲危险的性器官，理查德希望母亲能保护他不受父亲的伤害。

理查德一脸忧虑，好像没有听K太太说话，只是盯着那个时钟看。

K太太问他是不是想离开了。

理查德说是，但他不想没到时间就走。接着，他去小便了。

他回来后，K太太诠释说，理查德害怕跟她发生性关系会有危险。他刚刚去小便，是为了确定他的性器官安然无恙。

理查德又环顾四周，发现一张男女穿制服的照片，他觉得他们应该是重要人物。他似乎对此既满足又感兴趣。

K太太诠释说，理查德希望父母能够快乐而有权威。当他害怕自己对K太太的欲望时，就想离开她；同时，他又想让K太太保护自己，以免遭受坏父亲或其性器官的攻击，因此才会在留下和离开之间犹豫不决。

第七次面谈注记：

Ⅰ. 这是患者表达其潜意识中已经将精神分析师内化的一种方式。这类情感通过不同方式表达出来，如有位患者曾告诉我，没有面谈时，感觉我仿佛仍在他身边，但是，他可能只是详细描述放假期间（或两次面谈之间）他所做和所经历的事。这看似相互矛盾，但患者试图借此将内在情况与外在情况连结在一起，即将他心里的精神分析师与现实中的精神分析师连结起来。当患者强烈地认为精神分析师是他内在的一部分，精神分析师就与他共享生命，知道他的每一个想法和经历；但是当他再次与精神分析师面谈，认识到自己是一个外在对象时，患者就会感受到愿望与现实的差距，他会通过详述想法和经历来连结内在世界与外在现实。

Ⅱ．无论分析儿童还是成人，当患者开始注意到更多细节，如诊疗室的摆设或精神分析师的外表等，都是情况改善以及移情增强的征兆。精神分析师往往能够分析患者之前为何没有注意到这些细节，以及其背后的情感因素是什么。他们有时连相当明显的物体都看不到，说明因某些潜意识因素，其感知能力受到严重抑制。

Ⅲ．从这几次面谈中，我们得知理查德既希望阉割父亲，又怕被父亲阉割，意指害怕坏父亲的性器官会伤害他或母亲。他在经历了这些情感并被诠释后，我们可以看到他的转变。经过分析后，这些恐惧往往会出现相反的情感：钦羡父亲的性器官及性能力以及希望父母亲结合。若分析他对父母产生的怀疑与焦虑，特别是对父母性行为的焦虑，就能使他释放原本潜抑的正向情感——修复欲望以及希望父母快乐并结合。

第八次面谈（周二）

理查德很担心屋外经过的孩子，但他说他觉得K太太会保护他。他在街角差点撞到一个男孩，他看起来非常不友善。他还在路上弄伤了腿，流了一点血。他似乎一直保持高度警惕和紧张的状态，注视着路上的动静。他指着路口的马头让K太太看（那里有一匹马拉着马车，马身被挡住了）。理查德盯着马头看了又看，似乎很害怕它；他不时把注意力转向墙上的地图，他问K太太要谈论哪个国家，说葡萄牙真的很小，然后，他又倒着看地图，他觉得如果没有俄国和土耳其，欧洲的形状会比较好看，这两个国家很“不和谐”，也很“突兀”，而且实在太大了。另外，这两个国家的立场摇摆不定，让人捉摸不透，尤其是俄国。

K太太诠释说，凸出去的土耳其、路口的马头和那位不友善的男孩，都代表父亲放在母亲体内那个又大又可怕的性器官。昨天他把地图上的国家比喻成女性身体时，提到父亲开玩笑说德国先攻击胸部，再攻击腿部。意指父亲与母亲发生性关系时很危险，他会攻击母亲。理查德觉得父母在一起会混作一团，也就是父亲母亲的性器官混在一起，这很不对劲，所以他不确定母亲是否还会友善地对待他，或者是否会跟父亲联合起来对付他；摇摆不定的俄国就说明了这一点。

理查德试着在地图上找出哪个地方像K太太的头，显然他接受了K太太的诠释，同意地图是代表她和母亲的身体。他突然想不起自己把棒球帽放在哪里了，后来在架子上找到了，就紧紧地抓住它。理查德问能不能看一下时钟。他把时钟打开，并且让闹铃响起。在看时钟时，他把帽子夹在两膝之间，看完后把时钟放在桌上，然后突然说要把帽子盖在时钟上。他表示很喜欢这个时钟，拿起来轻吻了一下。理查德又开始倒着看地图，说这样根本“看不出来”。

K太太诠释说，理查德的行为代表对她（时钟）的欲望和爱，他想探索她的内在，想把代表性器官的帽子放到她的性器官里面。可是他害怕地图上凸出的土耳其，这代表K先生与K太太（父亲和母亲）的性关系，他表达出不了解性关系是什么，不知道父亲母亲是怎么结合在一起的，还有在女人体内的阴茎会如何。

理查德问父母是不是像连体婴一样，如果永远分不开，那一定很可怕。

K太太的诠释是，理查德的焦虑与父母的性关系有关，也跟他把性器官放到她里面可能会面临危险有关，他怕会永远抽不出来。这就是昨天他想逃跑的原因。

理查德现在决定要谈谈英国。他在地图上假装去伦敦旅行，他觉得那里很美；然后在地中海搭乘游轮前往直布罗陀海峡和苏伊士运河，这趟旅行一定很愉快。（这时他情绪高昂，每当他开始欣赏美时就狂躁起来，而潜藏在狂躁情绪下的忧郁就十分明显。）

K太太诠释说，这次“愉快的”游轮之旅是指探索K太太和母亲的内在，但这次“愉快的”旅行也经过许多饱受战火摧残的国家。理查德显然在否认自己对这些危险的恐惧，同时，也在否认自己对令人兴奋又危险的性关系感到恐惧。

这时，理查德打断K太太的话，问她介不介意他把脚放到她椅子的横梁上。

K太太诠释说，椅子代表她的性器官，理查德的脚则代表了他的阴茎。她允许理查德把脚放在横梁上，就意味着允许他有性欲，即使这种性欲尚无法实现（注记）。

理查德再次提到土耳其，然后问是否可以拿那只瓷鞋。他把里面的印度橡皮拿出来，又放回去，接着继续探索游戏室。他在架子上找到几个信封，然后把里面的照片拿出来数了数，说有很多张。

K太太诠释说，理查德探索房间时，房间就代表她；他找到的很多照片，代表她身体里有很多小孩。

理查德走进厨房，看了看烤箱，认为不干净，然后，他拿起一瓶墨水闻，说墨水是“很臭的东西”。回到房间后，他又看了看时钟，再次说他喜欢它。他把时钟翻过来，笑着说看起来很搞笑。

K太太认为理查德讨厌“很臭的东西”，与讨厌她体内的大便有关。他觉得K太太体内有小孩，也有大便。K太太提到上次他不想看日历上的一幅画，因为他觉得棕色破坏了田园风光，还有时钟背面的棕色皮革让他想到了K太太的屁股。

理查德一脸担忧，而且想知道几点了，K太太说他这么做是因为想离开。理查德同意，但说他不想逃跑。他觉得这个治疗对他有帮助。上周末过完后他已经不那么害怕了。理查德去小便回来后，问K太太治疗会持续多久。

K太太诠释说，理查德害怕她的屁股和大便，觉得那是不好且危险的东西，他也担心自己的尿和粪便是不好的东西，所以他刚刚才会去小便。K太太提醒他，在与K太太独处和希望与她发生性关系时，他很害怕自己的性器官会有危险，这样的恐惧在前几次面谈中就已经强烈地表现出来了。理查德觉得自己的阴茎会受伤并认为K太太就是流浪汉父亲，担心会受到他的攻击。

接下来，理查德向K太太提了好多问题：她现在有几个病人？以前呢？他们都有什么问题？约翰的问题又是什么？他一边问一边不停地把暖炉开开关关。

K太太回答说，她不能跟他讨论其他病人，就像她也不会跟其他病人讨论他一样（理查德当然明白这一点，但显然不满意）。K太太诠释说，理查德嫉妒并且害怕其他病人，这些病人代表她的丈夫和孩子。她指出，街角的男孩、马头、凸出的土耳其，都表示他害怕父亲放在母亲体内的坏阴茎（K先生放在K太太体内的阴茎），也表示他因为恐惧和嫉妒而想要摧毁父亲。在母亲体内的坏父亲可能会伤害母亲，或者让她变坏。如果他（理查德）攻击在母亲体内的父亲，也就是把暖炉关掉，母亲可能也会死，所以他才不知所措地不停开关暖炉。这些焦虑和怀疑都使他对K太太的分析产生了怀疑。

（K太太诠释过程中，特别是提到阉割恐惧时，理查德看起来既痛苦又恐惧，似乎听不进她的话，这与他昨天的行为很相似，但是，每当痛苦的诠释过后，理查德会更仔细地探索房间，焦虑程度随之明显降低。例如，K

太太诠释完路口的马头后，理查德又向路口望去，说马车动了，现在看到的马更近了，马头还挺可爱的。）

第八次面谈注记：

在其他情况下，理查德也会通过移除部分潜意识幻想的潜抑而减轻焦虑，此后他以象征的方式表达幻想的能力也加强了。在平常的游戏中，儿童基本无法意识到自己的乱伦、攻击幻想及冲动，但是若将它们以象征性游戏表达出来，仍会让他们有解脱感，这就是游戏对儿童发展的重要作用之一。在精神分析中，我们应该着眼于探索被压抑的更深层潜意识幻想及欲望，从而帮助儿童意识到它们。重要的是，无论是被压抑在深层或是较为接近意识层的幻想，精神分析师都要向儿童解释这些幻想的意义，并将其口语化地表达出来。经验告诉我，这么做更能满足儿童潜意识的需求。有人说，将儿童潜意识内的乱伦和攻击欲望以及对父母的批判转化成具体的语言，可能会伤害儿童或他与父母的关系，我认为这种想法是错误的。

第九次面谈（周三）

理查德与K太太在游戏室附近的路上相遇。没想到，K太太没有找到钥匙，所以她和理查德只好回去拿。理查德看起来很不安，但并没有说什么。他说乌鸦的叫声听起来很惊恐。接着，他问K太太能否把拿钥匙浪费的时间补回来。

K太太诠释说，乌鸦代表他自己，他受到了惊吓，不仅是因为他怕浪费了一些时间，不过K太太愿意弥补这些时间，也是因为他担心再发生同样的事。

理查德说，他有一个很重要的问题，想等他们回游戏室后问K太太，但他马上就直接问了：她能让他不做梦吗?

K太太问他为什么不想做梦，还有为什么刚才不想说。

理查德解释说，他做的梦都很可怕、很讨厌。另外，他还怕别人听到他说话，尤其是路过的小孩。尽管路上没什么人，理查德却一直都低声说话……

回到游戏室后，理查德提到几个梦。其中一个是梦到《爱丽丝梦游仙境》（*Alice in Wonderland*）里的皇后拿乙醚给他闻，另一个是一艘德国运兵舰向他迅速逼近。这个梦让他想起很久以前梦到的东西，梦中有一辆又老又黑且被遗弃的汽车，上面有好多车牌。这辆汽车朝他驶来，正好停在他脚边（他一边描述这些梦，一边不停地把暖炉开开关关）。

K太太诠释说，暖炉关掉后看起来很黑，对他来说好像死了一样，而梦中那辆又老又黑的废旧汽车也好像死了。

理查德说，他打开暖炉时，里面有红色的东西在动（他指的是金属护罩后面产生的振动）。

K太太诠释说，暖炉代表母亲，母亲体内好像有东西在动，理查德想要阻止它。如果他通过关掉暖炉来攻击那个东西，那么母亲也会变得又老又黑、被人遗弃，就像梦中的汽车一样死去；现在他也害怕K太太会跟母亲一样。K太太指出，载着敌人的德国运兵舰，代表她和体内有坏希特勒父亲的母亲。在梦中给他闻乙醚的皇后也代表坏母亲和坏父亲。他动手术时母亲骗了他，所以他觉得母亲变坏了，而且还与坏医生联手对付他（注记Ⅰ）。《爱丽丝梦游仙境》中的皇后会把人头砍掉，所以她代表危险的父母，用乙醚把他弄晕后，再把他的性器官割掉。当理查德想把暖炉关掉时，表示他想攻击或摧毁K太太体内的坏男人和母亲体内的坏父亲。他之前说动手术时有许多敌人在场。他告诉K太太后，就不那么害怕了，所以K太太也代表唯一能保护他的护士（第六次面谈）。

理查德在地图上挑选他想谈论的国家，这次选的是德国。他说他想揍希特勒并攻击德国，然后，他决定选法国，他说法国背叛了英国，可能也是因为无能为力，他为法国感到遗憾。

K太太指出，他心目中有各种各样的母亲：有德国代表的坏母亲，他想攻击坏母亲，以摧毁她体内的希特勒；有法国代表的受伤的母亲，这个母亲不是那么好，但他仍爱她。当她们一起出现在他心中时，他不忍心攻击德国，宁可选择法国，至少他可以忍受为法国感到难过。德国（更确切地说是奥地利）也代表被希特勒入侵的K太太（注记Ⅱ）［统整分裂的客体面向及相对应之罪疚感与忧郁焦虑］。

理查德像前几天一样四处查看房间。他拿起几本书，但是并不感兴趣，而且一副若有所思的样子……他提到在旅馆遇到的一名小女孩，长得很丑，而且有龅牙，他说他讨厌她。理查德看起来既困扰又沮丧。

K太太诠释说，理查德讨厌那位小女孩，因为她代表想咬人的他。他曾经说他咬过护士和波比（第四次面谈），愤怒时还会磨牙。房间代表母亲，他担心自己在探索母亲身体内部时，可能会咬她、吃掉她，包括她身体里的东西（婴儿以及父亲的性器官），但是，现在这个房间也代表K太太，理查德想用同样的方式探索和攻击她……

K太太提及理查德曾说希望母亲“多生小孩”（第四次和第五次面谈），但他似乎非常嫉妒他的哥哥保罗。当他嫉妒母亲肚子里即将出生的小孩时，就想攻击他们，就像想攻击母亲一样，然后，母亲就会变成毫无动静的黑色暖炉，也会变成又老又黑且被遗弃的汽车，而那些车牌则代表死去的婴儿。这样，原本可以让房间变好的“很多小孩”（狗的图片），就会变成死去的小孩。理查德曾提到（第一次面谈），他在晚上常常感到“被遗弃”，就像刚刚那辆被遗弃的汽车一样。汽车代表母亲，如果汽车坏了，他也会被遗弃和死亡。理查德的焦虑太过强烈，让他完全没有兴致再探索房间了。

理查德又问K太太会不会延长时间，他们今天开始得比较晚。

K太太再次回答会延长，并且诠释说，理查德从一开始就怕浪费时间，因为他对K太太和母亲的死亡感到焦虑，他觉得自己已经摧毁了她们或可能会因为贪心和嫉妒而这么做。

理查德再次开始查看房间，尤其是那些小凳子，他说小凳子上有很多灰尘，然后用手把灰尘拍掉。接着，他拿起一把扫帚开始打扫房间。

K太太诠释说，理查德想让母亲体内的婴儿（房间里的小凳子）变得更好。他可能担心母亲体内有肮脏以及像他一样贪婪的小孩。这些在母亲体内的婴儿还有另外一个代表，就是路上那些有敌意的小孩，他很害怕他们，于是把小凳子上的灰尘拍掉，这个动作表示他在攻击那些坏小孩。

理查德去小便。回来后，K太太已经准备要延长面谈时间，他却说想准时离开（因为某些不重要的原因），不过，理查德让K太太保证以后再找机会补回来。

K太太诠释说，理查德不想占用她太多时间，因为害怕自己会贪婪地吃掉她。

理查德走到外面的花园里，让K太太也一起过去。他完全沉浸在阳光和“美丽乡间”景色中，他说他觉得很开心（注记Ⅲ）。

K太太指出，他现在不那么惧怕母亲与K太太体内的坏小孩了，所以才能够喜爱“美丽的”乡间，也就是代表母亲好的那一面，同时，沉浸在四周美景中，是用来对抗自己对母亲体内那些危险的坏东西所产生的恐惧感［躁动防卫］的。

第九次面谈注记：

Ⅰ. 在精神分析过程中，是否应该让儿童将潜抑或刻意压抑的对父母的批判公开表达出来，是一个颇有争议的问题。我很早就发现，无论儿童对父母的批判是否合理，允许他们表达出来是很重要的。理由很简单，进行精神分析时需要移除对攻击情感的潜抑；同时，建立在理想化基础上的亲子关系并不稳固。当儿童从比较实际的角度看父母，且被应允时，父母的理想化程度会减低，也会更加包容。潜意识的批判会导致夸张的幻想，如理查德的母亲对他撒了谎，引发他的潜意识幻想中出现《爱丽丝梦游仙境》里的皇后，她不仅给他闻乙醚，还会像故事里的皇后一样砍人头。如果不允许儿童表达他们对父母实际上的不满，就没法完整地分析这些潜意识幻想。事实上，我发现在分析对父母的批判以及跟这些不满有关的幻想后，儿童与父母的关系往往会得到极大的改善。

Ⅱ. 理查德对地图上各个国家的感觉（或开关暖炉），表达出他对爱的人产生两难的情感，既有攻击冲动，又想让她存活下来。两难情感的根源是婴儿抑郁状态（Infantile Depressive Position），这种焦虑源于婴儿与母亲（她的乳房）之间的关系，包括“母亲/内在客体”和“母亲/外在客体”，并有许多衍生形式。例如，婴儿会有冲动想摧毁好客体里面的坏客体，一方面是为客体着想，另一方面是为了主体，同时，他也会觉得自己的攻击让好客体受到威胁（参见我的论文《论躁郁状态的心理成因》〔*Contribution to the Psychogenesis of Manic-Depressive States*〕，1935，《克莱因文集Ⅰ》）。

Ⅲ. 在这次会晤中，焦虑显现出来并经过诠释后，理查德的情绪完全改变了。根据我的经验，在一次面谈中就发生情绪转变的情况并不罕见。这是因为对抗忧郁的躁动防卫显现出来了，然而，在修通和诠释的作用下，确实焦虑程度降低、忧郁程度减轻，修复欲望得以产生。常见的躁症与郁症交替发作，跟上述躁动防卫是有差别的；后者是在自我处理忧郁的能力增强时才会产生的进展。这是人们与生俱来的能力，当婴儿历经忧郁心理并通过各种方式处理时，就会有所进展，而且精神分析的过程也会促进儿童在这方面的发展。

第十次面谈（周四）

理查德迟到了几分钟，并且很不高兴。他告诉K太太，他本来在家，后来先跟母亲到旅馆，而不是直接坐公交车来游戏室，所以才会迟到。（K太太推测他可能担心母亲与她会产生冲突。）理查德说他很害怕路上的小孩。有一名逃难的红发小女孩问他是不是意大利人（当时X村里有一些意大利人），这使他担惊受怕。意大利人是希特勒的狐朋狗友，所以他认为他们是叛徒，而且很坏。

K太太诠释说，他担心母亲和她可能会发生冲突，对于父母之间的问题，他可能也有同样的感觉。

理查德说父母从不吵架，但保姆和厨娘就常常起冲突（他的母亲告诉我，二人的矛盾导致保姆离开，这让理查德很不开心。他一直没有原谅那位厨娘，但现在厨娘还在他们家）……理查德又开始选国家，他先选了爱沙尼亚，但想到爱沙尼亚与波兰人敌对，就决定不要它了，改选“小拉脱维亚”，同时，他又不停地开关暖炉，然后看了看房间里的小凳子，把上面的灰尘拍掉了。

K太太诠释说，虽然理查德认为父母从未吵架，他还是担心他们可能会不合。这种恐惧使他更希望有个妹妹或弟弟（小拉脱维亚）能够成为他的盟友，既是因为他害怕吵架的父母，也是希望有人帮他让父母复合，但是，他也担心自己的攻击欲望与嫉妒会使弟弟或妹妹与他敌对，并且指控他背叛他们或父母（红发女孩认为他是意大利人）。他还怕母亲的婴儿是肮脏的，而且会对她造成伤害（有灰尘的小凳子）。

过了一会儿，理查德提到战争刚爆发时他上过的一所学校，里面有很多老鼠（X村的洗衣房里也有老鼠）。老鼠很讨厌，而且会让食物变得很脏。理查德接着说波比有时候会咬他，如果波比咬他，他就咬回去。他说波比还会“俯冲轰炸”（Dive-bombing）……理查德问起其他病人，说他想知道K太太所有的秘密，想知道K太太在想什么，还想“钻进”K太太心里。

K太太再次表明她不能跟他讨论别的病人。K太太诠释说，理查德想用牙齿钻进她（和母亲）体内，找出所有藏在里面的婴儿（K太太的其他病人）所以那个龅牙女孩让他感到不安。他越担心那些婴儿可能像老鼠一样坏，会把K太太（和母亲）吃掉或毒死，他就越想钻进去。当他还是一个婴儿时，可能也想钻进母亲的乳房然后吃掉它。K太太指出，老鼠在理查德的心里也代表父亲的性器官，他认为父亲的性器官会钻进母亲体内并留在那里。如果他攻击母亲体内的父亲和婴儿，他们可能会反击，并且把他吞掉。他和波比之间只是咬着玩，不会真受伤，这样他就不会因为攻击弟弟（母亲的婴儿）而感到罪疚，波比就代表那些弟弟。

理查德拿起一本图片日历翻看，他很喜欢其中一张有战舰的图片，这让他想起一位他十分崇拜的船长，这人是他父母的朋友。突然，他开始咬画画的边，然后又拿起棒球帽来咬。

K太太诠释说，理查德如此崇拜这位船长，一方面，因为他代表正在照顾母亲的父亲，也就是图中那艘战舰；另一方面，不愿意想到那个危险的、像老鼠的父亲。他害怕那个像老鼠的父亲时，想起好父亲可以宽慰自己［躁动防卫］。K太太还指出，他崇拜父亲强壮的、有性能力的性器官，表示他没有伤害它；也表示强壮的父亲可以保护并帮助母亲，但是，理查德对父亲具有性能力的性器官感到嫉妒和嫉羡，他想咬掉它，所以他刚刚才会咬那张画画的边和棒球帽。

理查德变得对K太太很热情，他说他“非常喜欢”她，还说她“人很可爱”。显然诠释减轻了他的痛苦。理查德问K太太，他可不可以等她，得到同意后陪她走到街道的转角，告别时还不停跟她说再见。

第十一次面谈（周五）

理查德与K太太坐在窗边，路上经过的孩子令他深感不安。他说（看起来非常不快乐，似乎意识到自己的被害感）他随时“保持警惕”，即使K太太就在身边；他显然觉得K太太可以保护他。理查德问K太太小时候是否也有过这样的恐惧，他听说每个小孩都会这样。他望着暖炉，把它打开又关上，然后，他拿起K太太的时钟，上紧发条并打开它，放在脸旁轻抚了一会儿……他提到昨晚英国的轰炸机取得成功，德国的舰队和停靠在布雷斯特港的战舰全部被击沉。不知道希特勒是怎样把德国变成纳粹国家的，现在只有进攻德国才能除掉希特勒。

K太太诠释说，他担心如果要摧毁母亲体内的坏父亲和婴儿，就必须攻击母亲，这可能会对她造成伤害（就像德国现在由于坏希特勒而被攻击）。K太太也指出，理查德查看她的时钟，其实代表观察她的内在与性器官，并且想把坏的K先生（希特勒父亲）找出来。至于不停开关暖炉，K太太回溯到之前的诠释（见第九次面谈），说这表示他想摧毁母亲体内的坏父亲和婴儿，又怕会把母亲一起杀死。他用脸颊轻抚时钟，代表轻抚K太太，部分原因是他觉得她被体内的坏K先生和婴儿（德国里面的坏希特勒）攻击而感到难过。

理查德继续玩着暖炉，接着又拿起时钟。他想知道K太太为什么把闹铃时间定得这么早，那时她在做什么……然后，理查德宣布这次他要“选”奥地利。他说，希特勒是奥地利人对吧？但他马上补充说莫扎特也是奥地利人，他很喜欢莫扎特。

K太太诠释说，理查德怀疑她和男人的关系，所以才问她为何起这么早。“奥地利人”希特勒让德国变成纳粹国，代表坏的K先生把K太太带坏了。理查德喜爱的莫扎特代表好的K先生，想到他就会感到安慰，并且可以帮助他抵抗对坏希特勒与K先生的恐惧。同样，理查德尽量避免自己认为母亲身体里面有坏父亲，而且坏父亲会带坏她。

K太太诠释时，理查德一副无精打采的样子，好像没有认真在听。他又开始在房间里四处探索，说小凳子很脏，像以前一样动手把灰尘拍掉，然后，他打开门欣赏风景，特别是那些山丘。

K太太诠释说，美丽乡间证明外在世界是美好的，代表他期盼内在世界，特别是母亲的内在也是美好的。这使得他不再那么怀疑K太太（和母亲）与坏男人勾结。K太太提到他对路上其他小孩的恐惧并解释说，这些孩子代表母亲体内那些像老鼠一样又坏又脏的婴儿，他想攻击他们，所以害怕在路上会被他们反击。她指出，从这次面谈开始时，理查德就意识到自己有多么害怕他们。

现在，理查德对诠释的阻抗减少了，他看起来很严肃，显然更清楚地意识到自己对于被害的恐惧了。

第十二次面谈（周六）

K太太带了铅笔、蜡笔和一个本子，她把这些东西都摆在桌上。理查德迫不及待地问这些东西是做什么用的，他能不能拿来写字或画画，K太太回答，他想怎么用都行。理查德不断问K太太是否介意他画画，同时，几乎就要动笔画了。

K太太诠释说，理查德似乎担心画画会伤害她。

理查德画完第一张图后，又问了同样的问题，突然发现第二张纸上有画过画的印痕。

K太太诠释说，理查德担心铅笔留下的印痕，因为他觉得画画就像在破坏东西，他画的内容与战争有关，所以才会这样联想。

理查德画好两张图后，就停了下来。

K太太问他画的是什么。

理查德回答，这是一次袭击，但他不知道是鲑鱼号还是U形艇先发动的攻击。他指着U102说，10岁是自己的年龄，而U16应该是约翰·威尔森的年龄。他很惊讶自己知道这些数字的潜意识意义，还发现画画可以表达潜意识的想法，这让他相当感兴趣。

K太太指出，这些数字也说明他和约翰以德国U形艇为代表，他们与英国敌对，对英国造成威胁。

这个诠释让理查德大吃一惊，并且深感不安。沉默片刻之后，他同意这个诠释是对的，但他肯定不会攻击英国，因为他非常“爱国”。

K太太诠释说，英国代表他的家庭，他应该已经知道自己不仅爱家人、想保护家人，同时，也想攻击他们［自我分裂］。这一点从画中就能够看出。他与约翰结盟，约翰有一部分代表哥哥。由于约翰曾接受K太太的分析，每当理查德对K太太产生像对家人一样的敌意时，约翰就会变成与他联手对抗K太太的盟友。K太太提醒理查德，当小女孩误以为他是意大利人时，他非常不高兴（第十次面谈）。她那时诠释说他反应这么强烈，是因为这表示他背叛英国——父母。画中的两艘英国船Truant和Sunfish代表父母，他与约翰（代表保罗）联手攻击他们。

接着，理查德在Truant与Sunfish右边的船上写上U72，他说他喜欢2这个数字，因为“它是好的偶数”；7是奇数，他不喜欢奇数……理查德讲了一个有关两个人射杀兔子的故事，他不知道这两个人怎么平分7只兔子。

K太太诠释说，那两个人就是他和约翰，而被射杀、瓜分和吞食的兔子代表他的父母（被U形船攻击）。72里面的7代表被吞噬的父母，2代表他自己和盟友约翰，就像保罗对父母生气时也可能变成他的盟友。现在，约翰和理查德联合反抗K太太，所以被杀害和瓜分的兔子也代表K太太。K太太提醒理查德，2属于代表他的数字102，但现在72也代表他（注记Ⅰ）。回到U102上，K太太指出，他这艘船比那些被攻击的英国船都大，表示他希望比父母更强大，才能够掌控他们；现在这个愿望更强烈，因为他怕父母会反击［攻击投射与被报复的恐惧］。

理查德提起刚才K太太的诠释，说哥哥有时与他站在同一阵营，尤其是一起对抗保姆时；但有时又与他敌对，如哥哥会嘲笑他。

K太太诠释说，理查德与约翰联手对抗她时，她就代表保姆。她指出，第一张图上方的鲑鱼号和U形艇也代表保罗和他自己，而他此前说过不知道谁会先发动攻击。

理查德告诉K太太，第一张画中，Sunfish的潜望镜穿过了Truant。

K太太诠释说，这代表父母之间也有战争，潜望镜代表父亲的性器官，这个有穿刺力又危险的东西正在伤害母亲。理查德嫉妒父母亲享受性关系时，就希望父亲攻击母亲（流浪汉、希特勒），这意味着他间接地攻击了母亲。这样的互相伤害让他十分恐惧。射杀和瓜分兔子也意味着他直接攻击父母，现在，他在约翰的协助下，则是直接攻击K太太。

理查德看着第二张画，指着U19惊讶地说，这是他哥哥的年龄，他还是觉得很不可思议。显然，现在他越来越能接受有敌意的U形艇代表保罗、约翰和他自己，对父母和K太太会造成威胁。他还说，U10是他自己，他比保罗还大，而且位置在父母之上，但他也指出父母的潜望镜穿过了他的船。

K太太诠释说，理查德希望自己在所有人之上，他是家里最弱小的人，他想变成家里最强大、最重要的人。代表理查德的U形艇又大又危险，他只要攻击父母，就会摧毁他们，他对此担心不已。父母对他而言也很危险，因为他们把潜望镜性器官放到他身体里面，表示他和父母双方都发生性关系，而且父母比他更强大。（K太太诠释时，理查德画了一个纳粹党徽，并且示范如何轻易地将其变成英国国旗。）K太太诠释说，这表示他希望能够将代表自己的那艘有敌意又有攻击性的U形艇变成一艘好的英国船。

在K太太诠释时，理查德已经开始画第三张画，他说想画一艘“漂亮的船”。他在船下画了一条线，解释说，这条线下面是“海底”，而且“跟上半部分完全没有关系”。海里有一个饥饿的海星，海星喜欢海草。他不知道旁边的U形艇会怎样，它可能攻击上面的船。那条鱼安静自在地游着，理查德补充说：“这是母亲，海星是宝宝。”

K太太诠释说，他画这艘漂亮的船是为了恢复父母的原貌，这艘船代表父母。

理查德问：“这是烟囱吗？”

K太太告诉他，其中一根烟囱上的烟是直的，这可能代表父亲的性器官；另一根烟囱比较细，上面的烟是弯的，代表母亲的性器官。

理查德说母亲比父亲瘦，还说他从来没见过女人的性器官，不过他不太确定有没有见过小女孩的性器官。

K太太诠释说，饥饿的海星宝宝代表他自己，海草代表母亲的乳房，他想要喝奶。当他觉得自己是贪婪的宝宝，想完全占有母亲却得不到时，就会愤怒、嫉妒，并且认为自己攻击了父母。此时他的代表就是U形艇，它“可能会”攻击上方的船。他也很嫉妒约翰，因为约翰是K太太的病人，占用了她的时间并获得她的关注。现在，精神分析过程代表的正是接受喂食的过程。理查德说海底发生的一切跟上面都没有关系，表示他心中有某个部分不知道他的贪婪、嫉妒心与攻击性，这些感觉一直处于潜意识中。画的上半部分想表达的是他希望父母结合并快乐地在一起。这些感觉他都能意识到，并且觉得是头脑上半部分体验到的［潜意识从意识中分隔出来，随后加以压抑］。

理查德认真专注地听这些诠释，显然如释重负（注记Ⅱ）。（他马上又开始画画，问能不能把画带回家。K太太表示最好把画留下来，这样他想看的时候就能马上拿出来看。理查德听了很得意，还特别注意到K太太在每张画上都写了日期，他显然知道她想保存这些画。他觉得画画就像是给K太太送礼物，这会在不同的素材中呈现出来。）理查德临走前说，他很期待回家过周末。

第十二次面谈注记：

Ⅰ. 从这个素材可以进一步得出以下结论（未诠释）：理查德觉得自己吞噬了父母（兔子），让他们变成自己的一部分；U72中的7就是父母。U（危险且有敌意的U形艇）代表他贪婪的、有毁灭性的一面，2则代表他好的一面（他喜欢“好的偶数”）。2也代表他与约翰联盟，表示他已经将约翰（和保罗）内化到坏的（贪婪的）那一面，以及对他有利的那一面（盟友）。至于2这个“好的偶数”，不仅代表好的一面，与U形艇对立；也代表他与坏哥哥联盟，因此也具有危险性。“好的偶数”还有一个特别的意义——伪善，即表面上看起来温和；从理查德整体人格的形成即可印证这一点。在后面的素材可以观察到，理查德有一种强烈的性格特征，就是亲切友善，很会讨人欢心，其实他相当不信任这样的自己。根据这次面谈并结合前后出现的素材可以发现，U72最能揭示理查德的自我结构，包括自我分裂后的各个面向，即贪婪与摧毁冲动、修复与爱的倾向、讨好他人与伪善的特质以及一些内化的形象：被射杀、瓜分、吞噬的父母，在他内在世界里转化为受伤的、有敌意、有报复心，并且会吞噬的客体。（见第四十四次面谈，被内化的母亲以吞噬鸟为表征。）两次面谈结束后，理查德意识到自己的贪婪与嫉妒心，他很快地在第一张画上加了U2，说这代表他自己。他解释说，他粗暴地将他的潜望镜穿过U102和U16，是因为他很生气。我诠释说，他自己的一部分痛恨另一部分——有敌意又贪婪的U形艇。执行惩罚的部分（超我），虽然似乎是伸张正义，但也是愤怒的、有攻击性的，因此也是以U形艇为代表。由于他亦正亦邪，U2上面的纳粹党徽才很难辨认，好像是纳粹党徽与英国国旗的结合体。

我选择用这个例子说明并佐证我的论述，即个体从一出生就开始借由内化客体来建构自我，而且自我分裂的过程与客体的分裂相关联。理查德说他想钻进我的心里之后（老鼠的素材，见第十次面谈），就出现被射杀、瓜分的兔子。我的诠释是，理查德想钻进母亲体内、咬她，把她身体里的东西吃掉。这个素材呈现了最早期的内化过程，即吞噬母亲的乳房，也是受伤的、会吞噬的内化客体的起源。换句话说，理查德的自我建构可以追溯到很早期的素材，有一些是属于前口语期（Pre-verbal）的素材。如果分析能够进入心智深层，我们不仅会在十岁儿童身上发现这些早期内化过程，也会在成人身上发现（成人呈现素材的方式当然有别于儿童）。

Ⅱ．虽然理查德很高兴看到我带了纸和铅笔，并且马上开始使用，但他一开始表达潜意识想法的方式是很拘谨的。他先在第一张画上方画了鲑鱼号与U形艇，然后把接下来画的三艘船都涂掉，画完Truant、Sunfish和U72后，才开始把代表自己的U形艇画得比较大。之前，我已经诠释过他担心画画会对我造成伤害。这个诠释跟他画完第一张画后，告诉我下面的白纸上有铅笔印痕这件事是相关的。他在画第二张画和联想的时候，能更自由地表达自己；而第一张和第二张画的诠释形成了第三张图中的丰富素材，这一点印证了我过去的经验；对患者的联想及其包含的潜意识意义的了解（如分析患者的态度、行为、联想的潜意识意义以及对当下的诠释），都会影响接下来患者所呈现的素材的质与量，从而从根本上影响精神分析的进程。

第十三次面谈（周一）

理查德的情绪低落而悲伤。他告诉K太太，周末母亲生病了，所以不能到X村陪他。她吃了一小块鲑鱼后就感觉不舒服，但别人吃了都没事。理查德红着眼圈说离开家、父母和他喜欢的一切让他很不开心。他其实不想回来接受精神分析，但他没有跟母亲提起过。他不知道K太太有没有把他的画、纸和铅笔带来，他觉得她不会带。（理查德说话有气无力，时而沉默不语。）

K太太诠释说，理查德担心自己的画会对她造成伤害。这些画可能已经伤害她甚至杀死她了，她可能会变得对他有敌意，而且变“坏”。因此，他觉得K太太不会把画和工具带来。理查德这么担心母亲的病，是因为他觉得通过画攻击了母亲。在他的两张画里，鲑鱼号扮演很重要的角色，母亲现在真的因为一小块鲑鱼而吃坏了肚子，这更强化了他的潜意识想法，认为自己应该为母亲的病而负责。

理查德又开始画画了。他盯着第三张画反复看，说想画一张一样的送给母亲。画完之后，他讶异地发现第四张画与第三张画很不同，然后马上决定不送给母亲了。画画的时候，他提到一件悲惨的事：他那两只金丝雀的羽毛快秃了。

K太太指出，在第四张画中，海星代表贪婪的宝宝和他自己，海草代表母亲的乳房，二者相距更远；由于害怕自己的贪婪会伤害母亲，他把自己放在离她更远的地方，但是，这张画中的U形艇比第三张画多了一艘，第三张画中的U形艇代表他自己正在用鱼雷攻击（或者可能会攻击）那艘漂亮的船，也就是父母。

理查德指着第四张画告诉K太太，鱼雷发射的方向并不是对着那艘船，所以不会伤害它。他补充说，现在这里有两条鱼：代表父母正在小心地监视U形艇并阻止它发动攻击。

K太太诠释说，理查德想画一样的画送给母亲，表示自己不应该偏爱K太太。K太太现在也代表保姆。同样，他似乎也认为自己不能偏爱保姆而忘了母亲。由于他把那张漂亮的船的画当作礼物，只把画送给K太太让他感到罪疚，现在母亲生病了，而他觉得漂亮的船会让母亲好起来，这更加深了他的罪疚感；但是他后来没有画出同样的图，所以就不想送给母亲了。他害怕伤害父母，是造成第三张画和第四张画不同的主要原因。在第四张画中，他阻止自己造成伤害，也受到父母的监视，这跟K太太分析他的攻击欲望后，他觉得K太太能够帮他控制这些欲望是一样的。K太太问他，第二艘U形艇代表谁。

理查德回答，是保罗。他这才惊讶地发现船的颜色画错了，跟第三张画中的颜色根本不一样。

K太太诠释说，以前烟囱代表父母，但这张画中烟囱是红色的，可能因为他觉得他们受伤了。另外，右边的烟囱画得比较粗。烟囱也代表父母的性器官。现在，两根烟囱上的烟一样直，表示他希望父母平等，这样他们就不会吵架了（注记）。K太太提到变秃的金丝雀，诠释说，金丝雀与红色的烟囱一样，都代表受伤的父母。

理查德说父亲也开始谢顶了，而且常常身体不舒服，但父亲人很好，他很喜欢父亲……理查德特别强调父亲身体不太好也是有好处的，上次战争他就不用上战场……

K太太诠释说，他陷入爱恨交织的挣扎之中，罪疚感加深了忧虑。

理查德离开时，不再那么悲伤了。他让K太太把画和第一次面谈时的玩具带来，他说现在想玩。K太太诠释时，理查德的注意力常常不集中，但是偶尔会用感兴趣、理解的神情望着K太太，尤其是K太太谈到爱恨交织的冲突、害怕无法控制摧毁冲动以及修复欲望时。面谈接近尾声时，理查德画了第五张图。画的左下角有一个框，里面分别写了被击落的英军和德军战机的数目，他告诉K太太，这是多佛（Dover）的飞机库（我在第十六次面谈时分析了这张画）。

第十三次面谈注记：

我认为，理查德将自己对母亲的生育能力和父亲的性能力的嫉妒投射到父母身上。他让父母平等，这样他们就不会相互嫉妒了。

第十四次面谈（周二）

K太太把带来的玩具摆在桌上。理查德很感兴趣，马上就开始玩。他拿起两个荡秋千的玩偶并排放在一起，先用手摆荡他们，再让他们一起倒下，说："他们看起来很开心。"接着，他往"货车"的一节拖车里装满小型玩偶，说"这些小孩"正愉快地去多佛旅游。他把一个身穿粉色洋装的女玩偶放上去，说她是"母亲"。（这个玩偶在后来的游戏中总是扮演母亲的角色〔注记Ⅰ〕。）他说，母亲也要跟孩子们一起去旅游。后来，他又加入一个男玩偶，这个玩偶戴着帽子，称其为"牧师"。刚放进拖车没多久，理查德马上又把他拿出来，让他坐在房顶上，再把穿粉色洋装的女玩偶也拿过来坐在他旁边，两个玩偶一起从房顶上摔下来。他把他们面对面放在拖车上，然后说："母亲和父亲在做爱。"刚刚这节拖车里的玩偶都已经先拿出来了，只留下一个玩偶放在第二节拖车上，让他面对第一节拖车上的那对男女。

K太太诠释说，荡秋千代表父母，让他们并排倒下，说他们玩得很开心，意指父母一起躺在床上，摆荡的动作代表发生性关系。后来，他让穿粉色洋装的女玩偶（又称她为"母亲"）跟孩子们一起去旅游，表示父母不应该在一起。他允许K太太跟他和其他孩子（保罗、约翰等）在一起，但她不能跟任何代表K先生的男人在一起。理查德因让父母分开而罪疚和抱歉，所以又让父亲回到母亲身边，父亲的代表就是"牧师"。然后，他让他们一起坐在房顶上，跟荡秋千一样，表示允许他们在一起并发生性关系。他们从房顶上摔下来表示受伤了。接着，他把他们一起放在一节拖车上，再把"小孩"放在后面的拖车上，代表这个小孩（他自己）正在看父母"做爱"，不过，他和父母的关系是友好的。（从此之后，他会用这三人的组合来表示他和父母关系良好，有时他也会用动物〔注记Ⅱ〕）。

理查德把玩具分成多组：两个男玩偶放在一起、一头牛和一匹马在第一节拖车上、一只羊在第二节拖车上。接着，他用小房子排成“村庄和车站”，让火车绕着村庄跑一圈后驶入车站，由于预留的空间不够，直接火车把房子撞倒了。他把房子摞起来，然后推着另一辆火车（他称其为“电车”）驶入车站，结果还是撞了。理查德很不高兴，他让电车压过所有东西，玩具全被撞成一堆。他说这是一场“混乱”和“灾难”。最后，只有电车还屹立不倒（注记Ⅲ）。

K太太诠释说，孩子们开心地去多佛旅行，表示他们也想与父母一样有性行为。他让孩子们去刚被攻击得满目疮痍的多佛（也是他在第五张画中提到的地点），表示父母的性交是危险的。代表父亲的牧师和母亲从屋顶上摔下来，同样也表达了性交的危险性。最后，这一切都以“灾难”收场。K太太诠释说，理查德担心面谈最后也会以灾难收场，如果这样，他会觉得一切都是自己的错，就像他觉得已经伤害了母亲一样。K太太也提起那条被安乐死的狗，还有他奶奶的离世（第二次面谈）。

K太太的诠释让理查德震惊极了，他非常惊讶自己的想法和感觉都能够在游戏中体现出来。

K太太诠释说，理查德认识到游戏可以表达他的感觉，也表示K太太让他清楚地了解自己内在的想法。这证明分析和K太太对他是好的，也是有帮助的。K太太现在就代表好母亲，即便在这场他认为是自己造成的灾难发生后，她仍会帮助他。

理查德问K太太，最后那辆幸存的电车是否代表他自己，是否表示他是最强壮的人。

K太太提醒说，第二张图中代表他自己的大U形艇，就表示他是家中最大、最强壮的人。

歇了一会儿后，理查德把玩具都推到一旁，说他“玩腻了”。他开始仔细地、兴致勃勃地画画。他说，里面有很多小孩和海星，他们“怒火中烧”，而且非常饥饿。他们想要接近那株海草（海草还没画），所以先把旁边的章鱼拉走。接着，理查德决定要画一些舷窗。

K太太诠释说，舷窗、海星和汽车上的车牌（第九次面谈），都是代表小孩。他希望母亲有很多小孩，这样她就能好起来了。海星把坏章鱼拉走，代表他和保罗把父亲的坏性器官从母亲体内拉出来；也代表他和约翰把希特勒的阴茎从K太太体内拉出来。让母亲身体不舒服的鲑鱼也代表父亲的坏性器官。加上舷窗是为了更方便进入母亲的身体，这样就不需要从她体内把东西拉出来了。孩子们想接近的海草代表母亲的乳房、性器官及身体内部。他们想接近母亲、接受母亲哺育并进入母亲体内。他们也接受K太太的哺育——这个分析过程感觉像是接受哺育的过程。孩子们把章鱼拉走，不仅因为它会伤害母亲，还因为他们正"怒火中烧"，他们嫉妒章鱼、感到饥渴，而且想取代它的位置。K太太提醒说，她之前诠释过，他的嫉妒和愤怒使他希望父亲伤害母亲，这就是导致他害怕"坏"父亲的原因（第一次面谈时是流浪汉，现在是章鱼）。在游戏中，他既嫉妒（把代表母亲的粉红女人从代表父亲的牧师身边拿走）又希望父母相聚（让他们做爱），并在这两个极端之间摇摆不定。这次游戏中，父母看起来并不坏，却在享受鱼水之欢，理查德就是因为嫉妒而"怒火中烧"。

理查德答道："对，孩子们想去那边［接近海草］，他们不希望那只讨厌的章鱼在那里。"但是，理查德多少接受了K太太的诠释：他攻击父亲是因为嫉妒，而不单因为他认为父亲的性器官是坏的——"讨厌的章鱼"……理查德又开始看以前的画，并且很快在第一张画上加了U2（第十二次面谈），然后说这代表他自己。理查德说，他一定要让他的潜望镜穿过U102和U16，因为他很生他们的气。

K太太诠释说，他之前（第十二次面谈）说过，他有一部分的自己痛恨另一部分的自己，也就是有敌意的U形艇。一部分自己攻击U形艇代表的那部分自己，也攻击坏约翰（和保罗）；虽然这似乎是在克制和惩罚自己的攻击倾向，但这部分自己的表达方式仍然非常愤怒且具有攻击性，所以同样也以U形艇为代表［可怕的超我］。由于他认为这部分自己在做正确的事，所以U2上面的纳粹党徽画得十分模糊——看起来像是英国国旗与纳粹党徽的结合体，也就是理查德自己好坏两面的结合体（注记Ⅳ）。

第十四次面谈注记：

Ⅰ. 整个分析过程中，有些玩具的象征意义一直没变，如"货车"与"牧师"；其他的则会变换角色。这一点很有趣，表示象征意义并不是固定不变的。

Ⅱ．理查德既希望父母结合，同时，又想监视他们的原因有很多，对性的好奇当然是原因之一。另外，他还有管控父母的欲望，而且通过监视来确保父母是真的在“做爱”，而不是彼此伤害，可以带给他安全感。我在《引言》中提过，理查德爱人的能力很强，这个能力在分析中表现为各种形式，也包括修复欲望在内。这些因素让理查德的忧郁特质战胜精神分裂特质，也可以解释为什么理查德会如此配合，所以即便精神分析的过程如此短暂，也能有成效。

Ⅲ．游戏分析技巧的好处之一（特别是小玩具），就是儿童借这些玩具来表达各种情感与情境时，最能够让我们接近他的内在世界。画画、其他形式的游戏与梦，在某种程度上也能够表达儿童的内在世界，但是，只有当儿童玩玩具时，我们才最能看清他们矛盾情感的表现。理查德在游戏中能够直接产生这么多重要的素材，也呼应了精神分析师所熟悉的经验，即患者开始接受精神分析后所描述的第一个梦境，往往会揭露出很多潜意识的内容；如我们观察到的，这些梦境预示着未来在分析过程中将占有重要地位的素材。

Ⅳ．有趣的是，虽然理查德对游戏的诠释表现出强烈阻抗，还中止了游戏，但后来他仍兴致勃勃地画画，并制造了回溯至更原始的情感的素材：他与自己、与父亲以及与哥哥联手对抗父亲有关的口腔焦虑（Oral Anxiety）。结论就是，诠释一方面激起了阻抗并导致游戏中止；另一方面也得到认可并进一步制造更多素材。虽然理查德对于表达潜意识的需求并未削减，但当下玩具作为表达的媒介，对他而言变坏了，所以他才会转而继续画画。分析成人时，虽然也会看到患者的自由联想因为阻抗而中断，但我们可以从他之后做的梦或以前没提过而突然想起的梦中获得同样、甚至更深层次的素材。

第十五次面谈（周三）

理查德说他一直在等母亲，可是她因为嗓子疼而没有来，他很失望，但真正让他不高兴的事是母亲生病了。理查德开始玩游戏，很多细节与上次面谈大同小异。他把荡秋千的玩偶挪来挪去、将玩具分组，接着把两个玩偶（有时是动物）放在一节拖车上，再把一个玩偶放在另一节拖车上。突然，有一条玩具狗跳上其中一节拖车，把里面的“牧师”踢了出去（注记Ⅰ）。接着，理查德把牧师放在屋顶上。孩子们乘坐两辆火车愉快地去旅行，后来决定让穿粉色洋装的母亲也一起去。理查德说，这次火车会安全通过车站，但是火车一边开，里面的玩偶一边往外掉，最后“电车”还是碾过一切，成为唯一的幸存者（注记Ⅱ）。“灾难”过后，理查德跟上次一样又把所有玩具推到一旁，说他不喜欢玩玩具。他迫不及待地开始画画，越画越带劲儿，也不再忧郁了……理查德先画了第六幅画，然后加了一些细节，并且告诉K太太他加了什么：他把章鱼涂成红色，还给它画上了嘴巴。他跟K太太说，这两条鱼在说悄悄话，他们在嘲笑那只章鱼，因为章鱼用触须搔弄它们。章鱼很饿，很想吃东西。理查德给海星涂上颜色时说，现在他要“让这些海星宝宝活过来”，目前它们都还是“透明的东西”。海草中间那两只小海星还没有活过来。理查德给海星上色时还多画了几棵海草。他解释说，那两条说悄悄话的鱼是他和保罗，他们正在惹父亲生气，然后补充说母亲没有在这幅画里。

K太太诠释说，母亲其实在画里，海草代表着母亲的乳房、其他性器官与身体内部。由于这场母亲抢夺战势必会摧毁她，所以他不愿承认母亲也在画里，但他觉得只要母亲有很多小孩（海星和舷窗），就能够变好并且复活。同样，K太太也不应该在画里，因为她会从理查德与约翰的贪婪攻击中被拯救出来。如上次面谈所见，母亲之所以生病，是因为贪婪的章鱼父亲正在吞噬她，但是，当那些“怒火中烧”又饥饿的小孩把章鱼拉走时也伤害了她，而且他们也想吞噬她。理查德和保罗一起谋划对抗章鱼父亲，意指要让他挨饿，他刚刚就提到章鱼非常饥饿。K太太指出，那两条鱼也代表父亲和母亲在悄悄谈论孩子们做的事（也代表K太太与可疑的K先生）；也就是说，理查德觉得父母已经识破他与保罗的诡计，并且反过来谋划对付他们［迫害焦虑与被报复的恐惧］。K太太现在也知道他的秘密，所以他也怀疑K太太正计划要对付他。

理查德告诉K太太还有另一个物体也代表母亲，就是Nelson这艘船，而父亲是鲑鱼号潜水艇（鲑鱼）。他又强调说母亲是因为吃了鲑鱼才生病的。（显然，理查德已经将母亲的病与画画的潜意识意义连在一起。）

K太太诠释说，在Nelson和鲑鱼号中间的那条小鱼代表他自己，他想让父母分开，以防危险的父亲伤害母亲（阻止危险的希特勒摧毁K太太），同时，他也是出于嫉妒而想让父母分离的。

理查德还画了一幅飞机在空中战斗的画。他说那架又丑又大而且被划掉（意指被击落）的飞机是保罗，接着改口说那是他讨厌的东尼叔叔。

K太太问是谁把保罗或东尼叔叔（又丑又大的飞机）击落的。

理查德毫不犹豫地回答："是我。"

K太太问他是从哪里得到高射炮的。

理查德大笑说："我从东尼叔叔那里偷来的，他是炮手。"这件事把他逗得乐不可支。他接着解释说，那架好的英国飞机是母亲，他自己则架起一门大炮要保护母亲，并且对付讨厌的父亲、保罗和东尼叔叔，把他们都杀了。

K太太诠释说，他讨厌的东尼叔叔代表坏父亲，他觉得他偷了父亲的阴茎（高射炮），然后用偷来的阴茎攻击父亲并且拯救母亲。

理查德接着画了第七幅画并解释说，那些海星是小孩，鱼是母亲，她用头挡在潜望镜上方，这样U形艇就看不见英国船在那里，只会以为看到一片黄色的东西。理查德不知道被摧毁的是潜水艇还是U形艇。上面那条胖胖的鱼也是母亲，她吃了一只海星，那只海星正从她体内穿出来并且伤害她。最下面那艘U形艇很懒惰，它只顾着睡觉，而不帮助另一艘U形艇，理查德笑道："它在打呼噜，"然后又说，"保罗真的会打呼噜。"

K太太诠释说，上面那艘正在攻击潜水艇的U形艇代表理查德正在攻击父亲；下面那艘“正在打呼噜”的U形艇显然就是保罗，保罗不管不顾，是个不可靠的盟友。同样，这也代表他和约翰正在攻击K先生，但约翰也不可靠。母亲正在保护英国船，而且试图蒙骗代表理查德的U形艇，表示她站在父亲那一边（注记Ⅲ），所以她也抛弃了理查德。理查德想惩罚希特勒父亲，因为他把危险的海星阴茎放进母亲体内——上面那条胖胖的鱼，并且伤害她，但母亲也是贪婪的，因为她吃掉了父亲的海星——阴茎，也就是让她不舒服的鲑鱼。代表母亲的胖鱼里面那只海星也是小孩，她看起来胖胖的，是因为小孩在她体内长大。上次面谈中（第六幅画），他说海星宝宝只是透明的东西，还不是活的，就是指那些正在母亲体内长大的小孩。K太太也诠释说，两枚鱼雷代表父亲（鲑鱼号）与理查德（U形艇）的性器官，被画成红色是因为他们正在互相吞噬。

理查德一直专注地听着K太太的诠释，不过显然他不太能接受某些诠释。他离开时开朗了许多，态度也比较友善。这次面谈与上次的情况类似，阻抗都在游戏过后出现，但接下来通过画图，又产生了丰富的联想与素材。面谈接近尾声时，理查德的情绪尤为忧郁；他认为伤害无法修复，再加上被父母及哥哥遗弃的感觉，引发了他的孤独感与焦虑。在第七幅画中，有些海星没有上色，表示他无法赋予未出生的海星生命。母亲仍卧病在床，影响了他的情绪。对理查德而言，这表示母亲病得很严重或代表她会生下一个危险的小孩。相对于生病的母亲，K太太则代表健康的母亲（我认为是健康的保姆较之生病的母亲）。通过移情，理查德得以表达他对生病的母亲的焦虑与攻击。

第十五次面谈注记：

Ⅰ. 无论分析成人还是儿童，类似的素材反复出现是常见的现象。分析师应该把注意力多放在任何新的细节上——有时看起来微不足道的细节，可能让素材产生新的面向。就此案例而言，理查德对父亲的攻击虽然同样以象征的方式体现，但这次却更直接、更清楚。

如果相同的素材被迫反复出现，则有两种可能性：要么是精神分析师没注意到需要诠释的细微变化；要么是患者强迫式的态度没有减轻，需要更深入地探究原因。上述情况同样适用于儿童与成人。

Ⅱ. 众所周知，儿童尝试建设性活动时，常常因缺乏技巧而受挫。例如，儿童刚开始画画时往往弄得一团糟。他们倾向于将挫败归为自己的摧毁冲动强于建设或修复冲动。我们常常能够观察到，儿童受挫时会把纸撕碎，或者制造更大的混乱，根本原因之一是不自信与绝望强化了他们的摧毁倾向。

从理查德通过游戏表达深层欲望的过程中，能够看出他有很强烈的潜意识焦虑，担心游戏最后会以“灾难”收场；同时，也有很强烈的决心要避免灾难发生。小型玩具很容易翻倒，理查德因此深陷自我绝望与厌恶之中，这证明他无法控制自己的攻击冲动，也无法修复伤害。此时，他的被害感与摧毁冲动强化了——那一团混乱代表被摧毁的客体，都变成他的假想敌，所以更应该被摧毁。所以在游戏的最后，只有代表自己危险的那一部分存活下来——电车。随之而来的孤独感、焦虑感及罪疚感让他难以忍受，只能全盘否定。

Ⅲ. 理查德在解释代表母亲的鱼想保护父亲并与儿子敌对时，他是在气母亲抛弃他，也气父母联手对付他，但同时他也感到满足，因为母亲是在对抗他的摧毁冲动，好保护父亲。这说明了儿童情感中一项非常重要的特质，尤其是潜伏期儿童：儿童认为父母应该和睦相处，如果他认为自己造成了父母的矛盾并与一方联手对抗另一方，心中就会产生极大的不安与冲突。我曾提过，对于潜伏期儿童来说，如果父母之间或与其他长辈之间发生冲突，会使儿童失去安全感。与其相对但为一体两面的情感则认为其中一方应该与他联手对抗另一方。

第十六次面谈（周四）

理查德似乎很高兴见到K太太。他说他“非常喜欢”她，还有她“很亲切”。他说母亲还是没有过来陪他，可他不介意，只是难过母亲还是不舒服。（他显然试图让自己理性一点，但心情沉重而低落。）他马上开始玩游戏，与之前一样先将玩具分组：他把一些小孩放在一起，牧师独自坐在屋顶上；又把牧师和穿粉色洋装的女人排在一起，然后把两只动物（牛和马）面对面放在一节拖车上，再把羊放进后面的拖车，让它看着前面的牛和马。有个新加的细节是，另外一个小男人把原本坐在屋顶上的牧师推下去了。后面的情节与昨天相同：狗跳上拖车然后把男人扔出去。理查德又开始盖“车站”（用的是跟之前盖车站一样的房子），然后说车站后面是贫民窟。这时，他显露出忧虑的神情，K太太问他贫民窟什么样，他也不愿意回答，不过，他说贫民窟里有脏小孩和疾病。说到这里，他把一些有小缺陷的玩具摆到一旁，说他不想要这些。接着，他让两辆火车都开始跑，然后货车与电车撞在一起。突然，理查德开始咬一座房子的塔楼（他称之为“教堂”），狗也咬了某个人，接下来就是灾难的开始，所有东西都倒了，只有狗幸存。灾难过后，他一如既往地将所有玩具推到一旁，一脸忧愁地说他玩腻了。他站起身，环顾四周，然后走到门外。他注视着（真心欣赏）屋外的田园风光，赞叹着美景，心情也好了起来。回到房间后，他开始画画，说想画一幅“疯狂的画”。K太太问：“为什么疯狂？”他回答说他不知道，他就是这么觉得的。画了一部分后，理查德解释说这些海星“非常贪吃”，他们围绕着沉没的埃姆登号，企图攻击它；海星讨厌它，而且想帮助英国。他指出，那条鱼差点碰到船上的旗帜，而且鱼和海星都在“阻挡”鲑鱼号潜水艇，让它无法前去救援沉没的埃姆登号。后来，理查德又决定鱼不是在挡路，而是在帮助鲑鱼号。

K太太诠释说，理查德表达“疯狂”的方式，就是把海星的锯齿状触角画得比前几幅多。K太太解释说，他刚说海星“非常贪吃”，因此触角代表贪吃小孩的牙齿。他们这么靠近埃姆登号，是想攻击她的乳房（两根烟囱）。沉没的埃姆登号代表死去的母亲，她被小孩吃掉并且摧毁（也代表被理查德与保罗的贪婪所摧毁的K太太）。父亲在这幅画里看上去是好人，他想拯救母亲（鲑鱼号潜水艇救援沉没的埃姆登号），而那些坏小孩正试图阻止他（注记Ⅰ）。画画上半部分的情况就不同了：母亲（鱼）是活的，而且很靠近父亲（鱼几乎要碰到旗帜），而理查德（赛文号潜水艇）与父母相处融洽。K太太指出，那架英国飞机可能代表保罗，他也在这个和谐的家庭里。在游戏中，贫民窟代表受伤的母亲，而且她在生病（疾病）。这与之前的情况相同，表示母亲的病是坏父亲的性器官引起的——在第七幅画中是指鲑鱼号代表的性器官与被母亲吃掉的大海星（这个恐惧是由母亲嗓子疼所引起的）。他可能也担心贪吃的海星（他与约翰）会让K太太生病。K太太进一步指出，理查德玩玩具时再次直接攻击父亲，代表他的就是那个将牧师（父亲）推下屋顶的小人，后来变成了把男人扔出拖车外的狗（注记Ⅱ）。

理查德一直在看之前的画，尤其是第五幅。这幅画画完后还没分析过。

K太太问他这幅画代表什么意思，他不愿意回答。她诠释说，画中那四架英国飞机可能代表他的家庭。

理查德开始感兴趣，态度也比较配合。他说，右上角那架被划掉的德国轰炸机是他自己。突然，他开始坐立难安，他站起身，然后说（显然经过一番挣扎）他有一个秘密不能告诉K太太，才刚说完，他就马上把秘密说出来了：昨晚他把裤子弄脏了，是厨娘帮他洗的。理查德满脸羞愧地说，这种情况很少发生，有时他觉得能够憋住“大便”，但最后还是没憋住。

K太太诠释说，他想起这个“秘密”的同时，就认出了自己是画中那架坏德国轰炸机。她表示，他认为自己的“大便”就像炸弹一样，他担心家人会被自己的粪便轰炸，可能就是昨晚弄脏裤子的原因，这样他就能够坦承自己的恐惧、测试“大便”是否真具有危险性，也可借此摆脱这些他认为自己身体含有的秘密粪便。K太太指出，画中的炸弹落在高射炮和其中一架英国飞机上（所以他把那架飞机划掉）。他之前说高射炮是从东尼叔叔那边偷来的，用来攻击东尼叔叔、父亲和保罗，但在这幅画中，高射炮却摧毁了德国轰炸机，德国轰炸机代表了他坏的那部分，这部分的他偷了父亲的性器官（高射炮）并用它来攻击父亲，于是，理查德认为自己应该被惩罚和摧毁。

理查德说，画中的小人在看弹坑。

K太太解释说，那个小人也是理查德，他很担心炸弹造成的危害。弹坑是母亲的乳房。高射炮代表父亲（和叔叔）的性器官，理查德的粪便炸弹瞄准了父母二人。另外，飞机棚也代表母亲。这样，理查德（小人）再次介入了父母之间。

理查德说，他自己、母亲和保罗是那三架完好的英国飞机，所以他们三个都还活着，而被击落的那架是父亲。他说，在德国飞机中，左上角那架（丑的）飞机是保罗，旁边那架是他，另一架（完好的）飞机是母亲。

K太太诠释说，唯一幸存的德国飞机也是她，而被击落的英国飞机代表被摧毁的父亲，但是在这张图的下方，父亲（高射炮）和母亲（飞机棚）都还活着。

理查德说，在图的上方他也还活着，因为三架被击落的德国飞机是父亲、母亲和保罗，而他自己是唯一的生还者。

K太太再次诠释说，当他的情绪在怨恨、恐惧与罪疚感之间摇摆时，他心中那些人物的生死与情景的好坏也会随之改变。

K太太告诉理查德，这次面谈必须提前几分钟结束，而且还表示她隔天会把时间补回来。

理查德问她是不是想早点与约翰见面。

第十六次面谈注记：

Ⅰ. 这次，除在分析中占绝大部分的肛门素材外，理查德的口腔欲望与幻想也已完全表达出来。第八幅画中那艘沉没的埃德蒙号被贪吃的海星小孩吞噬，代表母亲内部反复被吞噬，所以母亲已经死亡，而且是敌人。有趣的是，自第三幅画起，理查德会画一条分隔线，他认为上半部分与下半部分完全没关系。这充分证明了我的诠释，即理查德将潜意识与意识分开。就第八幅画来看，那条分隔线分开了内在情境与外在情境、爱与恨，以及这些矛盾情感所引发的不同情境。理查德的忧郁心理位置已显现出来。构成此心理位置的一个基本面向就是那些威胁内在客体的危险。那艘沉没且无法被拯救的埃姆登号，代表内在母亲无助地被理查德的贪婪所伤害。（实际上母亲的病并不严重，但却引起他强烈的焦虑与罪疚感。）与此同时，爱及修复倾向与忧郁心理位置结合在一起，并且在分隔线上方与中间表达出来。

那艘船和上方盘旋的英国飞机，代表结合在一起的好父母与好保罗，他们试图控制理查德的摧毁冲动，阻止灾难降临在他的家庭。代表母亲的鱼几乎要碰到代表父亲的旗帜，以及鲑鱼号试图拯救沉没的埃姆登号，都在表达父母之间关系和睦。他先说鱼在挡路，而且与贪吃的海星勾结，又马上改口，说明他对父母之间的关系有两难情感。在理查德第一次联想中，代表母亲的鱼要阻止鲑鱼号拯救埃姆登号，原因有以下几点：第一，否认沉没的埃姆登号是被摧毁的内在母亲；第二，要将外在情境与内在情境分开；第三，要区别外在母亲与内在母亲。外在母亲与儿子联合，而内在母亲被吞噬，所以是有敌意的、危险的。贪吃的海星吞噬母亲并且阻止父亲鲑鱼号拯救她，就完全表达出理查德的摧毁冲动。

通过分析理查德的分裂过程与投射可知，上述分裂面向在运作的同时，能够借画画显现出来，并与肛门和口腔施虐冲动以及幻想结合，使忧郁心理位置得以被经验。

我曾提出，理查德在第九次面谈中已显现出几项迈向统整的进展。在那次面谈中，理查德对自己痛恨德国感到不安，德国代表被希特勒（坏父亲）带坏的母亲，所以即使德国进攻英国，他还是同情她，也宁愿选择她。这表示好母亲与坏母亲在他心中变得更相近，即便客体并不完美，他也相对能够去爱它。第八幅画则更为深入，迈向忧郁心理位置及统整的先决条件，即在潜意识里对内在现实、其情感与欲望中的对立面、分裂面有更深地觉察。这些在第八幅画中都能够看到。

Ⅱ．理查德在游戏和画画时，不仅将人物（父母、哥哥与他自己）的各种面向表达出来，也将人物关系所造成或可能造成的不同情境表现出来。例如，母亲靠近旗帜代表与父亲关系良好；父亲想拯救母亲；他和保罗与船（父母）保持良好关系。他对不同情境的感觉，深受自己当下欲望、情感与焦虑的影响，当然，也受家庭的影响。精神分析治疗的主要目的之一（成人儿童皆然），就是通过精神分析师的诠释，协助患者整合分裂与冲突的自我面向，也包括统整他人与情境的对立面及分裂面。在精神分析中，整合与统整的过程能够缓解痛苦，但也会带来焦虑，因为患者必然会经历被害焦虑与忧郁焦虑。这些焦虑是造成分裂倾向的主要原因，而分裂则是对抗被害焦虑与忧郁焦虑的基本防卫机制。

第十七次面谈（周五）

理查德闷闷不乐，他告诉K太太，他在等母亲和放假回家的保罗，但他们一直都没来，可能明天才到。保罗放假在家的时间，他几乎不能回去，这让他十分难过。就算明天见到保罗，也只能相处短短几小时。理查德问厨娘（她在旅馆陪他）他的家人可能在做什么。她回答说父亲、母亲、保罗与波比大概会一起坐在暖炉前。想到这个画面，理查德就觉得自己好可怜、好寂寞，简直无法忍受。他无精打采地说不想画画，不过想玩玩具。他没玩两下就不玩了，说他不想玩了、不想画画、不想说话，甚至不想思考。过了一会儿，他又把玩具拿起来，发现一个女玩偶的底座掉了，就把她丢到一边，说不喜欢她。接着，理查德说他画了一张跟昨天很像的画送给母亲。

K太太解释说，理查德觉得给母亲画画不仅是送她礼物，让她好起来，也是借画中那艘沉没的埃姆登号，向母亲坦承他为伤害她而感到罪疚。另外，他也为自己抛弃受伤的母亲（底座掉了的女玩偶）感到罪疚，认为自己是导致母亲生病或受伤的罪魁祸首。画同样的画送给母亲，表达了他希望自己不要抛弃母亲（她生病了，而且他认为她病得很重），也不要偏爱K太太；现在K太太被认作没有受伤的母亲和保姆（注记Ⅰ）。

理查德再次拿起玩具，开始分组：两个小女孩一组（两个比较小的玩偶）、两个女人一组、一男一女坐在屋顶上、两个小男孩一组，然后又把两只动物（牛和马）面对面放在拖车里，还有一只羊在后面的拖车里望着它们。理查德说，他们都很快乐。他组了两个车站，一个给载着动物的货车停靠，另一个给快车（电车）停靠。他预留了很大空间，而且把各组玩具都排好，让火车能够安全通过。他特别强调道："一切都会顺利进行，今天不会有灾难发生了。"然而又有点迟疑地说："我希望不会。"他把狗挪来挪去，最后放在两个小女孩旁边，说狗在对她们摇尾巴，同时，他很快地让其中一架秋千开始摆荡（从第十四次面谈起，荡秋千即代表父母性交）。他把拖车往小女孩与狗的方向推去，把他们撞倒。接着，运煤卡车突然冲进车站，把房子全部撞毁，包括与昨天一样放在车站后面的贫民窟。快车（在第十四次面谈中代表他自己，他是家中最大、最强壮的人，现在则代表父母）跟着把其他玩具全部撞翻。他像昨天一样玩到这里就不玩了，然后开始画画。

K太太诠释说，理查德一开始不想玩，因为他觉得很寂寞，又嫉妒家人能够开心地团聚，害怕自己会对家人做出可怕的事。听过她的诠释后，理查德选择相信自己能够克制攻击家人的欲望，这才开始玩游戏，而且坚持说每个人都很快乐，但他实在太嫉妒家人的团聚，所以再也无法克制。他反复把两只动物放在拖车里，再把另一只放在后面看着它们，这就是他忍无可忍后寻求的出路，表示他允许父母做爱，而且如果他能够接近父母，也会与他们保持良好关系。只能他们三个在一起，保罗则被排除在外。另一个试图维持和平的方式，是把两个男孩放在一起，代表保罗和他自己（这个组合之前没有出现过），表示他想远离父母，与保罗在一起，以免伤害父母。

理查德说，一想到波比现在欢迎的是保罗，而不是他，他就会特别愤怒。

K太太提醒理查德，波比代表他的朋友、兄弟、婴儿，也代表他自己。游戏里的那条狗一再把牧师父亲踢出拖车（代表母亲）外。实际上，波比的确常常霸占父亲的椅子，代表理查德取代了父亲而与母亲在一起。他对父母和保罗感到失望时，可能想跟小女孩（姐妹）一起玩，或许也想用性器官对她们做一些事（狗对小女孩摇尾巴），但是这么做似乎很危险，最后会以灾难收场。运煤卡车把车站撞毁，意指他用“大号”（炸弹）攻击母亲；而电车把所有玩具都撞倒，代表父母发现了他的事，于是处罚他，甚至杀了他。

接下来，理查德开始画类似第一幅画中的潜水艇，但没多久就放弃了并且把纸撕了，然后，他画了一只大海星（第九幅画）。他发现这只海星有很多尖锐的触角，马上说他想把它变成一张漂亮的画，并且要用蜡笔涂上颜色。他在海星外面画了一个圆圈，把圆圈里涂上红色，说："这样看起来很漂亮。"

K太太提醒他说，两天前（第十五次面谈，第七幅画），他画的海星代表父亲那具有吞噬性的性器官，而且被鱼（母亲）吃掉了，他画这幅画时正好母亲嗓子疼。画中的鱼很胖，肚子里有一只海星，代表父亲的性器官被母亲吞掉了，也意指有小孩在她体内长大。今天的画里，那只大海星似乎同样代表父亲的性器官被母亲吞噬，但它也从里面吃掉母亲，而让她流血。海星周围的红色部分就是血。海星也代表贪吃而且受挫的小孩——他自己，他想要母亲陪但她却没来，于是他就伤害并且吃掉母亲的内脏。现在母亲又让他失望，还留在父亲和保罗身边，同样的情况便再次上演。K太太提到昨天她请理查德提前几分钟离开时，他问她是否要早点与约翰·威尔森见面。理查德嫉妒保罗和约翰并认为K太太和母亲都令他失望，所以攻击她们；直接攻击的方式就是从母亲与K太太的体内把她们吃掉，而间接攻击的方式就是把父亲危险的性器官放进她们体内。

理查德吞吞吐吐地低声说，母亲头疼或不舒服时，常常说是由于他调皮害的。

K太太响应说，母亲这么说，他就更害怕自己对母亲很危险，而且会摧毁她了。

理查德站起来，开始在屋里走来走去，并且找到一块抹布，把架子等物品擦了擦。他说想把母亲清理干净，让她好起来。接着，他打开门，告诉K太太说外面的景色很美，并且说空气"很新鲜、很干净"。他直接跳下台阶，差点一脚踩进花床里，他问K太太自己是不是"把花踩死了"。

K太太诠释说，理查德再次借欣赏远方的山丘来获得安慰，山丘代表没有受伤的、美丽的外在母亲。这么做会让他觉得她没有被摧毁，也不肮脏，更没有从里面被吃掉。他还希望母亲恢复健康、变得更好，并且与乡间的景色一样美丽（干净新鲜的空气）。他刚才用抹布擦拭架子就是在表达这个想法。

理查德显得有些焦虑。他很介意外面的嘈杂声，特别注意是否有其他小孩（他的敌人）经过。他继续在屋里四下张望，然后把架子上的足球拿下来，对着它吹气。他说他把气吹进去之后，自己就没气了。他把足球里的空气挤出来时，说这个声音听起来像《圣母峰》（*Mount Everest*）那部电影里的风声一样（意思是听起来很奇怪），还说："很像哭声。"

K太太提到他今天画的图，说母亲身体内部流血与足球有关。

理查德回答说，对着足球吹气，就可以让母亲活过来。

K太太提到昨天的素材：肮脏的房间与带有疾病和脏小孩的贫民窟的意思一样。他觉得自己的粪便就像炸弹，已经让母亲中毒，并且伤害了她，而母亲还被坏小孩从体内吞噬了。因此，代表母亲的是沉没的埃姆登号（第十六次面谈）。K太太还提起那辆有很多车牌的汽车（第九次面谈），并且说他很努力要修复母亲并获得重生（暖炉）。

理查德躺在充气的足球上，把里面的空气挤出来，然后说："现在母亲又空了，她死了。"

K太太诠释说，他觉得贪吃的海星宝宝（他自己）在挤压母亲，并且把她的乳房榨干。婴儿时期，他很害怕因为自己的贪婪而失去母亲，所以感到悲伤与忧虑。如果他把自己的好东西都给母亲，让她重生，又觉得自己会殚精竭虑而死。因此，他变得更贪婪、更想把母亲榨干，好让自己活下来，但这样母亲就会死掉。对K太太也是如此。他问她明天是否会因上星期（第九次面谈）提前结束而延长时间，就像今天补昨天的时间一样，表示他想尽可能从她身上获得更多东西，但又怕这样会耗尽她的精力，让她死掉。这就是他往往不愿意待超过五十分钟的原因之一。

这次面谈中，理查德偶尔展现出被害感，尤其是望向外面时，但主要仍被忧郁情绪所主导，但是已比前几天减轻了很多。

第十七次面谈注记：

Ⅰ．我认为理查德在第八幅画中，试图分裂外在情境与内在情境。我被视作健康有益的母亲，而他真正的母亲虽然生病了，理查德还是爱她，并试图修复她。但那个被丢弃的女玩偶，却表现出他对生病母亲的两难情感，也代表受伤的内在母亲使他倍感焦虑。理查德情绪的稳定度与安全感，都取决于他与内在母亲的关系，如果她被认为是受伤的或有迫害性的，就会成为扰乱理查德心智的根本因素。

第十八次面谈（周六）

理查德看上去十分消沉。父母和保罗都来看过他，但他们比约定日期早走了一天。他说他不想玩玩具，也不想画画，还有他昨天很不想离开K太太，他非常喜欢她。理查德提到战争的消息，说很高兴听到英军占领了索伦（Sollum），但他对大局仍无胜算，同盟国在各战场上真的都能击败德军吗？（理查德一脸认真且担忧的样子。）接着，他向K太太描述一个他觉得“好玩的梦”。

他在柏林。有一个年纪相仿的德国小男孩用德语向他咆哮，并且羞辱他，说他是英国人，没有资格来这里。理查德大声吼了回去，把男孩吓跑了。当时还有其他男孩在场，那些好男孩说英文就像英国男孩一样。理查德与松冈先生交谈并且指责他的政策。松冈先生起初态度和善，后来由于理查德取笑他，并且威胁说要把他的“单片眼镜”打碎，他就开始“变得很恶劣”。突然，母亲出现了，她也与松冈先生交谈，看似认识很久了，可她完全没有注意到理查德，然后，松冈先生不见了，似乎是被理查德吓跑的。

这时，理查德想起这个梦是怎么开始的：他在一辆装甲车里，拥有六支枪、五门大炮和一挺机关枪。德军将他逐出柏林，但他“掉头向他们开炮”，他们便扭头拼命逃跑。德军有两辆满载士兵的装甲车，每辆车里可能有六支枪，但都没他的枪好。说到这里，理查德变得不太确定，看起来十分焦虑。他似乎觉得自己能把大家都吓跑这件事很好笑，并且说：“这个梦真是蠢极了。”他觉得自己可能“有点添油加醋”，可这“又好像本来就出现在梦中”。他的好心情很快就被忧郁所取代。描述梦境时，他又画了一只大海星，并用蜡笔涂上各种颜色。他提到德军的两辆装甲车时，手里握着两只铅笔（形成一个锐角），然后把铅笔放进嘴里，同时，让其中一个秋千开始摆荡。

K太太诠释说，他梦到自己身在柏林，表达了他感觉自己被敌人包围和击败。他能够变得这么可怕、这么强大，把德国男孩、松冈和装甲车上的士兵都吓跑，自己都觉得很好笑。在梦中，他通过这种方式否认自己的恐惧；但实际上如果遇到相同情况，他是毫无抵抗力的［躁症防卫］。他说松冈因为被他取笑而“变得很恶劣”。之前（第十五次面谈），他曾告诉K太太说两条鱼代表保罗和他自己，他们正在取笑章鱼——父亲。松冈的“单片眼镜”代表父亲的性器官，理查德威胁要摧毁它，而且他觉得松冈——父亲会报复他，并反击和摧毁他的性器官。那群会说英语的好男孩代表与他联手的保罗，而对他“咆哮”的德国男孩则代表与他敌对的保罗。母亲突然出现在梦中，表示他希望母亲站在他这一边，但她似乎与松冈联合起来，而忽视了他。理查德把目标转向K太太，并且表示非常喜爱她，说明他需要能帮助他的好母亲，可在梦中，母亲却抛弃了他。他在梦中被敌人包围所产生的焦虑，与昨天他觉得被家人抛弃有关。前几天，他一直很嫉妒父母和保罗可以团聚，并觉得自己被遗弃，也很孤独。梦境中，他们全都变成了敌人并且联手攻击他。载着士兵的装甲车不只代表父母，而是代表全家人都联手对付他。K太太指出，他放进嘴里的两支铅笔代表被他吞食的父母，还有被他和保罗瓜分的兔子（第十二次面谈）。在梦中，代表父母的是两辆装甲车，他也把它们吞噬［客体的内化］。母亲与松冈联合，代表父母会危害他，并联手对付他。

理查德告诉K太太，昨天有件让他高兴的事。他到火车站去，有位火车司机邀请他到火车头里参观。后来，父母来看他，他又看到了那辆载货火车。

K太太诠释说，她说完父母是与他敌对的装甲车后，他就提到火车司机的事，是因为他觉得自己已经吞噬了好父亲（火车司机）；而他参观的载货火车代表母亲。这表示理查德觉得好父母也在他自己里面。梦中的德国好男孩代表会帮助他的好兄弟，然而，德国好男孩似乎并不足以帮他克服恐惧，他害怕自己已经吞噬了整个家庭，所以体内含有联手与他敌对的家庭，表示他的内在充满了敌人［与内在客体的关系］。

K太太诠释时，理查德仿佛沉浸在自己的思绪里。他变得非常焦躁不安，直望着他的画，尤其是刚画的那幅。

K太太问这幅画让他想到了什么。

理查德说这本来是一只大海星，但他把它变成了漂亮的画。

K太太提醒他，昨天他画的那只漂亮的大海星伤害了母亲的内在并让她流血了。今天画的这只海星也有很多牙齿，表示他的攻击方式是撕咬。这大概与他在梦里开着装甲车四处扫射与开炮有关。同样的恐惧也在昨天的游戏中显现出来；他希望全家人都能快乐相处，可最后还是做不到。恐惧促使他以各种方式摧毁家庭。前几天他玩玩具时咬了教堂的塔楼（第十六次面谈），并同意K太太诠释为咬掉父亲的性器官。昨天的游戏最后只有狗活了下来，狗代表他自己，这表示他（狗）把全家都吞噬了。

理查德这次听得比较专心，现在整个人放松下来，也恢复了活力。他指着画中那些“棕色的牙齿”，说它们的确代表枪。接着，他打开门，再次对乡间的景色表示赞叹。他从院子里拔了一些草，回屋后把草放进嘴里，然后又把草扔了。理查德开始查看房间和隔壁的小厨房，他在厨房里找到一把扫帚，认真扫起地来。然而扫地时，理查德看起来无精打采又消沉。扫完地，他又拿起昨天玩过的足球，对着球吹气，然后抱着往肚子上压，听着它放气的声音，说：“很像有人在说话。”

K太太问是谁在说话。

理查德毫不犹豫地答道：“是母亲和父亲。”

K太太诠释说，足球与橡胶吹管代表父母和他们的性器官，而理查德觉得他们在说悄悄话。

理查德又把足球充满气，然后再把气挤出来。他听着撒气的声音说：“她在哭。父亲挤她，他们在打架。”

K太太指出，他把代表父母的足球往肚子上压，是再次表示他觉得自己已经吞噬了父母，肚子里的父母正在打架，或正联手对付他——梦中的两辆装甲车，也是母亲与松冈。另外，他的体内还有被父亲挤压而受伤甚至死亡的母亲就是因为他非常恐惧自己内在含有打架的父母、勾结起来对付他的父母以及生病的母亲与伤害她的坏父亲，所以昨天才会这么不愿离开K太太，在爸妈和保罗离开后更是如此。这代表他们不仅遗弃了他，还在他体内联合起来对付他。理查德如此需要外在父母、保罗与K太太，是因为害怕内在含有这些危险而受伤的人。他感到孤独、被遗弃和害怕，大多是因为对自己的内在感到恐惧（注记）。

理查德很专注地聆听，似乎听懂了K太太最后的诠释。他在离开前，快速地画了第十幅画和第十一幅画。

第十八次面谈注记：

此次面谈说明婴儿会将幻想中父母性关系的不同面向都内化进去（包括父母打架、父母勾结起来与婴儿敌对，以及其中一方或双方受伤或被摧毁）。幼小的婴儿会把这些情境都转移至内在世界，并在内在世界重演。婴儿会经历这些打架、伤害情境的每个细节，而这些幻想可能会变成各种虑病症状的根源。然而，除关于父母性关系的幻想外，父母之间的其他关系（无论是幻想还是观察到的）也会被内化，并且深刻地影响儿童自我与超我的发展。我要特别强调这次面谈中，理查德所表现出来的口腔吞并（Incorporation）幻想以非常具体（非象征）的方式呈现。例如，理查德提到两辆装甲车时，把两支铅笔握在一起放进嘴里。这个素材也呈现出主体与内化客体之间的各种关系以及认同的多样性。

这个素材也说明“内在危险情境”与“对内在和外在世界的不安全感”之间有密切的关系。不安全感的根源是害怕直接受到内在迫害者威胁以及缺乏一个有帮助的好客体。我的经验说明，这是孤独感最深层次的根源之一。

第十九次面谈（周一）

理查德说他现在感到快乐多了。他周末过得很愉快，和保罗相处了几个小时。母亲跟他一起来X地，而且会留下来陪他。理查德带来了自己的玩具，其中有一整套小型军舰，然后他开始玩这些玩具。他把一些驱逐舰放在一边，说他们是德军；而另一边则有战舰、巡洋舰、驱逐舰和潜水艇，代表英军。（理查德很兴奋，而且兴致勃勃）。两艘战舰正在攻击驱逐舰，其中一艘驱逐舰被炸毁，而其他的被炸穿后就沉没了。理查德一边移动军舰，一边发出各种声音，从引擎声到人声都有，清楚地表现出每艘军舰究竟是高兴的、友好的，还是愤怒的，等等。当两三艘军舰会合时，他虽然没有说话，但发出的声音听起来就好像他们在对话（理查德更注意屋外的声音和经过的小孩了，而且不断从椅子上跳起来往外看。）

K太太诠释说，德军的驱逐舰代表母亲的小孩。他由于嫉妒和痛恨他们而觉得自己已经攻击了他们，所以也料到他们有敌意。他玩驱逐舰时，很害怕外面经过的小孩，一直疑神疑鬼地注意外面的声音，并且“提高警惕”。现在，全世界的小孩都代表母亲的小孩，所以他只要遇到小孩就觉得是敌人。

理查德打开门，让K太太看屋外的美景。他说外面有很多蝴蝶。虽然蝴蝶很漂亮，但它们是害虫，会吃甘蓝和其他蔬菜。去年，他一天就杀死了60只蝴蝶。说完后又回到屋内。

K太太诠释说，在他看来，蝴蝶和海星都代表贪婪的小孩，他觉得自己也同样贪婪，必须摧毁他们，才能拯救母亲。他对K太太也一样：当他开始嫉妒别的病人，想尽量获得她的关注和时间，甚至独占她的爱时，就觉得应该拯救她。他想攻击小孩的原因之一是保护母亲，另一个原因则纯粹是害怕他们报复——路上的小孩和有敌意的驱逐舰。恐惧促使他攻击那些小孩。

现在，理查德把所有军舰堆到一旁，说他们全都属于英国，而且是一个快乐的家庭。他向K太太解释：两艘战舰是父母，巡洋舰是厨娘、女佣和保罗，而驱逐舰是母亲腹中的小孩。接着，理查德开始玩别的玩具。他造了一个小镇，把一些人放在铁路旁边，然后说没有东西会动，连火车也不会动（两辆火车一前一后排列着）。他对一个玩偶小女孩说铁路很危险，让她不要靠近铁路。他把玩具分成很多组，包括常摆在两节拖车上的三只动物，但他把穿粉色洋装的女人和以前经常玩的玩偶都放到一边。玩具狗应该摇尾巴，可现在却一动不动。理查德说，现在全家都很快乐。突然，他又开始移动两辆火车，接着让火车相撞，所有东西都被撞翻了。理查德说，两辆火车吵架了，一辆对另一辆说它自己比较重要，另一辆说它才比较重要，接着双方打了起来，把所有东西撞得一团糟。

K太太诠释说，他渴望全家快乐团聚，也希望自己善待家人，然而，他对保罗的嫉妒却造成了灾难——游戏中两辆火车相撞。上周末和前几天，他非常嫉妒保罗可以在家，而他却只能留在X地。保罗放假回家就能获得父母的关爱，他觉得父母都喜爱保罗，而且认为他比自己重要得多。另外，火车相撞也代表正在性交的父母。上次面谈中，他觉得父母就在自己体内。因此，只有掌控自己和所有人，让大家都不要轻举妄动，他才能对家人保持和善的态度，这样全家都会快乐。控制他们就意味着控制自己的情绪。此外，他也警告那个代表自己的小女孩，让她不要靠近正在性交的父母（火车），表示她应该尽量避开任何打架的情况。

理查德告诉K太太一个秘密，说他有时会把波比带上床，他们在床上一起“开心”，可是不能让母亲知道。理查德不玩游戏后，一如既往地望向窗外，然后注意到有一个男孩站在外面。理查德看了一会儿后，大声吼道：“走开！”不过，外面根本听不见他的声音。面谈刚开始，理查德就很兴奋，让火车相撞时，情绪更加亢奋。当他试图控制外面那个男孩时，明显处于躁症的状态。接着，他做了一个希特勒式的敬礼，问K太太奥地利人是不是都这么做，还说这看起来很愚蠢。

K太太诠释说，理查德想摆脱的那个男孩代表坏希特勒父亲的阴茎，他觉得自己已经把他吞并了。他试图控制内在敌人，又怕反被敌人控制，所以必须要向他敬礼。他刚说自己吃了鲑鱼——代表父亲与哥哥那吸引人的性器官，而且没事（母亲前几天吃了鲑鱼后不舒服——第十三次面谈）。然而，他似乎觉得鲑鱼在体内变成了恶霸父亲和哥哥，所以他必须控制他们，让他们动弹不得。

理查德又开始玩玩具。他把小镇重新盖起来，说这里是德国汉堡（Hamburg），他的舰队正在炮轰汉堡。

K太太指出，他觉得被他攻击的家庭（之前是德军驱逐舰，现在是汉堡）现在反过来与他敌对，所以他必须一直攻击他们，就跟之前的情况一样。

理查德站起来开始打扫房间，接着用力踩在小凳子上，然后从橱柜里拿出一个球踢来踢去，说他不想把球放在那里面。他关上橱柜门，以免球又弹到橱柜里，那样可能就再也找不到了。他拿起另一个球向刚才那个球扔去，说它们"正开心"。

K太太诠释说，球代表父亲的性器官，他想把父亲的性器官从K太太和母亲的身体里（橱柜）拿出来，然后自己跟它玩，所以说两个球"正开心"。他提到与波比在床上偷偷做的事，也是同样的说法，表示事情跟狗的性器官有关。这件事不能让母亲知道，一方面因为她会反对；另一方面因为他觉得波比代表父亲和保罗，所以母亲会认为他把他们从她身边抢走。理查德害怕在自己里面的坏希特勒阴茎会控制并摧毁他。恐惧感促使他想把阴茎从他自己里面拿出来（也从母亲里面拿出来），也使他更加渴望吞并父亲的"好"性器官。它除了能给他带来愉悦外，也让他有信心克服对坏阴茎的恐惧，然而，他又怕这么做会剥夺了母亲内在那个"好的"父亲性器官（注记）。

理查德突然问，如果他秋天回去上学，会不会被大男生伤害。他边说边弯下身，让头碰到其中一艘战舰的桅杆，并用手指摸了摸，看它是否扎人。

K太太说，他刚才的表现说明他认为那些大男生特别会伤害或摧毁他的性器官，同时，他也想玩他们的性器官，还想知道他们的性器官是否有危险性。K太太将这点与理查德对其他病人的好奇心连结起来。他特别想跟约翰做爱，并且把他从K太太身边抢走。他对保罗也一样有欲望和恐惧。

理查德变得极度不安。他一直注意着路上经过的小孩，还在屋里跺着脚走来走去，而且语速飞快。他根本没听刚才的诠释，还一直打断K太太。面谈快结束时，他说要与母亲会合，然后，把两个玩具房屋撞在一起。

K太太诠释说，现在他与母亲独处，父亲与保罗都不在，就想跟母亲性交（两个玩具房屋撞在一起）。可他又怕父亲和保罗报复他，也怕他的性器官被困在母亲体内（橱柜里的球）。

第十九次面谈注记：

恐惧内化的危险阴茎，是促使个体于外在现实进行考验的强烈诱因，也强化了同性恋欲望。若内化危险阴茎引起的焦虑过于强烈，可能导致强迫式的同性恋倾向（参见《儿童精神分析》第十二章）。

第二十次面谈（周二）

游戏室被占用，因此K太太在游戏室外与理查德会合，然后带他去她家。终于能够看到K太太的家了，理查德欣喜若狂。当他知道自己是为数不多的在那里接受分析的病人时更是开心。路上，理查德一直兴高采烈的。他指着一座前院种着花的房子，说它精致又漂亮，还说希望那座房子不会被轰炸攻击。他很遗憾游戏室没有开，而且富有感情地说他仍然很喜欢那里，说它对我们很忠诚（“我们”是指他与K太太）。走进K太太家时，理查德说：“K太太，我非常喜欢你。”他环顾四周，并且问了一些其他病人的事，特别问她在哪个房间与约翰见面。（理查德知道K太太家有两个房间，这是暗指K太太可能在卧室与约翰见面。）理查德接着又提出两个问题：K太太有几个病人？昨天他是最后一个吗？（昨天理查德是下午来的，这比较不寻常。）过了一会儿，他又问K太太昨天晚上在做什么。

K太太诠释说，理查德嫉妒她与男人之间的性关系，也特别在意她的病人（约翰），这与他嫉妒保罗和父亲与母亲之间的关系是相关联的。最近保罗回家，更增强了他的嫉妒心。

理查德把他的舰队放在桌子上，指着其中一艘驱逐舰说它的桅杆不见了。他说这些军舰现在都属于英国，他们正准备对抗敌军，而且很高兴能聚在一起。他一边问K太太其他病人的情况，一边在离K太太最近的桌角边把军舰按照大小不同排成纵队。

K太太诠释说，这些军舰代表来见她的人和他的家人，依年龄大小排列：先是父亲、哥哥、理查德自己，最后是未来可能会出生的小孩。他们应该共享K太太，就像所有家人都应该共享母亲一样。

理查德表示同意，接着数了数军舰，说K太太有十五位病人，每个人都有机会与她会面。然后，他把军舰放在地毯上玩，说他需要更大的活动空间。他拿起一艘潜水艇，说这艘最小，但是也最直的，它叫索门，代表他自己。理查德把所有军舰排成一排，强调它们聚在一起很高兴，目前也没有敌人出现。接着，他环顾四周，走到书架旁指着最大的书，问K太太他能否拿下来。他把书翻开看了看，马上放回去，说这本书是大人看的，他不喜欢。然后，他让K太太用“奥地利语”读一本德文书（他总说K太太讲“奥地利语”，不愿承认她的母语其实是“德语”）。K太太念书时他饶有兴致地听着，可是说很难懂，接着就继续玩他的舰队。有一艘驱逐舰在K太太附近巡逻，后面是战舰罗德尼（Rodney），理查德说它代表母亲。接着，尼尔森（父亲）来到驱逐舰和罗德尼中间。他把其他几艘驱逐舰和潜水艇也移到它们旁边，但是尼尔森、罗德尼和第一艘驱逐舰仍然自成一组。理查德说：“父亲正在监视他的太太和小孩。”尼尔森缓慢而小心地跟在罗德尼旁边，轻轻碰了它一下。理查德说：“父亲很温柔地向母亲示爱。”接着，他把第一艘驱逐舰往旁边移了一点。尼尔森跟了过去，并且轻轻碰触这艘驱逐舰。理查德解释说：“现在父亲是爱我的，周末时我好喜欢父亲。”他还说他对父亲又亲又抱。这时，理查德先让尼尔森把罗德尼推走，再把尼尔森放到代表他自己的驱逐舰旁边。理查德评论道：“我们不想要母亲，她可以走开了。”可没过多久，他又让尼尔森回到罗德尼身旁，并且温柔地向她示爱，然后把另一艘驱逐舰移到代表理查德的驱逐舰旁边。

K太太诠释说，理查德开始决定要当最小最直的那艘军舰，表示他认为当一个性器官虽小但完好的小孩比较安全。他想看最大的那本书，代表他想探索K太太（母亲）。那本“大人看的书”对他来说不仅内容太深奥，也代表K太太（母亲）身体太庞大，他无法将自己的小阴茎放到那么大的性器官里面。他怕会在K太太与母亲的大人身体里失去自己的阴茎，就像昨天他怕足球放进橱柜会不见一样。K太太说的外语在他看来也是神秘语言，他想了解她的语言，表示他想探索她（和母亲）的神秘性器官以及内在。他害怕在里面找到危险的章鱼或希特勒阴茎，而且可能会被攻击。因此，他仍觉得当小孩更好（就像当最小型的潜水艇一样），但没过多久，理查德就变成了带头的潜水艇，而且靠近罗德尼（母亲）。他为自己再次把母亲抢走而感到罪疚与恐惧时，也觉得父亲应该把他和母亲分开。只要他让整个舰队保持静止不动，就能控制家人和自己，并且维持和平，与昨天玩玩具时让小镇和火车都保持不动是同样的道理。另外，如果父亲只是温柔地向母亲示爱，而不与她性交，理查德或许能克制自己，不去介入父母之间。他说父亲正在监视他们，表示他希望父亲能控制他，阻止他把母亲抢走及与她性交。因此，从舰队游戏中可以看出理查德想把母亲抢走的欲望引发他对父亲的罪疚感，使他必须把母亲还给父亲。接着，他又想拥有父亲来代替母亲与他发生性关系，所以才会把母亲推开，但这样，母亲就会感到孤独，而且被遗弃，所以他又后悔了，只好让父母重逢，并且对彼此温柔地示爱。维持不了多久，理查德就与保罗发生性关系。这再次显示波比就代表保罗。

理查德专注聆听诠释的同时，把军舰按照大小排回之前的顺序，显然重新试图避免冲突，但他突然说他玩腻了，然后就不玩了。他开始画画，先把第十八次面谈画的第十幅画完成了。理查德把楚安涂成黑色时，提到他老家的邻居有一个男孩叫奥利佛。他讨厌奥利佛，但对方并不知情，还以为理查德喜欢他。理查德想狠狠踹他一脚，让他飞到地球另一端去，永远不想再见到他。接着，理查德惊讶地发现这幅画里每样东西都有三个：三架飞机、三只海星和三艘潜水艇，甚至中间那架战斗机发射的子弹也是三发。他问K太太为什么会这样。

K太太提到第十八次面谈时，理查德由于父母与保罗在面谈前一天离开而感到非常忧郁、孤独。那天他的画中每样东西都是三个，代表父亲、母亲和他自己，唯独缺保罗，因为他太嫉妒保罗了。从理查德对邻居男孩的描述中能看出他潜意识里希望男孩死掉，而那个男孩似乎就是保罗。这就是第十幅画中每样东西都是三个所代表的意义。理查德刚说那个男孩以为理查德喜欢他，他其实还是意指保罗。有时，理查德很崇拜保罗，也会表达对他的喜爱，但保罗并不知道理查德嫉妒他时有多么恨他。这让理查德觉得自己很不真诚。

理查德表示强烈抗议，说他喜欢保罗，不希望他死。

K太太的诠释是，理查德陷入爱恨交织的矛盾中。

理查德指出这幅画里只有一条鱼，问这条鱼是不是K太太。

K太太表示同意，解释说这条鱼也代表母亲，她被放在较小的潜水艇（舰队游戏中代表理查德）与较大的潜水艇（父亲）中间。因此，这又看到理查德和父母三人聚在一起。同样，K太太也被放在理查德（小潜水艇）和约翰（大潜水艇，也代表K先生）中间。

理查德说，她（鱼）一边闻父亲的潜望镜，一边摇着尾巴。

K太太提到之前有幅画中的鱼差点碰到船上的旗子。这幅画则代表母亲把父亲的性器官放到嘴里，而她会摇尾巴（像狗摇尾巴一样），表示理查德认为她有阴茎。

理查德说，虽然他是最小的潜水艇，但是他的旗子不是最小的。

K太太回答，实际上他的旗子最长，表示他仍想拥有最大的性器官。

理查德同意他的旗子是最长的，但没有别人的好，意思是他的比较细，然后他又提到那条鱼在闻潜望镜，说狗也会做同样的动作，还会爬到其他狗的背上。有一次，他俯身贴近波比时，另一条狗想爬到他背上去。

K太太解释说，他认为鱼闻潜望镜的动作很像狗，表示鱼不仅代表母亲，也代表父亲和他自己。他曾说他和波比会偷偷在床上开心，实际上他真的玩过狗的性器官，也让波比闻他和舔他，但他也可能是与其他男孩有这样的经验（像鱼闻潜望镜的动作），可能曾把男孩的阴茎放进嘴里，或许他以前与哥哥也做过同样的事。

沉默片刻，理查德说他经常与保罗一起上床睡觉，马上补充说他们没有睡在同一张床上，只是在同一个房间里。父亲和母亲也没有睡在同一张床上，也只是睡在同一个房间里。

K太太诠释说，他刚才的回答表示保罗和他曾做过与性有关的事，而且他认为爸妈也会做这样的事。虽然爸妈也没有同床睡，但他认为爸妈有时会躺在同一张床上。

第二十一次面谈（周三）

理查德在去游戏室的路上遇见K太太。他很高兴看到K太太手里拿着游戏室的钥匙。昨天的事让他觉得似乎再也无法使用游戏室了。他激动地说："亲爱的老房间，我好喜欢它，很高兴再次见到它。"理查德问K太太面谈持续多久了。

K太太回答三个半星期。

理查德很惊讶。他说觉得更久，好像已经见了K太太很长时间。他心满意足地坐下，准备开始玩舰队，并且说他很开心。

K太太诠释说，害怕失去"老房间"代表害怕K太太会死，从而失去她。她提起之前他们一起去拿钥匙的那次面谈（第九次面谈），理查德说他梦见被丢弃的汽车，一边讲述一边开关暖炉。当时K太太解释说开关暖炉表达的是他对K太太与母亲死亡的恐惧。现在他说害怕失去老房间，也是在表达对奶奶死去的哀伤。在他看来，回到这间游戏室就代表K太太还活着，也代表奶奶重生了。

理查德放下舰队，抬头直视K太太，认真且平静地说："我只知道，你将是我一辈子的朋友。"他还说K太太人很好，他很喜欢她，虽然有时面谈让他很不开心，但他知道K太太这么做是为他好。他说不出原因，但他就是这样认为的。

K太太诠释说，她刚刚解释他对她的死感到恐惧，也为奶奶的死感到悲伤，觉得奶奶还活在他的心里，而且是他一辈子的朋友，而K太太也会永远活下去，因为她也在他的心里（注记Ⅰ）。

理查德重回舰队游戏。他把所有舰艇都排好队形：代表父母的两艘船跟代表小孩的船现在摆在一起。罗德尼独自去巡逻并且发出友善的声音。理查德说她一切良好，也很开心。其他舰艇现在都排在一起。他说，这次他自己是驱逐舰，而保罗是潜水艇。

K太太诠释说，这表示理查德希望自己年龄比保罗大，让保罗变成弟弟。

理查德笑着同意这个诠释，然后继续玩游戏。尼尔森来到代表理查德的驱逐舰旁边，马上要碰到他，但这时他又突然让尼尔森与罗德尼会合。他让这两艘船并肩行驶，但没有彼此触碰，其他舰艇也尾随其后。理查德说它们很开心地聚在一起。尼尔森越来越靠近罗德尼，而代表理查德的驱逐舰则被放在桌子另一端，后面跟着另一艘驱逐舰。接着，他开始发出罗德尼和尼尔森的声音，声音越来越大、越来越急促，听起来就像母鸡叫。理查德说，有一只母鸡被扭断了脖子，并且下了一枚蛋。

K太太诠释说，理查德再次试图阻止父母性交，以防自己出于嫉妒而攻击父母，也害怕父亲伤害母亲。之前的流浪汉、火车相撞、牧师和身穿粉色衣服的女人从屋顶上掉下来以及需要被拯救的足球——母亲，都是在表达同样的恐惧。他不仅认为性交对母亲有危险，还觉得生小孩会让母亲痛苦至死（母鸡的脖子被扭断）。

理查德答道，他知道女人生小孩时会哭，而且生小孩很痛，这是母亲告诉他的。

K太太诠释说，他的恐惧并不仅是由于母亲告诉他这件事而产生，既然他认为父亲的性器官是坏的、危险的，就必定觉得性交和生小孩是坏的、危险的。他感到嫉妒，认定性交是痛苦的，而且也都跟这些看法有关。K太太提醒说，他之前画的海星（第七幅画）代表在母亲体内的贪婪小孩会从里面吞噬她。

理查德换了好几种排列舰艇的方式。他先让整个舰队一起出航，但是有一艘潜水艇落后。他摆了两支长铅笔，让笔尖相对形成一个锐角，落后的那艘潜水艇试图从这两支长铅笔之间通过。

K太太提醒说，这两支铅笔依然代表父母（第十八次面谈），小潜水艇代表年幼的理查德。他试着把父母分开并阻止他们性交。

K太太诠释时，理查德把两支铅笔先后放进嘴里。

K太太诠释说，理查德再次觉得自己在愤怒与嫉妒之下已经将父母吞了下去（特别是在第十八次面谈时）。

理查德用蜡笔做了一个屏障，说那艘潜水艇想回家，回到舰队里去，却被它们挡住，没有办法通过。

K太太问“它们”是谁。

理查德说它们是海星，就是其他小孩。他把蜡笔盒里的蜡笔都倒出来，然后把潜水艇推进去又拉出来。

K太太诠释说，潜水艇代表他自己；他觉得父母和母亲体内的小孩在阻止他刺入母亲的身体，但最后他还是做到了，而且成功脱离了，意思是如果他把性器官放进母亲或K太太的性器官里，它并不会消失。

理查德没有回答，只是把所有蜡笔都放回盒子里，并盖上盒盖，然后放在一旁。这时，他问起K太太的家人。他听说K太太有一个孙子，问她孙子的名字、年龄。

K太太简短回答问题后诠释说，理查德把蜡笔拿出来，不仅想除掉母亲体内的竞争对手，还想抢走这些小孩，将他们占为己有。他刚问的那些问题，表示想要她的孙子。K太太指出，他之前把蜡笔放进嘴里，代表他想把这些小孩吞下去（注记Ⅱ）。

理查德强烈抗议道，男孩不能生小孩，他想成为男人。

K太太诠释说，他的确很害怕失去性器官或无法成为男人，但他也羡慕母亲的身体，羡慕她可以生小孩与哺育小孩。他非常希望父亲或保罗给他一个小孩。K太太提起他在昨天的舰队游戏中让母亲离开，留下父亲与他做爱，还有，他说第十幅画中那条代表母亲的鱼在闻父亲的潜望镜，很像狗对他做的动作，也提到了他对狗的看法。

理查德沉默不语，望向玩具和第十幅画。

K太太更深入地分析这幅画。

理查德刚开始很不情愿谈论这幅画，但没多久就再次指出画中的每类物品都有三个，而且三艘潜水艇都有潜望镜。

K太太让他注意中间那艘代表自己的潜水艇，并诠释说，这是在表达他拥有跟父亲和保罗一样的性器官。

理查德犹豫地答道，最小的这艘潜水艇不是他，现在他是画下方最大的那艘潜水艇，还拥有最好的旗子。

K太太提醒他，昨天他说最下面那艘潜水艇代表父亲，中间那艘是自己，而且他的旗子没有别人的好。现在他似乎拥有最好的旗子，也就是父亲的性器官，获取方式就是像母亲（鱼）一样闻父亲的性器官时（代表母亲把父亲的性器官放进嘴里）把它咬掉。K太太指出，她说话时，理查德不断地把长铅笔放进嘴里。

理查德问为什么画中有三只海星宝宝，然后又说他觉得母亲（鱼）上方的那只海星想独处，却无处可去。

K太太诠释说，那只海星是他自己：昨天驱逐舰单独出航，今天也是，但他马上想回航时被海星宝宝挡住去路。K太太解释说，代表他的海星在母亲上方，代表他想跟母亲生小孩。其他两只海星可能是他们的小孩，就像父母有他和保罗两个小孩一样。

理查德问为什么鱼只有一条。

K太太解释说，他问这个问题，表示他不相信那条鱼只代表母亲，因为父亲对他来说也很重要。她指出，鱼只能代表母亲或父亲其中一个。昨天他说鱼在摇尾巴，说明鱼代表父亲与他的性器官（狗摇尾巴）。另外，鱼在画的正中央，代表了他生命中最重要的东西。他渴望得到父亲并取代母亲的位置，又希望得到母亲并取代父亲的位置，却害怕这样会有危险。

理查德开始排列玩具，方式与昨天差不多，不过现在小镇不属于敌军（汉堡），而属于英国。小镇居民向另一端的舰队致意。海岸是用两支长铅笔做的。接着，在很短的时间里发生了许多事。

（1）狗站在和善的人群中狂吠。理查德把它移到窗台上，但马上又把它放回去。

（2）这次他把货车放在电车后面。有一个小女孩离两辆火车太近，他再次警告她当心不要被火车碾过。

（3）桌角放着几个玩偶，包括一些有缺陷的玩具，还有穿粉色洋装的女人。他说这里是医院，然后用几个小水桶把他们盖起来，说他们生病了，就这样放着不管了。后来，他让火车经过这里，说载了食物和绷带给这些病人，并告诉他们“日子还得继续”。

（4）火车的排列方式又变了，这次是电车在货车后面。他开始移动电车，让它接二连三地撞前面的货车，然后，他突然对每次都在货车上的那三只动物大喊："走啊，走啊！"

K太太诠释说，（1）代表正在咆哮和咬人的理查德，威胁要找他家人与K太太家人的麻烦，然而，他刚开始其实非常抵触发生冲突，从玩具的排列方式就能看出来：人们向舰队致意，似乎一片祥和，所以他才把狂吠不满的狗拿走，狗代表某一部分的他。同样，代表理查德的海星由于破坏了家庭和谐，所以应该独自离开家，但他无法忍受孤独，所以很快就回家了。

K太太对（2）的诠释是，小女孩仍然代表理查德，他在警告自己不要干扰父母性交，否则将会被摧毁（被火车碾过）。

K太太对（3）的诠释是，灾难已经造成了。病人代表父母和保罗，理查德把他们盖起来，是想掩盖这件事［否认］，假装不知道自己已经造成了伤害，但他放不下家人，试图让他们复活，所以火车才会带来食物与绷带，并且说"日子还得继续"，希望能够鼓励他们。

K太太对（4）的诠释是，理查德突然暴怒，是因为那两辆火车代表父亲在和母亲在性交，而且父亲拥有母亲与小孩。

此时，理查德已经让两辆火车把所有东西都撞倒，于是，灾难再次发生，唯一幸存的是电车。理查德突然嚷道，他昨天吃了有生以来最丰盛的一顿晚餐，然后提到很多道菜，还有四片吐司。

K太太诠释说，灾难不仅发生在外在世界，由于他吞噬了所有人——狂吠的狗也在吞噬，所以他觉得医院、疾病以及灾难也在自己体内发生。电车代表他自己，他操控了一切，包括在自己体内的父母。

理查德把一个穿红色洋装的玩偶拿起来放进嘴里，然后咬她。

K太太诠释说，这个小人代表她，她今天刚好穿了一件红外套。这表示她也被卷入灾难中，被吞噬和摧毁了。

理查德问K太太现在是否要到村里去，还有她下午要做什么。

K太太诠释说，此时他需要证明她还活着，并且处于外在世界中。当他极度害怕自己已经贪婪地吞噬母亲并摧毁她时，就需要一再确认母亲的存在，所以才会一直黏着她。

理查德专心听着诠释，然后站起来，走出去欣赏乡间的美景，他显然希望K太太也跟他一起欣赏。他看起来相当自得其乐。当他在门前跳来跳去时，突然回头看了一眼还留在桌子上的玩具。

K太太诠释说，他认为欣赏外在世界可以消除他对内在灾难的恐惧。他刚才突然想起那些代表内在灾难的玩具还在桌子上，所以看了眼那些玩具。但是，今天他如此悠然自得，表示实际上他的恐惧减轻了，因此更能够欣赏外在世界的美好。

第二十一次面谈注记：

Ⅰ. 我认为理查德是在表达他能够永远拥有我。换言之，他深深感到已经将我内化。这让我想起另一个案例：患者小时候接受过我的精神分析，长大后曾见过一面。我问他记得哪些分析内容，他提到有一次把我绑在椅子上，还有他一直觉得认识我很久了。我相信这代表他确实已将我内化，而且一直都认为我是好的内在客体。这个案例说明了诠释令人极度恐惧与痛苦的素材能够舒缓焦虑。经过诠释让潜意识素材在意识层浮现，能够减轻焦虑（但无法避免复发），这点完全符合分析技巧的原则，然而，我还是经常听到有人质疑精神分析师是否应该对儿童（或成人）诠释并呈现如此深层而痛苦的焦虑。因此，我希望大家特别注意这个案例。

值得注意的是，那些令人极度痛苦的诠释——特别是与死亡或死亡的内在客体有关，即精神病性质的焦虑，反而能让患者重燃希望，并且更有活力。我的解释是，将非常深层的焦虑提升至接近意识的层面，就能产生舒缓的作用。我同时认为，通过精神分析来接触深层的潜意识焦虑，能让患者有被理解的感受，因此能够重燃希望。我常遇到成人患者说他们非常希望从小就开始接受精神分析。除儿童精神分析的许多优点外，在回顾过去时，希望有人能理解其潜意识的深层欲望往往会浮现出来。善解人意的父母（或其他人）就能接触儿童的潜意识，但这与使用精神分析来理解潜意识仍有差异。

Ⅱ. 这是我在理查德的分析过程中第一次清楚地看到他的女性认同，以及对母亲生小孩的嫉羡。根据我目前的观点，嫉羡是男孩与女孩发展的根本特征，而最初的嫉羡对象是哺乳的乳房（参见我的论文《嫉羡与感恩》〔*Envy and Gratitude*〕，1957，《克莱因文集Ⅲ》）。

第二十二次面谈（周四）

理查德早到了，便在游戏室外等K太太。他很安静、很严肃，脸色比之前苍白了很多，但态度友善。昨天他很热情地向K太太表达他的喜爱与信任，今天的情绪却截然不同。他把舰队拿出来摆好，罗德尼率先独自出航，尼尔森随后跟上。尼尔森似乎不确定是否该靠近罗德尼，即不知道到底该不该向她示爱。接着，理查德指着一艘桅杆弯曲的驱逐舰说那是保罗。他玩舰队时犹豫不决，而且无精打采。他吞吞吐吐地问K太太有没有听今天的新闻（这几天他完全没提起德军试图侵略克里特岛〔Crete〕的消息，由于他非常关注战争局势的点滴细节，使得这一点很不寻常。例如，他曾表示对维希很失望。）

K太太问他指的是不是克里特岛。

理查德忧郁地表示同意。他放下玩具站起来，告诉K太太，他昨晚本来并没打算去看电影，但后来还是自己去了。进场五分钟后，他就觉得不舒服，所以又跑出来，然后就回家了。他受不了噪声，电影中的歌曲弄得他很烦。接着，理查德尝试继续玩游戏。他把尼尔森放在之前代表他自己的潜水艇旁，然后，他突然又不玩了，并再次问起约翰的分析情况。他说K太太说过她不能谈论约翰，就像她不能与约翰谈论他是同样的道理，但是，他想知道她是否被允许与K先生谈论病人的事，以及他们会不会谈到他。

K太太问允许她与K先生谈论的人是谁。

理查德答道是她自己，她的心。

K太太重复之前（第四次面谈）回答过理查德的话，说K先生已经死了。

理查德说他忘了这件事。他想知道K先生在上次战争时站在哪一方，还说他知道K先生一定站在敌方（实际上理查德早就知道这些细节了，如前文所述，他已经知道很多关于K太太的事）。

K太太诠释说，理查德忘记K先生已经死了，因为这会引发他对父亲死亡的恐惧。另外，他不信任K先生，认为他是敌人，因此他觉得自己似乎更接近希特勒了。在理查德心中，K先生仍存在，而且就在K太太体内。他害怕K太太会跟坏希特勒父亲（K先生）联手对付他……

理查德又提起约翰，问约翰对她有什么感觉，或对他有什么看法。约翰跟他谈过K太太，不过他不愿说，因为怕伤害她，可是他常常在想这件事。接着，理查德说她在伦敦时（他的精神分析开始之前），约翰说他希望K太太最好已经进了坟墓，这样他就不用再接受精神分析了（理查德说话时，一直很紧张地关注着K太太的反应。）

K太太提到昨天他把穿粉色洋装的女人放在一边，还把她盖起来，说她在医院，表示他想遗忘和杀掉的不仅有受伤的母亲，还有受伤的K太太，因此，他觉得自己在做约翰希望发生的事。昨天在游戏中看不出来是谁伤害了穿粉色洋装的女人，但从之前他们对第九幅画的讨论（第十一次面谈）以及其他情况中，能够知道是坏希特勒在伤害K太太，而且理查德也希望他这么做。理查德非常害怕心中的欲望真的伤害她，这种恐惧比他把约翰说的话告诉K太太还难受。

K太太诠释时，理查德站起来，打开门走出去，外面下着毛毛雨（理查德讨厌下雨，这令他心情沮丧；晴天令他心情明朗）……理查德回到屋里继续玩舰队，但他一会儿又不玩了，决定告诉K太太他做了一个噩梦：一群鱼邀请他在水里共进晚餐。理查德拒绝了。鱼群的老大威胁道，他不去的话就等着大难临头吧。理查德答道他不在乎，他要去慕尼黑。途中，他遇见了父母和表哥。大家一起骑着单车。因为下雨，所以他穿着雨衣。一辆火车突然出轨冲向他，火车着火了，一团火球滚滚而来，吓死人了。他拼命逃跑，终于逃过一劫，但却丢下父母不管。他从梦中惊醒，继续“醒着做梦”（他清楚地感觉到这个梦会继续下去，而且灾难是可以避免的）。他用了好几桶水才把火扑灭，也让被火侵袭而干涸的土地肥沃起来。他确信父母也已经逃出来了。

K太太问他为什么不跟鱼群共进晚餐。

理查德不假思索地说，他很确定他们那天要吃炸章鱼，他不喜欢吃炸章鱼。

K太太问，他觉得鱼群老大说如果他拒绝邀请就会大难临头是什么意思？

理查德只说如果他不去吃晚饭就会有危险（理查德不大愿意联想，不过当他一边玩舰队一边谈话时，似乎比较容易表达自己。K太太问他去慕尼黑做什么，他的阻抗变得非常强烈。理查德满脸焦虑，没有回答这个问题）。

K太太提醒道，他曾说慕尼黑是纳粹党的大本营，还说布朗宫特别危险。

理查德表示同意，他说觉得很害怕，完全不知道为什么要去那里。

K太太指出，他就是昨天游戏中那条“狂吠的狗”，吞掉了所有人，因此灾难不仅发生于外在世界，感觉上也发生于他的内在。由于他对自己内在的恐惧已经被激起，让他觉得电影院的歌声与噪音是从自己内部发出的，所以才会受不了。另外，他害怕自己已经将K太太吞噬，这样她就不能再帮助他克服焦虑了，表达方式就是把红色女玩偶（代表K太太）放进嘴里——这是昨天游戏结尾的动作。

理查德说，电影有歌声时，他还听到其他小孩的声音，他害怕刚走出电影院，他们就全冲过来。

K太太指出，他想攻击并吞噬母亲体内的小孩，因此害怕他们在内在与外在世界都会找到并攻击他。鱼群想邀请他吃的炸章鱼代表父亲，也代表他自己；他攻击并吞噬父亲，然后遭到父亲报复而被吞噬。鱼群老大代表希特勒，他所侵略的克里特岛代表英国、母亲与理查德自己。理查德不相信他听了鱼群老大的话就能避免灾难，因为鱼群老大是希特勒，他一直在说谎骗人。去慕尼黑就等于送死，不过，炸章鱼和鱼群老大代表他内在的坏希特勒父亲（之前的素材中则是K先生），但他却觉得危险存在于外在世界［专注外在危险，是一种对抗内在危险的防卫机制］。

理查德非常赞同这个说法，他相信在慕尼黑对付希特勒比在自己体内对付他要容易得多。

K太太说，他梦见父母与表哥（也代表保罗）时，很希望他们能帮助他，但并不确定他们是否可靠。他刚才询问K太太是否与K先生谈论他的事以及K先生在上次大战中是否站在敌方，就说明他心中有疑虑。先前他提到维希和法国时，主要就是担忧保罗是否是可靠的盟友，不过，他刚把约翰对K太太的评价告诉她，等于出卖了约翰。因此，他怀疑自己是否够格成为哥哥的盟友。他早知道K先生已经离世，所以他的疑虑是针对K太太内在的K先生，认为他就活在她的体内。K太太提醒道，昨天“灾难”发生时，他突然想起吃过最丰盛的饭，这代表他已将性交中的父母吞下去了。梦中追赶他的那辆着火的火车，感觉就在他里面，他害怕里面的好父母和小孩都会被烧死。他不想见到受伤或死亡的母亲，就把她盖起来（第二十一次面谈），但在他心中，母亲仍在他里面。K太太解释说，他想用好的、有营养的水来救火，水代表他的好尿；而火车代表父亲，从里面蹿出来的坏火球，则被认为是危险的尿，会把他和母亲都烧死。

理查德在面谈开始时显得心烦意乱、无精打采，但在诠释过程中，他变得朝气蓬勃，反应灵敏。他一边听诠释一边玩舰队。罗德尼先来到尼尔森旁边，尼尔森则与代表理查德的驱逐舰并列。罗德尼现在是德军的战舰，尼尔森对她发动攻击并将她炸毁。接着，尼尔森又变成德军的船舰，而罗德尼则属于英军，然后轮到罗德尼将尼尔森炸毁。K太太的诠释接近尾声，理查德把足球拿来，吹满气，然后躺在足球上把空气挤出来，说母亲现在又空了，而且在哭……接着，他拿起扫帚打扫房间，说现在干净多了。

K太太的诠释是，理查德试图让他内在的母亲变好。她问理查德昨天晚餐吃的是什么。

理查德回答吃的鱼，他喜欢吃鱼。他突然露出又惊讶又好奇的表情说：“结果我梦见鱼邀请我吃晚餐。”他离开时表情严肃，若有所思，但态度仍然友善，也没有不快乐（注记）。

第二十二次面谈注记：

我在第二十一次面谈的注记I曾说明，诠释那些令人极度恐惧的情感与情境，往往能够舒缓焦虑，甚至当时就能看到效果。理查德终于向我坦承令他困扰已久的事情（约翰对我的敌意），说明上次面谈的诠释加强了他对我的信任。另外，他能记住这个噩梦并向我描述，也是一种进步的表现。我们可以从这次素材推断出，上次面谈的焦虑虽经诠释有所纾解，却在面谈后再被激起。其原因之一可能是与内化有关的极为强烈的焦虑，同时，伴随着外在环境所引起的焦虑。为了逃避内在与外在危险情境所带来的双重压力，理查德试图专注于外在危险情境。因此，连他都很惊讶自己在梦中会为了远离危险的鱼群而逃到慕尼黑去。总之，我认为外化（Externalization）是对抗内在危险情境的主要防卫机制，但往往也会失败。这些素材清楚地显示：理查德在梦中试图以转向外在焦虑的方式逃离内在焦虑；他说对抗外面的希特勒比自己里面的更容易。我们应谨记，这样的防卫机制是在对外在危险的恐惧被强烈激起的情况下才启动，这是由于理查德对希特勒占领英国的恐惧是影响其心理状态的重要因素之一。

值得注意的是，理查德试图以应对内在情境的方式来对抗外在危险，如否认、分裂、安抚内在客体，以及与另一客体联手策划对抗。就我的经验来看，分析内在与外在情境之间的互动以及二者之间的异同之处是非常重要的。

第二十三次面谈（周五）

理查德有点迟到，所以一路跑来。他很担心面谈时间少了两分钟。他说没有带舰队来，所以决定今天不玩了。稍作停顿，他补充说不想让舰队被雨淋湿……一会儿，他说他非常讨厌下雨，然后又陷入沉默。

K太太提醒说，他在前天做的梦里穿着雨衣，就是因为下雨了。

这时，理查德已经开始画画了，态度比之前更谨慎小心。他说穿雨衣主要不是因为下雨，而是因为梦开始时他跟鱼群一起在水里（理查德显露出阻抗，不过还是回答了一些关于梦的问题）。他说鱼群老大跟他之前画得都不一样，它可能是鳟鱼，而且对他很友善、很亲切。

K太太说，他不信任那条鱼，昨天他也同意这个说法，所以他才宁愿去慕尼黑。

理查德再次显露出焦虑与阻抗。他先否认他不信任那条鱼，后来又勉为其难地说，对，他对那条鱼或他们要吃的东西都不信任。

K太太指出，在他的画中，爱好和平又友善的鱼一直都代表母亲。虽然他经常说她很和蔼可亲，但他可能一直都不信任她。前天的面谈中，他说K太太很亲切，非常喜欢她，但昨天面谈时，他却担心她会向代表敌人的K先生透露他的事。

理查德对此表示强烈抗议。他仔细盯着K太太的脸说，不，他觉得她人很好。

K太太诠释说，当她的内在与不可靠的K先生相连结时，理查德就会对她产生疑虑。

理查德若有所思地说，不是这样的，因为他不认识K先生，也永远没有机会认识他，但他确信K太太是好人，所以K先生一定也是好人。理查德补充说，他不可能怀疑母亲。接着，他把画好的画拿给K太太看。他特别强调这幅画里的每类东西都有两个，而且发现这也不是预想好的，让他觉得很有趣。他告诉K太太，尼尔森有两根烟囱，画里有两艘船，还有两个人，也就是一条大鱼和一条小鱼。接着，他还发现从尼尔森的烟囱里冒出来的烟最后是2的形状。

K太太解释说，那条快乐地游在母亲身旁的小鱼是他，他们要远离代表父亲的潜水艇索门，而且他是坏父亲，就是那个他认为在母亲及K太太体内的相当危险的章鱼父亲。他怀疑K太太体内有他不认识也不信任的K先生，也怀疑母亲体内有坏父亲，意指他们联手对付他，而且他们是由性交而结合的，或意指母亲吞食了章鱼父亲，而有生命危险。

理查德指出，其他东西都有两个，但海星只有一个（那时他只在下面画了一只海星）。他说那只海星是保罗，他因为理查德与母亲游在一起而感到愤怒和嫉妒。说话间，理查德又画了其他几只海星，写上哥哥和女佣的名字，还有“吼叫与尖叫”。保罗大声地嘶吼、尖叫，结果女佣、厨娘和父亲（那三只新的海星）都来攻击和阻止他。

K太太诠释说，在图的上半部分，理查德允许父母在一起。他让尼尔森有两根烟囱，给父母的东西也都平均分配：每人各有两支枪，代表他们有两个乳房、两个小孩以及同样的性器官，而且两个人都有阴茎（烟的线条相同）。理查德借由这个方式让父母相聚。然而在图的下半部分，他却游在母亲身边，表示他想独占母亲，而且，当他阻止代表父亲的索门靠近时，索门就变成了坏父亲，会让母亲生病。母亲与小鱼的上方是嘶吼的海星，代表嫉妒的保罗。代表父亲（他在其中一只海星旁边写上父亲）、厨娘和女佣的海星都为了保护他（注记Ⅰ）而阻止保罗。

K太太诠释时，理查德又开始画画（这次他像往常一样随意地画）。他先写了一排从A开始的字母（六七个），再把这些字母盖住，不过右下角还看得见。他把这些字母都用草写的方式连起来，而且是飞快地一笔写完，只是不像最后完成的版本那样仔细。

K太太指出，他刚才画的第一幅画很清晰，也很仔细，而这幅画里的字母都混在一起，还在上面涂鸦。她解释说，理查德在第一幅画中转向面对外在关系并表达了对外在关系的恐惧，目的是逃避令他更畏惧的“内在”（他自己、K太太与母亲的内在）。他的内在充满了危险和受伤的人，他们全都混在一起，而且被他的“大号”涂黑。

这时，理查德开始画第十二幅画。他像以前一样先画一个大海星的形状，然后再涂上颜色。他说，这是一个王国，不同颜色代表不同领土。王国里没有战争；“他们闯进来，但是比较小的领土并不在意被占领。”

K太太问“他们”是谁。

理查德没有回答，而是说黑色的人既可怕又讨厌。浅蓝色和红色的人则很和善，小领土也不介意他们进来。

K太太提起他刚画的第一幅画，解释说这个王国同样也代表他的家庭。

理查德马上表示同意。他说讨厌的黑色是保罗，浅蓝色是母亲，而紫色是女佣（贝西）和厨娘，中间有很小的一块蓝紫色是他自己，而红色是父亲。他突然说：“这一整个就是一只满口大牙的贪吃海星。”这时，他在同一张纸上继续画第十三幅画。他说，现在的保罗跟平常一样和善。这次保罗是红色，讨厌的黑色是父亲，蓝紫色是母亲，而中间有小小的一块黑色是他自己。

K太太说他对父亲和保罗有不确定感，觉得他们时好时坏，因此不信任他们，但在第十三幅画中，中间黑色区域代表他，跟第十二幅画中的坏保罗和第十三幅画的父亲是同样的颜色。他怀疑保罗和父亲又坏又不可靠，其实跟他觉得自己又坏又不可靠有关。从前几次面谈，特别是有关鱼的梦，就能看出他害怕自己已经吞噬了所有家人，所以王国——“贪吃的海星”代表他自己。海星的“大牙齿”和他的“大号”（中间的黑色区域）都是他用来摧毁所有人的武器，但后来“他们”（父亲和哥哥）闯入小领土，表示他觉得自己的内在被入侵，最后他只剩那块小小的黑色区域。K太太接着提到他梦中被着火的火车追着跑，解释说这表示内在的粪便正在危害他。

理查德拿起足球，把它充满气，然后躺在上面把空气挤出来。突然，他愤怒地低吼道（显然是对足球说）：“你这个邪恶的畜生！”

K太太诠释说，理查德在上次面谈中极度怀疑她与K先生勾结，而且害怕含有父亲的母亲会受伤或与他敌对。今天，他则坚称母亲和K太太是好的，但父亲是坏的。K太太认为他很努力地维护好母亲，而让父亲变成黑色，是因为不信任母亲令他太过痛苦与恐惧。K太太解释说，理查德否认自己由于母亲跟父亲上床、（在他的幻想中）吞并了父亲，并与父亲联手对付他而感到愤怒。为了维持母亲的好形象，理查德否认自己对她爱恨交织，也否认他把对她的怨恨转嫁到父亲身上。他也很气母亲把危险的章鱼和流浪汉父亲吞并进去，而让自己受伤。K太太指出，因此“邪恶的畜生”是指父亲，但同时也是指母亲和K太太。

理查德表示强烈抗议，他这么爱K太太和母亲，绝对不会这样骂她们。

K太太诠释说，当他怨恨最爱的母亲时，就会感到强烈的爱恨冲突。K太太也提醒说，他曾因为想摆脱受伤的母亲，而把那个一直代表母亲的粉色女人埋起来了（第二十一次面谈）。

理查德痛苦地说：“不要再说了，这让我很不开心！”

K太太诠释说，她的诠释总是让他很痛苦，所以他觉得她是“畜生”。

理查德一直在用小刀削铅笔，还把刀片放在足球上，但并没有切下去。他反而很粗鲁地把刚画的第二幅画涂黑，并用铅笔在上面乱戳。他在房间里走来走去、重重地踱步，然后在架子上找到一面英国国旗并将它打开。他大声地唱“天佑吾皇”（*God save the King*，英国国歌），并且看着地图（他有一阵没看了）问他能不能把德国占领的国家都涂黑（墙上的地图是战争初期的版本）。不过，K太太提醒他地图不是她的，所以他就没有那么做。理查德开始坐立难安，说他想要离开，但他还是等到了最后一刻。时间一到，他马上就冲出游戏室的大门。

K太太的诠释是，他害怕自己真的攻击、伤害她（把刀片放在足球上、把画涂黑并戳洞），就像希特勒和黑色父亲一样去征服其他国家（代表K太太与母亲）。

理查德走到门口时回头，问K太太是否也去村里，然后陪她走到转角。他说昨天她没有关窗，是不是应该关上？这时，他的态度相当友善，离开游戏室显然让他大松了一口气。面谈过程中，他曾告诉K太太，昨晚他去了电影院，进去时看到一个他害怕的男孩，但他还是进去了，而且留在里面看戏（注记Ⅱ）。

第二十三次面谈注记：

Ⅰ. 不断试图避免内在及外在冲突，是心智生活的主要防卫与特征之一。年幼的儿童特别擅长运用这种方式来努力维持心智稳定以及与外在世界建立良好关系。理查德的情绪很少能够长期维持在稳定状态，而这影响了他的整体发展。我在《从早期焦虑的观点看俄狄浦斯情结》（1945，《克莱因文集Ⅰ》）以及《儿童精神分析》的第六章“儿童精神官能症”中都提到过这些试图寻求妥协的做法。

Ⅱ. 理查德在这次面谈中的躁症防卫相当明显，同时，他也更能面对自己的焦虑。他的躁症表现包括用力跺脚和大声吵闹，有时甚至盖过我的声音。他没有提到战争，也避免提到任何跟克里特岛被侵略相关的事。另外，他又能单独去电影院。画中的王国被恶势力入侵，与战争有间接关联。此外，他自己认知并诠释他画的王国代表一只满口大牙的贪婪海星，也就是他自己。通过这幅画，他更清晰地表达出对坏父亲与整个家庭的情感冲突与焦虑。否认与躁症防卫的同时，伴随着对于焦虑的更深的领悟及更强的处理能力，即在精神分析过程（或发展过程）中，防卫机制发生转变所带来的进展的特征，否认所针对的只是某些层面（外在战争情境），对于内在现实有更深的领悟。

第二十四次面谈（周六）

理查德又迟到了。他说忘了时间，是一路跑来的。他沉默不语，一脸惊恐和不悦的神情。

K太太诠释说，他忘了时间，与前天想逃出游戏室的意思一样。在上次面谈中，我诠释了他对母亲与她（“邪恶的畜生”）的不信任。昨天离开前，他说她前一天忘了关窗户，应该关上才对。这句话也在表达他对邪恶的畜生母亲和K太太的不满。她们不应该把代表性器官的窗户开着，让畜生——章鱼，也就是坏父亲得以进入她们体内并与她们性交。

理查德重申他不可能想攻击或伤害K太太和母亲。光是想到他可能这么做，就已经很不快乐了。理查德开始画画（第十四幅画）并谈起英国被德国侵略的可能性，他今天早上还在想这件事。如果德国开始入侵，K太太还能否与他见面？还有，他要怎么去X地？他又画了一只大海星，把它分成好几部分。他说父亲来了，然后把黑色铅笔移到画前面，同时，哼着一首听起来很邪恶的军歌，他接着把一些部分涂黑，然后，理查德把红色铅笔快速移动，哼着欢快的歌曲。他准备涂红色时说：“这是我，你会看到我有好大一片领土。”然后，他开始涂浅蓝色。涂到一半，他抬头望着K太太说：“我觉得很开心。”（他看起来真的很开心，而且与K太太有近距离互动。）画完浅蓝色的部分后，过了一会儿，他说：“你看母亲是怎么扩张的，她的领土现在变得更大了。”他把一些部分涂成紫色时说：“保罗人很好，他在帮我。”中间部分还有几块空白区域。现在，他把这些部分都涂黑，说父亲想挤进来，而周围是保罗、母亲和理查德。他画完后，停下来，看着K太太问道：“我画画时真的会想到所有人、想到你吗？我都不知道，你怎么知道我在想什么？”

K太太回答，她从他的游戏、画画、说过的话与做过的事中了解他潜意识的想法，不过，他刚刚怀疑她的理解是否正确、可靠。K太太诠释说，这些怀疑产生于他对她与母亲的不信任，最近几天特别明显，但表面上他还是说她们很“亲切”。他已经表达了对K太太的疑虑，怀疑她会在他视为敌人的K先生面前出卖他。两天前（第二十一次面谈），梦里的鱼群老大代表奸诈的希特勒——父亲，但是在画里鱼往往代表母亲，所以他才会说K太太和母亲（以足球为代表）是“邪恶的畜生”，然而，他也因为浅蓝色的版图不断扩张而开心，浅蓝色代表好母亲与K太太——她最近正好穿着浅蓝色的羊毛衫。昨天，他说王国是一只满口獠牙的贪婪海星，代表他吞噬了所有人：由于好母亲正在扩张版图，所以他能把更多母亲吞并掉；如果她是好母亲，就不会对此感到愤怒，而会希望待在理查德体内保护他，帮他一起对抗坏父亲以及他自己的贪婪与怨恨。最近，他在潜意识中表达了对母亲与K太太的死亡欲望，K太太诠释这一点时，他非常痛苦与恐惧，但随后他却获得疏解与快乐的感觉。因此，看来他正在经受更强烈的信任与不信任感。

理查德似乎在思考K太太的话。她的意思是了解让他不快乐的原因，反而能够让他更快乐、更有自信，他对这个说法很讶异，但似乎又能接受。他在“王国”外面画了一个椭圆形的圈，然后涂成红色。

K太太问他这是否代表他自己，因为王国里的红色部分代表他。

理查德说不是，它不一样，并不属于王国。他涂红色只是因为颜色比较亮。画画时，他又开始谈论希特勒（但没有提到克里特岛，他仍回避这个话题）。他说希特勒很坏，让整个世界都不开心，可他应该很聪明吧？他是不是常常喝醉？理查德在想希特勒究竟是不是天才，他觉得希特勒一定很聪明，然后，他说我们在克里特岛有一些坦克，但是希特勒一辆都没有。他觉得这件事很好笑，说：“光是想到希特勒居然没坦克就够了。”

K太太诠释说，这是他首次主动提到克里特岛，一方面，因为他现在不那么害怕内在的希特勒；另一方面，因为本来他对克里特岛的局势感到绝望，但希特勒没坦克让他又燃起一线希望（注记Ⅰ）。对理查德来说，这也代表他能夺走坏父亲的危险阴茎，并且保护喜爱的母亲和K太太——英国。现在，海星王国（他自己）被自身之外的红色区域包围。红色之前代表血。他把圆圈涂成红色时，提到邪恶的希特勒让整个世界都不快乐。

红色代表母亲的血，而且是坏希特勒父亲（理查德幻想他在母亲体内）让她流的。母亲代表被坏父亲欺凌的世界，而且内在含有坏父亲［投射性认同］（注记Ⅱ）。她也被理查德伤害，代表理查德的贪吃海星宝宝进入她的体内，并且让她流血。

理查德拿来足球，按照之前的方式玩。他让K太太注意“她”发出的声音。之前足球的声音代表母亲在哭泣、死亡或求救，现在他还发出公鸡与母鸡的叫声。接着，他把足球丢到一边。理查德问了K太太一个问题，问前一直犹豫不决，并事先表示他不想伤害她的感情。他问她是外国人吗，然后马上自问自答道她应该不算外国人，她是英国公民，住在英格兰很久了。不过，她的英文虽然“很好”，还是跟英国人不一样，而且她也不在英格兰出生。上次战争时她属于敌方，当她看到英国被击败时会感到高兴吗？理查德一副难以启齿的样子，不等K太太回答，就说：“不管怎样，现在你是站在英国这边的对不对？你是站在我们这边的。”

K太太指出，他怀疑父母联手对抗他，现在这种不信任感转移到K太太与K先生身上，这似乎是造成他极度焦虑的原因之一。每当他感到罪疚，或父母晚上一起睡而没有理会他时，这些疑虑就深深困扰着他。他无法了解父母心里在想什么。代表外国人的母亲（现在是K太太）也很有可能与他敌对，况且，他也无法得知母亲体内的父亲究竟是好是坏。只要他对母亲（K太太）的疑虑减少，他的内在就会有更多可以保护他的好母亲。他能够坦然地表达心中的疑虑与批评，表示他现在比较信任K太太。

理查德同意他害怕伤害母亲，他经常弄得她筋疲力尽，不是跟她顶嘴、一直问东问西，就是强人所难，然后，他说很期待周末的到来，还买了一个有公鸡图案的烟灰缸要送给父亲。

K太太的诠释是，他把父亲的阴茎（公鸡）又放回母亲里面，表示要修复它，同时，他又担心公鸡可能是章鱼——父亲，会让母亲哭泣和死亡。刚才足球代表脖子被扭断的母鸡，由此可见他有多焦虑……

这时，理查德在屋里四下探索，一会儿翻翻书，一会儿在架子上找东西。他不时摸一摸K太太的袋子，显然很想看看里面有什么。他拿一颗小球夹在腿间，然后开始踢正步，说这样走路看起来很蠢。

K太太诠释说，小球代表这个世界，也就是母亲和K太太，表示她们被德国的军靴（踢正步）压迫。这个动作是要表达他觉得自己里面不仅有好母亲，也有希特勒——父亲，而他自己就像坏父亲一样正在摧毁母亲。

理查德表示强烈抗议，反驳说他一点也不像希特勒，但他似乎接受踢正步和双腿夹球所代表的意思。差不多该离开了，理查德变得友善又热情。他关暖炉时说："可怜的老暖炉要休息了。"他小心翼翼地把蜡笔按照长短放回盒子里，然后帮K太太把玩具收进她的袋子里。面谈结束时，他提醒K太太下次记得把所有画都带来（其实她每次都带）。理查德让她先别出声，然后屏住气，说："可怜的老房间，好安静。"接着他问她周末要做什么。

K太太诠释说，理查德害怕她周末会死亡——可怜又寂静的老房间，这就是他必须确认她会把画带来的原因，也表示他希望自己能为分析尽一份力，借此修复K太太并且保护她。所以他希望K太太（可怜的老暖炉）能休息一下，不要被病人累垮了，尤其是他自己。

第二十四次面谈注记：

Ⅰ. 这说明，面对内在或外在危险情境与场景所激起的绝望时，否认是回应它的方式之一。在这个例子中，内在危险情境指好母亲被理查德的怨恨攻击并摧毁，这种情境引起忧郁与绝望。精神分析减轻了他的焦虑，削弱防卫式否认，并让他重拾希望，更相信自己能够保护内在与外在母亲（浅蓝色的母亲会在他里面扩张）。另外，连与外在危险情境（战争情势、德军入侵克里特岛，及英国遭到侵略的危机）有关的否认也一并减弱了，同时，理查德也更能面对并表达焦虑，不过必须谨记，理查德心中也确实认为外在情境已有所改善。

Ⅱ. 理查德借由海星王国的画，表达他贪婪地将母亲、我以及所有人都内化，同时，王国外的红色圆圈代表投射性认同的过程（参见《对某些分裂机转的评论》，1946，《克莱因文集Ⅲ》）。理查德贪婪的部分（海星）侵略了母亲，而他的焦虑、罪疚感及同情都与母亲受苦有关；母亲不仅被他入侵，还被坏父亲从内在伤害与掌控。我认为，内化与投射性认同的过程是互补的，并且自出生后就开始运作。这两个过程就是决定客体关系的关键。他吞并母亲时，可能觉得连她所有内化的客体都一起吞并进去；当自体中进入另一个人时，可能觉得连其客体（以及与客体的关系）也都一起带进去。我相信，如果仔细探究变化多端的内化客体关系以及环环相扣的投射过程，就能帮助我们更加了解人格与客体关系的发展。

第二十五次面谈（周一）

理查德迟到了几分钟。他看上去很忧愁，问K太太有没有把画带过来。上次面谈时，他就特别交待过，要K太太下次把画带来。他一张张翻看那些画，然后说，他不想看到最后那一张（第十四张画），也不喜欢第八张画，但还是先把它放在一边，等一会儿再画完。他说，周日的时候他在庭院里玩，一直想着K太太。如果那时候K太太刚好经过他家，走进来看着他玩，那该有多好。他还说起了家里的一些事。保罗会放假回家待上一星期，所以母亲周四就会回去，但保姆会来X地陪他。理查德说起这些事的时候，显得既愤怒又忧愁。他画了一个王国（第十五张画），说父亲是黑色的领土，母亲是蓝色的，两块地方离得很近，但他自己也跟母亲离得很近。至于保罗，则是紫色的，领土非常小。接下来，理查德露出一脸烦恼又悲伤的表情，说在路上发生了一件惨事。在公交车上，他遇到一位妇人，带着三个很吵闹很聒噪的小孩，她看起来病得非常重，直到下公交车时，她看上去还是很不舒服。理查德为她感到难过，而且认为那位妇人的病一定是那些小孩造成的。

K太太对此诠释说，他在感到罪疚。他认为自己就是很吵闹很聒噪的小孩，把母亲弄得母亲筋疲力尽，这一点他也经常对K太太说起。除此之外，他还觉得上次面谈时他让K太太筋疲力尽了。理查德不论是面对黑色的希特勒父亲，还是自己的攻击与贪婪，都无法保护母亲和K太太。

理查德显得非常焦躁。他站起身，在房间里走来走去，还重重地跺脚。他很认真地听着外面的声音，时刻留意着有没有小孩经过。他站的位置距离K太太有点儿远，他脸色苍白，满脸都是焦虑的神情。他问K太太，要是他在面谈了十几二十分钟之后就觉得害怕，想要逃走，K太太会不会让他走。他问这个问题时，面谈恰好进行了二十分钟，但他并没有去看时钟。

K太太说，她会同意让他走的。

理查德说，他十分担心K太太，她是不是非回伦敦不可？

K太太诠释说，理查德担心她会在伦敦遭遇危险，由于受其他恐惧的影响，这个恐惧更加深刻了。K太太提醒他，当说到母亲要回家陪父亲和保罗的时候，他表现出极度的愤怒和忧愁，害怕自己会因为愤怒和嫉妒转而去攻击、伤害母亲。对于即将前往伦敦与家人团聚的K太太，他也有着同样的感觉，所以认为她也会遭遇危险，也会被他攻击。为此，他感到非常罪疚，因此在公交车上看到那些让母亲生病的吵闹小孩时，才会感觉那么强烈。

理查德问K太太，她周日一般都会做什么。她的儿子多大年纪？是不是奥地利人？

K太太提醒理查德，他一直很好奇她的私生活，由于嫉妒她的儿子，还畏惧他不认识的、内在的K先生，于是，他的好奇心就更加强烈了。理查德想弄清楚，他们会不会像希特勒一样伤害K太太，或者，K太太会不会与他们联合起来对付他。如今母亲也要离他而去，转而与父亲和保罗团聚，他的心里再度升起同样的疑虑与恐惧。

理查德一直在画画（第十五张画），一边画画一边提起英军胡德号巡洋舰被炸沉的事，露出满脸担忧的神色。他说这件事太可怕了，当他听到的时候，整个人都吓得跳了起来。接着，他用了很长时间来讲这件事。

K太太提醒他，在第二十二次面谈的舰队游戏中，他曾经让代表父亲与母亲的船舰相互轰炸对方，还让他们轮流担任敌方的角色。如今也是同样的感觉，他认为不论是对抗坏希特勒父亲还是对抗他自己，他都无法保护母亲、英国或者K太太。

理查德说，他真的很担忧德国的侵略行动，不管别人怎么说，他就是做不到不担心。

K太太问他，如果英国被德国入侵，将会发生什么事？

理查德说，他害怕被枪杀，也害怕母亲被枪杀。

K太太说，在上次面谈中，他曾经觉得如果英国被侵略，他就不能来见K太太，不能继续接受她的分析了。他准备回家过周末之前还说过，害怕坏希特勒父亲，即她内在含有的“邪恶的畜生”会伤害她甚至杀死她。

理查德表情十分严肃，陷入了沉思，过了一会儿后说，在还没见到世界恢复美好与和平之前，他不希望自己死掉。

K太太诠释说，他想见到世界恢复和平，如同他希望见到家庭恢复和谐，这样他就能够保护内在的父母，特别是保护受到危害的母亲。如果他能做到这些，对他而言死亡就不再是一个内在的危险，也不足以摧毁父母和他自己。

理查德一直在削着蜡笔，把蜡笔屑丢得满地都是，还把断掉的笔头叫作“尸体”。他把一些蜡笔屑丢在K太太身上，却说他“不是故意的”。他让K太太去看一支两头都削尖的蜡笔，说这就是他，然后把笔尖刺向K太太的手，问她疼不疼。除此之外，他还将两支长铅笔削得很尖，并把他们轮流放进嘴巴里咬。接下来，他又让两支铅笔的笔头相对，说他们正在打架。

K太太问，这两支铅笔是谁。

理查德说黄色的铅笔是父亲，而绿色的铅笔是母亲，但随即又改口说应该相反，他苦恼地补充道，其实他自己也弄不明白。接着，他给K太太看这两支铅笔上面的痕迹。

K太太提醒他之前一直在咬铅笔，所以上面的痕迹是他咬出来的齿痕。理查德听后大吃一惊，他完全没有注意到自己在咬铅笔。K太太诠释说，他担心自己已经伤害并吞噬了父母，而父母彼此之间也在打架。由于父母持续在他体内打架，也就是内化的父母在暴烈地性交，因此他害怕自己会死，同时，他还觉得父母混合交缠在一起，已经无法分辨哪个是父亲，哪个是母亲，从而形成了联合父母意象（注记）。

理查德想让两支铅笔都站立起来，只要铅笔一倒下，他就很生气。他又开始让两支铅笔相互打架，之后蜡笔和其他铅笔也加入其中，引发混战，最后全都变成杂乱的一堆。在这一过程中，他一直在最后画的那张图（第十六张图）的背面涂鸦。

K太太解释说，如同之前他玩玩具时的一样，灾难再次发生了。试图让铅笔站立表明理查德想修复父母之间的关系，但此时父母仍在打架，代表伤害无法修复。蜡笔代表着兄弟之间的关系，他们也在打架，还相互攻击对方的性器官，这代表理查德在知道保罗即将返家之后，心里的恐惧又加深了。

理查德不停地站起来，在房里重重踱步，显得怒气冲冲。他又说起胡德号，然后走到地图前，推测着英国的“海军实力”，同时，显露出十分担忧的神色。突然，他开始低声地喊：“理查德、理查德、理查德！”仿佛有人在求救一般。

K太太问，是不是有人向他求救。理查德做出肯定的回答。

K太太觉得，求救的人应该是胡德号上的船员。

理查德同意这个解释，说他们快被淹死了，正在向他求救。接下来，他换了一种哀伤的语调，低声地喊：“父亲、父亲、父亲！”

K太太诠释说，胡德号代表着母亲，被炸毁代表着遭到了他攻击，而船员则是母亲肚子里的孩子们，他们正在向他和父亲求救……K太太又问他，刚刚涂鸦的时候在想什么，理查德表示他不想说，只提到在画中的某个角落里，他画了一个满月和一个弦月。

在整个面谈中，理查德有时很愤怒，有时很担忧，甚至还露出绝望的神情。当面谈接近尾声时，他又开始变得沉默起来。

第二十五次面谈注记：

在儿童的潜意识中，这两个概念不是两个不同的情境，而是同一个幻想的两个阶段。在我看来，婴儿在部分客体上会形成一个与父母性行为有关的早期幻想，即幻想父亲的阴茎侵入母亲的乳房，这个幻想极容易让儿童感觉父母的性器官总是交缠一起，这就是“联合父母意象”。进一步发展下去，就会幻想父母这两个完整的人正处于暴烈的性交中。当婴儿开始经历这些焦虑，就已具有了较深的现实感，也能更为清楚地认知外在世界，并与完整的客体建立起关系，然而，他们仍然被早期潜意识幻想、摧毁冲动、贪婪与占有欲所影响。事实上，这类早期幻想从未完全消失。以上种种因素均解释了，为什么在婴幼儿心里，父母的性交会如此具有摧毁性。当儿童的稳定性逐渐提高，就开始觉得内在父母之间的关系比较和谐，但这种和谐仍不包括平和的性交。我们还经常发现，从外在父母的角度来说，哪怕是非常幼小的儿童，也不希望母亲或父亲产生性挫折，反而希望他们能以性器官来满足彼此的欲望。外在情景与内在情境总会有某种程度的关联，以上也只是外在客体关系与内在客体关系不同的例子之一（参见《儿童精神分析》第九章）。

最近我曾提出，婴儿获得快乐与安全感的关键，取决于他们与母亲及乳房的关系。这种状态持续的时间长度与强度因人而异，也可能受外在因素的影响，但对于儿童的整体发展至关重要。如果婴儿与母亲及乳房的早期关系受到干扰，就会产生联合父母意象的幻想。比如，幻想父亲的阴茎进入母亲的乳房。永久独占母亲的渴望与许多因素有关；比如，焦虑、贪婪与占有欲等，然而，只有在嫉羡未曾过于强烈的情况下，这样的关系才能持久，否则，只要出现另外一个侵入的客体，就会强化所有冲突，从而激起对父母的恨意与不信任。这些情感都会影响联合父母意象的强度，并干扰俄狄浦斯情结的早期阶段。

第二十六次面谈（周二）

理查德来得很准时，也没有如昨天一般愁眉苦脸了。他迫不及待地打开手提箱，让K太太看看里面的东西：有舰队，还有一双新拖鞋。他说，母亲交待他进入游戏室后就脱掉靴子换上拖鞋。他非常喜欢这双拖鞋，告诉了K太太它的价格，还要她摸一摸，感受一下它有多么柔软、多么好穿。接着，他拿出舰队，把它们摆好。理查德说母亲这几天嗓子疼，还卧病在床，这让他很担心。他说，他一直都在好好照顾母亲，这是在尽他的“本分”，对不对？他也向母亲说起昨天问K太太的那个问题，要是他觉得很害怕，想要逃跑，K太太会不会让他离开。母亲觉得他这样太傻了，他也这么认为，毕竟K太太人这么好，他没有理由逃跑。

K太太诠释说，之前的三次面谈里，他都认为K太太代表那个“邪恶的畜生”（足球），体内含有外来的儿子与丈夫，也就是畜生父亲，所以对她感到很害怕。如同他害怕体内的父母正在打架并形成联盟一样，他也怕K太太会被她内在的希特勒父亲伤害。在他心里，父母就是那两支又长又尖并混淆在一起的长铅笔，他已经分不清楚究竟哪支是父亲，哪支是母亲。

同以前一样，理查德又开始特别留意外面的声响，他还要K太太安静下来，好让他听清楚。他又再次“防备”着那些有敌意的小孩。其实，理查德自己也承认，哪怕有K太太的保护，他还是会感到害怕。

K太太特别强调，他一直以来都有这样的焦虑。

理查德同意K太太的看法。他说，有一天他跟母亲一起坐公交车，上来一位年纪跟他差不多的男孩，他一看到那个男孩立刻就害怕起来。他狠狠地瞪着那个男孩。男孩也看着他。他坦陈其实并不想攻击那位男孩，他那么做只是想先发制人，这样可能就不会被对方攻击了。他又回想起每次遇到其他小孩的时候，总以为他们要找他打架，但对方根本不理他，让他松了一口气。他问K太太，如果回学校上课，他会不会很不开心？他有没有可能一生都害怕小孩，长大之后也害怕大人？母亲让他来见K太太，是不是因为他跟不上学习进度？他向K太太表示，其实他也想和哥哥一样，能去上大学。

K太太说，母亲确实担忧他这些问题，才帮他安排了治疗。

理查德问，他母亲还提过哪些事。

K太太回答，母亲说他有时候很情绪化，认为他可能不快乐。

理查德听完K太太的回答，若有所思，然后一脸严肃地说："这个治疗对我的帮助很大，我也觉得你人很好。"

K太太认为，看到她和母亲关系良好，理查德感到很高兴，而且两个人都很关心他，就像母亲和保姆一样。K太太与母亲能够和睦相处，让他更坚信K太太能代表好母亲，但有时，他也担心她们之间可能会起冲突。除此之外，他依然十分害怕那些有敌意的小孩，他们意味着母亲体内那些未出生的小孩。他认为，自己已经攻击了他们，并且这种攻击还不会停息。

理查德一边听着K太太的诠释，一边排列整理着舰队，他说战争并没有发生，他们只是在演习而已。他对K太太说，他自己是小驱逐舰，而保罗是巡洋舰。后来，他又换了说法，让自己变成了大船，而保罗则是小船，他们相处得十分融洽。父亲是尼尔森号，他本来跟孩子们在一起，但很快就跟随着罗德尼号（母亲）了。尼尔森号碰触罗德尼号时，只轻轻地碰了一下，对理查德与保罗也是如此，这样一来，每个人都差不多，都获得了公平的待遇。理查德还把另外几艘小的船舰排成一列，说他们是厨娘和贝西。过了一会儿他又补充道："还包括母亲肚子里的宝宝。"他玩这个游戏玩得很开心，甚至有两次抬起了头，对K太太说："我好快乐呀！"他又一次说起了那双拖鞋，说他穿起来很舒服，他很喜欢。

K太太诠释说，母亲给他买了拖鞋，还带他来K太太这边接受分析，这让他非常感激。对他来说，这两件事都象征了母亲对他的爱。

理查德同意这个说法，又一次说这双拖鞋真的很好穿，他的语气里满怀着感情，强调道："我喜欢它们在我身边，它们是父亲和母亲。"

K太太指出，理查德现在认为不仅母亲能帮助他，父亲也可以，而且母亲允许他拥有好父亲。他也觉得自己内在的父母可以和平共处，还能帮到他。虽然他依然感觉自己在控制着他们，但彼此之间相处得很融洽。K太太还进一步诠释，理查德认为，只有让父母、自己和哥哥都获得了公平的待遇，才能在彼此之间维持和谐的关系。比如在游戏的最初，保罗是比较大型的船舰，理查德是比较小的船舰，后来理查德让他俩的角色对调了。另外，代表父亲的尼尔森号只是轻轻触碰了代表母亲的罗德尼号，对理查德与保罗的船舰也是如此。从这个细节可以得知，理查德认为另一个维持和平的条件似乎是指父母不应该性交。他们给予彼此的性满足与爱，应该要和给予每个小孩的分量相同。理查德也让母亲身体里面那些未出生的小孩复活，于是他再也没有敌人了，才会觉得如此快乐。此时的K太太似乎代表了两个人，一个是会跟母亲一起疼爱理查德的好父亲，另一个是与母亲保持良好关系的保姆。

理查德说，有时候他会觉得还是当弟弟好，因为他会比保罗活得更久。曾经有一位算命师说他的生命线很长，可以活到八十岁。这时，他想看看K太太的手相，看到她的生命线不长，他于是露出担忧的神情，但他随即又宽慰道，这样已经够长了，她有可能活到七八十岁……理查德又看了看上次面谈时画的图（第十六张图），说他不喜欢那个乱画的圆圈，那是希特勒的头，于是立刻把圆圈旁边的人头划掉了。

K太太问他，角落里的那个月亮是什么意思。

理查德说他很喜欢月亮，于是又多画了几个月相，最后是一个涂黑的圆圈。接下来，他在大圆圈的中间画了一条黑线，再把纸翻过来，在同样的位置也画了一条黑线，看起来就好像铅笔的痕迹透到了纸的另一面。他下笔极其用力，但同时又努力克制自己，尽量不把纸划破。

K太太提醒他，昨天他在画中间那个圆圈的时候，正对K太太感到愤怒和畏惧，所以他不喜欢这个圆圈。圆圈代表着足球，也就是“邪恶的畜生”，而旁边就是希特勒的头，当他看到它们时，立刻就用笔划掉了，但他在圆圈中间画了一条黑线，表示他认为K太太和母亲里面含有黑色的希特勒父亲。K太太再次提醒他，要他注意昨天画图的顺序：他先画了中间的圆圈，再画希特勒的头，然后是各种月相。K太太对此解释说，在满月旁边的新月代表着父亲的阴茎靠近母亲的乳房和肚子，而他刚刚又画了另一组月相，还把最后一个圆圈涂黑，代表他认为希特勒父亲把母亲变黑了。当他对K太太感到愤怒与怨恨时，也会做出类似的事。

理查德立即否认他会怨恨、涂黑或者伤害K太太和母亲，但口气有些心虚。为了向K太太证明所说的话，他指着图的下方说，他还写下了“K太太非常亲切”这几个大字。K太太提醒他，在写完“非常”这个字之后，他明显停顿了一下，K太太猜测，他可能原本想写一些难听的话，但因为太害怕而不敢辱骂她，于是决定选择对K太太保持友善。

理查德同意了这个说法。在K太太诠释这一点的时候，他不停地发出公鸡和母鸡的叫声，最开始听起来还算平和，他也说它们很快乐，但越到后面，叫声就越愤怒，听上去也越来越痛苦。

K太太问他，公鸡和母鸡怎么了。

理查德毫不犹豫地说，这次是公鸡的脖子被扭断了，而不是母鸡。公鸡和母鸡还在互咬。

K太太诠释说，他觉得母亲在性交的时候也会给父亲带来危害，她可能会伤害或是切断他的阴茎。从他刚刚的表现来看，他也根本不相信K太太会很亲切。

理查德说，他记得昨晚的噩梦，在梦里他动了三次手术，但他并不害怕，或者应该说，没有那么害怕。尽管医生给他用了乙醚，但他没有闻到乙醚的味道。

K太太问他，对三这个数字有什么想法。理查德回答：“父亲、母亲和保罗。”

K太太又问，他是否知道自己动了什么手术。理查德回答得很明确：“是喉咙里的手术。”

K太太指出，这表示他的喉咙动过三次手术。理查德听到后说，他不知道为什么会这样。

K太太提醒他，之前他的确动过三次手术：一次是性器官，一次是喉咙，另一次是牙齿，但在梦里，三次手术都变成了喉咙。

理查德对这个潜意识上的连结很感兴趣，他说他是在三岁那年动的性器官的手术。

K太太诠释说，他现在非常担心母亲嗓子疼，因为在他看来，母亲的性器官和自己的一样，都被希特勒父亲切掉了。另外，从最近的素材可以看出，他认为自己已经吞并了所有人，因此他觉得父亲、母亲与保罗三人都在他里面动手术。虽然理查德说他在梦中不感到害怕，但这仍然是一个噩梦，回想起来仍然令他感到恐惧。但他至少没闻到乙醚的味道，于是就能安心下来。

理查德开始画第十七张图。他一边用邪恶的音调唱着德国国歌，一边把最上面的两个尖角涂成了黑色，说这是父亲。接着，他用活泼的腔调哼着英国国歌，把一些区域涂成了红色，说这是他自己。他还一边唱着希腊国歌一边涂着蓝色，并说这是母亲和K太太。接着，他又唱起了比利时国歌，把刚涂上紫色的地方说成是保罗。除此之外，理查德还做了许多说明：如当他画到某处时，说他比父亲早到一步，抢先占领了这块领土。接下来，他又说："保罗挡住了父亲的去路，让他无法接近母亲的领土，"以及"还有一块地方，现在我要把它抢过来。"

K太太问理查德，这个王国在哪里，他回答说在欧洲。K太太诠释道，由于前阵子克里特岛有战事，因此，希腊代表了被侵略与被伤害的母亲和K太太。理查德也像希特勒一样，四处"掠夺"着领土，不仅是父亲、保罗与理查德这三个男人都在用他们的性器官抢夺、吞噬并伤害着K太太和母亲。母亲的内在受伤了，这就是理查德现在对母亲生病所产生的感觉。

对K太太说他像希特勒这一说法，理查德表达了强烈的抗议。

K太太提到之前他吞噬母亲的相关素材，但也解释说，理查德同时也渴望保护母亲，以避免她被坏父亲和坏的自己所伤害。

这时，理查德指着画上的区域说，代表他自己的红色就围绕在浅蓝色母亲的两边。

K太太提醒道，他在画浅蓝色的时候，说这是母亲和K太太。

理查德说，保罗也正在对抗父亲、保护母亲，接着他开始画第十八张图。这一次他只唱了挪威国歌，然后说蓝色的区域代表K太太。这个国家很小，他不知道它在哪里。

K太太诠释说，第十七张画画的是欧洲，代表着母亲巨大的内在正被侵略和抢夺，同时，也被盟军保护着；第十八张图则是完全未知的王国，代表他自己的内在，而配上挪威的国歌，则表示他很弱小。K太太认为，理查德会这么画，关联到上次面谈时曾表达过的被侵略的恐惧，另外，这一点还与被射杀的恐惧，噩梦里动手术的恐惧有关。动手术即代表他的性器官被切断，还有被有敌意的家人侵略。浅蓝色现在是K太太而不是母亲，因为她现在代表着会跟保罗一起保护他的好保姆。除此之外，咖啡色的区域代表着他的粪便。由于他在幻想中已经吞并了保护他又攻击他的家人，所以他会认为，一切对母亲的攻击都在他身体内部进行着。

面谈结束时，理查德说他下次还把拖鞋带过来。他把舰队放入一个纸箱，然后指着纸箱上的标签“糖果”对K太太说，他希望纸箱里面装的是糖果，而不是军舰。

K太太解释说，他希望所有内在的家人，包括那些有敌意的小孩与打架的父母，都能在他里面变得友好与和善。

第二十七次面谈（周三）

外面正下着雨，通常下雨总是让理查德心情沮丧，于是这一次他进入游戏室时，还保持着一副惊魂未定、愁眉苦脸的样子。他表情厌恶地把雨衣脱下来晾干，嘀咕了一句："落汤鸡。"他刚说完，就迅速地拿出舰队摆放起来，不愿解释刚才那句话是什么意思。据我的了解，像他这样喃喃自语之后又很快转移话题，表示他忍不住说了一些重要的事，但马上又想矢口否认。

K太太提醒理查德留意这个行为所代表的意义，也要他回想在第二十五次面谈时，他知道胡德号被炸毁时的感受。当时他学着船员，低声叫喊着："理查德、理查德，理查德。"就在刚才，他也在以同样的方式低声说话。

理查德回答，他知道那些船员正在向他求救，但即便他在场，也只能救出一些人，还有可能连一个都救不了……这时，理查德也开始"提高警觉"，开始特别留意外面路过的小孩。他说在来这里的路上，他遇到了几个小孩，让他感到很害怕。

K太太要他回想一下昨天那个涂黑的圆圈，还有王国中的咖啡色区域。她诠释说，理查德想要攻击母亲内在的小孩，还想用他的"大号"炸毁K太太。那些船员代表着母亲体内的小孩，他既想要用尿淹死他们，又想拯救他们，但实在无法克制自己的恨意，所以觉得无能为力（注记Ⅰ）。同时，他也害怕被那些他攻击的小孩报复。K太太说起那个鱼群邀请他去吃晚餐的梦（第二十二次面谈），当时他说他在水里，所以才会穿雨衣。他不信任那些鱼，也怕自己会跟母亲的小孩一样溺水淹死，所以他才想拯救这些小孩，希望能让他们复活，然而他刚刚喃喃自语了一句"落汤鸡"，则表明他觉得自己活该，因为他也是个坏人。

在听K太太诠释这个素材时，理查德一直让代表自己的潜水艇索门号去攻击罗德尼号。罗德尼号现在代表俾斯麦号，而理查德要把她炸毁。

K太太要理查德仔细留意他正在进行的游戏，提醒他刚刚炸毁的罗德尼号以前一直代表着母亲，现在却变成了俾斯麦号（注记Ⅱ）。她要理查德回想一下，胡德号被击沉时他的感受。当她在诠释时，将胡德号沉船事件与第八张图中的埃姆登号关联了起来。那时，沉没的埃姆登号代表着被海星宝宝攻击、吞噬而死去的母亲。

理查德反对K太太诠释，否认是他炸毁并击沉了母亲那艘船。他说那是邪恶的父亲做的事情。

K太太说，他心里认为坏流浪汉和希特勒父亲会杀死母亲，但他自己也对坏母亲发起了攻击，才炸毁了俾斯麦号。母亲之所以会变成坏母亲，不仅因为他对她爱恨交织，还因为她里面含有坏父亲和会报复的危险小孩，而他们总有一天会反过来一起攻击他。当他把埃姆登号击沉时，这艘船不仅代表着坏母亲，也代表着好母亲，随着埃姆登号（母亲）的沉没，好母亲也被他自己的贪心宝宝吞噬、杀死了。

理查德继续玩着他的舰队。他按照报纸的描述，重现了俾斯麦号被击沉时的情景。俾斯麦号被击中之后，先是弹到半空中，然后在原处打着转，最后舰身倾斜、翻倒，渐渐沉入海中。接着，理查德又提到西提斯号（Thetis）遭受的灾难。他详细地描述这一事件，还激动地说，船内的人都是被活活闷死的，真是太可怕了。K太太说，这让她想起了诠释中提到的那些还未出生就胎死腹中的小孩。

理查德问："死去的人就回不来了，也不会再攻击别人了？对不对？"

K太太的诠释是，理查德对受伤而死亡的母亲和小孩心怀恐惧，他们都成了他畏惧的鬼魂。他觉得胎死腹中的小孩会回来找他，他们都变成了路上那些对他有敌意的小孩，会对他展开报复。在理查德心里，那些死去的小孩最后还是出生了，只不过都成了他的敌人。

此时理查德正玩着舰队，正在不间断地变换着船舰的排列方式。在K太太诠释那些死去并有敌意的小孩时，他将所有的小船都排成一列，旁边留下了一艘大船。他说，那艘大船就是他自己。

K太太认为，那些小船就是孩子们，他们正排成一列，准备对付他。

理查德说他做了一些很不好的梦，但具体都记不清了。接着他问起了K太太的住所，在听说那里还住着另外一位房客时，他就问K太太："那么你会不会跟他一起吃饭？你们是不是有各自的起居室？"在问这些问题的时候，理查德把罗德尼号挪到了桌子的另一边。

K太太诠释说，独自航行的罗德尼号代表着独自一人的K太太，理查德担心她独居会感到寂寞，所以希望有人来陪伴她，但他又把罗德尼号挪走，表示他对此感到很矛盾。

理查德让其中一艘驱逐舰跟在罗德尼号后面。接着，尼尔森号和其他小船也追随着罗德尼号。

K太太诠释说，罗德尼号代表着K太太，同时，也代表着母亲。他刚刚的动作是想把家庭修复完好，然后还给母亲，也还给K太太。

理查德对K太太说："没错，你的儿子和家人都来看过你。你并不是独自一人。"接下来，他问了一些跟K太太儿子有关的问题，还问她会不会跟儿子谈起他。另外，他还想知道，K太太与儿子谈话时，是不是用的奥地利语。

K太太说，她之前已经回答过这些问题了。她还分析说，理查德一直不愿意承认他们说的是德语，总觉得她和她儿子说的是奥地利语。因为一旦意识到他们在说德语，他就会立刻怀疑他们是外国人，甚至是间谍。她进一步诠释说，他不仅担心K太太会在她儿子面前出卖他，还害怕母亲趁他不在时，与保罗和父亲联合起来一起对付他。

对于这番诠释，理查德表示反对，但他的态度并不坚定。他转移话题，说希望敌方派来的特务不太多，还问K太太对此怎么看。

K太太回答道，这是大家都希望的。

理查德怀疑地问K太太，她到底是希望特务多，还是希望不多?

K太太诠释说，他非常不信任她以及她儿子的外国人身份，甚至怀疑他们是间谍，因为他们代表着他所不了解的父母，即藏有秘密的父母，而这些秘密往往与性有关。他无法得知母亲里面是否含有希特勒父亲，当父母不在他身边时，他就会怀疑他们，还觉得母亲会在父亲面前出卖他。保罗有时候也会当间谍，因此他也不可靠。他之所以会有这样的感觉，是因为他也想在暗中监视保罗和父母，于是他也觉得自己不可靠。

理查德很干脆地承认了，他确实经常监视别人，保罗也会做这种事，但他绝不会对母亲抱有怀疑。这时，他突然决定要把一件困扰他很久的事告诉K太太。他说他害怕被厨娘或保姆下毒，可能因为他经常对她们很恶劣，很没礼貌，所以觉得她们会报复他。他常常十分仔细地检查食物，看看有没有被下毒，或者去查看厨房里的瓶瓶罐罐，想找出一瓶厨娘藏起来、准备掺在食物里的毒药。有时，他还觉得女佣贝西是德国来的间谍。他有几次从钥匙孔偷听，想听听厨娘和贝西是不是正在用德语说话（我后来查证过，厨娘和贝西都是英国人，她们一句德语也不会说）。理查德说到这里时，一脸的痛苦和担忧，显然是在强迫自己说出这些话。他站起身，走到了窗户旁。每当焦虑加深，他就会露出十分疲惫的神情。这些事让他极度不开心，他问K太太，能不能帮帮他（注记Ⅲ）。

K太太说，她相信精神分析可以帮到他，但他还希望可以保有浅蓝色的母亲，这样就能保护他，并帮助他对抗坏的父母和坏的自己。

这时的理查德一句话也不说，而是留意着窗外，看有没有小孩经过。接着，他跑到庭院里，指着草丛里的野花说，不知道是谁在搞破坏，看起来真是“一团糟”（实际上并非如此）。他回到了房内，说：“我们来玩吧。”于是又玩起了船舰。罗德尼号再度扮演了俾斯麦号，它遭到了潜水艇索门号的攻击，一时间情况变得十分混乱。索门号本来准备对一艘德国驱逐舰开炮，却意外打到了罗德尼号，而罗德尼号这时又变成了英国的军舰。理查德说，索门号的“指挥官是世界上最笨的”，他怎么能犯这么大的错误呢?

K太太诠释说，他不仅不信任厨娘和贝西，也不信任父母，因此他想用他的“大号”炸毁他们，还想用尿来毒死他们。当他怨恨父母时，就觉得这两样东西都是有毒的，于是他认为父母也会以牙还牙，会用“大号”和尿来攻击他。他想检查的罐子代表着父亲的阴茎与母亲的乳房。害怕被人下毒，似乎与他讨厌下雨有关，从天而降的雨就好像父母在他的头上尿尿；当他一想到躺在床上的父母并感到嫉妒与愤怒时，也想这么做。他说他对贝西和厨娘很坏，因此怕她们报复，但他也承认，自己也经常对父母无理取闹，还会跟母亲顶嘴，让她十分疲惫。此外，由于他自己想监视他们，所以也怕他们反过来监视他。他的种种恐惧与罪疚感主要源于潜意识的欲望，即想用尿和粪便攻击他们，并将他们吞噬、杀死。索门号上那位“最笨的指挥官”意味着某一部分的他，他怪自己攻击父母，让原本属于他这一方的父母转而与他敌对，从而导致他心里充满了由内而外的迫害感。

面谈接近尾声时，理查德的情绪渐渐平复下来，雨也终于停了，让他如释重负。他虽然稍有放松，但看上去仍然愁眉苦脸。这时，他才告诉K太太，母亲还生着病，而且病情有一点加重。K太太认为，这就是他在本次面谈中一直感到恐惧和不快乐的原因。在离开之前，理查德又像往常那样把两张椅子拼在一起，然后，说他和她（两张椅子）是好朋友。

第二十七次面谈注记：

Ⅰ. 绝望是忧郁的一部分，也是在忧郁中最先被体验到的情感。在个体的早期，摧毁冲动被视为是全能的，所以也会被认为无法修复。当生命的某个阶段再次出现这种摧毁冲动，依然或多或少具有某些婴儿期的全能性质。另外，如果无法控制摧毁冲动，这种感觉会促使原初焦虑再次出现。

Ⅱ. 理查德在舰队游戏、画图、玩玩具等这些过程中产生的联想，有时候表达的是相同的素材，只是使用的媒介不同，因而可以相互印证。也有的时候，不同的活动会带来新的素材，借由这些素材，我们便能深入探究他的潜意识幻想与情绪情境的各种面向。我在记录的时候，没有办法每次都详尽地呈现理查德的变化，这些潜意识素材是怎么通过不同的表达媒介来相互补充或印证的，但有一个经常出现的现象很值得玩味，当理查德“厌倦”了某项活动，如玩玩具，或对我的诠释表达反对之后，他就会转而从事另外一项活动，结果这个活动恰恰证实了我的诠释是正确的。这也是儿童精神分析的一项特色。从儿童进行的各种活动中，精神分析师可以了解到，如何与更深的领悟以及表达潜意识的需求互动。

Ⅲ. 自从理查德开始接受分析，即便他有时候会产生抵抗，也还是在努力表达着心中的想法与感觉，然而，他仍然没法告诉我某些意识深处的焦虑，害怕被下毒就是一个例子。直到我分析了存在于他的潜意识里的某些内在迫害感与摧毁冲动的素材之后，他才将这件事告诉我，并且是在很勉强的状态下说出口的。据我推测，理查德可能认为，害怕被下毒的恐惧是非常不理性且不正常的，所以他才会如此介意并想守住这个秘密。在精神分析的案例中，我们也经常看到，有些人即便具有重度偏执心理，一般情况下也可以隐瞒自己的被害焦虑，直至他们自杀或者杀人时，身边亲近的人才大吃一惊。

第二十八次面谈（周四）

理查德进入游戏室后，要K太太帮他把舰队从大衣口袋里拿出来，此时他正在留意路过的小孩，不想错过任何一件事。有几个小孩正要去上学，刚好经过这里，一位红发女孩跑在所有人前面。理查德指着红发女孩说："就是她，她就是我的敌人，她正在逃命。"他说其他的人正在追着她，如果可以，他也会去追的。

K太太诠释说，其实是他自己想去威胁、追杀那位女孩，但他把追杀她的欲望转嫁给了其他小孩。这位女孩曾经问过理查德，想知道他是不是意大利人（第十次面谈）。因为这件事，理查德害怕并怨恨这位女孩，她也代表着害怕外国人和间谍的自己。从上次面谈来看，在理查德心里，外国人和间谍就是下毒的人。

理查德承认他害怕间谍与外国人，但他坚称自己并不害怕K太太。这么说时，他跑到大门旁边，想去看看大门有没有关好。

K太太认为，他这么做是想确定小孩和间谍不会入侵游戏室。

理查德说，保罗今天会回家，所以母亲今天或明天也可能会回去。但他不介意，他喜欢的老保姆会来陪他。理查德一边说，一边把大部分船舰摆到一处，只留下一艘巡洋舰与四艘驱逐舰摆在对面。所有船舰都摆出了战斗的阵势。

K太太诠释道，对于母亲回家一事，理查德心怀疑虑。大部分船舰代表着父母、保罗和女佣，他们全都联合起来对付他。

理查德说，他还是有一些帮手的，他没有孤军奋战。

K太太诠释说，他的帮手就是那四艘驱逐舰，代表着老保姆或K太太，还有他的金丝雀和狗。有时，他也认为母亲或厨娘与跟他站在同一战线。面谈刚开始时，他似乎把K太太当成一位可靠的盟友，可以帮他对抗间谍与入侵者。他一直对保罗心怀嫉妒与愤怒，最近因为害怕保罗会联合父母一起来对付他，这种嫉妒和愤怒更为加强了。K太太提醒理查德，保罗以前总是捉弄他，现在偶尔也会，每当这种时候，保姆都会站在他这一边。而现在保姆要过来陪他，这让他觉得，她也成为盟友之一。

接下来，理查德将舰队的形势扭转了。此刻，那艘巡洋舰代表着保罗，而其余的所有船舰都联合起来对付他。这时，理查德拿着大门钥匙问K太太，如果他走出去并把门关上，他会不会被锁在外面。

K太太诠释说，理查德想知道她是否会把他锁在游戏室外，或许在表达着一种早期恐惧，即害怕自己被赶出家门，但也有另一种可能，他想把K太太锁在屋子里。

理查德认为这个说法很好笑，然后说，能把她锁在屋子里也挺不错，如此一来她就必须待到明天才能出去。

K太太的诠释是，他想阻止她与约翰或其他病人见面，也想确定她会一直待在这里等着他。理查德完全同意这个说法。他也想把母亲锁在旅馆里面，以阻止她回家去跟保罗和父亲团聚。

理查德又开始重新排列舰队。现在潜水艇索门号独自航行，并开始攻击罗德尼号，接下来的情景与俾斯麦号被击沉时很相似。罗德尼号被击沉之后，随即展开了一场浩大的战斗，其余的所有船舰都被卷入其中。理查德说，四面八方都是尸体遗骸，如果不移走它们，就会挡住去路。

K太太问他，想把它们转移到哪里。

理查德说把它们都埋葬在墓园里，这样一来，他自己和其他人就安全了。当罗德尼号被击沉时，理查德发出“公鸡和母鸡”的叫声，而且母鸡叫得越来越凄厉。他说母鸡的脖子被扭断了，被公鸡杀死了。突然，他拉上所有的窗帘，还要K太太帮他把房间弄暗，他开始变得异常兴奋，说他此刻看不清楚舰队的模样，也看不到发生了什么事。他问K太太，她是不是在哭。过了一会儿，他又如此问了一遍。接下来，他继续发出“公鸡和母鸡”的叫声，也叫得越来越凄厉（注记Ⅰ）。

K太太诠释了一种可能，即理查德一到夜晚就开始担惊受怕，觉得母亲会被流浪汉父亲伤害，甚至被杀死，于是他觉得自己很有可能听到母亲的哭声，然而，仔细观察他刚刚的叙述和表现就可以发觉，他不仅害怕父亲会杀死母亲，也害怕自己会这么做。母亲回家与保罗和父亲团聚，为此他感到嫉妒又害怕，于是让代表自己的索门号突然炸毁了代表母亲的罗德尼号。

理查德感到犹豫不决，说罗德尼号是属于英国的，但马上又改口说："不，我说的是德国。不……我不知道……"

K太太指出，索门号代表了他，把属于英国的罗德尼号炸毁，就是把他深爱的母亲炸毁。在他嫉妒并且怀疑母亲时，就会怨恨她，所以他会这么做。

理查德转移话题说，马塔班岬海战一定非常可怕，因为他们根本看不清楚战况，意大利海军还在自相残杀。

K太太补充道，每到夜晚，他就感到十分害怕，担心母亲会被坏父亲和他自己摧毁。K太太提醒理查德回想一下，他之前重演胡德号事件的情景。当时他用代表炸弹的"大号"炸毁了母亲的船，也意味着摧毁了她的小孩，那些溺水的船员还向他与父亲求救（第二十五次面谈）。他觉得死去的人应该被埋起来才安全，是因为他害怕死去的小孩回来攻击他，而路上的小孩或鬼魂都代表了那些死去的孩子们（第二十七次面谈）。

理查德非常同意船员代表着小孩。

K太太诠释说，理查德把房间变暗是在表达他对夜晚的恐惧。他看不见父母究竟在做什么，因而不确定是否已实现了他的攻击欲望。他同样不能确定，自己正在攻击的，究竟是他爱的母亲还是他恨的母亲，也不知道和母亲在一起的到底是好父亲还是坏父亲，还有谁在射杀谁，谁又在攻击谁。这种由于"混淆"（Confusion）带来的不确定感与恐惧感，都通过描述马塔班岬海战而发泄了出来。在黑暗中，他不确定K太太是否在哭泣，也难以分辨被摧毁的到底是罗德尼号还是俾斯麦号。

在听K太太诠释的时候，理查德再次把灯打开，说很高兴又见到房间明亮起来。现在整个感觉好多了，之前就很可怕。接着他又关掉所有的灯并告诉K太太，他以前一到晚上就会非常害怕，需要保姆坐在床边陪着他，一直到他睡着。他还经常在半夜惊醒，那时他就会大喊大叫，直到有人来。他说这是四五年前的事了，现在已经不再这样，然而，这句话听起来感觉没有一点说服力。（注记Ⅱ）。

K太太分析说，当他把房间的灯都打开，焦虑已经渐渐地缓解了，再关灯时，他的恐惧也不再那么强烈。他随时都能把灯打开，身旁还有K太太陪伴着，他可以向K太太诉说心中的恐惧。因此，K太太代表了最完美的保姆或母亲，他希望在晚上独处时，她们能来陪伴他。然而，从他的游戏与描述中都可以看出，他的恐惧不仅仅只存在于过去，直到现在还依然困扰着他。

理查德说，母亲今天的情况比昨天好一些了。

K太太诠释说，他昨天大多数时间里，都在表达他害怕被下毒，或者觉得自己是有毒的，所以他会认为，母亲嗓子疼代表着她也被下毒了。

理查德同意K太太的说法，他昨天确实觉得母亲可能被下毒了，但他又立刻补上一句："其实是贝西下的毒。"

K太太提醒理查德，他昨天说到他在照顾母亲，但具体是怎么照顾的，他却没有细说。

理查德回答得支支吾吾的，他说他去药房给母亲买了一个东西，那是一种可以用鼻子吸的东西，但他觉得那个东西可能有毒。

K太太问他，买的东西是不是装在瓶子里的。理查德回答说，是的。

K太太分析道，当他感到愤怒与嫉妒时，就觉得自己有毒，即便他很想帮助母亲，但不认为自己能够办得到。在他的幻想中，从药剂师手里买来的瓶子最终变成了毒药。

听完这些话，理查德突然变得极其焦躁，他不安地在房间里走来走去，然后说他不要听这些，K太太的话让他非常不舒服。

K太太指出，他觉得K太太刚刚那番话就像是女佣（实际上是母亲）给他吃了有毒的食物，因为他之前毒害了她们，昨天还毒害了K太太，所以她要惩罚他。因此他才会觉得非常"不舒服"。

过了挺长一段时间，理查德慢慢安定了下来。他拉开窗帘，然后问K太太，如果病人有这么恶劣的想法，还说出这么恶劣的话，她有没有觉得受伤。

K太太回答，她的工作就是去尽力了解病人所有的想法与感受，理查德会问这个问题，其实是害怕自己在言语和潜意识上的攻击会伤害母亲，现在也怕伤害K太太。

理查德说，他早就觉得K太太是一个“邪恶的畜生”，这个想法并不是在他觉得自己有毒时才产生，而是在此之前就有了。接着，他问K太太，假如他向她丢东西，或用其他方式攻击她，她会怎么做？另外，她的另一个病人约翰是否也想伤害她？

K太太回答，她不允许他或其他病人攻击她的身体。听到这个答案，理查德露出安心和高兴的表情。她接着解释说，理查德认为自己的攻击欲望十分危险，担心自己难以控制，所以想知道K太太会怎么保护自己。另外，我们在分析中也可以看到，理查德也一直担心着母亲，怕她在面对流浪汉或希特勒父亲的攻击时，无法保护自己。当他把足球压扁并叫它“邪恶的畜生”时，就开始知道自己的欲望了，那就是想要攻击K太太的身体。

理查德又发出“公鸡与母鸡”的叫声。最初听起来是很凄厉的哭叫，之后又变成母鸡开心地咯咯叫。理查德解释说，母鸡现在很开心，她刚刚下了颗蛋，马上就要有小孩了，所以在一开始时她才会哭。理查德又说，他们的邻居A太太养了两只母鸡，原本预计会生十三只小鸡，但最后只生了两只。

K太太问为什么会这样，他是怎么想的。

理查德很不乐意地回答说，他不知道，有可能其他的蛋坏掉了。接下来，他跪在桌前玩起了舰队，罗德尼号又被一艘驱逐舰攻击了。他以前从不跪着玩玩具，今天却很不寻常。当他发现跪着之后把膝盖弄脏了，就去水槽前清洗，他一边洗着膝盖，一边嚷嚷着，说水好脏。

K太太诠释道，在罗德尼号（母亲）被击沉之后，理查德才认为是自己的膝盖把水弄脏了，他的脏膝盖代表着他的屁股，他正幻想着用尿和“大号”毒死母亲。他刚刚跪下来，是想请求K太太的原谅，因为他之前攻击了她。他说邻居原本以为母鸡会生出更多的小鸡，结果却只生了两只。其实母鸡代表着母亲，他觉得是自己在鸡蛋里下了毒，才把鸡蛋都变坏了，如果他没有把其他小孩毒死，母亲就不会只有两个小孩。

理查德放掉脏水，然后在水槽边玩了起来。他一会儿把水装满，一会儿又把水放掉。放水时，他还说出现洪灾发大水了。

K太太认为，他之所以这么痛恨又害怕下雨，是觉得雨代表着父亲的尿，不仅有毒，还会把人淹没。

理查德走到屋外，看着水全部流走，又回到水槽边，继续把水装满。他显得比刚才平静了不少，说现在的水很干净，还可以养只金鱼。

K太太诠释说，他现在不那么害怕自己会毒死或淹死K太太和母亲了，也逐渐能够清理和修复给母亲和K太太带来的伤害，修复的方式就是给她们一只金鱼，意指给她们一个小孩。

离开时，理查德变得开朗些了。他和K太太一起走了一小段路，快到转角时，他突然喊："砰！砰！砰！"K太太问他，在对谁开枪，理查德回答道，转角埋伏着敌人，他们无所不在，说完就对着四面八方，做出开枪的姿势。

第二十八次面谈注记：

Ⅰ．理查德的游戏进程有时候变化多端，一个紧接着一个动作快速地进行，因此我一般只能选择某些素材进行诠释。无法完整诠释的素材还包括画画和做梦，相信这也是分析师经常遇到的情况。当焦虑经由诠释得以降低，这往往也是儿童游戏最为丰富之时，许多同时出现并接连不断的联想呈现出比较复杂的丰富性。我们有时候也会在一些成人患者中听到患者抱怨，他们心里同时出现的想法太多了，一时之间不知道该说哪一个好，这也代表了他们正在同时感受着许多相互矛盾的情绪。我经常重复一个观点，即不同的心理历程同时运作，是早期心理历程的复杂特征之一，而这个问题仍然需要在今后的分析中进一步厘清。

Ⅱ．分析让理查德重现了早期的夜晚焦虑（也称夜惊）。他记得小时候的情境，当他害怕时，需要保姆坐在床边一直陪着他，直到他睡着为止。这件事他一直没有忘记，却直到重现焦虑之后才说出来。有一点很值得注意，在此次分析中，理查德再现了早期的焦虑、欲望与冲动，而他对夜惊的记忆正好与当前的情境相吻合，这让人留意到，在分析中会出现新的记忆。我认为这些新记忆能让精神分析师去深入探究最初建构这项记忆时的经验和情绪，如果做不到这一点，分析中出现的新记忆就没有任何价值。探索心智的深层，会重现早期内在与外在情境，我将其称为感觉记忆的再现。分析真实记忆后，可能会引起感觉记忆的再现。相反地，早期情感的再现也可能会激起真实的记忆。弗洛伊德提出潜藏记忆（Cover Memories）的概念，即我们必须挖掘出这些记忆背后的情绪、经验与情境，才能够完全了解它们所代表的意义。

第二十九次面谈（周五）

理查德在路上遇到了K太太，以前他通常都会跑着迎接她，但这次他没有动身，就只说了一句：“我们到了。”一进入游戏室，他立刻就想确认他们有没有准时。沉默了一会儿后，他说今天没有把舰队带过来，于是K太太问他，是不是忘了带。

理查德显然不想配合K太太，他回答说没有忘，只是他不想带过来。

等了一阵子，K太太问他，正在想什么。

一开始，理查德说没什么，但很快又改口说，他正在考虑一件事，但他不想说。他在房间四处走来走去，仔细查看着，然后走进厨房，打开了水龙头。他把水槽的塞子放到水龙头底下，接着用一只手指顶着水龙头，朝K太太喷水。

K太太说，这个动作很像在尿尿，他不愿意跟她说话，是因为他此刻很像在用尿喷她。

理查德说，水看上去很脏，还有，他不会再说任何能让她联想到下毒的事情，所以才不想对她坦白，那些想法让人很不舒服，他也并不想听。

K太太诠释说，昨天他在水槽里把膝盖洗干净之后，就开始说水很脏，水槽代表着K太太，而他把K太太弄脏了，让她充满了有毒的尿，因此他才会认为K太太说的每一句话都是有毒的。当母亲的话让他感到不信任与恐惧时，他也会产生同样的想法。那些让他不舒服、忧虑，还想刻意忽略的念头，母亲和K太太都清清楚楚地知道。

理查德走到屋外，要K太太拔掉水槽的塞子，看看水会往哪个方向流。过了一阵子，K太太问他，母亲是否已经离开了。

听到这个问题，理查德突然涨红了脸，气势汹汹地说，对，她已经离开了，回家去找保罗了。他一边说一边磨着牙，还发出类似咆哮的声音。他的语气很蛮横，说他其实很叛逆，如果想走，随时就能走，跟K太太一起进行的这项工作实在是太讨厌了，他要是想离开，谁也阻止不了。渐渐地，他开始安静下来，画起了第十九张图。画了一阵子之后，他又说："我现在还不想走。"他最初画的仍是海星的形状（a）。随后他在纸上写下："邪恶的保罗，yah yah yah"，并解释"yah"是德语"是"的意思，还说保罗现在是邪恶的德国人。理查德这时又愤怒起来，满脸通红，嘴巴一张一阖，情绪变得相当夸张。表达完对保罗的恨意之后，他又突然说："我还是很喜欢他的，他人很好。"接下来他开始画（b），形状看上去像半鱼半蛇，之后又将它整个涂黑、划掉。下一刻他又画了一条分隔线（c），然后画出了人形（d）。他把图中人形的脸和身体涂成了绿色，说这是母亲，她生病了，所以是绿色的。他一边用力地涂黑这个人形的双脚，一边发出"公鸡和母鸡"的叫声，而且叫得越来越愤怒。他说她的脚是黑色的，因为她踩在了黑色的父亲身上。然后，他又把绿色的身体涂成红色，并且用铅笔很用力地在旁边写了一句"温柔的母亲"（Sweet Mummy）。这时他露出一副可笑又无所谓的表情，显然知道自己是在言不由衷。

K太太问他，现在公鸡和母鸡怎么样了。

理查德回答："她杀了他。"停顿了一下，又补充道："因为她很坏。"这时他写下（e）："K太太是畜生"，但随即又满怀愤怒和焦虑地将它整个涂掉了。

K太太诠释说，在理查德看来，不论温柔的母亲还是畜生K太太，她们都很坏。他怀疑母亲会杀死并吞噬父亲，所以觉得母亲很危险。一开始，母亲因为生病而被涂成了绿色，但是理查德也认为她体内含有红色的章鱼父亲，这个章鱼父亲正在从里面吞噬她，所以母亲后来又变成了红色，然而此时她也正踩在父亲身上，也在吞噬着他。最后她被涂上了黑色，是因为理查德认为她跟自己一样，正在愤怒地尿尿与大便。以上就是理查德害怕被K太太与母亲下毒的原因，即被害焦虑与投射。

这时，理查德为（a）涂上了颜色。他说，只有两个人在争夺王国的领土，那就是黑色的父亲和他自己。理查德指着外围的区域说，他们都想拥有沿岸的领土。接着，他指着最上面的黑色区域说，父亲的性器官长得好奇怪，竟然这么尖。在领土争夺中，他运用聪明才智，很快就占领了大部分的沿岸领土，而母亲只拥有中间很小一块区域。说到这里时，理查德决定把一小部分的沿岸领土送给母亲，并表示自己还拥有大部分领土。

K太太诠释说，红色的沿岸领土意味着他拥有比父亲更大、更强壮的性器官，反观父亲的性器官，则是又尖又可笑。在之前的分析里，红色一直代表着章鱼父亲，所以红色的部分也代表着父亲的性器官，并且这部分已经被他吞并和占据了。在理查德的幻想中，他原来的性器官动过手术，已经被切掉了，所以红色也可能意指那个被他把玩而兴奋的性器官。其实他也知道自己的阴茎比父亲的小得多，海星右下方那两个小区块就代表着他的阴茎。他说母亲只拥有中间一小块区域，意思是她没有阴茎。当时，他在潜意识里觉得她应该拥有一个阴茎，于是他就给了母亲一小部分领土，表示给了她一个阴茎。

这个诠释理查德并不反对，虽然他不曾承认看过女孩或女人的性器官，却仿佛清楚男人与女人的性器官是不一样的。

K太太还分析道，理查德对保罗心怀愤怒和嫉妒，想把他逐出王国，其实就是想把他赶出家门。不过最让他嫉妒和愤怒的人似乎是父亲，他今天画的王国也代表了他的内在，在他心里，他不仅吞并了生病、有毒、愤怒的母亲，还吞并了坏的、可能死亡的父亲。K太太提醒他，昨天那些将要埋葬的“尸体”与他恐惧死去的人会回来有关。今天他在画画时，一旦感到愤怒，就会动动下巴，嘴巴也会一开一阖，这些动作都表示他想愤怒地吞并全家人。

K太太诠释时，理查德正在画本上涂鸦，画得又急又猛。他在画面中间画出一个人形，还写了一些字母，但马上又把它们涂掉了。

K太太的诠释是，理查德想用他的“大号”攻击她和母亲。

理查德接着在纸上画了一些圆点，然后将纸揉成一团丢掉，显得非常愤怒和焦虑。

K太太诠释说，他丢掉了被涂黑、受伤、还生气的K太太与母亲，其实是想把她们赶走，离开他的内在。

接着，理查德开始在另外一张纸上画画，但只画了两三笔，就猛地从椅子上跳起来。他突然就想出去，而且还要K太太跟他一起走。他对K太太说：“让我们离开这个可怕的地方吧。”

K太太诠释说，这个可怕的地方就是他的内在，那里面装满了死去与愤怒的人，还有他自己和他们的毒，所以他觉得很可怕。他要K太太跟他一起走，其实是想拯救这个会保护他的好母亲，试图将她与自己的危险内在脱离，让她留在外部世界。

理查德赞叹道，乡间、山丘与阳光太美好了。他要K太太别在院子里做分析了，以免被其他人听到，然而当K太太放低声音说话时，他也没有阻止。与欣赏美丽的乡间风景相比，他不想再听诠释了，因为它代表着K太太给他的坏东西。

理查德试图把花床里的杂草挖出来，被K太太制止后，他就停手不挖了，但他还是拔了一株植物，想看看它到底是杂草还是花。接着，他捡起花草间的石头，愤怒地将它砸到墙上。

K太太诠释说，刚刚理查德在做这些动作时，外面恰好传来女人与小孩的声音。他这是在探索K太太与母亲的内在，想把她们的宝宝拽出来。

理查德说：“他们是邪恶的小孩。”

K太太诠释说，理查德一方面出于嫉妒，另一方面则出于恐惧，他害怕母亲会被身体里那些邪恶、危险的海星宝宝吞噬，因此必须把那些海星宝宝拿出来才能保护母亲，所以他才会攻击母亲的内在。K太太也提醒说，他之前画的图也表达过这一点。

理查德拿着石头，继续往墙壁上砸，并且说：“这是母亲的乳房。”

K太太说，他刚刚在拿水喷她之前，先把圆形的塞子放在水龙头下冲了冲，而塞子代表着她的乳房，他觉得自己这么做，就像在婴儿时期一样，对乳房尿尿和下毒。这跟他担心厨娘会在食物中下毒报复他，而且怀疑所有的食物都有毒相关。他现在对母亲可能拥有并哺育的小孩感到愤怒与嫉妒，于是转而攻击母亲的乳房。在K太太与约翰或其他病人会面时，他也有同样的感觉，还有她即将前往伦敦去看望家人和其他病人，更激起了理查德的愤怒。

理查德平静地与K太太坐在台阶上，不停地赞美着眼前的景色。他说他想去爬其中的一座山，于是问K太太：“爬上去需要多久呢？你也会去爬那座山吗？”接下来的时间里，他不断重复问着相同的问题。他拿起一根竿子，深深插入靠近花床边的泥土里，说他现在要把它推到母亲的乳房里。随后，他又拉起竿子，找了一些泥土把洞填满。

K太太诠释说，竿子代表他的牙齿与阴茎，他正在用牙齿啃咬母亲的乳房，还想把他的阴茎推进去。

理查德又一次说，想跟K太太一起去爬山。

K太太的诠释是，理查德渴望拥有大人的阴茎。他想跟她去爬山，表示他渴望与她（代表母亲）如同成人一样性交。就像他对乡间美景饱含欣赏之情，这样的性交是充满爱恋的，而不是啃咬的、危险的。他渴望借由“好的”性交来修复对母亲所带来的伤害，而最先希望修复的，是她的乳房。

理查德回到房间，在此之前，他试图不让侧门完全关上，这样一来，他先到时就可以先进入游戏室了。

这段庭院与门阶上的插曲持续了十五到二十分钟，K太太对此诠释说，他希望可以永久保有乳房与母亲，这样就永远不会受挫，也不会摧毁母亲的乳房和身体。

理查德回到桌前坐下，望着桌上的那些画画。

K太太问他，最后一张图代表什么意思。

理查德说，有两架飞机相撞了，比较小的那架英国飞机是他，另一架是母亲。说到这里，他突然一脸惊恐，看着K太太说，他和母亲可能都会死。他不确定旁边那架大型的英国飞机是不是保罗。

面谈结束了，与K太太一起离开也成为分析的一部分。在准备一起回去时，理查德如释重负地说：“终于结束了。”走在路上，他看着自己的棒球帽，说它太小了，应该拉松一点，于是就用双手拉了拉。他告诉K太太，保姆会来接他，并问K太太，等会儿她会不会与保姆交谈？保姆之前说过，她很想见到K太太。这时保姆正好出现，与K太太短暂交谈了几句。理查德看上去很高兴。

这次面谈过后，分析中断了几天，因为第二天理查德睡觉时感冒了。他很想来见K太太，但保姆不允许，于是他被带回家，休养了几天。

第三十次面谈（周四）

在见到K太太时，理查德一脸焦虑，十分详细地跟K太太描述了他的病情。他喉咙发炎，稍微有些发烧，必须躺在床上休息。外面的天气很好，但是他不能跟父亲和保罗出去玩，所以很不高兴。他说，昨天他和保罗一起去钓鱼了，玩得很开心，保罗真是一个大好人。他先跟K太太描述他们是怎么抛鱼钩的，又说河里有好多小鱼，但他们一只也没钓到。之后父亲和保罗又去了一次，父亲钓上来一只好大的鲑鱼，但他没有钓鲑鱼的许可证，只好剪断鱼线把它放走。那只鲑鱼又大又美，不知道它能不能挣脱鱼钩，会不会喉咙里卡了鱼钩后就死了。理查德跟保罗去钓鱼的时候，天气很晴朗，一切都让人愉快。他对保罗说，如果"梅兰妮"能来就好了，她可以开车过来。说到这里，理查德问K太太，是否介意他叫她梅兰妮。

K太太说她不介意。她提到之前的某个周末，他也希望她能去他们家的庭院，他还感觉她"就在身边"（第七次面谈）。理查德希望K太太陪着他，表示他希望在身体内部，能有一个好母亲一直陪着他。现在他想和保罗分享K太太，代表着他愿意与保罗一起分享好母亲。

交谈进行到此刻，理查德都很少看K太太，也几乎不看游戏室，这表现很不寻常。由于理查德今天早上才回来，所以K太太把这次面谈安排在了下午。他这时问K太太，在平常这个时间，她都在做什么。

K太太回答道，他清楚她还有其他病人，然而他还是想知道，在他缺席时，她是否在本应属于他的面谈时间里见了别人。在离开K太太之前，他表达了强烈的攻击欲望，因此很担心他不在的这几天里，K太太都做了些什么。与此同时，他也感到分外嫉妒。

理查德问K太太，是否介意他对她说出一些恶劣的话？要是他骂脏话呢，她会怎么想？

K太太再次表示，只要他心里有想说的话，就都可以说出来。

理查德说起了一部电影，演的是一位德国的海军军官在谈论德国，他说："真是个他妈的烂国家。"说完这句后，他紧张地望着K太太。很显然，骂脏话让他感到既兴奋又害怕，他明白父母一定不允许他说出这些字眼。理查德在描述电影的时候，也开始画画了（第二十张图）。这时他专心地盯着外面，看到路上有一些小孩经过，附近还站着几位男子，于是说他们是"邪恶的男人"。他还指着一位手里抱着婴儿的女子说："脏鬼。"但他看到倚在母亲肩上的婴儿时，他又说："宝宝没那么肮脏。"说这些话的时候，理查德刻意压低声音，也要K太太说得小声一点，避免被外面的人听到，这样他们就不会来攻击他和K太太了。他说到那些"邪恶的男人"时，还同时挥动手臂，发出"砰！砰！砰！"的声音。骂完"妈的"之后，他问K太太，有什么事他不能对她做。K太太提醒他，之前她说过，他不能攻击她的身体。理查德听到这个答案，仿佛感觉安心了一些。

随后，理查德又提到跟保罗一起钓鱼的事，当说到不能跟父亲和保罗一起出去的时候，他突然间变得十分愤怒。他说，他痛恨他们，希望他们什么都钓不到，最好让鱼钩也插进他们的喉咙里。这些想法他也跟母亲说了。此时的理查德气得满脸通红，嘴巴不停地一张一阖，还磨着牙，对K太太的愤怒与畏惧也越来越明显。他说他认为K太太是畜生，说完之后，又立刻问K太太，这样有没有伤害她。与此同时，理查德也非常频繁地留意着外面路过的人，当他最害怕的那群小孩经过时（里面有那位红发女孩），他立刻躲了起来。另一方面，理查德显然在很努力地克制自己对K太太的愤怒、怨恨与恐惧。他说，不知道K太太会不会因为他没来而生气。他不停地问K太太："你生气了吗？你现在生气吗？你生气的时候是什么样子？你生气时，看起来一定很可怕，就像希特勒一样……"他根本不听K太太的回答，也不看她，就开始自顾自模仿她生气的样子：鼓着一张脸，嘴巴一开一阖，还愤怒地磨牙。尽管这些动作他做得刻意又夸张，但当他说到K太太像希特勒时，他也在不停颤抖。理查德避开K太太的目光，离她远远的，说他想要逃走，直接坐公交车回家。他又问道，要是他真这么做，K太太会让他走吗？

K太太提醒理查德，她之前曾经说过，她不会阻止他离开。K太太接着诠释说，理查德这个时候想逃走，是因为害怕自己内在的那个可怖的希特勒父母，而现在则代表着K先生与K太太。

理查德继续画着画，并解释说他要先涂上黑色，因为它代表父亲。这幅画里只有四个人：保罗是比利时，挪威不在其中，母亲是希腊，理查德是英国，而父亲是德国。这时，他提到克里特岛沦陷了，表达了对战争形势的担忧，但说完就马上转移了话题。

K太太诠释说，他对战争感到恐惧，于是更加深了对K太太和母亲的忧虑。他害怕她们会受伤，也担忧自己的内在。由于实在太担心克里特岛与坏母亲，他试图将坏希特勒母亲（K太太）与好母亲（受创的希腊）分开。所以他才会说图中的王国里只有四个人，K太太并不在其中。

理查德又看了看自己的画，然后说，保罗正在帮他，他们一起阻拦父亲靠近母亲。

但接下来他的发现让他大吃一惊：他看见父亲有一小块领土包含在母亲的领土里，还有一小块处于他自己的领土内；他还看到自己也有一块领土在保罗里面［相互投射性认同］（Mutual Projective Identification），他说这样挺好，他们正在接吻。然而，当他进一步发现，每个人都相互占有着彼此的一部分领土时，就开始感到忧郁和绝望了。他诚恳而歉疚地问道，如果他认为K太太的精神分析没有用，会不会伤害她？做这些精神分析真的能帮助他吗？要到何时才会看见效果？

K太太诠释说，他之所以感到绝望，是因为无法相信K太太真的能帮到他。对于他身体内部那些碎成片段并相互混合的人，K太太没办法将他们恢复原状，对于岌岌可危的英国也无能为力，哪怕是能保护他的好K太太，也一样做不到。

K太太诠释的时候，理查德拿出一把扫帚来扫地。

K太太继续解释说，他认为自己的内在充满了一块块不完整的人，他还怀疑K太太，不能帮他清理这些零碎的人，并治好他的内在。K太太再次提到那张图，说理查德真正想表达的，是他的性器官进入保罗体内，他正在跟保罗性交。不仅如此，坏父亲、保罗与理查德都在与母亲性交，还把他们的性器官放进了母亲的性器官里，然而他们也在相互吞并，所以都变成了一块块的碎片。他之前也曾经表达过，母亲里面含有父亲那危险的章鱼性器官，它正在吞噬她。

理查德跑进厨房，在水槽里发现了一只蜘蛛，于是叫K太太也过来看看。他淹死了蜘蛛，这个过程显然让他很享受。做完这些，他又回到座位上，继续画画。

K太太继续诠释说，理查德一开始想控制自己的愤怒，于是说天气很好，保罗是大好人，一切都很愉快，对K太太的态度也很友善。然而当说到不能跟父亲与哥哥去钓鱼的时候，他就变得越来越愤怒，嘴巴一张一阖，还磨着牙，做出好像要吃人的动作。他还希望有坏东西卡住保罗和父亲的喉咙，从而表达了对他们的死亡欲望。在理查德意识最深层，这就是他最害怕的东西，即他的内在充满了坏的、愤怒的、肮脏的人，正在打架，彼此吞噬。

理查德突然说："我肚子疼。"

K太太问他，哪边的肚子疼。理查德回答："有食物的地方。"

K太太诠释说，他认为他的内在含有可怕又危险的人。

理查德说，他想离开K太太，他已经受够精神分析了。

K太太指出，他用"受够"这个词，正符合他当下的感受：他觉得自己吞噬了所有人，而K太太还持续不断地塞给他各种骇人听闻的话。K太太表示，理查德不信任外籍的K太太与K先生，因此怀疑她会喂他吃有毒的食物。再者，由于几天不见，在他的心中K太太变得越来越坏了。尽管理查德是因为自己生病而不能来接受精神分析，无法来见K太太，但他还是认为，是K太太弃他于不顾（注记）并让他受挫，因此他的恨意更深了。离开K太太的那天，他体会到对保罗与母亲的强烈恨意，他认为母亲偏爱保罗，这让他倍感受挫；如今，理查德也怀疑K太太趁他不在的时候与其他人会面，就像母亲偏爱保罗一样。理查德也害怕，在他看不到父母时，母亲会被保罗和父亲伤害。K太太希望他回想一下，之前母鸡被杀时，他发出的公鸡与母鸡的叫声（第二十八次面谈）。

理查德立刻纠正K太太，说，是父亲被母亲杀了。

K太太的诠释是，理查德无法知道夜晚父母打架时的具体情况，由于他觉得自己已经吞并了打架的父母，所以不确定感只会更深，更加无从得知自己内在发生了什么事。“他妈的烂国家”代表着他的内在，他越发感到愤怒和害怕，所以认定他内在的每个人变得更加危险、更加肮脏、更加有毒。所有的恐惧都加深了，因此他的攻击也更为激烈，于是他对外面的小孩也感到更加恐惧。

理查德回答道，那些小孩真的很脏，他们闻起来就像“大号”。他一再地打断K太太的话，当K太太诠释“他妈的烂国家”（Bloody Awful Country）代表着他的内在时，他表示抗议，但与此同时，他一边唱着“天佑吾皇”，一边把王国内的某些领土涂成了红色。

K太太诠释说，他这是在保护国王与王后，他们代表着父亲与母亲。

理查德表示同意，他确实在保护着他们，避免他们遭受攻击。

K太太认为，他其实是在避免父母被自己攻击。他认为自己在吞噬他们，所以红色也代表他“血淋淋”（Bloody）的内在。

理查德带着些许嘲笑的语气说，厨娘和贝西常常说“粗俗的话”，每每听到她们说粗话的时候，他就觉得自己很高尚，如同呵呵爵士一般。这时，理查德模仿起希特勒（坏K太太）的表情，挤眉弄眼，并踢着正步，踏出行军的步伐。

K太太分析说，她刚刚在诠释时说了理查德骂过的脏话，因此理查德觉得她粗俗。从他做的表情与行军动作来看，对他而言，希特勒与呵呵爵士其实并没有什么区别。但他仍觉得自己内在含有可恨的希特勒父母，所以在他的幻想中，自己也变成了希特勒或者呵呵爵士。

面谈临近结束时，又发生了一个小插曲：游戏室外突然出现了几个女童子军，她们说平时也会来这里玩，问K太太能不能让她们进来。K太太轻松地把她们打发走了，但理查德却吓坏了。在和K太太一同离开时，他甚至看都不看她，一路上一句话都不说。

第三十次面谈注记：

这一类挫折源自患者的婴儿时期，究其原因，不仅是母亲有时候的确让婴儿受挫，还有就是，婴儿也会觉得所有好的东西都来自好乳房，而所有坏的东西（如身体内部的不适）也都来自坏乳房。

第三十一次面谈（周五）

理查德一进入游戏室，就开始仔细检查房间，想看看昨天他和K太太离开之后，那些女童子军是不是动过房里的东西。他感觉有些东西被移动过了，如照片的顺序不一样了，还多出来一张小凳子，不过，当他发现那张知更鸟明信片还摆在原处时，便放下心来。

K太太诠释说，昨天他很害怕那些不怀好意的小孩入侵他的内在，直到发现他们并没有抢走他的性器官（知更鸟明信片）之后，就安心了许多。

理查德坐在桌前开始画图。昨天他几乎不看K太太或房间内外，今天他却直视着K太太。他打了个喷嚏，然后微笑着说，有颗气球从他里面跑出来了，能脱离他的身体，气球一定很高兴。他又开始画另一张王国的画，下笔之前他问K太太，昨天有没有去看电影，他希望她去了。因为他很喜欢昨天的电影，要是当时她也在就太好了。理查德要K太太从各色蜡笔中挑出能代表父亲、母亲、保罗与他的颜色，同时把玩具都推到一旁，说他不喜欢这些玩具。他一边为王国上色，一边解释说每个人都拥有自己的领土。父亲虽然是黑色的，但是他人很好，没有发动过任何战争。相较于上次面谈，理查德的情绪有非常明显的转变，今天他放松了许多，也不再那么焦虑了。

K太太说，昨天的图里每个人都是东一块西一块的，而这次每个人都有各自的领土，也没有人入侵其他人的领地。她也指出，他因生病嗓子疼而让母亲担心，由此引发了焦虑，让昨天的他感到更加恐惧，觉得自己吞噬了那些支离破碎的家人。

理查德专注地聆听着K太太的诠释时，并且目不转睛地望着她。他说他感冒时，觉得肚子疼，喉咙也疼。

K太太提醒理查德，她曾经分析过，当他认为自己吞并了有敌意的家人，尤其是保罗和父亲时，就觉得肚子疼，而他的嗓子疼或许跟他希望鱼钩插进父亲与哥哥的咽喉有关。

理查德表示抗议，他不想听K太太说这些可怕的想法，想要离开，然而他在说这些话时并不显得焦虑，也不曾停止画画。接着，他问K太太能不能帮助他，让他别再对其他小孩感到恐惧。他还说，父亲人真的很好，不只在画画中，在实际生活中也是最慈祥的父亲，他其实很爱父亲。理查德又准备开始画第二十一张画。突然，他说他做了一个很糟糕的梦，梦里英国海军舰队尼尔森号被击沉了，沉没的方式和俾斯麦号一样。理查德说着说着，表情渐渐变得非常哀伤。他喃喃自语道："这一定是在克里特岛附近发生的海战……我们不久前才失去了几艘巡洋舰，海军的实力越来越弱了……"接下来，他长久地沉默着。

K太太诠释说，理查德对战争局势非常担忧，害怕很快又会有新战事，害怕英国会节节败退。她补充说，最近他越是担心战况，就越不想谈论它。

理查德说他确实很担心，甚至连想都不愿意想。很显然，他在担心同盟国可能会战败，但完全说不出口。

K太太问他，在梦中谁把尼尔森号击沉了。

理查德仿佛很抗拒这个问题，他说他不知道。

K太太诠释说，尼尔森号在他所有的画里都代表着父亲。他刚才说他很爱父亲，但当他嫉妒父亲的时候，还是会恨他，这时候父亲就变成了黑色的希特勒父亲。然而，攻击爱的客体与忧郁焦虑及罪疚感紧密相连，他在愤怒与怨恨的时候攻击了深爱的好父亲，将父亲抹黑，让父亲变坏，这同样让他感到罪疚。不仅如此，他还希望父亲和母亲在一起的时候是希特勒，这个想法也让他深感不安。K太太还指出，理查德感冒生病，导致他觉得自己的内在正发生着一些可怕的事，他说气球很高兴能脱离他的身体，其实是害怕父亲可能会被他的内在攻击摧毁，所以想把好父亲从他的身体里救出来。理查德梦中那艘被击沉的尼尔森号，代表着内在那个死去的父亲，因此他觉得自己要为尼尔森号的沉没负责，而他对战争与可能战败的恐惧也逐渐加深。

理查德要K太太帮他把窗帘都拉上，让房间变暗。他打开暖炉，再次说里面有东西在动（第九次面谈）。他满脸惊恐地说："里面有鬼。"接着，他又请K太太帮他把窗帘拉开。他看上去焦躁不安，也没有画完刚才的图，但他提到画中的那条小鱼宝宝正在求救。

K太太问，谁在攻击它，是索门号吗？

理查德没有回答，显得很焦虑。他突然想看看K太太的时钟，并且要她设定好闹钟。

K太太说，他对死去的父亲、母亲及K太太的恐惧幻化出了鬼魂。她提醒理查德，他之前关掉暖炉代表他攻击了母亲体内的小孩与父亲，同时，也杀死了母亲；把暖炉打开则代表着让他们全部复活。另外，暖炉里的"鬼魂"也代表着死去的父亲和小孩，他们有可能回来伤害他；如同路上的小孩一般，那些受伤的"鬼"小孩也是他的敌人。夜晚时，他怨恨、嫉妒父亲可以把性器官放进母亲体内，然后孕育出小孩，因此他担心自己的怨恨和嫉妒杀死了父母的小孩，所以他在夜晚尤其害怕鬼魂。他突然想听闹钟响，其实是想警告自己，尽力克制住自己的嫉妒。他刚刚问K太太，周日他不在X地时，她会不会与其他病人见面，这时就显露出了他的嫉妒。另外，闹钟也象征着K太太和母亲，闹钟还能响就代表她们还活着。

理查德说，游戏室太可怕了，他实在待不住，非得出去透透气不可。他又试着不锁侧门，看看这么做能不能进入游戏室。他又一次沉醉在乡间的美景中，不过当他看到花床上有个脚印时，就对K太太说，这一定是昨天某个女童子军踩的。

K太太诠释说，他担心坏小孩会闯进这间房子并搞破坏。这间房子代表着K太太与母亲的身体，如果房门一直为他敞开，他就不需要硬闯，也不需要攻击母亲的内在，还能够保护她。K太太提醒，他害怕危险的海星宝宝与章鱼父亲会伤害母亲的内在，这强化了他试图进入母亲体内来保护她的欲望。

这时，理查德在地上捡着石头，找到了一个破掉的瓶子，他气愤地说它不应该在这里，然后把瓶子丢开了。接下来他回到房间，看了看玩具，拿起了"贫民窟"。那是一座小小的玩具房子，理查德在游戏中把它当成了车站后方的贫民窟。另外，他还拿起一个缺了一只手臂的玩具男人，将他紧紧握住，并把他的另一只手臂也扯断了。他做完这些后，问K太太会不会生气。

K太太诠释说，昨天理查德认为她很吓人，如果他伤害了她的小孩或丈夫，她一定会生气。如果他攻击父亲、保罗或母亲的小孩，母亲也会恨他，为此他感到十分害怕。

理查德问起K太太的孙子，向他讲的奥地利语还是英语。

K太太提醒理查德，他已经问过好多遍同样的问题，但她的回答仍然不能让他放心。他不仅不信任K太太的儿子与孙子，还不信任母亲内在的那些“外国”小孩和“外国”父亲。他越不信任他们，就越想攻击他们，除此之外别无他法。K太太指着第二十一张图说，海星宝宝非常接近海草，表明它很贪心，而且对母亲非常危险，而贪心的海星宝宝通常代表他自己，所以他感到非常罪疚。

一开始，理查德并不想看这张图，但听完诠释之后，他变得感兴趣了。他同意K太太的说法，还泛着泪光，用恳求的眼神望着她，问她能不能帮他一个忙，说完，又陷入沉思。

K太太问他，要她帮什么忙。

理查德显然不知道自己要什么，他想了又想，最后说，想请她为这张图上色，和他一起完成这张图。

K太太问他，想用什么颜色。

一开始理查德还说随她高兴，但很快就想主导一切：罗德尼的烟囱要用浅蓝色，船身和旗子要用红色。接下来他干脆自己动手，先使劲地把索门号的烟囱涂黑，再把船身涂红，然后给鱼上色。他画得越来越高兴，说那条鱼是K太太，还指着她的洋装说，上面也有一点绿色的花纹。

K太太诠释说，代表她的那条鱼上也有母亲、保罗和理查德的颜色。他正试图让她复活，并且给她小孩。海草旁的海星宝宝代表理查德，他觉得是自己的贪婪摧毁了母亲的乳房，因此希望和她一起修复乳房，浅蓝色也代表能喂养他的好母亲。他也试图让死去的父亲复活。父亲就是被击沉的尼尔森号，红色的船身代表父亲的性器官，也代表整个父亲（注记），然而在他幻想中，只要父母重生并团聚，他（索门号）立刻又会觉得愤怒与嫉妒，就开始用黑色的烟囱（他的“大号”）攻击那艘船（正在性交的父母）。K太太还进一步表明，那只小鱼宝宝现在变成了K太太，同时，也代表了母亲，这就是精神分析中的主客体角色逆转（Reversal）现象。

K太太诠释时，理查德一直在画画。直到面谈结束，K太太站起身时，理查德才突然意识到已经快没有时间了。他显得很失望，走出游戏室的时候，转头看着这个房间，充满感情地说：“这间老游戏室看起来真不错，对不对？”他仿佛是想好好把握每一分钟，走到转角处的时候，突然又提到他两岁时被一只黄蜂螫过，当时他还以为他抓的是苍蝇，最后黄蜂叮了他的手掌，很快就死了。

在这次面谈里，理查德比以前安静，感觉不那么紧张和焦虑，聆听K太太的诠释的时候，比以往更专心。到了面谈的后半段，他的情绪悲伤了许多，但是对于路人与K太太的被害感都有所减少。

第三十一次面谈注记：

在我的诠释下，理查德的情绪有很明显的转变。在听到我分析他想攻击母亲体内的父亲与小孩时，原本焦虑、无精打采又充满绝望的他，开始逐渐恢复朝气与活力。听到图中那只靠近海草的海星宝宝是在表达他自己的贪婪与罪疚之后，他的焦虑大幅减轻，取而代之的是好奇心与修复欲望。他要我帮忙时还根本不知道自己究竟想做什么，但很快在随后的画画上色中，他潜意识里的重生与修复欲望以及希望我支持他修复的渴求，都明显地表达了出来。这个例子再次表明，在进行精神分析时，必须最先诠释当下被激发的、且程度最强的焦虑，由此也能最直接地看到由这些诠释所带来的效果。理查德原本对母亲及自己内在的死人感到极度忧郁与绝望，但经过我的诠释后，他又重现了活力与希望。这类情绪的反差非常明显，在我的分析过程中也能经常见到。另外，面谈刚开始时，理查德号称游戏室很恐怖，他一定要离开这个可怕的地方，但临近分析结束时，他又表达了对游戏室深深的喜爱，这也是他态度明显转变的证据之一。

第三十二次面谈（周六）

在街道转角遇见K太太时，理查德显得很高兴。他进入游戏室，看上去非常轻松自在，对K太太的态度也很友善。他打开暖炉，说房间很舒适，看起来也很棒。他又关上了窗户，说房间里面很好，但外面很糟。事实上，外面虽然没有阳光，但天气也不错。理查德坐了下来，用期盼的眼神望着K太太。

K太太诠释说，昨天他有一段时间觉得这个游戏室很可怕，后来转变了情绪，今天看起来一切都完好。对他而言，游戏室变得舒适而温暖就代表有了活力，当他相信自己能让死去的小孩、父母和K太太复活时，就会有这种的感觉。在第二十一张图中，鱼代表K太太、母亲和她们的小孩，图中的他们都在求救，给图上色就代表让他们复活。K太太还提醒说，昨天的他非常不快乐，还感到极度恐惧，即便如此，当他一想到A太太的母鸡生了小鸡，还是能变得开朗起来的，这是因为小鸡代表了他想给母亲的小孩。

理查德同意K太太的话，说他真的很希望能给母亲小孩。他还说母亲有五个儿子，分别是保罗、他自己、波比，以及两只公的金丝雀。

K太太说，波比和两只金丝雀都属于理查德，所以他觉得自己给了母亲三个儿子。

理查德表示同意，但又变得焦虑起来。他说那两只金丝雀一天到晚吵架斗嘴，如果其中一只娶了妻子，另外一只一定会嫉妒，然后它们会吵得更凶。

K太太对此的诠释是，理查德嫉妒母亲是父亲的妻子。他与保罗相处得比跟父亲还要好，是因为保罗和他一样都没有妻子，然而他又认为他和保罗经常吵架，他们也不是好儿子。K太太还提醒，他也在嫉妒她的病人和丈夫。

理查德迟疑了一小会儿，然后说，他喜欢追赶母鸡，但母鸡要生小鸡时他就不追赶了，那样太残忍。他特别强调说，他现在也很少追母鸡了，决定以后也不再追它们。他还在一张纸上写上“我不该追赶母鸡”，并把纸钉在墙上。后来，他发现他原本想写的是“Signed, Richard”（理查德记住），却写成“Singed, Richard”（理查德烤焦）。

K太太诠释说，这个错字似乎在表明他不仅想追赶母鸡，还想把母鸡烤焦。尽管他刚刚说不会在小鸡快出生时追母鸡，但其实他还是想这么做，而母鸡代表的是快要生小孩的母亲。“烤焦”这个字也表示把鸡烤熟了吃，他写错时，也许是在表达想把怀着小孩的母亲吃掉。他决定不再追母鸡，表示他对母鸡、母亲和小孩都感到十分罪疚。

理查德静静地聆听K太太的诠释，看起来非常好奇。他开始画第二十二张图，边画边说：“我很开心”，还补充说：“父亲是好人。”但随后他又改口了，说父亲不是好人，但没关系，母亲将拥有大部分的领土，而且中间与沿海地区的许多土地都属于她。理查德希望能拥有母亲附近的土地，但有一部分已被父亲占领了，但最后他也分走了一些，而保罗就只拥有一块土地。这时，理查德发现左下角还有一块无人认领的土地（还未上色的区块），说父亲也想占领这个地方，但他捷足先登了。接着，理查德再次表示他很开心，也很期待周日回家。

K太太说，这次他不能像以前一样在周六回家，或许会有些失望。

理查德同意这一点，他的确有些失望，但在周日早上见完K太太后，他还是可以一整天待在家里。

K太太指出，因为保罗已经离开，所以他很高兴能回家。在今天的图中，邻近母亲的领土理查德拥有得最多，其次是父亲，最少的是保罗，这就表示他对保罗的离开感到很高兴。K太太也指出，理查德在保罗的领土里占有一小块尖尖的土地，而第二十张图也一样，每个人都占据着一小块其他人的领土，他和保罗还在亲吻着彼此。这次他可能认为，既然他从保罗身边抢走了母亲，他就应该跟保罗做爱，以弥补他的损失（注记Ⅰ）。

接下来，理查德将一连串的问题抛给了K太太：你周日会不会跟约翰见面？是不是每到周日就去见约翰？如果是，为什么不约他？

K太太回答说，理查德的母亲希望他每周末都回家，虽然他也很想家，但只要一想到别人能在周末见K太太而他却见不到，就会感到分外嫉妒，觉得被剥夺了些什么。

理查德不依不饶地问了更多关于其他病人的问题，还要K太太告诉他，那些病人中有没有女士，还有他是不是年纪最小的一个。过了一会儿，他突然问K先生是否已经死了。

K太太提醒说，他早就知道K先生已经死了，刚刚那些问题他也问过很多次。理查德嫉妒保罗比他年长也比他聪明，得到了母亲更多的宠爱，还嫉妒父亲占据了母亲大部分的时间。幸好还有一个最大的安慰，他是家中年纪最小的一个，所以是母亲的宝贝。他刚刚问K太太他是不是最小的病人，以及K先生是不是已经死了，都是在确认这一点。

过了一会儿，理查德说想看看所有的画画。上次面谈结束时，他特别叮嘱K太太把所有的画都带来，事实上，每次分析K太太都带着所有的画。理查德将画画一张张看过，指着其中一张（第二十三次面谈中有描述，但没有放在附图）说，上面“全部都是牙齿”，然后把这张图推到一边，露出一脸嫌恶的表情。接着，他仔细地检查每一张图上是否都有日期，还说他喜欢这些画画。

K太太诠释说，这些画画中，理查德虽然说不喜欢其中的某几张，如“全部都是牙齿”的那幅，但实际上他其实全都喜欢，因为这些画是他给K太太的礼物，代表了他的好“大号”和小孩。对他而言，K太太好好保存着他的画并一一写上日期，就是她重视这些画的证明。

理查德说，K太太今年五十九岁，虽然已经不年轻了，但应该还是可以生小孩的。他继续看着那些画，问K太太，当精神分析师是不是需要很多经验？是不是也要读很多书？

K太太诠释说，他也许想成为一名精神分析师。

理查德不太肯定地说：“可能吧。不，我还是更喜欢K太太给我做精神分析”。

K太太指出，在他看来，成为一位精神分析师意味着变成有性能力与创造力的大人，还可以让K太太生小孩，但他还是怀疑自己做不到。他说更喜欢接受K太太的精神分析，其实是在表示她应该帮助他，让他可以继续画画，因为画画也同样代表着生小孩。

过了一阵子，K太太问他，最近有没有做梦（注记Ⅱ）。

理查德立刻回答说有，但他已经忘了。突然间，他又说起了梦里的某些片段：

好多好多滚烫的水——不，水不是滚烫的，但这些大水如同尼亚加拉瀑布一般倾泻而下，把水管冲破了。他在旅馆的房间里，房里还有别人，似乎是他讨厌的表哥查尔斯，但他喜欢的表弟彼得也在。在描述这个梦境时，理查德表现出强烈的抗拒。他没联想到任何东西，只是说梦并不可怕，大水不停地奔流，感觉很好玩。

K太太解释说，滚烫的水冲破水管，淹没了他的房间，那一定非常吓人。理查德坚持说这个梦很好玩，其实是为了逃避恐惧。因此他才会忘了这个梦，无法将其完整地描述出来。

K太太接着问，查尔斯做了些什么。

理查德回答，他什么事也没做，只坐在房间里。他再次表示，查尔斯真是个很讨厌的家伙。

K太太指出，查尔斯可能代表理查德的父亲，如果理查德觉得是自己酿成了水灾，那么父亲就是邪恶的。K太太提醒说，最近他的尿代表了水灾，他还害怕自己的尿会危害K太太与母亲。这是他第一次暗指自己的尿可能是滚烫的，也许在他小时候生病时曾有过同样的感觉，而前几天他又生病了，感觉身体内部很不舒服。水管被大水冲破，可能代表了他的内在被尿淹没时的感觉（注记Ⅲ）。

理查德一直盯着几张图，尤其看着第二十一张图，但很快又将它推到一边。

K太太提醒说，昨天一开始，他说画中的小鱼宝宝在求救，后来又发现这只鱼代表了K太太，而代表理查德的索门号也在向K太太求救。他用力地涂黑索门号的烟囱，让黑色的烟囱刚好处于代表母亲的罗德尼号下面。K太太为此解释说，理查德可能想用黑色的“大号”轰炸母亲的屁股，因此他害怕自己危险的“大号”不仅会伤害坏父亲，还会攻击和伤害母亲。另外，小鱼宝宝想接近的海草在之前代表了母亲的性器官（第十二次面谈），所以他认为自己也可能吞噬母亲。正因为这样，他才会向K太太求救，希望她的分析能够帮助他克制欲望，停止对母亲的贪婪与攻击（注记Ⅳ）。理查德之前多次请求K太太帮他克服对其他男孩的恐惧，而昨天他也求她为他做一件事，但他当时并不清楚自己要做什么，之后才明白，他希望K太太能帮他保护与修复他自己、母亲和小孩，并且让他们重生。

理查德完全同意这一点，希望K太太能帮他克制住摧毁欲望，如此才可以确保母亲的生命安全……过了一会儿，理查德盯着K太太脖子上的项链，迅速摸了一下，很显然，他这么做其实是想碰K太太的乳房。他说项链上的珠子很美，母亲也有这种珠子……面谈结束时，理查德在慢吞吞地收拾着东西，显然是想再多待一会儿。离开之前，他仔细地检查每一扇窗户，看看有没有关好，还再三确认庭院的门有没有锁上。走出房子后，他又问K太太，窗户是不是都关好了。

K太太诠释说，理查德出房门之前的那些动作，代表他想让游戏室保持完好，而游戏室正代表了K太太与母亲。他刚刚摸了K太太项链并对此表示了喜爱之情，还说母亲也有类似的珠子，其实是希望并确认K太太的乳房保持完好无缺。另外，他想确保窗户都已经关好，则是想保护母亲与K太太，避免她们被危险的父亲、保罗和他自己入侵。

这次面谈中，理查德画了一幅画：有一条鱼在游，旁边跟着两只海星，他们与海草隔着一段距离。另外，在分隔线的上方，有一艘英国飞机在索门号附近盘旋。这张图可能是在表达整个家庭其乐融融的情景。（但我并没有找到这张图的相关记录。）

在这次面谈中，理查德的情绪跟前几次相比有很大的不同，他比较安静，感觉开朗了一些，被害感也减轻了。他还是会留意外面路过的人，但最近明显减少了，不过，从他不断地强调自己很开心就可以看出，他仍然尽量避免提及会引起他焦虑或悲伤的事。

第三十二次面谈注记：

Ⅰ. 想把母亲从父亲身边抢走，以及对孤独且被遗弃的父亲产生同情心，是导致产生同性恋倾向的一个强烈诱因（参见《儿童精神分析》第十二章）。

Ⅱ．给成人与儿童做精神分析时，我有时会问他们有没有做梦，这个问题通常能促使他们开始叙述梦境。在面谈过程中，精神分析师如何得知患者做了梦却没明说，这一点很难去细致地解释。但就理查德而言，虽然他非常努力地配合分析，但依然能看出他隐瞒了一些潜意识素材。在我看来，这种情况往往表示患者想避开某种冲突，这些冲突一般会在梦境里凸显出来。然而从原则上来说，除了刚刚描述的特殊情况之外，我一般不会直接要求患者叙述梦境，也尽可能避免让他们误解，以为梦比其他素材更重要。从我多年的精神分析经验来看，我接触的患者大部分都会经常做梦，也愿意主动叙述梦境，这并非是个巧合。

Ⅲ．这个例子印证了我对这种情况的两个看法，即婴儿在身体不适时会产生被害感，以及焦虑特质源于婴儿期。

Ⅳ．我在《嫉羡与感恩》中曾指出，婴儿渴望拥有一个永不枯竭并永远存在的乳房。这个渴望究其根源，即婴儿除想获得食物外，还希望乳房可以遏制摧毁冲动，从而保护好客体，避免婴儿产生被害焦虑。这就说明，即使是处于十分早期阶段的婴儿，也会体验到自己需要一个能够给予保护与帮助的超我（参见《心智功能的发展》〔*On the Development of Mental Functioning*, 1958〕，《克莱因文集Ⅲ》）。

第三十三次面谈（周日）

今天理查德的心情很好，他很高兴能在周日与K太太见面，这在他看来就像是一种特殊待遇。他说周日早上的X地非常安静，静得就像墓园一样，附近也没有小孩出没，这真让他高兴。他一边说一边留意着外面的动静，但看到经过的人很少，还是感到有些失望。他说，尽管他这周没有回家，但今天早上起床的时候，他还是觉得很开心。他觉得精神分析工作对他有帮助，也觉得自己比以前勇敢了。说这番话时，理查德显得十分诚恳。他还想告诉K太太以前在家乡跟别的男孩打架的事。今天早上起床后，他认为自己更有胆量了，于是下定决心，等战争一结束，全家搬回Z地之后，他再也不怕跟敌人奥利佛打架了。在第二十次面谈时，理查德曾提到这个男孩，之后还说过，奥利佛的母亲在上个月去世了。

K太太解释说，理查德觉得自己有了打架的勇气和能力，不需要再为怕被攻击而假装友善，这让他如释重负。

理查德很赞同这一点，他还决定去和八岁的吉米决斗。吉米本来跟他是同一边的，但后来背叛了他，去跟奥利佛说他的坏话。说到这里，理查德拿起画本旁边的铅笔，把它们放到嘴里用力啃咬，在铅笔上留下了深深的齿痕。他一边咬着铅笔一边继续说，等到战争结束，他就抓住奥利佛，把他关起来。他们家的庭院里有一块地方，长满了杂草，还有很多蜜蜂和大黄蜂。那里不算太脏，但也没有很干净。他就打算把奥利佛关在那里，好好看着他，不许他逃走，还让蜜蜂和大黄蜂去蜇他。

K太太指出，他刚才叙述的时候一直很用力地咬着铅笔，除了代表咬掉奥利佛的阴茎之外，还有吞噬他的意思。那个囚禁奥利佛的院子其实代表着理查德的内在，他似乎觉得自己的内在是一个很可怕的地方。理查德很害怕蜜蜂与大黄蜂，因为它们代表着他那危险的“大号”以及含有坏希特勒父亲、具有摧毁性的那一部分。他认为自己不能保护母亲，无法避免她被自己危险的内在所伤害，但现在有了精神分析的帮助，他认为自己内在含有更多的好母亲（及K太太），这给了他更多的安全感，也更有能力对抗内在与外在的敌人。

理查德接着说，有一次他跟吉米一起对抗奥利佛及其同党，那只是一场“小”架，但他们赢了。理查德很得意地说，他差点儿打断奥利佛的骨头，他们互相扔石头，奥利佛被一颗石头“狠狠砸中”了，他很高兴，简直想杀了奥利佛。说到这里，理查德又立即改口道，不，他并不想杀奥利佛，但确实非常痛恨他。还有一次，打架时他的鼻子被一小块玻璃割伤了，但他并不觉得疼，于是继续打，哪怕把手打断他也要打到底。后来母亲出现，帮他赶走了其他男孩。（理查德当时一定因为割伤了鼻子而吓坏了，所以母亲来的时候，他其实松了一口气。）此时，理查德正在画王国，在他向K太太描述母亲是如何保护他时，不自觉地将红色与蓝色蜡笔的底部接在了一起，让笔尖朝外。他一边画画，一边说母亲现在拥有很多领土，保罗也一样。

K太太指着这张图说，理查德的领土几乎整个包围了母亲，他在跟K太太说话时，还不自觉地把最下方的那块区域涂成了黑色。这表明，他虽然不希望父亲碰母亲，但还是觉得父亲的性器官在母亲的性器官里，而他自己的性器官也在保罗的性器官里。不管怎样，他（红色区域）还是几乎整个包裹住了母亲（蓝色区域）。这表明，他希望能保护母亲，让她远离坏父亲，也希望能给她小孩。修复母亲的强烈信念也是成为男人的信念，增强了他决斗的欲望和力量。K太太还提醒他，受伤的鼻子与断掉的手臂代表着他的性器官，他害怕自己的性器官会受伤。她要理查德回想一下，他在性器官动过手术之后有什么感觉。理查德刚刚也表达了不希望自己的性器官受重伤。有点儿小伤没关系，但不能到无法攻击敌人的程度，而他的敌人就是坏希特勒父亲。

听到K太太提起割包皮手术时，理查德回答道，自从那次之后，他就开始痛恨那位医生。

K太太诠释说，那位医生以前代表着坏父亲，每当理查德嫉妒父亲与保罗时，就想攻击他们的性器官，因此，他也害怕父亲会反过来攻击他的性器官。刚才他一想到敌人就表现得非常愤怒，还用力啃咬着铅笔，代表正在攻击他们的性器官，也代表攻击父亲与保罗。

理查德望着K太太，好奇地问，她刚才诠释的是否就是他如此痛恨奥利佛的原因。他还说，奥利佛经常邀请他去喝茶，但他都没去。他们不打架时其实相处得还不错，奥利弗也没有表现出痛恨他或想打他的样子。

K太太指出，他与奥利弗之间的关系有些像他和保罗。他对保罗有时很友善，有时又带有敌意，因此他从未把保罗当成盟友一样完全信任，不过，由于经常隐藏对保罗的敌意，因此他知道自己也不可靠。

理查德悲伤地说，他喜欢保罗，却总是跟他吵架。他又提到了吉米。吉米向奥利佛告状，说理查德暗中计划去攻击他，于是理查德开始更加害怕奥利佛。他想杀了吉米，因为吉米背叛了他。过了一会儿，理查德又说，但他很喜欢吉米的两个弟弟，他们是很可爱的小婴儿。

K太太指出，他对婴儿的感情很矛盾，一方面，他很喜欢婴儿；但另一方面，当他感到嫉妒时，就会觉得自己攻击了母亲体内的婴儿，所以他又像害怕老鼠、蜜蜂和大黄蜂一样害怕婴儿。

理查德再次强调，他今天早上醒来时觉得充满希望，也很快乐，他决定公开挑战奥利佛，也很可能打赢。一想到这些，他就越发开心，也越发觉得与K太太可以给自己带来帮助。

K太太指着理查德画的王国诠释说，这代表他内在有浅蓝色的好母亲，她会帮他修复他的性器官，然后，他就能给母亲小孩，还会保护她，让她免遭坏希特勒父亲的伤害。

理查德站起来，往房间四周看了看，然后说他没有做梦。他走进厨房，去查看水槽里有没有蜘蛛。

K太太提醒道，他害怕章鱼，可能对蜘蛛也怀有同样的恐惧。他以前画过一只有着人脸、愤怒得全身通红的章鱼（第六张画），而这只章鱼代表了父亲（见第十五次面谈）。由此可见，他之前淹死的那只蜘蛛也代表了父亲，而他现在觉得蜘蛛可能还在水槽里。

理查德跑到外面，要K太太打开水龙头，说他想看看大水会流向哪里。

K太太说起他最近做过的梦。那个被大水淹的梦太可怕了，以至于理查德说不想再做梦了，但他似乎还没意识到自己的恐惧，于是K太太将水槽与梦的联系起来。在他的幻想中，那只蜘蛛还待在水槽里，这代表了被吞噬的父亲的性器官；而在梦中，他的内在被大水淹没了，大水还冲破了水管，他与母亲也有危险。另外，讨厌的查尔斯也在场（第三十二次面谈）。K太太补充说，这也代表K先生（现在是蜘蛛）对K太太造成了伤害，在理查德心中，他一直不相信K先生已经死了。

K太太诠释时，理查德正在画着飞机与枪炮。他说高射炮是母亲，英国的轰炸机是他，而被击落的德国飞机是父亲……他走到庭院里，把他喜欢的花指给K太太看。突然，他拿起石头去砸花，但没有砸中。

K太太指出，他对母亲的小孩有着爱恨交织的情感。他刚刚砸花的行为，似乎是在测试他对母亲的小孩可能会造成的伤害。

理查德说，附近没什么人虽然挺好，但太安静了，他不喜欢。他希望今天下午回家时，公交车上只有他一个人，但不知道那辆公交车还开不开。

K太太诠释说，他想独占母亲，希望母亲身体内部只有他一个人，并得到父亲（公交车司机）的允许，但他不相信父亲会同意他这么做。他不知道公交车还开不开，表示他不能确定母亲如果没有其他小孩，是否还能活下去。面谈开始时，他说X地没有什么人，像墓园一样安静。X地与公交车都代表了母亲与K太太的身体，里面装有死去的小孩，也意味着母亲及所有人的死亡。

理查德认为独占母亲的想法很有意思。另外，如果父亲是公交车司机，那么父亲就处于母亲的身体外面（驾驶座），而且还要载着他去找母亲，这一点也很有趣。面谈即将结束时，理查德叮嘱K太太，让她给今天画的图标好日期，并说1941年看起来像1991年。

K太太诠释说，理查德希望自己和K太太都能活到1991年，尤其是K太太。他太害怕K太太与母亲的死亡了。

这两天，理查德的情绪已转变了不少，他不再那么悲伤，躁郁防卫和抵抗程度都有所消减，信心与信任感却增强了。另外，他对K太太的诠释也有比较积极的回应。

几天之后，理查德的母亲来见K太太，并向K太太描述了理查德的进展。她觉得经过周日的面谈后，理查德改变了很多。虽然他在家里仍然很有攻击性，但态度已变得友善、轻松多了，更容易与人相处了。母亲的反馈与理查德自己的感觉是分开的，事实上他并没有告诉母亲，自己感觉好多了。

第三十四次面谈（周一）

理查德一进入游戏室，就一脸高兴地把一罐东西交到K太太手里，说这是他给她带的礼物，是一罐面霜。K太太把它一打开，突然就弹出一条绿色的玩偶。理查德留意着K太太的表情，看到她并没有被吓到，似乎有点儿失望。他问K太太，是否介意他开的这个小玩笑。理查德显然很喜欢这个玩具，他摸了摸绿色的玩偶，称赞它的弹簧很好、弹得很高，突然一下蹦出来，就好像要咬人一样。他说这是他夹出来的。他给一台装满整人玩具的机器投了六个便士，机器里有一个像爪子一样的夹子。他一边用手比划出爪子的模样，一边示范用爪子夹东西，他就是这样把这罐玩具夹出来的。他描述的方式非常夸张，说他原以为那个爪子会把东西夹走，但却不是，爪子夹住东西后，就伸出来递给他。接着，理查德开始在房里踏着行军步，并说同盟国的军队正朝着叙利亚迈进，这是好事。他也很高兴听到英国皇家空军（Royal Air Force, R. A. F.）击中了许多目标。踏完军步，他坐下来开始画海星（第二十三张画）。在画完轮廓、正准备上色时，他说，这张图跟王国没关系，它只是一个图案而已。

理查德上完颜色后，K太太提醒他这次用了两个新的颜色：绿色和橘色。

一开始，理查德还坚持这两个颜色不代表任何人，用新的颜色也没有特别的理由。但没过多久，他又补充说绿色是厨娘，因为厨娘穿的围裙是绿色的，而橘色是贝西。接下来，理查德沉默了好一会儿，然后说他没有做梦。画完画之后，他把画交给K太太，并且说："送你一只海星宝宝。"

K太太将整人玩偶与理查德自慰的方式相关联，指出整人玩偶代表了他的性器官。他抚摸整人玩偶，表明他可能会抚摸或把玩自己的性器官。

理查德的脸突然红了，他不敢抬头看K太太，过了好久他才说："我有时候会。"

K太太提醒说，在他描述完如何取得整人玩具后，提到同盟国的军队正前往叙利亚，然后自己也开始踏着军步。在把玩性器官时，他可能有以下的想法和欲望：叙利亚代表K太太、母亲或女佣的身体，而他想把自己的阴茎放进去。进入母亲的身体后，他的阴茎有可能被父亲的阴茎抓掉或咬掉，表明他害怕母亲内在的危险父亲会伤害他的性器官。K太太还解释说，刚刚那张画代表他深深插入K太太与母亲的性器官，而父亲、保罗与他这三个男人正在彼此争斗。他用了新的颜色，却说这些颜色不具备特别的意义，还说画跟王国没有关系，都因为他太害怕母亲与K太太体内的那场争斗，也压根不想了解争斗的细节和结局。K太太补充说，绿色不仅代表厨娘，还代表整人玩偶，也就是他的阴茎。

K太太诠释时，理查德又变得焦虑不安。他站起来在房间里到处走，最后站在距离K太太最远的窗户旁边，向K太太抗议道，他不想听这些话，他不知道这些话能有什么用。

K太太诠释说，在他看来，她的话就像在攻击他的性器官。这次面谈中，他再次显露出对割包皮手术的恐惧。他认为夹起整人玩具的爪子就像医生拿走他性器官的手。K太太还提醒说，医生也代表坏的希特勒父亲。如同整人玩偶弹出来时仿佛要咬人一样，每当理查德想把性器官放进母亲体内，让它啃咬、攻击父亲的性器官时，他就会害怕被父母攻击。最近他也觉得K太太像希特勒一样可怕，所以刚刚她诠释的时候，也变成了希特勒畜生母亲，正对他发起攻击。

突然，理查德将手伸进K太太的袋子乱翻一气，但什么东西也没翻出来。接着，他冲到厨房里，把水龙头开到最大，然后看着水不停地奔流，说道："他正在发动攻击。"

K太太问，谁在攻击谁。理查德没有回答。

K太太指出，好比英国的军队攻击叙利亚，水龙头现在代表父亲那强有力的阴茎，它正向水槽发动攻击；而水槽代表K太太（母亲）的内在与性器官，它们正被粗暴地插入。理查德也渴望拥有如此强有力的阴茎，也想这么做。他刚刚模仿正在前往叙利亚的军队就表现了这一点。

理查德走到屋外，让K太太放掉水槽的水，他想看看水会流向哪里。

K太太解释说，理查德觉得父亲的阴茎以及里面含的液体都很危险，因此他一次又一次地想看到水从排水管里（母亲的内在）流出来。她也再次说起那个淹大水的梦（第三十二次面谈）。

理查德坐到门阶上，还要K太太也坐在他身边。他捡起一些石头，并用手指去挖泥土。

K太太解释，他正在探索她的内在，而且用的是像爪子一样的手，代表了危险的阴茎。他刚刚翻看她的袋子，其实是想找找有没有K先生的阴茎。

理查德问K太太，如果他偷偷把刺猬或老鼠放在她床上，她会怎么样。

K太太诠释说，刺猬代表了父亲的坏性器官，每当他嫉妒躺在床上一起入睡的父母并感到愤怒时，就会希望父亲的坏性器官啃咬并伤害母亲，然而他的愤怒也引起了恐惧，他害怕母亲的内在含有章鱼，即被父亲那危险又会啃咬的性器官吞噬。

过了一会儿，理查德回到房内开始涂鸦。他先用绿色，再用橙色，接着又用了一些别的颜色，而且越涂越凶猛。他说厨娘（绿色）在跟贝西（橙色）吵架，接着全家人都加入口角之中。突然，理查德站起身，踏着行军的步伐，踢着正步，还行着希特勒式敬礼。他看向四周，对几张小凳子又踢又踩，还把小凳子拿起来往地上摔。他把三张凳子叠在一起，当小凳子塌下来时，他尤为生气，还要K太太也帮他叠一张。他试图把三张小凳子再次叠起来，还说水晶宫的水塔很危险，应该把它炸毁。

K太太的诠释是，理查德仍然想抓住并咬掉父亲与保罗的阴茎。因为他只有抢走他们的阴茎，才能让自己的阴茎变得强而有力。正因如此，他刚才一直想叠小凳子却屡试屡败的时候，才会变得那么愤怒。塌下来的小凳子让他想起了自己受伤的性器官，尤其在动完手术之后，他认为自己失去了性器官。当他摩擦与把玩自己的性器官时，可能也有过类似的焦虑。他要K太太帮他叠凳子，是希望她能帮他修复性器官。应该被炸毁的高塔则代表了父亲的大性器官。他羡慕父亲的性器官，却又因为愤怒、嫉妒与恐惧而想摧毁它，而所用的炸药则是他那危险且具有爆炸性的“大号”。

理查德玩着球，把球滚到橱柜底下又滚回来，他说原本以为球找不着了，没想到它又自己滚了回来。接着他要K太太跟他一起玩球。

K太太诠释说，理查德希望他在手术及自慰时失去的性器官可以复原。复原之后，他或许就能与K太太或母亲性交，要K太太一起玩球即表达了性交的欲望。

面谈刚开始时，K太太诠释说，理查德有阉割父亲的欲望，也有害怕被父亲阉割的恐惧。理查德听后表示强烈抗议。他强调，父亲十分和善，还经常陪他一起玩。上周日父亲假扮成德国间谍，而他当警察。他骑着自行车追父亲，父亲躲了起来，不过最后还是被他抓到了。

K太太分析说，在这个游戏中，理查德仍然表达了对父亲的疑虑，怀疑他是危险的希特勒父亲，但游戏玩得很愉快，父亲也十分和蔼可亲，所以他能借此证明父亲并不危险，也不是希特勒父亲，为此他也感到很开心。

这次面谈的记录其实非常短。理查德在面谈过程中产生了强烈的抗拒，还借由长时间的沉默与一些细微的动作来表达他的抗拒。比如在房里走来走去、望着窗外、不断地把东西拿起来又放下等。这些细节很难完整地记录下来（注记），另外几次面谈也出现过类似的情况。因此，从记录上来看，诠释的内容有时会超出理查德的联想范围。

第三十四次面谈注记：

在本次面谈中，理查德表现出非常强烈的焦虑与抗拒。他尤其抗议我诠释他对父亲和保罗的阉割欲望以及被他们阉割的恐惧。在精神分析的案例里，这样的诠释通常都会招致小男孩或成年男人的强烈抗拒，在某些焦虑得到纾解之后，其他的焦虑情境又会浮现出来。在过去几次面谈中，理查德对内在危险的焦虑确实减轻了，他不再那么害怕被迫害或者被下毒。与此同时，他移除了一部分对性器与异性恋欲望的潜抑作用，而对性能力的信念以及对父亲的攻击欲望则显现了出来。他逐渐相信，精神分析可以帮助他，也开始敢于向敌人公开挑战，这都是分析有所进展的表现。理查德的阉割恐惧与自慰有关，在这次面谈中完全浮现了出来，而对异性恋的性器焦虑也显露无遗。如他对母亲身体内部感到恐惧，尤其害怕在母亲的阴道里与父亲的阴茎竞争。有一点我想特别强调，针对母亲的性欲、强烈的阉割恐惧以及与自慰有关的焦虑，都是在精神分析诠释了强烈的内在迫害感之后才逐一出现的。分析刚开始时，也曾出现过阉割恐惧的相关素材，但直到他的内在焦虑被分析到某种程度之后，才完全并强烈地显现出与自慰有关的阉割恐惧和焦虑。总体而言，只有将被害焦虑减轻至某种程度，才有可能解决男性性无能的问题，而与之相辅相成的是分析患者的偏执与虑病恐惧，尤其是诠释与内在迫害相关的恐惧。

第三十五次面谈（周二）

理查德虽然并没有敌意，但他看起来有些拘谨且焦虑。他表示自己又把舰队带来了，然后把它们拿出来放在桌上。这里有一艘驱逐舰表示的是德国战舰尤坚号（Prinz Eugen），它被英军舰队包围了（新闻称英国战舰想要狙击尤坚号）。理查德一开始是想让尤坚号沉没的，但又有点儿同情这艘“勇敢而孤独”的战舰，最后让它以“虽败犹荣”的姿态被英军俘虏。它在两艘英国驱逐舰的戒护下驶入英国的港口。

K太太提到昨天的素材（用夹子把整人玩具夹起来，医生的手正在做割包皮手术，小凳子垮了下来）并诠释到：尤坚号代表的是他自己，而英国的两艘战舰分别代表的是父亲和保罗；后二者会攻击他，并伤害或割掉他的性器官。这和他做割包皮手术时感觉到有成百上千个敌人在场有关系。那个时候他觉得自己可能会死，醒过来之后发现自己竟然还活着。做手术时，他觉得家人变成了他的敌人；手术做完后，家人不再具有危险性（对应的是尤坚号没有被击沉，只是被俘虏了）。他醒来后的第一个想法是自己失去了性器官。K太太说，他十分担心现实中的英国海军处于不利局势，也很怕英国战败，他不愿意想到这些事，所以才好长时间都不带他的舰队来玩，而且也不提克里特岛事件。

理查德反对大部分的诠释。当K太太诠释他恐惧手术并害怕失去性器官，他表示K太太说的这些很可怕，他不愿再听下去了。理查德也表示他并不认为英国会战败，并说这是绝不可能的事。但他表示克里特岛与海军的损失的确让他很担忧。

K太太诠释：尤坚号驶入的英国港口代表的是母亲的性器官。理查德担心自己的阴茎被困在母亲体内，且也许会被可怕的父亲与保罗（对应的是两艘英国战舰）监视与攻击。

这时，理查德站起来，走到窗边，向外看，他先前就要求K太太把窗户打开。他问K太太昨天是否去看了电影。昨天放的是一部谋杀片，很好看。后来，理查德说他想要出去，拿了钥匙，且开玩笑地说要把K太太锁在里面（这扇门实际上并不能从外面反锁）。他试了一次，然后马上就叫K太太出来，看到她一脸镇定的样子，他很高兴。他说，K太太反正还能从另外一个门出来。理查德回到房内继续玩他的舰队。

K太太说，她刚才诠释他害怕自己的性器官遭受攻击并被囚禁时，他试图远离她，还走出房间。因为那时，这个危险情境好像已经变成真的了，而K太太变成了背叛他的母亲，没保护他，也没帮助他对抗可怕的医生——父亲。除此之外，当K太太提到他（尤坚号）在父亲与保罗（两艘英国战舰）的戒护下想进入母亲（K太太）体内（英国港口）时，他非常害怕母亲体内的这两个男人会攻击他，也怕他的性器官会被囚禁并被抢走。这间游戏室仿佛已经变成了他做手术的地方，也变成了K太太的身体。今天，他一反常态要K太太把窗户打开，也没注意路上经过的行人，这是因为他从面谈一开始就不愿意甚至害怕跟K太太在一起，也怕被囚禁在她体内。实际上，他在上次面谈时，就已经有过这样的恐惧。所以，现在令他感到害怕的是这间游戏室和K太太，而不是外面的行人，如果把窗户打开，说不定行人能帮助他（注记Ⅰ）。他昨天曾说要把代表父亲性器官的大水塔炸毁，因为他害怕性器官会被母亲体内的父亲攻击。

理查德同样反对K太太的这些诠释，并露出痛苦与惊恐的神情，但他没有发作，而是继续玩着舰队。他让尼尔森驶出港口时，有意压低声音说："没有护航的尼尔森要出港了，"然后稍稍提高声音补充，"不，他只是要去巡逻。"

K太太诠释：没有护航的尼尔森代表的是身体不舒服的父亲，或对理查德友善而有耐心的父亲。理查德觉得，父亲在没有人保护时，也代表他没有戒心，这时自己就能攻击父亲并阉割他。K太太说，他之前在梦里为沉没的尼尔森难过和感到罪疚，是因为他爱自己的父亲。在他的幻想中，自己对父亲的攻击欲望会伤害到父亲，所以当他看到父亲身体不舒服、渐渐变老或头发渐秃时，就会有罪疚感。

理查德将两支长铅笔排在一起，把它作为"港口的闸门"。这两支长铅笔排成的通道很狭窄，一次只能通过一艘船。罗德尼首先出港，然后是尼尔森。当理查德发现尼尔森已经碰到罗德尼时，就把尼尔森往旁边挪开一点。接着，两只驱逐舰出港了，它们跟尼尔森一起围在罗德尼四周。

K太太诠释：理查德通过让父亲、保罗与他自己围着母亲来维持家庭和谐，但没有人能接近母亲，这表示没有人能和她性交：当尼尔森（父亲）碰到她时，理查德赶紧把他移开。

然后，理查德开始调动船舰。其中一艘驱逐舰两边各跟着一艘潜水艇，一起朝着港口移动。这个时候，理查德笑了，他想到一部影片里有一群猪抢着要进猪舍的画面。

K太太说，她之前诠释的尤坚号在两艘英国战舰的监护下驶入港口，代表的理查德、保罗与父亲三个人同时进入母亲的体内，而现在他们代表的是猪，因为理查德认为性交的过程像猪一样贪婪和肮脏。

理查德反驳说，父亲（尼尔森）已经走开了，并不在那三艘想进入港口的战舰里。

K太太解释说，虽然父亲是尼尔森来代表的，但他的性器官是由那艘驱逐舰代表，而旁边的两艘潜水艇是理查德和保罗的性器官。那两支排着的铅笔跟以前一样代表父母。

理查德说他有一次曾把一只公鸡和一只母鸡吓得钻进鸡舍，两颗头是挤进去但是身体却还留在外面。当他吓唬它们时，两只鸡的肚子不停地颤抖。

K太太诠释：两颗头挤在一起的公鸡与母鸡代表的是正在性交的父母，而他想吓唬和打扰他们。她说，理查德玩足球时会发出公鸡与母鸡的叫声（第二十四次面谈）。K太太认为他可能看到过父母一同躺在床上，隐约觉得他们是在做跟性有关的事。

理查德回答说，他有时候是会睡在父母的房间，但父母是分床睡的，他们从没有在一张床上睡过，所以不可能挤在一起。他还说到有一次他跟父亲一起睡，他们睡在同一个房间但不同床。那天晚上他做了一个可怕的梦，梦到一只大乌鸦在他头上飞过后，跟木星撞在了一起。

K太太诠释说，理查德下意识里认定父母会一起上床并发生性交，可他不愿想到这件事，所以坚持称父母是分床睡的。

这个时候，理查德看到阳光洒在桌子上，便开始做手影。他先做了一个鸭嘴的形状，然后做了一顶帽子，接着是鸭子的头，但鸭身并不清楚。他解释说，这可能是两只鸭子在一起，话一说完，他就发现好像说错什么了。然后，他做出一只独角兽的形状并兴奋地说："手竟然能这么巧妙！"

K太太诠释：各种形状的影子及他对这些影子的模糊感——尤其是那两只在一起的鸭子，表达的是他对于父母性交的感受。他也许看到过父母一起睡在床上，而且那时候房间可能有点暗，所以他看不清楚父母到底是在做什么。"巧妙的手"表示自慰会让他感到自己强而有力（独角兽来代表），不仅能摧毁父母或让父母分离，也能让他们复活与团聚。

理查德又开始玩舰队。他突然激动地说："我要为国家做贡献。"他表示自己在国民储蓄银行（National Savings）里存了十五先令。另外，庭院里有一小块地是他用来长东西的，他已经在挖土了，马上他就会去买蔬菜的种子，一回家就要把种子种在地里。

K太太诠释：这表示想给母亲小孩来维持她的生命，即便他的阴茎还小。他觉得自己的阴茎可以长大，并有能力让母亲生出小孩（把种子种在土里）。

理查德这时显出很满意的样子，而且在面谈结束时，他也松了一口气。他小心地把桌子和椅子靠墙排好。

K太太诠释：这表示他想把代表她的游戏室收拾整齐。

接着，K太太告诉理查德，她下星期会去伦敦住九天。

理查德问：是不是要放假？

K太太说是，这时的理查德并没有显露出不高兴的神情。

这次面谈的过程中，并没有出现躁症防卫的种种迹象。他的焦虑通过强烈且更直接的方式表示出来，阻抗的表达方式也很强烈直接。产生阻抗时，他的注意力会变得不集中，但他能听进去K太太说的每句话，且一再反对她的诠释。在第三十三次面谈的时候，就能看出理查德对感受与表达攻击性的能力增强了，而在今天的面谈中，他表明了他对K太太诠释的不认同，但即使这些诠释让他感到痛苦，他还是能注意聆听的（注记Ⅱ）。

第三十五次面谈注记：

Ⅰ．这是一个以内在情境为中心的焦虑状况的例子。从诠释中能看出，内在情境是指跟我一起关在游戏室及我的内在。前几次面谈过程中显露出焦虑和他自己内在的危险争斗有关联，这些焦虑再次被激起。相反，对外面的人的被害恐惧减轻了。这个从外在情境变成内在情境的现象，是帮我们判断内在焦虑是否居主导的指标之一。

Ⅱ．这次面谈过程中，我诠释了很多的焦虑内涵。我认为，有时只有一起诠释好多个焦虑内涵，才能处理焦虑，而这种情形很常见。理查德一直处于这样的焦虑状态中并曾想离开游戏室。我把几个焦虑内涵结合起来一起诠释后，他并不赞成，且显露出痛苦与惊恐的神情，却还在继续玩着舰队游戏，并制造更多的素材印证我的诠释。从态度的转变可以看出他的焦虑减轻了，而在这些诠释后，他的联想里多了一些幽默的成分。面谈结束时，他的焦虑明显缓解了。

第三十六次面谈（周三）

理查德看起来有心事，但态度仍算友善。他让K太太看他的新棒球帽，还问她喜不喜欢。他曾说过以前的那顶棒球帽太小，帽舌也破损了。另外，他还问K太太他今天的造型好不好看：西装外套、灰色衬衫配一条领带。因为他的母亲并不觉得这样穿好看。

K太太诠释：破损的帽舌代表他受伤的性器官，他希望能让它变好、变大，可他不知道长大的阴茎该跟他整个人怎么搭配，所以才会问他的衣服搭配好不好看。他希望代表好母亲的K太太能给他一些成长的信心，也希望她允许他长大成人并有性欲，但他觉得自己母亲并不喜欢他这样。

理查德回答说，他刚才告诉她的时候，就想到她会这么解释。

K太太问他这样的解释对不对。

他坚定地说："当然对。"然后，他为难地说昨晚他的性器官变得红通通的，这让他感到困扰。

K太太问他是不是做了什么事。

理查德回答说，他昨天是有抓它，可它平常有时就是红的。

K太太诠释：从他画的第十四张王国的图开始，红色就代表着他自己。红色也代表他的性器官受伤或被折断，且是因为自慰才受伤的。这件事困扰着他。K太太问他在摸或抓性器官的时候脑子里在想什么。

理查德没有回答这个问题，却也没否认自慰的事……他说他很高兴，因为昨天英国皇家空军取得了胜利。理查德十分小心地从口袋里拿出舰队。他先摆出尼尔森与罗德尼，并在这两艘船中间放了一艘驱逐舰，后面还紧跟着另一艘驱逐舰，然后又在这艘驱逐舰的后面放了三艘舰船。他把最大的巡洋舰放在罗德尼的左边，但中间隔了一点距离，后面又放了三艘驱逐舰。理查德告诉K太太，她去伦敦的期间，母亲会接他回家度过假期，等她回来后他会再来。然后，他说他的舰队要去旅行——哦，不，是去巡逻。

K太太认为，舰队出去“巡逻”看起来就像他们全家人去度假。

理查德同意这个说法，并指出这些船舰分别代表他的家人：父亲和母亲中间的是理查德，后面的是保罗，两只金丝雀和波比跟在后面，然后，他指着最大的巡洋舰说这是K太太，后面是她的孩子和孙子；潜水艇是她的孙子，而两边的船是她的孩子。

K太太问这两家人是不是要一起去旅行。

理查德非常赞同这个说法。他把自己的度假计划告诉K太太。没过多久，理查德说K太太一家要和他们家分开了，保罗也要离开他们了。他说保罗和他们分开，是因为他不想再让保罗跟他们一起走了，随后又改口说是因为保罗的假期没有了。这个时候，他拿起K太太的时钟，转到时钟的背面，并像以前一样因为时钟的背面代表的是K太太的屁股而大笑起来（第七次面谈），然后，他拿起一只棒球帽盖在时钟上。

K太太提醒他说，时钟代表的她，而理查德把棒球帽盖在时钟上，是想留在她身边，并与她性交。K太太接着诠释：理查德一开始很希望他们两家人能一起去度假，后来又让他们分开，是因为他觉得自己会跟K太太的小孩吵架，甚至会攻击他们，尤其是对她的孙子，所以孙子旁边必须有战舰护航。理查德最后让K太太一家与他们家分开，是为了保护她的儿孙。

理查德重新排列起舰队：罗德尼后面紧跟着一艘驱逐舰，然后留了一些空隙，随后是五艘小一些的驱逐舰，尼尔森则被单独放在稍远的地方。在桌子另一端是排成一排的舰队：有一对驱逐舰、两对潜水艇，最后是一艘潜水艇。

K太太诠释说，母亲后面跟着的是理查德，他与母亲连在一起，表示与母亲性交。

理查德接着说，后面那五艘小一些的驱逐舰是他们的小孩。

K太太诠释说，大的驱逐舰代表的是理查德，这也表示他想要获得具有生育能力的成人性器官。但这样一来他势必要与父亲展开争夺战，或是让父亲远离他们……

K太太问，其他那些组合分别代表的是谁？

理查德说，并排的两艘差不多大的驱逐舰分别是保罗和他。他还说他与母亲——罗德尼旁边那艘大的驱逐舰独处时，他是大人。一对潜水艇代表的是两只金丝雀，另一对是厨娘与贝西，而最后那艘潜水艇是波比。

K太太诠释：现在只有波比和父亲是孤单没有人陪的。

理查德哀伤地说："可怜的父亲。"他同意K太太的这个诠释。他把波比放在父亲旁边，后来又把罗德尼与其他船舰也放过来。理查德说，母亲回来了，这让尼尔森很惊喜。他把罗德尼与尼尔森排在一起，但很快又换了，并解释说现在保罗和父亲在一起，而母亲是和他一起的。

K太太的诠释是：理查德很希望父母在一起，但嫉妒和恐惧让他又将父母分离开来。他通过不同的排列组合表达了和父亲搏斗及和母亲或哥哥性交的想法。舰队游戏中出现的种种情境，都是他在自慰时有过的想法。金丝雀和波比也代表他、父亲和哥哥的性器官，跟一些船舰代表性器官一样。

理查德静静地听着K太太的话，不说话。

K太太指出，她之前问他自慰的时候在想什么，他没有回答，却通过游戏表达了他的想法。

理查德停止了手上的游戏，陷入思考。他抬起头来深情地直视K太太，并表示她的眼睛很漂亮，他非常喜欢，然后说她的眼睛里有咖啡色的斑点。他还对K太太说："我喜欢你。"接着，理查德又开始玩他的舰队，罗德尼和其他几艘小型的船舰一起出航。后来他发现，桌子的另一端有阴影，这跟其他有阳光照射的地方（罗德尼与几艘船舰的所在位置）不一样。然后，他把罗德尼挪到没有阳光的地方，摸了摸后，再把它放回阳光底下。

K太太问为什么要这样做。

理查德说，她不喜欢没有阳光的地方。过了一会儿，罗德尼的舰队又被移回阴影中，但在移动之前，他摸了摸罗德尼的桅杆，并要K太太也摸一下，说它"烫得跟发红的火条一样"。

K太太诠释：这代表有人把发红的火条放进母亲体内。

理查德说这是太阳做的。

K太太诠释：太阳（sun）也许指的是儿子（son），而这表示理查德不确定自己的阴茎是不是具有危险性。如果他把阴茎放到母亲（或K太太）身体内，会不会对母亲有危险？他刚才拿了一些草放在暖炉的发热管上烧，也是这个意思。K太太将发红的火条和他发红的阴茎联系在一起，并解释说他怕自己的阴茎会被烧坏。

离开之前，理查德问K太太，其他孩子的分析时间通常会持续多久。是不是他的分析只能维持三个月？

K太太问他为什么是三个月，他没回答。她告诉理查德，她还没决定什么时候离开，所以目前不确定他的分析是三个月还是四个月，但她希望未来能继续帮他分析。

在路上，理查德不说话，有点儿心事。他问K太太是不是会住在伦敦，她是不是每两个月就要过去一次。

K太太回答说，她会住在伦敦，不过是在伦敦的郊区。

理查德变得严肃起来，他在担心K太太的安危及分析会提前结束的事。

这次面谈过程中，理查德的焦虑明显减少。他很配合分析，也会做出一些回应，有时还很热情，也没有表现出躁症。另外，他在面谈开始时，就说因为天气冷，关窗会比较好。可以看出，他与K太太独处或害怕被她囚禁所引发的焦虑已经明显减轻了。

第三十七次面谈（周四）

理查德看起来还算平静，也没有太焦虑。他说他这次没带舰队来，好让它们好好休息。昨天他和旅馆里的三位波兰军官玩得很开心。傍晚他们一起去散步，走了很长一段路。他们也邀请他去华沙玩。其中有两位说自己和家人失去了联系，而另外一位还有一个四岁的小孩在家里。他们还给他描述了在华沙遇到空袭的情况。理查德真心替他们感到难过。后来，他向K太太详细地叙述这些事。他说两位军官已经离开X地，而留下来的那位答应要教他玩波兰式的槌球。后来，理查德说到假期里的计划，并很期待假期的到来。

K太太指出，他说的这些并不全是真心话。她说，就在昨天面谈结束时，他还担心她要去伦敦。

理查德回答说，他不喜欢想到她要去在伦敦的事，然后马上把话题转移到他的放假计划上。

K太太指出，他在试图转移注意力，不愿去想那个在他幻想中已经受伤且不能拯救的母亲（K太太）。她提到，他之前在游戏中曾把受伤的玩具母亲埋起来，但又立刻要给她绷带与食物，让她复活（第二十一次面谈）。K太太诠释说，他很担心精神分析结束，是因为他怕自己到那时还没有完全好起来。

理查德一边说话一边开始画画（第二十四张画）。他仍把这张图称作王国，还说要再加一个人进来（用一个新的颜色来画）。

K太太问是谁要加入。

理查德回答说，一开始他想用绿色代表波比加入，后来决定不要了。他上完颜色后，数了一下各人的领土，发现大部分的领土都是他自己的。所以，他认为王国下面那条线应该是要用代表他的颜色来画。他说，母亲虽然只有三块领土，但位置都很好，其中有两块还靠着海。保罗有四块，父亲有八块，而理查德有十一块。刚才画图时，理查德提到战争局势，说他听到英国皇家空军再度轰炸布雷斯特港的消息很高兴，也希望他们能炸毁德国战舰尤坚号，但他不知道同盟国在叙利亚的情况如何。他走去查看地图。看完之后，他踏着行军的步伐在房里走来走去。

K太太提醒说，王国代表她与母亲的身体及性器官。行军、轰炸与战胜的军人代表的是他那强而有力的性器官在母亲体内控制父亲与保罗的性器官。这表示他希望自己的阴茎安全长大并保护母亲，怕她被危险的父亲和保罗伤害（注记Ⅰ）。K太太说，本来也要画进去的波比代表他的阴茎，但他又害怕它会太过强势而变得具有摧毁性，最后决定把它排除在外（注记Ⅱ）。

K太太在诠释的时候，理查德表现得很焦虑，并开始打呵欠。他很不认同最后那一部分的诠释，但没过多久，他又试图进一步解释这个诠释，并证实它。他说他的确是在保护母亲，因为他最大的那块领土在母亲的两块领土中间，这样就能帮母亲抵抗附近的坏父亲。这时，理查德突然直视着K太太说："你看起来好极了。"

K太太诠释：他说他最大的领土在母亲的两块领土中间，而这一大块区域和下面那条红线代表他的性器官在母亲的性器官里。后来，他突然夸K太太，是因为当时他认为她正在减轻他对阴茎受伤的恐惧。因为K太太修复了他的阴茎，允许他拥有阴茎，也没有因为他想跟她与母亲性交而惩罚他。所以，他觉得K太太是一个好母亲。

理查德回答说，从那张图上来看，他还多了四个性器官。他数了数父亲和保罗的领土，并说他要是跟他们打架，自己一定会赢。

K太太诠释：他也害怕如果他的阴茎在母亲体内和父亲及保罗的阴茎搏斗，可能会因此伤害母亲——即被轰炸与摧毁的华沙及局势不明的叙利亚。但当他为英国皇家空军取得胜利感到高兴时，就等于是在和坏父亲一起攻击母亲的乳房（第七次面谈），因此而伤害她——法国。

理查德表示自己不愿意这么做。他看了看暖炉，说有一支发热管坏了，然后不停地开关暖炉。

K太太说，昨天是他把草放在那支发热管上烧的。她说"烫的发红的火条”（罗德尼的桅杆被阳光晒得发烫），意指他怕自己发烫的阴茎会伤害到K太太与母亲的内在；而阴茎发烫，是因为他幻想这里有滚烫的尿，他也怕滚烫的尿会摧毁他的性器官。这正是理查德在图中总是用红色代表自己的一个原因。

理查德变得焦躁起来。他去查看地图，想看看法国境内被占领及还没沦陷的地区分别有多少，也再次关注同盟国联军在叙利亚的情况。然后，理查德走到外面，并叫K太太也一起过去。他看向外面，说他不喜欢看到天空阴暗的样子。他一次次地从高的台梯上往下跳，认为这样很好玩。他说很期待跟波兰的军官打槌球。

K太太诠释：那位军官代表的是好父亲，他会帮理查德变得有性能力，会教导他（槌球），让他能与母亲性交并生小孩。理查德很高兴自己能轻松地从高处往下跳，也是在表达这个意思。

理查德在小路上不断来回奔跑。突然，他要K太太赶紧跟他回房间，因为他发现有一只大黄蜂。（他并非真的害怕黄蜂，而是故作夸张。）

K太太跟着理查德回到房间，诠释说，小路代表她的内在和性器官，他在小路上来回奔跑及不停地从台阶上跳下来，都是表示与她性交。大黄蜂则代表母亲体内那个有敌意的父亲和保罗，也代表在K太太体内的儿子或K先生。

理查德开始玩起凳子来，并把它们叠起来。他告诉K太太，他叠了一个高塔。这是指那座他认为必须被炸毁的水塔（第三十四次面谈）。他一下子把凳子推倒并说：“可怜的父亲，他的性器官倒下去了。”接着，理查德看到路上有一个男子，说他很邪恶，可能会害人。他躲在窗帘后盯着那个男子，直到他走了为止。

K太太诠释：如果他攻击了父亲的性器官，会感到难过，而且他也认为父亲会反过来攻击并伤害他的性器官［忧郁焦虑和被害焦虑混合］。所以，他才会突然开始害怕那位“邪恶的”男子（大黄蜂），这也是他之前害怕其他小孩的原因：那些小孩不仅代表父亲、保罗和被他攻击的小孩，也代表父亲的性器官。

理查德坐回桌前，看着桌上的画并提醒K太太要写日期。他说他明天想要看到全部的画。接着，他指着画中一块没有海岸线的蓝色区域，他问K太太是否知道这个蓝色区域代表什么。刚一问完，他便自问自答说这是母亲的乳房。他再次提到旅馆里有一位女士曾送给他甘草，并认为她人很好。理查德看起来很开心，态度也很友善，他把手臂轻轻环在K太太的肩上，并把头靠在她身上说："我很喜欢你。"

K太太诠释：能帮助并保护理查德的她和母亲的乳房（一位女士给他的甘草）是联系在一起的。另外，他也想通过配合K太太及要她保存画来回报她的精神分析工作。理查德觉得K太太人很好，还用她的好乳房哺喂他，是因为她的精神分析减轻了他对自己性器官的恐惧。

理查德赞同K太太的说法。他跑去厨房把水龙头打开，并把手指堵住水龙头让水喷出来，并专心听着喷水的声音。他说这水是父亲的性器官，听起来好像很生气，然后，他换了一种方式把手指塞到水龙头里，这时水喷出来的样子和之前不同，他说现在这是他，他也在生气。

K太太诠释：他刚刚的动作是表示他和父亲的性器官在母亲体内（水龙头）搏斗。他觉得只要自己把性器官放进母亲或K太太身体里，父亲或K先生就会生气。

理查德走到外面，要求K太太把水槽的塞子拔掉，因为他想看水流掉的样子。他在地上发现了一小块煤炭，便用脚踩碎了它。

K太太诠释：他这是在摧毁父亲的黑色性器官。

理查德拿起扫把开始扫地，说他要把这个地方打扫干净。

K太太指出，他觉得如果他摧毁了父亲放在母亲体内的性器官，也会弄脏和伤害母亲，他希望能修复她。

理查德又去玩水龙头了。他说有点渴，便就着水龙头喝水。他问K太太是否知道他喝的是什么，随后不等K太太回答，就说："是小号。"

K太太诠释：他在试探自己或父亲的"小号"到底有多么滚烫，是不是跟"大号"混在一起。

理查德回到房里，在桌前坐下，然后把玩K太太的时钟。他发现时钟的框好像有点儿歪，想把它扳正。他把时钟翻过来，然后跟以前一样看着时钟背面大笑着说："真好玩。"然后，理查德有点儿担忧地问时钟的指针是什么做的，看起来好绿（时针会发光）。他还发现它是外国进口（瑞士）的时钟。

K太太诠释：他对外国进口时钟及绿色指针的疑问是在针对她的内在，他认为里面有和他敌对的K先生，也就是父亲。他担心父亲的性器官有毒还有爆炸性，可能会伤害母亲，而这和他担心K太太去伦敦会有危险有一定的关联。

理查德小心翼翼地把时钟关起来。

K太太诠释：这表示他想保护她，不让任何人侵入她的身体。

在这次面谈中，理查德只注意过外面的路人一次，就是他看到的那位“邪恶的男人”。整体来说，他对路上敌人的警惕已在逐渐减少。

第三十七次面谈注记：

Ⅰ. 在最近的几次面谈中，理查德对于成长有了更多的想法，这对分析患有精神官能症的儿童或成人来说都是很重要的一点。儿童有了成长的愿望后，性无能感就会降低，从而减轻焦虑，并让他不再有低人一等或无能的感受。这在患有精神官能症的成人身上也能发现，在潜意识中认为自己和他人相比较还是小孩的想法，是造成狭义或广义性无能的重要因素。要么认为自己是小孩，要么觉得自己很成熟，这两个极端之间似乎没有其他可能性。

Ⅱ. 在这个阶段的分析中，理查德的性器官和异性恋欲望都突显出来。我相信这些欲望从婴儿期开始就已经很强烈，而他的阉割恐惧及性无能感造成了强烈的潜抑，从而潜抑甚至遏止潜意识表达他对性器官的兴趣及异性恋欲望。有了成长的愿望后，他的性器官欲望和拥有性能力的渴望就表达出来了。我认为，分析和内在危险有关的焦虑，对这方面的发展会有很大的帮助。

第三十八次面谈（周五）

K太太打不开游戏室的门，锁有点儿问题，最后她只能带理查德去她的住所。

理查德因此感到难过。在路上，他表示如果下一个是约翰，只要K太太要他走，他会马上走，他不想占用约翰的时间。

K太太说，约翰并不是在他后面，所以他的面谈时间不会受到影响。

一路上，理查德没怎么说话，只有一两次提到一定是女童子军在门上动了手脚。

K太太表示抱歉，她说明天会修好。

理查德强调他的遗憾，并说如果明天能修好就太好了。到了K太太的住所后，理查德把舰队拿出来摆在桌上。他并不焦虑，但神情哀伤，看上去有些心事。K太太问他在想什么。他回答说，他很担心K太太去伦敦，担心她会被炸死。

K太太再次解释说，她要去的地方并不没太大危险。她接着诠释说，理查德担心母亲会被希特勒父亲轰炸，他对于母亲被摧毁的恐惧，早在战争爆发前，甚至是在他很小的时候就已经存在了。

理查德不太自在。他低声问，他们的对话会不会被别人偷听，还有“那位脾气不好的老先生”在哪里？（他是指和K太太同住的房客，约翰曾告诉他关于这位房客的事。）

K太太说，那位房客现在不在，并诠释说房客代表的是父亲，而理查德担心父亲会发现他的攻击欲望，他感到恐惧。K太太说，昨天他把代表父亲性器官的高塔弄垮后，就开始害怕那位“邪恶的”男子会攻击他。

理查德问K太太是否去过美发店，理发师是不是把一个类似帽子的可怕东西罩在她头上（烘干头发的机器）。

K太太诠释：罩在她头上的可怕东西一样代表具有危险性和爆炸性的坏

阴茎。

理查德问K太太的卧室在哪里，他能否参观一下。

K太太带他到楼上的房间去（注记Ⅰ）。

理查德四处看看，然后说这个房间不错。他还参观了浴室。他问K太太会不会觉得他提出参观房间的要求是一种不礼貌。

K太太的诠释是，理查德不想侵犯她的私人空间，但参观房间代表找出K先生的秘密及弄清她的性关系与她的内在。这些都跟他想知道父母在一起时会做什么事有关联。

理查德回到起居室，并坐下来玩舰队。他把驱逐舰与潜水艇分别摆在两边，这样战舰就能从中间通道通过。尼尔森第一个通过，并开始视察其他船舰。尼尔森做了一个回转动作，理查德很喜欢。接着，罗德尼登场，她的动作也跟尼尔森一样。

K太太诠释说，这代表父亲在视察儿子，想看看他们是不是乖。舰队所航行的通道代表母亲的性器官，而船舰回转的动作，是指父亲那具有性能力的性器官能自由进出母亲的性器官。在母亲体内的儿子们——包括理查德、保罗与K太太的儿子，都要保持冷静，不能和父亲搏斗。K太太提醒理查德，昨天他让性器官搏斗，后来又为父亲感到难过，并希望能修复父亲受伤的阴茎。

理查德在桌上摆了两支长铅笔，把它们的笔尖对笔尖，形成一个“港口”，然后，他把一艘小点儿的驱逐舰摆在很靠近其中一支长铅笔的地方，但没过多久又把它放回了原处。

K太太诠释：虽然理查德希望家庭和谐，但他还是奔向了母亲的怀抱，想跟她性交。后来，他又觉得自己不能这么做，否则就要跟父亲、保罗打架了，接下来就是“灾难”的开始。

理查德把一艘大型驱逐舰放到尼尔森的旁边，并让他们一同去巡逻。

K太太诠释：这代表理查德从想跟母亲做爱变成了跟父亲做爱，那艘跟着尼尔森的大型驱逐舰代表他自己。转变的原因在于理查德对于跟母亲做爱会感到恐惧和罪疚［逃离异性恋，转向同性恋］。

这时，理查德一边忙着挪动船舰，一边问K太太是否看到过一个看起来笨笨的男孩，他连路都走不稳，还会发出野兽一样的叫声。理查德觉得他很可怕，也为他难过。

K太太诠释说，他在自慰和兴奋的时候会担心伤害自己的性器官，也怕自己会变成那个男孩一样。

理查德快速地变换舰队的组合。他把尼尔森放在桌子一端，并说有一位海军上将登上了威尔士亲王号（Prince of Wales），他要视察舰队。罗德尼被放到桌子的另一端，说现在还不需要她。其他驱逐舰与潜水艇被分成两组排放，而代表威尔士亲王号的尼尔森驶过中间的通道，接着被移开。接下来登场的是罗德尼，其由另一位海军上将指挥，按照尼尔森的路线走了一遍。

K太太诠释：理查德是其中一位海军上将，而另外一位则是父亲。这说明他们轮流拥有大而有力的性器官，也轮流占有母亲，这样就能避免冲突、伤害或毁灭行为的发生。

理查德说，第二位海军上将是魏菲尔（Wavell）的哥哥，随即自己又觉得不可能，因为他们的姓氏不同，只是他们都是苏格兰人。

K太太诠释：这表示保罗也应该和他一起指挥，这样大家才会都满意（注记Ⅱ）。

理查德又一次提到K太太去伦敦的事。他看起来很严肃而且有心事，不过并不是很紧张。他表示他一点儿都不希望K太太去伦敦，还要她答应自己，如果听到空袭警报，一定要马上躲进防空洞。他问她会不会这么做？

K太太说她会。

理查德听到她的回答后才宽心了一些。他问K太太是不是要住在她儿子家，还有他能不能要一个地址，因为他想写信给她。

K太太同意了，并说自己会寄明信片给他。

理查德说，如果她死了，他会去参加葬礼。接着，他又严肃地问K太太：她会不会跟母亲商量，如果她死了，有谁来接替对他的精神分析工作。

K太太说，她会告诉他母亲另一位精神分析师的名字。她诠释说，参加她的葬礼代表让精神分析工作继续进行下去。（这时，理查德打断K太太，他说自己觉得这个治疗是有用的。）这也表示他把代表亡母的K太太吞并进去，让她在他体内继续活着。他希望让对他有帮助的精神分析工作持续下去，也就是在体内保有浅蓝色的好母亲。K太太提醒说，当他在图中看见浅蓝色的母亲拥有很多领土时就显得很高兴，因为这代表好母亲和乳房在他体内扩张。

理查德要K太太把他的画都拿出来。他指着其中一张图说那是一个月前画的。

K太太诠释：他是想跟K太太能多相处一个月，也表示她能继续活着。

理查德看到第八张画，说这张还没完成（还没有上色），他现在要把它画完，还要K太太在上面写上今天的日期。他说了日期，但说成了大后天的日期。

K太太诠释：理查德希望能跟她再多相处两天，现在还有一天，这个星期就结束了。

因为面谈即将结束，理查德急着想把颜色上完。他先是从三只海星开始涂起，并说这三只已经生出来了，其他的几只都还是透明的。他不停地问，还来得及吗？画到天空的时候，他说那是晴朗的蓝天。

K太太诠释：理查德希望下周她去伦敦时，会是好天气。坏天气代表坏父亲的性器官，特别是下雨时，而晴朗的蓝天则代表温暖、有朝气且快乐的母亲。

理查德问能不能再画一张图，但刚问完就发现时间已经到了。他让K太太跟他一起来到庭院门口，看了看四周后，说今天的景色很美。

第三十八次面谈注记：

Ⅰ. 从精神分析技巧的角度来看，答应让理查德参观卧室是否合适，有很大的争议，但我发现孩子来到我的住所并希望参观房间的时候，让他们看一下是对精神分析有帮助的；但我不允许他们进一步观察我的住所。这是分析儿童和成人的不同的地方。回答问题也一样，对于儿童的疑问，我会看情况选择性地回答，但对成人我就不会这么做。我们知道，孩子会用相对直接的方式表达好奇心，他们必然是想更多了解精神分析师。比如，他们会想知道她有没有先生或小孩，或她的家长什么样。

Ⅱ. 我认为，理查德舰队游戏中的那些细节，包括和母亲做爱、被父亲攻击以及与父亲和哥哥分享母亲，全是他自慰幻想的内容。这一点从他突然想到那位弱智的男孩以及害怕自慰会让自己失去理智可以看出。我们经常能在青春期的孩子身上看到这样的恐惧。

第三十九次面谈（周六）

理查德表现得很严肃，也不说话，但态度还是友善的。游戏室的锁修好后让他放下心来。他激动地说："真好，我们又回到这里了。"昨天面谈时就能看出他有多么想念这间游戏室。（K太太之前就保证会把门锁修好，她昨天晚上打电话到旅馆告诉理查德说门锁已经修好了，他们又能在游戏室做精神分析了。理查德向K太太要伦敦的地址和电话，K太太答应今天会给他，还说他有一艘驱逐舰忘了拿走，她会一起带来。）

面谈一开始，理查德就问K太太有没有带地址和驱逐舰过来。他看了又看地址后，说他把舰队都收拾起来了，所以没带来。理查德缓缓地移动着驱逐舰，然后，用低沉且哀伤的声音说："这是唯一保存下来的一艘英国驱逐舰，我们整个舰队都被击沉了。"

K太太问舰队是在哪里被击沉的。

理查德说是在克里特岛附近。

K太太诠释：他现在能坦然地接受同盟国联军损失的现实了，之前因为太过痛苦，一直避免谈到这个话题。现在的他虽然还是哀伤的，但相信K太太能存活下去，这主要是因为他现在更能确认体内有浅蓝色母亲。昨天，他感觉像是失去了游戏室，但现在失而复得，驱逐舰也完好无缺。

理查德沉默不语，显得很哀伤。他让驱逐舰来回移动，并说现在有一些德国的驱逐舰正逼近它，它必须想办法逃出去，即便是冒着被击沉的风险，也要放手一搏。

K太太诠释：那艘小型驱逐舰是他自己，因为代表好母亲的K太太要离开他了，所以他要独自面对敌人。他昨天把驱逐舰忘在K太太家里，表示有一部分的他，包括他的性器官，会跟着K太太，且会留在她体内保护她，避免她在伦敦受攻击。他曾在分析一开始（第一次面谈）时就下过决心，要誓死对抗危险的流浪汉来拯救母亲。

理查德开始画画（第二十五张画），速度比以前缓慢了很多。画到一半时，他抬起头看着K太太（面谈过程中他一直避开K太太的目光），有点哀求地问："你一定要走吗？为什么？"

K太太回答说，她想见到她的孩子，并且还要与其他病人见面。

理查德说，他知道自己不应该太自私，但他真的希望K太太不要走。他接着问，精神分析师是不是有很多位？有多少病人需要接受精神分析？是不是有好几百万人？K太太的儿子也是精神分析师吗？他认为很多人都需要接受精神分析，因为精神分析对他们很有帮助。

K太太诠释：理查德想成为一个精神分析师，这样如果她死了，他就能接替她的工作，并延续她的生命了。

理查德问K太太有没有跟母亲说如果她死了，接替工作的精神分析师是谁。

K太太回答说有。

理查德又一次表示分析很有帮助，现在他不怕一个人出门了。今天他过来的路上，有一位小女孩就走在后面，后来他还遇到一位男孩，但他一点儿都不怕。这让他很惊讶。他一边说，一边拿起一个玩偶小女孩（代表小孩）让她走路，然后又拿起一支红色的蜡笔，让蜡笔走路，并在玩偶小女孩身边绕圈。蜡笔走到玩偶小女孩的旁边戳她，然后把她踢下桌。

K太太诠释：这代表他想对那个小女孩做的事，而戳的动作表示有攻击性的性关系。

理查德把玩偶小女孩捡起来，又重复刚才的动作，但这次更加暴力。他用脚踩玩偶小女孩，却小心地用足弓的部分踩，确保她不会受伤。他说，现在他的黑色大靴子就踩在她身上，把她压扁了。

K太太诠释："黑色的大靴子"代表的是希特勒的靴子。她让理查德回想他之前踏着行军的步伐和踢正步的样子。这表明他觉得自己对小女孩的性欲就像希特勒一样邪恶，他的画中及脑中的黑色希特勒父亲正是他自己。如果他的性欲邪恶危险，就表示K太太和母亲可能会有危险，而小女孩正是代表她们及她们的性器官（注记Ⅱ）的。

今天很温暖，理查德却还是把暖炉打开了。他看着里面的发热管慢慢烧到发红，又去拿了一些草和树叶放在发热管上面烧起来。

K太太诠释：这是在表达如果他放纵性欲，他的性器官就会变得很危险，也会发红发热。她提醒说，理查德之前还认为自己的性器官能把人吞噬。

理查德说，他把留在K太太家的那艘驱逐舰叫作吸血鬼号（Vampire）。

K太太诠释：英国舰队近来损失惨重，而他把舰队收拾放好就是为了要保护它们。他把一艘驱逐舰忘在K太太家，一方面，是表示他想跟她去伦敦并保护她；另一方面，也是表达他的噬血欲望。K太太就要离开了，让他回忆起婴儿时期母亲把乳房从他嘴中抽离的感觉，这也加强了他吸干并吞噬乳房的欲望。这些感觉都是造成他害怕K太太死亡并引起罪疚感的原因。

理查德说，真的有一艘驱逐舰叫作吸血鬼号。

K太太说，这个名字表示他害怕自己的贪婪会让他失去K太太。

理查德问吸血鬼是不是长得像蝙蝠。他跑到厨房打开水龙头，并让水喷出来。水朝着K太太的方向喷时，他向她道歉。后来，理查德在水槽里发现了一只很小的蜘蛛。蜘蛛快要淹死时他把它拿起来，又丢回去。这个过程让他很开心，还嘲笑那只蜘蛛。后来看到它死掉了，他又把它拿起来，一脸沮丧地说："可怜的小东西。"然后再次把蜘蛛放回水槽里。

K太太认为喷水的水龙头代表理查德的阴茎，而它正在把K太太和母亲的小孩（小蜘蛛）淹死。他嫉妒K太太的小孩及病人，想要攻击他们。

理查德回到游戏室，把驱逐舰放在纸上开始描它的轮廓，一会儿就描出好几艘船舰。他给描出的船舰一一取名，又在其中三艘船舰旁边加上一句话——"在克里特岛被击沉"。最后，只有两艘驱逐舰没被击沉，吸血鬼号就是其中一艘。

K太太诠释：他想把她的孩子都淹死，只留下一个儿子和他自己。这样K太太就跟理查德的母亲一样有两个儿子了。

理查德说，那两艘驱逐舰要走的路相反。

K太太问为什么，是不是他们吵架了。

理查德又问K太太，是不是一定要走。

K太太诠释：那两艘驱逐舰代表即将分开的他和K太太。

理查德又看了看第二十五张图后，惊讶地说母亲有一小块领土在他的领土里。

K太太诠释说，理查德觉得母亲那一小块领土是母亲的阴茎。前往伦敦并被希特勒攻击的K太太变成了有并使用希特勒阴茎的母亲——她受伤了，也变坏了（注记Ⅲ）。

理查德说，母亲拥有很多领土，但他的领土更多。

K太太诠释：他想要母亲（及K太太）活在他体内，并不断扩张。这表示，他没有吸干或吞噬掉母亲，也不会变成攻击内在母亲的吸血鬼号驱逐舰；这就是为什么他不把舰队带来。舰队实际上也代表K太太。

面谈快要结束时，理查德变得更加沉默、哀伤。离开之前，他仔细地检查门窗有没有关好，然后激动地说："再见了，老房间，好好放假休息，我们十天后再见。"走上街后，他回头看了一眼游戏室。离开之前，他曾问K太太是不是要去村里。走在路上时，他说K太太事实上要离开十天，而不是九天。

K太太回答说，她和他今天见面，十天后会再见，所以中间只隔了九天。

理查德一直把K太太在伦敦的地址握在手里，还说他已经把电话号码背下来了。道别的时候，理查德对K太太说："祝你玩得开心。"他没有跟以前一样目送K太太离开或在对面挥手说再见，而是头也不回地自己先走了。

第三十九次面谈注记：

Ⅰ. 对于上次面谈结尾及这次面谈开始出现的症状行为（Symptomatic action），我暂不去诠释它，而是等到该行为所代表的意义，在当次面谈或下次面谈的素材情境中全部显现后，才开始诠释。

Ⅱ. 我之前曾提到过，理查德原本潜抑的性器官欲望及好奇，在最近这几次面谈中在慢慢释放出来。潜抑移除的表现还包括更强烈地表达他和部分客体间的关系，尤其是乳房。随着移除了对父母性交的强烈好奇心的潜抑，和这相关的幻想现在也浮现出来。这说明他的自慰幻想、性器官欲望及实际的自慰行为都不再那么受压抑。就某方面来说，这是一种退行到发展早期阶段的现象。在早期阶段，部分客体扮演着重要的角色——性器官（男性与女性）和乳房，但儿童一定要充分经验到他和部分客体的关系以及这个关系所隐含的性幻想及欲望，这样才能和完整客体建立起良好的关系。我们都很熟悉一项分析原则，即让患者再一次经历早期关系及情感。我要强调的是，在由部分客体关系主导的发展阶段中经验这样的关系，是和完整客体建立关系的重要基础。

Ⅲ. 我的诠释是，理查德感到将自己的一部分（吸血鬼号驱逐舰）放入我体内，这个部分的他既是坏的，也是好的，因为它会在伦敦一直保护我。同样，第二十五张画中，在他领土里面的那块母亲的领土不只代表阴茎，也代表他会保护好乳房，而这与理查德的下一个联想也联系在一起了。

第四十次面谈（周四）

理查德晚到了十五分钟，他看起来很难为情又焦虑，他没为迟到的事做解释。他说他把舰队放在家里没带过来。过了一会儿，他问K太太过得好不好，但并没有看K太太，甚至连房间也不看。理查德感谢K太太寄明信片给他，还问K太太当看到他在明信片上提到他一点也不想回来的时候有没有笑。然后又是沉默……

K太太诠释：他说的这些话及表现出来的态度，都来自他的幻想，他幻想她在伦敦已遭到轰炸，所以她、X地和游戏室都变坏了。

理查德又问：K太太在伦敦有没有看到“惨遭攻击”的样子？她在伦敦时遇到过空袭吗？

K太太回答说：“有。”

理查德很满意K太太的回答。但他知道K太太不会说实话。他立刻说：“我就知道。”然后，他问伦敦是不是经常有大雷雨，他说自己害怕大雷雨（K太太早就知道这件事）……理查德说他的假期很愉快，不想回来。他一想到X地，就会联想到“猪舍”和一场噩梦（注记Ⅰ）。

K太太诠释：他对于那个肮脏且含有希特勒父亲的母亲所产生的恐惧，现在全集中在X地和K太太身上，他想远离这些及逃避自己的恐惧，这导致他今天迟到了。

理查德说，他来这里之前先跟母亲到旅馆去过。他问K太太是不是对他的迟到生气，然后再次表示他把舰队留在了家里。

K太太诠释：理查德其实不想回来接受她的分析，因为他感觉她现在已经变成了“猪舍”一样肮脏的K太太（母亲）。他把舰队放在家里，是表示把好的分析工作和好K太太留在自己体内。

理查德问K太太有没有把画带来。K太太说带来了，他高兴了一下。

K太太诠释：画跟舰队一样都代表对他有帮助的分析以及他和好K太太

或好母亲的良好关系。

理查德拿起来画来翻看，然后又把画放下，沉默不语……他走到厨房，说水槽非常干净，但有一瓶墨水在那边——他不喜欢这个味道。理查德看起来不开心，也很不安。他走到庭院，发现阶梯的裂缝里长出了荨麻，他感到厌恶。他指着一些野蘑菇告诉K太太那是毒蘑菇，还打了一个颤。理查德用脚踩了踩荨麻和毒蘑菇，说现在他的鞋子上一定沾满了肮脏又有毒的东西的味道。他回到房内，走到橱柜前拿了一本书，说他正想看这本书。他开始阅读，并翻看书中的插画。过了一会儿后，他指着一张图说“好可怕”。图上是一个小人在对抗“可怕的怪兽”。

K太太诠释：保持沉默及看书，都代表他想逃避恐惧。他害怕父亲那有毒又危险的性器官及母亲体内那些死去的小孩——他刚才一脚踩扁的荨麻和毒蘑菇。在他心里，游戏室、庭院和K太太全变坏了。看书代表探索K太太的内在，和游戏室相比，K太太的内在没有那么可怕。

接着，理查德画了第二十六张画。他在给人物涂红色时说：“这些是俄国人，他们是红色的——不，这是我自己。”

K太太诠释：即使俄国已经成为盟国之一，理查德还是不信任俄国人。所以，他刚才先说红色代表俄国人，后来又说是他自己，说明他也怀疑自己……

理查德问K太太，由于他今天迟到，能否让他多待一会儿。K太太说不行，他很失望。

理查德一直都无精打采的，不仅没看K太太，也不看游戏室，整个人都是一副郁郁寡欢的样子。他听不进去K太太的诠释。虽然刚才K太太不同意让他多留一会儿的时候他有些失望，但面谈一结束，能看出他是迫不及待想离开的（注记Ⅱ）。他在之前曾问K太太今天是不是去村里，他很高兴能跟她一同走去村里。

第四十次面谈注记：

Ⅰ. 理查德的阻抗在这时达到了巅峰。精神分析师在他有强烈的失落感和不信任感的时候离开了一段时间。这引发了他的深层焦虑，但随后能看到，精神分析师对于这些深层焦虑的诠释在几次面谈中降低了他的阻抗，甚至让他的态度变成配合。我认为这是精神分析过程中很重要的一个环节。我并不是说每次面谈中出现的深层焦虑和痛苦，在诠释之后一定都能降低阻抗，但这本书中呈现的许多素材与诠释的确印证了这一点。有时，因为内在与外在焦虑的累积，当下的诠释也不能让阻抗降低，但即使是这样，诠释还是会为下一次的面谈带来正面的影响。

经常是，即使精神分析降低了阻抗，对于一些诠释的阻抗还是会再次出现。弗洛伊德认为修通是精神分析中特别重要的一个过程；在修通的过程中，一定要不断重复分析同类的素材，而且要利用新的素材细节，才能更完整地分析出情绪情境。应该注意的是，诠释最为痛苦的焦虑，如针对爱的客体而来的摧毁冲动，或是与内在危险有关的焦虑以及对死去、有敌意的客体产生的被害感，都能带来很大的纾缓效果。就理查德的案例来说，这些痛苦的面谈最后带来的是更多的希望与安全感。

分析工作能使面临内在与外在焦虑的自我直接面对焦虑，也能恢复克服这些焦虑的信心；造成这个转变的原因之一就是爱的重现。在摧毁冲动与被害焦虑运作时，爱被分裂了，以至于无法被感觉到。

上面的方法让病人在经历阻抗时也能与精神分析师配合。造成这种双重态度的原因就是在同一次面谈中运作的分裂过程，而这个过程会把自体分裂成不同部分并产生矛盾情感。当焦虑更完整地表现出来，阻抗也达到最强烈时，理查德会想离开游戏室，但他从没离开过。另外，虽然他经常表示不想来接受精神分析，但他每次都会到。他不带舰队来时，是想把好的自己及好的客体留在家里。分析了这个分裂现象后，理查德就会在下一次面谈时把舰队带过来，在人格整合上也有进展。当对于心智深层有了深入的领悟后，对精神分析师及精神分析过程的信任感也会增强，通常表现为立刻由负向移情转变为正向移情。

这让我想到另外一个议题。精神分析中有一个公认的原则：不应该诠释精神病性质的焦虑，因为诠释可能会使精神病发作。但我认为如果要精神分析有进展，就必须诠释最为强烈的焦虑，不管它是否具有精神病性质。只有这样，才能进入心智深层，并从焦虑的根源及与其相关的主要客体上来降低焦虑。我在儿童精神分析的过程中探索出这个方法，它也影响了我对成人的精神分析技巧。这个方法还衍生出其他更多重要技巧，特别是针对精神病人。一些精神分析师在运用了这些方法之后，都有明显的效果。

Ⅱ. 不管是对成人还是儿童，如果面谈不是由精神分析师延迟开始的，我通常都不会延长时间。基本上，我会遵照原定的时间表进行，避免病人想借机与精神分析师多相处而对精神分析本身造成干扰。我认为，延长时间不仅会扰乱排定的时间表，也会给其他病人造成困扰。

第四十一次面谈（周三）

理查德这次准时到达了，但因为离开旅馆的时间比较晚，所以他是一路跑过来的。他一来就跟K太太说，舰队明明就在旅馆里。他之前问母亲有没有把舰队带回来时，可能听错了母亲的回答。母亲也问他，K太太昨天有没有因为他迟到而生气。他问K太太今天能不能让他延长时间来补足昨天迟到的时间。

K太太告诉他，不能这么做，因为她已经有另外的安排了。

理查德问她，是不是要见其他病人？K太太的病人是不是全是男的？他跟伦敦的病人比起来年纪是不是还是最小的？K太太是怎么去伦敦的？她是不是自己一个人去的？是坐火车的头等舱吗？坐火车舒服吗，有没有在火车上吃饭？他又问期间伦敦有没有下大雷雨（昨天他跟K太太说他害怕大雷雨）。离开时，他们（指K太太的家人）有没有为她送行？

K太太简短地回答了几个问题，并诠释：理查德想知道她在伦敦的具体情况，也想知道她有没有发生危险的性关系，而大雷雨及遭到轰炸代表的就是性关系。他问K太太的孩子有没有去送她——代表他们是否还爱她，这样他就能判断她是否是跟“猪舍”一样肮脏的K太太，即受伤、被弄脏而又危险的母亲。

理查德说他很高兴回到X地，但他还是不喜欢这个地方……他把舰队摆出来，打开暖炉，并对K太太说，虽然现在不冷，但他还是希望她允许他开着暖炉。他有气无力地挪动船舰，并让吸血鬼号驱逐舰撞上罗德尼。

K太太问，吸血鬼号是不是代表他自己。

理查德说是，但说完立刻就重新排列船舰。他把战舰罗德尼和尼尔森并排，然后在纵列排了一些船舰，分别代表保罗、他、两只金丝雀和波比，他说这是按照年龄大小排列的。另外，他还说，他是先有两只金丝雀，之后才有的波比，其中一只金丝雀比另外一只早来他们家，所以它们也要按先后顺序排列。

K太太诠释：理查德想要维持家庭的和谐跟秩序。他也想通过臣服于父亲和保罗来克制自己的嫉妒与恨意。这样，希特勒父亲就不存在了，母亲就不会被坏父亲伤害、轰炸，变成“猪舍”一样的肮脏，而他的性器也不会被坏父亲攻击。

理查德又重新排列舰队。这次他犹豫不决，并表现出无精打采、不开心的样子，K太太的诠释他也不怎么听得进去。可他还是很想努力取悦K太太，也试图要配合她。他心不在焉地玩着船舰……过了一会儿，理查德说起K太太不在时他跟母亲的一段谈话。他跟母亲说，他很担心将来生小孩的事，还问她生小孩疼不疼。母亲说，男人不会生小孩，女人才会，而生小孩是会疼的（这并不是母亲第一次解释这件事，见第二十一次面谈）（注记Ⅰ）。母亲说，男人会把性器官放进女人的性器官里。他说他不想这样做，这会让他很害怕和烦恼。母亲说，这件事并不会伤害男人。理查德说，他告诉母亲，他不能这样问K太太这些事；虽然K太太人很好，但她毕竟不是母亲。他还说他很喜欢母亲，他是“母亲的小鸡，小鸡会跟着母亲到处跑”。他又说：“可小鸡必须要学着离开母亲，因为母鸡不会照顾小鸡，也不关心它。”他提起这段对话时，很忧虑。

K太太诠释：理查德怕她会死，想要有人来代替她，才试着要母亲帮他分析。母亲在他心中依然是那个能帮助他、有浅蓝色乳房的母亲；但K太太已经变成了被轰炸、被下毒而死去或危险的母亲。K太太诠释说，他对性交的恐惧是和昨天的素材有关——像“猪舍”一样肮脏的X地，和母亲那肮脏、污秽且被下毒的内在联系在一起。她要理查德回想：“有毒的”蘑菇、阶梯里的荨麻、对游戏室的恐惧以及图中那个代表母亲体内危险的希特勒阴茎的“可怕怪物”。这跟假期之前的素材有关：有爆炸性的高塔以及他对凳子的攻击（凳子代表母亲体内的父亲的阴茎和小孩）；他害怕他的性器官会被母亲体内危险的父亲伤害。在假期中，这些恐惧和K太太、游戏室联系在一起。他说他是母亲的小鸡，但K太太的离开让他觉得好母亲不仅变坏了，还抛弃了他，就像母鸡离开小鸡一样。这让他再次经历婴儿期的痛苦——母亲的乳房不能满足他时的挫折，即他对母亲的乳房不能满足他时的怨恨，并在幻想中认为自己伤害了她。现在，他对K太太就是这样的感觉。

当K太太诠释最后一点时，理查德开始直视她（这是他自假期回来后第一次这么做），对她微笑，眼神也更明亮了（注记Ⅱ）。他拿起昨天看过的那本书来翻，指着里面的几张图片，尤其是小人对抗“可怕的怪兽”那一张。他说怪兽很可怕，但它的肉也许好吃。

K太太诠释：怪兽肉代表父亲的吸引人的阴茎。他想像吸吮母亲的乳房一样吸吮并吞食掉父亲的阴茎，而这个欲望也让他以为自己已经把它吞并到体内，可它却变成了怪兽阴茎，并攻击他的内在。K太太指出，那个鱼群邀请他吃晚餐的梦里（第二十二次面谈），他因为不想吃章鱼而遇到危险；在那之前（第六张画），章鱼代表父亲的阴茎，而且它因为被攻击与虐待而变得危险。

这个时候，理查德跑到厨房，到处看了一圈，然后想把烤炉打开，但试了两次就放弃了。他又变得无精打采，还打了一个哈欠，一直说他想睡觉，因为昨天晚上他很晚才睡。

K太太诠释：打开烤炉代表想检查内在，看里面究竟有没有怪兽。他想睡觉，是因为他想逃避K太太的诠释所带来的令他恐惧又烦恼的想法。

理查德开始画画（第二十七张画），画的过程中，他问K太太：伊文斯先生昨天有没有卖香烟给她？如果自己说伊文斯先生不好，她会介意吗？伊文斯先生是不是她的朋友？（理查德昨天看见K太太走进糕饼店。）伊文斯先生偶尔不卖糖果给他，他觉得伊文斯先生这样不对，只要有糖果，就应该卖给他，但其实也没关系，反正母亲总会去伊文斯先生那边买到糖果。这个时候，理查德突然指着图上那个长形的红色区域说：“它穿过母亲的王国。”他一说完就立刻改口说，“这不是母亲的王国，我们在这个王国里都有各自的领土。”

K太太诠释：他不想承认这是母亲的王国，因为他怕红色区域刺穿母亲的内在。

理查德又仔细看了看这张图，说这个红色区域像性器官。

K太太诠释：理查德觉得如果他有这样的性器官，就能把父亲给母亲的好东西都拿出来。他怨恨伊文斯先生卖香烟给K太太及卖糖果给母亲，都说明了这一点。香烟和糖果代表好阴茎和可口的肉；他认为母亲体内有这些东西，可又怕自己抢走它们而伤害母亲，所以他不想承认画中那个长的红色性器官“穿过母亲的王国”（注记Ⅲ）。在面谈刚开始时，他让吸血鬼号撞上代表母亲的罗德尼，也是在表达这个意思。另外，这和他害怕失去K太太有一定关系。要是他把K太太（及母亲）体内的好阴茎拿走，她的内在就只剩下怪兽——希特勒阴茎了，而它会摧毁她。

理查德听进去这些诠释后，恢复了一点儿活力。他再次看着这张图，并说这个红色区域将王国分成了两半；西半部的领土属于大家，而东半部没有母亲的领土，只有他、父亲和保罗。在西半部上，理查德和母亲各有两块领土，而他的领土在母亲、保罗和父亲的之间。

K太太诠释：长形的红色区域代表理查德的性器官；它不但贯穿了整个王国，还由上而下刺穿了母亲。将王国一分为二则代表他想让危险的父亲离开母亲，并保护母亲。但这也表示母亲分裂成了两面：东半部是坏母亲，她的里面充满了男人危险的阴茎，而西半部是友善的好母亲。母亲的双面形象在之前几次面谈中也有出现；他真正的母亲代表好母亲，而在伦敦已受伤、死亡，并像“猪舍”一样肮脏的K太太则代表坏母亲。

理查德说，西半部的母亲正准备对东半部发动攻击，她要夺回自己的领土。

K太太诠释：坏父亲和母亲在他与K太太体内搏斗，他想让母亲赢，但因为他对母亲的胜利没有信心，所以她前往伦敦时，他很担心母亲和她会死亡。

准备离开之前，理查德慢慢地穿上大衣，他想多留一会儿。他要求K太太先不要关掉暖炉，等出去时他会自己关的。他说暖炉开着时房间会比较有生气。

K太太诠释：他对K太太、母亲及自己的死亡充满恐惧，暖炉开着能减轻这种恐惧感。

在整个面谈过程中，理查德只有两次注意到外面的行人。他的被害恐惧减轻了，但出现了忧郁焦虑。

第四十一次面谈注记：

Ⅰ. 担心我在伦敦会死掉所引发的焦虑加强了理查德的潜抑。他对于性交及生小孩的潜意识知识与幻想在以前的精神分析过程中曾出现过。他接受了我在这方面给出的诠释，但现在这些知识与幻想好像都消失了。

Ⅱ. 从理查德对这个诠释的反应能看出，它满足了理查德的需求——即整合自我的不同面向。这个潜意识需求是来自对整合的渴望。

Ⅲ. 这个例子说明了我在《儿童精神分析》一书第十二章中讲述的理论，即男孩和女孩对攻击母亲身体并拿走里面东西的冲动与幻想，这不仅造成了他们对母亲的罪疚感，而且也成为以后和女性建立关系的一个干扰因素。同性恋有一个特质，即渴望取得女性身体内的男性阴茎。这种渴望来自早期阶段的婴儿对母亲乳房和身体的贪婪。在婴儿的幻想中，母亲的身体内有阴茎及小孩。

第四十二次面谈（周四）

理查德表现得很热情。他说他想画画，至少要画五张画……他告诉K太太，有一个跟他一样大的男孩现在也住在旅馆内，这让他很困扰。因为那个男孩一直烦他、想跟他玩，而且很没有礼貌。后来，母亲去跟他说了一些话，他才离开。

K太太问那个男孩是怎么没有礼貌的。

理查德说不出来。这个时候，他在翻看几张画画，尤其是第二十七张画，然后开始画第二十八张画，并问K太太有没有方法解决那个男孩的问题。

K太太诠释：理查德提到那个男孩时，正在看第二十七张图。王国的东半部代表他、父亲和保罗在母亲体内搏斗，这代表他和那个男孩之间的战争。旅馆代表母亲的内在，男孩代表父亲的阴茎，且正在攻击他。

K太太诠释时，理查德拿起一支铅笔放进嘴里又吸又咬，还说吸铅笔的感觉很好。

K太太诠释：他不仅想吸铅笔（铅笔代表父亲或保罗的阴茎），还想把它咬断、吃掉。在他的幻想中，好阴茎进入他的内在后就变成了章鱼——又坏又危险的阴茎。这让他更加想吃掉那可口的怪兽肉——好阴茎（注记Ⅰ）；他吃的时候觉得很好吃，但怪兽一吃下去就变成了敌人。昨天画中的红色区域代表他从父亲身上拿走的大阴茎，并将它插入母亲与K太太体内，以此来把母亲体内的好阴茎和其他好东西一起拿出来。伊文斯先生卖给母亲的糖果和卖给K太太的香烟，都代表理查德想要获得的好阴茎，然后，K太太指着理查德没提到过的第二十六张画说，王国的左半边几乎没有母亲的领土，所以这里表示受伤、死去，并像“猪舍”一样肮脏的母亲。但是他在涂这些红色区域的时候说红色是俄国人，但又改口说红色代表他自己。他是吸血鬼，而且把母亲体内的好东西全都拿走了。另外，他也跟坏希特勒父亲及危险的保罗一起插入母亲、弄脏并摧毁她。王国的右半边大多数都是浅蓝色母亲及他的领土，代表K太太去伦敦时，只有他和母亲在一起，而K太太代表的是受伤且被弄脏的母亲。

理查德没有听K太太的诠释，继续画着第二十八张画。他说他看到一只天鹅后面跟了四只“可爱的”小天鹅。画好后，理查德继续画下一张（第二十九张画）。他先画了两艘船，然后画了一条大鱼，旁边还跟着几条小鱼。后来，他在空白的地方都画上了小鱼。然后，他指出有一条小鱼被母亲的鱼鳍盖住，说：“它的年纪最小。”

K太太诠释：这张画画的好像是鱼母亲喂小鱼吃东西。她问理查德，他自己在不在这群小鱼里。

理查德说，不在。他还说，海草中的海星代表已经长大的人，而小只的海星是还没有完全长大的人，也就是以前的保罗，然后，他惊讶地发现自己将其中一艘船称为罗德尼，然后说：“这是母亲。”

K太太问他，桑费雪是谁。

理查德说他不知道，但他说桑费雪的潜望镜“刺进罗德尼里面”。

K太太诠释：桑费雪及海草中的海星也许都是代表父亲。但桑费雪也代表把父亲的阴茎拿走之后而变成大人的理查德。变成大人的他就能给母亲小孩，而小孩的代表是他一开始说要画的五张图；那四只“可爱的”小天鹅也代表他想给K太太的小孩。可见，在这张图上，理查德变成了父亲——体型最大的桑费雪，甚至比代表母亲的罗德尼还大。但他也为父亲感到难过，想要给父亲补偿，于是就把代表成人的海星——父亲放在海草中间，让他变成被满足的孩子［主客体角色逆转］（注记Ⅱ）。

理查德说，图上方的那架飞机是英国的，它正在巡逻。他不知道这架飞机代表谁。

K太太诠释：巡逻的飞机代表当他想和母亲发生性关系时（潜望镜刺入罗德尼），父亲在旁边监视。他害怕被父亲监视，也和他想监视父母性交有关系。

理查德把蓝色和红色的蜡笔并排竖在桌上，然后，他让黑色的蜡笔走过去。随后，黑色蜡笔被红色蜡笔赶走，再让紫色蜡笔走过去。随后，紫色蜡笔被蓝色蜡笔赶走。

K太太认为，刚才的蜡笔游戏表达了他害怕父亲对他有敌意。红色蜡笔代表他自己，蓝色蜡笔是母亲。他们两个赶走了陆续过来的父亲和保罗。

理查德陷入沉思。

K太太问他在想什么。

理查德说，他今天下午要跟母亲一起去学校园游会上观看模型铁轨。

K太太诠释：模型铁轨代表父亲那有性能力且让他钦羡的阴茎。他思考时一直在吸吮铅笔，代表他正在把这个让他钦羡的阴茎吞进体内……

理查德走到庭院。他说他想爬山……他看了看天上的云，说也许会有危险的暴风雨要来。他觉得暴风雨来时，那些山很可怜，而被暴风雨直接打在头上的感觉一定很糟糕。

K太太诠释：想去爬山代表他想和母亲发生性关系（注记Ⅲ），但他害怕坏父亲会攻击和惩罚他——暴风雨打在山顶上。K太太提醒说，他曾问她在伦敦时是否遇到过暴风雨，这跟担心她被希特勒的炸弹攻击有关……

理查德走回游戏室，提议他们只玩舰队就好，不做精神分析了。他给自己和K太太各一艘船，两人开心地乘船去旅行。一开始，他让自己的船和K太太的船保持一定的距离，后来却越来越靠近它。

K太太诠释：船的碰触代表发生性关系。一开始，他想避免发生而远离K太太，但后来慢慢靠近她。他想和她性交，但更想让自己未来的性能力不受到损伤。那五张图代表他（天鹅）想给她的小孩，也代表想给母亲四个小孩（小天鹅）。他要K太太陪他玩舰队，不想做精神分析，表明他想得到K太太的爱，就像得到母亲的爱一样，但他不想知道这些“不愉快的想法”。

离开之前，理查德又提出让他来关暖炉，而且要直到他们出门前才关。

第四十二次面谈注记：

Ⅰ. 吞并好阴茎的想法是造成同性恋的强烈刺激；好阴茎对抗具迫害性的内在阴茎。但如果内部迫害者引发的焦虑特别强烈，内在就会被看成是一个坏的地方，没有好东西留在这里面。对抗内在焦虑的强迫式需求一直存在，这也是造成同性恋的因素之一（参见《儿童精神分析》第十二章）。

Ⅱ．主客体角色逆转是心智生活中一项很重要的机制。比较小的孩子觉得受挫、被剥夺、嫉羡或嫉妒时，表达恨意和嫉羡的方法是全能地将情境逆转，让自己变成成人，忽略父母。在这次面谈中，理查德的逆转机制有些不同；他取代了父亲，但为了避免摧毁父亲，他把父亲变成一个被满足的小孩。这种形式的逆转机制是因为他受到了爱的影响。

Ⅲ．想和母亲性交及对父亲的嫉妒和怨恨，即表现出了俄狄浦斯情结，但这并不是表示这个年纪的孩子会真的想要性交。在该情境下，不管女孩还是男孩都会感到很焦虑。这个欲望所隐含的意思是发生性关系的幻想不应被过度潜抑，而这也和在未来获得性满足的希望相对应。

第四十三次面谈（周五）

理查德和K太太在游戏室外碰面。进入房间后，他马上要K太太拿画给他，然后盯着昨天画的第二十七张画看。他把舰队排成战斗队形，并得意地把它们称为“伟大的舰队”……他对最近英国皇家空军的表现很满意，说他们又一次“重创”了德国，并说俄国那边的情况也还可以。他把驱逐舰放在中间排成一排，让潜水艇跟在后面，而巡洋舰尼尔森和罗德尼分别被放在驱逐舰的右边和左边。理查德看着K太太，说很喜欢她，尤其喜欢她的眼睛。

K太太诠释：现在的她再一次代表好母亲，因为他对她那受伤又可怕的内在所感到的强烈恐惧已经减少了（注记Ⅰ）。K太太也说到她昨天对第二十七画的诠释。

昨天理查德并没有把K太太对第二十七张画的诠释听进去，现在他盯着它看得出神。他说左半边的领土是大家的，右半边的领土大多数是浅蓝色的。理查德的领土在母亲四周，只是其中有一小块是保罗的。他认为母亲里面有很多危险的希特勒父亲和他自己（K太太曾提醒，他也代表俄国人）。

K太太表示，“伟大的舰队”是理查德，整个家庭都在他体内，并受他控制。现在他把父母分开，他们就不能性交或打架。父母应该保护他，也听他的命令。K太太说，昨天他吸咬铅笔来表达自己已经吞并父亲的阴茎——可口的怪兽肉，但这也说明他能用温和的方式把父母及整个家庭吞并下去，而他的方法是控制家人，这一点从刚才的游戏就能看出来。

理查德把所有舰队重新排成一列，并让最小的船舰排在最前面。他跪下来仔细检查船舰排得直不直。

K太太说，他曾向母亲说过他担心性交，且永远都不想这么做，原因是他觉得自己缺乏能力性交，因为他的阴茎太小、不够直，也不够有力（注记Ⅱ）。现在所有舰队都是他的阴茎，它由父亲、保罗和其他人的性器官

（各种船舰）共同组成，且全部听他指挥。他刚才很仔细地检查舰队排得直不直，意在检视自己的内在，看看他以为已经被他吞并的这些人到底是在帮助他、增强他阴茎的能力，还是在伤害他的阴茎、迫害他。

理查德开始画第三十张画。这个时候，他发现有人正在游戏室外面经过，这些人是他的敌人，尤其是那个红发女孩，他说他们是“一群没礼貌的家伙”。理查德躲在窗帘后面看他们，但他好像并不害怕，很快就回到座位上继续画画。他告诉K太太，伊文斯先生店里有一个胖胖的女店员卖了很多糖果给他，但她要他保守这个秘密……理查德涂蓝色的时候嘴里在哼着国歌，说母亲是皇后，他自己是国王。画完之后，他看着图说“母亲的领土有很多”，而他也是。他们联合起来“一定能打败父亲”。他还说德国（黑色）父亲的领土很少。涂紫色时，理查德哼的是挪威和比利时的国歌，并说：“他很好。”

K太太诠释：理查德是国王，代表他变成了母亲的丈夫，而紫色的保罗变成了小孩。图中有四个小孩，但他们的区域比之前的更小，这和昨天的图能对应上；他先是提到四只小天鹅，然后说要画五张图给K太太，然后在图中画了许多小鱼在鱼母亲周围。在这张图上，他给了母亲一些好小孩，也就是把父亲和哥哥都变成小孩了，但图的下方还能看得到父亲的阴茎，因为理查德觉得他不管怎么做都不能把它从母亲体内取出来。

理查德又唱了一些其他国家的国歌，还哼了几首有名的曲子，他问K太太知不知道这些曲子是谁作的。他说母亲会弹钢琴。他自己以前上过音乐课，而且表现很好，只是后来没坚持住。他很喜欢的那套舰队，就是他通过音乐考试之后母亲给他的奖励。

K太太诠释：他放弃学音乐也许是因为他觉得自己超越不了那些有名的作曲家——理想的父亲。舰队是母亲鼓励他的奖品，所以他很喜欢。现在，舰队在他和K太太的面谈中非常重要，舰队跟画画一样代表他给K太太的礼物，也表示他有性能力，能给她小孩。

理查德又唱起歌来。他很开心，眼角有些湿润……他走到庭院去欣赏山色，像以前一样赞叹着美景，外面阳光普照，给他带来好心情。他回到游戏室，又哼了几首曲子，哼了一会儿后突然停下来。他告诉K太太，旅馆里有一只可爱的苏格兰小猎犬，才四个月大。它十分好玩，一直想咬自己的尾巴，不停在原地打转跑。

K太太诠释：他哼的曲子代表他体内有并能生出来的好小孩。对他来说，和谐的旋律表示被他吞并的人能快乐地相处。图中他是国王，母亲是皇后：他们有很多好小孩，坏的黑色区域只占少数。所以，他现在对战争的情势很乐观，也能信任俄国。

在面谈过程中，一个衣着邋遢的老妇人经过外面时吸引了理查德的目光。他说老妇人有点儿吓人，而且会“吐一些恶心的黄色东西”。除这个老妇人外，他几乎不太注意窗外的路人。

要离开的时候，理查德还哼着歌，并把手臂轻轻地环绕在K太太的肩膀上，对她说：“我很快乐，也很喜欢你。”

第四十三次面谈注记：

Ⅰ. 在理查德的移情情境中，那些受伤的坏客体变成了好客体，这是持续地诠释焦虑的结果，这在分析技巧上很关键。我曾说过，当我从伦敦回来后，理查德不想见我，甚至不敢看我；这表示我已经变成了一个受到严重伤害的坏客体。这些焦虑能回溯到他对父母的原始攻击情感以及伤害父母却不能修复所引发的恐惧感。我认为只有通过这个方式才能从根本上减轻焦虑，并帮助病人恢复对自己和客体的信任感。当试图引起正向移情却忽略了精神分析负向移情的重要性的时候，往往只能带来很短暂的成效。

Ⅱ. 在分析儿童的过程中，能发现他们的性器欲望和感觉都是活跃的，但也会发现他们对性无能的恐惧。这个恐惧既会延伸到其他面向，也会阻碍升华。精神官能症状不严重的孩子比较容易树立自信，也比较能了解自己终将长成男人或女人的事实。精神官能症或精神病症比较严重的病人，在这方面的信心不足，这种早期形成的对生育能力和性能力的怀疑感，往往会一直持续到长大。这在以后可能会造成男性的性无能或性功能障碍，及女性的性冷淡或不孕症。男孩对性无能的恐惧以及女孩对不能生育的恐惧，都和身体内在的有关焦虑密切相关。儿童认为，自己吞并的好客体能增加自信并支持自己，还是觉得内在客体全是迫害者，且迫害者之间彼此相互怨恨、嫉羡，这对他们的性功能发展及升华有至关重要的作用。

第四十四次面谈（周六）

理查德的母亲来见K太太，说理查德喉咙有些痛，现在躺在床上休息，且有轻微的发烧。她说最近理查德比较关注自己的身体病痛。K太太表示，理查德应该还是能过来的，她会在这里等他。

理查德来到时，有些焦虑，脸色苍白。他坚持要母亲送他到门口，并要她答应会来接他。他说："我还是把舰队带来了。"说完把舰队拿出来摆在桌上，沉默不语。他看起来无精打采，也不想看K太太。他说他不想下床，只想躺在床上一直看书，他希望K太太到他房间里探望他。

K太太问他，现在觉得怎么样。

理查德说，他的喉咙有些火热感，但不痛。他还说觉得鼻子里有毒。说到这里，他露出非常沮丧又焦虑的表情。

K太太问他那些毒是从哪里来的。

理查德犹豫地说，他觉得是厨娘和贝西下的毒。他一直强调虽然喉咙不痛，但又红又热。这时，他拿起一艘"大型"驱逐舰，像昨天一样跪下来仔细检查它……然后，他有些犹豫不决又有气无力地挪动着船舰。

K太太诠释：他像昨天一样仔细地检查那艘驱逐舰，代表他害怕自己的阴茎不够直——怕它受伤。他的喉咙又红又热，这也许跟他担心摩擦阴茎时会伤害它有关系。近来，他的性欲以及想给K太太、母亲小孩的渴望越发强烈，特别是在上次面谈中表现得尤其突出。现在他对这件事感到恐惧。

理查德问，他会不会把感冒传染给K太太。

K太太诠释：他不但害怕把感冒传染给K太太，而且他觉得自己的阴茎和之前踩扁的野蘑菇一样有毒，所以他也害怕会毒害她。

理查德再次表示想要K太太能到他房间里探望他。

K太太说，当她从伦敦回来时，他曾说自己是母亲的小鸡，这表示他想像宝宝一样被人呵护照顾。昨天，他很希望自己变成男人，给K太太和母亲小孩，但他又很恐惧自己的这个欲望，他生病，就是想再变回小孩，希望卧病在床的时候能获得关爱。另外，他也不想听到与自己的性器欲望有关的任何事，这让他不想接受分析。但他还是想让K太太去探望他，并像母亲一样照料他（注记）。

这个时候，理查德又重新玩舰队，他先是把尼尔森挪开，然后再把罗德尼挪开，并让这两艘船碰在一起。然后，他又把它们挪到K太太的袋子后面，并说它们躲在那里。

K太太问，它们为什么要躲起来。理查德没说话，她诠释说，这也许是表示父母在床上性交，必须躲起来不让儿子发现。理查德认为父母一起上床时自己会攻击他们，所以担心他和母亲上床时，也会被父亲攻击。

理查德说，他现在在旅馆里就是和母亲睡在同一个房间，他很喜欢跟母亲一起睡……理查德把尼尔森拿回来，派它去巡视整个舰队。

接着，罗德尼也这么做，但是这两艘船一直是分开进行的。突然，他说一开始接受检视的那艘驱逐舰被炸毁了，也就是尤坚号，被英军攻击了。

K太太诠释：尤坚号代表理查德，也代表他的性器官。如果父亲发现了他有和母亲性交的欲望，就会摧毁他的性器官；如果父亲发现他的性器官在母亲体内，父亲的性器官就会和他的性器官搏斗。他攻击父亲，也很害怕自己被报复。在刚才的舰队游戏中，他让两艘船舰躲起来，是因为父亲料到他会发动攻击。

理查德站起来，本想走出去却又停下脚步，因为他看到对面有两名男子在交谈。他躲在门后面看他们，说自己是在监视他们，他也被他们监视，然后，理查德回到座位上开始画画（第三十一张画），他先是拿起黑色和紫色的蜡笔，说："这是邪恶的父亲和保罗。"

K太太诠释：外面那两名男子及黑色、紫色蜡笔都代表可怕的父亲和保罗；他们也许会因为他和母亲睡在一起，怀疑他是想和她性交而攻击他；他们也代表可疑的K先生跟K太太的儿子。这就是为什么他觉得自己在监视他们的同时，也被他们监视。当他对父母的性关系感到既嫉妒又好奇时，就会觉得父亲或保罗正在监视他、猜测他的想法。他担心父母会因为他监视他们、打扰他们性交而一起来对付他。现在，他也觉得那位“脾气不好的老先生”跟约翰都在监视他和K太太，因为他一直很想知道她和他们的关系……

理查德在图上涂蓝色和红色的时候，嘴里哼着英国国歌，然后又哼起了其他旋律。K太太问他哼的是哪一首歌，理查德说是“我的挚爱”（My darling）。他告诉K太太，在这张图上，他和母亲包围了保罗那一小块的领土。父亲的领土很靠近母亲，而保罗的也跟母亲的领土接壤，甚至穿越了他的领地。这时，理查德又把黄色铅笔放到嘴巴里吸，然后，他突然把铅笔往嘴里推了下，像是快要顶到喉咙。

K太太诠释：理查德害怕自己吞噬了父亲和保罗的阴茎，也怕他们会在他体内监视他、跟他斗争，甚至在里面下毒。在面谈一开始时，他就说觉得鼻子里有毒，且怀疑是厨娘和贝西下的毒；但后来发现他是害怕被监视且被有敌意的父母攻击（希特勒父母，或K太太和外籍的K先生），或者也害怕被父亲和保罗攻击。另外，他们两个也许会内斗或一起来对付他。在这之前，美味可口的怪兽肉一到他体内就变成了危险的敌人。各种因素让理查德确信父亲有好阴茎，而他只要把这个好阴茎吞并进去就能帮助到自己。他也觉得母亲一直都是好的，不但会保护他，还会帮他对抗所有的外在和内在危险。他也担心喉咙痛会使他不能继续接受分析，即他的内在敌人会阻止他跟代表好母亲的K太太见面。

理查德把手指放到嘴巴深处，表现出一脸惊恐。他说嘴里一定有病菌，他要把病菌找出来。

K太太诠释：病菌代表德国人，即敌人，他们正在毒害他。K太太说，他那“又红又热”的喉咙代表他正在跟内部那些有毒的敌人做斗争……

理查德站起来，在房间走来走去，走到一半时被一张凳子绊倒，他很用力地踢那张凳子。他望着K太太（他知道自己在做什么）。

K太太诠释：理查德想把父亲敌意的阴茎从身体里踢走。

理查德说，他觉得他的“痰一直往下流到胃里”。他还说，他很担心自己是否会在游戏室里病倒，但他不知道为什么。

K太太诠释：他想要把正在打架的父母和她刚才诠释的那些坏东西都

吐出来，可他又担心这些有毒的东西会伤害或弄脏K太太。如果K太太被毒死，那他就没有好母亲了。

理查德刚才一直在画第三十二张画，他说这张画跟第三十一张画中的王国是一样的。他准备再画一张画，他把尼尔森拿来放在纸上开始描轮廓，然后再涂上颜色。

K太太诠释：因为他很不确定自己内在的情况，所以特别想知道父亲内部和性器官究竟是什么样子的。他把尼尔森的轮廓描下来代表他想拥有父亲的性器官。

理查德问，他能不能把这张图带回家，但他后来又决定只带两张白纸回家。

K太太诠释：那两张白纸代表她的乳房；它们会保护他，并帮他对抗内部和外部敌人。

在面谈临近结束时，理查德大声哼歌，整个人更有精神了。他说他感觉好多了，希望隔天能再过来。

第四十四次面谈注记：

我经常能在成人身上看到他们变成小孩并享受照料的强烈渴望，而这种的渴望在早期阶段就被潜抑了。对母亲的乳房或母亲本身的不满、针对母亲的摧毁冲动引发的恐惧以及由此产生的罪疚感和忧郁，都可能会强化他对于长大的渴望，甚至可能造成过于早熟的独立个性。这种变成小孩的渴望一开始被潜抑了，后来在分析过程中再次出现时，经常和强烈的贪婪及希望精神分析师（代表母亲）照料的需求有关联，也代表病人希望精神分析师永远存在于他体内，以便他能随时寻求帮助。早熟会伴随着强烈的忧郁失落感，而造成失落感的原因是在这些成年人心里，有些特别的东西的需求，在他们人生的早期阶段从没被真正满足过。

第四十五次面谈（周日）

K太太在路上遇到理查德。他脸上有了血色，精神也好了，不仅活力十足，还非常健谈。他告诉K太太说他好多了，喉咙也不痛了（注记Ⅰ）。来到游戏室后，他说他早上醒来时觉得很饿，饿到难过。他的胃变得又瘦又小，还凹进去了，身上的骨头也凸显出来。吃了早餐后，他觉得好多了。他说早餐的麦片很好吃，还跟K太太详细说明了他是怎么把麦片咬碎的。

K太太诠释：身上突出的骨头代表那些被他吞噬的敌人，特别是坏父亲——章鱼和怪兽。她说，他担心被坏父母以及保罗监视和下毒，所以他那又瘦又小的胃表示他的内在受到了损伤、很脆弱，还充满迫害者。让他恢复元气的食物代表保护他、修复他的浅蓝色好母亲。K太太说，几天前，他曾提到麦片看起来像鸟巢，那时她诠释麦片代表好母亲和乳房。

理查德一直在观察房间四周，而且笑意盈盈的。他说，今天的游戏室不像昨天那么“臭”，看上去也好多了；昨天这里又臭又可怕。他说没有带舰队过来，因为他想画画……母亲昨天带了两本书和一些颜料给他。理查德看着K太太，并问她的大衣和连身裙是用什么做的，他说它们看起来像银子一样发光而且美丽，还有她的鞋子也是。他还问她最近有没有去做头发，因为她的头发看上去闪亮动人。

K太太诠释：他觉得自己的内在世界改变了，这连带影响了外在世界，表现出来就是觉得母亲、K太太及她们的穿着都变美了。她提醒说，昨天他对她和游戏室的感觉跟今天的很不一样。昨天，游戏室代表K太太，也代表他的内在，里面是肮脏、被下毒且有毒的母亲，他甚至不愿看游戏室和K太太一眼。他们都变成了他喉咙痛前一天他看到的那位“吓人”的老妇人，还会吐出“恶心的黄色物体”（第四十三次面谈）；因为他已经慢慢了解到自己对敌人的恐惧——特别是会毒害他的那些内在敌人，所以对他们的恐惧感降低了一些，也感觉外在世界的人和事物都变好了，但即使是在特别害怕这些危险时，他还是想让自己坚信他的真正的母亲是浅蓝色的好母亲，而K太太变得很坏［母亲意象分裂成好与坏两种］。

理查德说，昨天这个房间很死寂。然后，他在纸上随意涂写，并说1、2、3、4、5、6这些数字是连起来的。接着，理查德开始画第三十三张画，他先涂的是蓝色，并说他、母亲、父亲及保罗一家人很融洽。画完后，他说这里大部分的领土是母亲和他自己的，他和母亲的领土中间几乎没什么保罗和父亲的领土，而且他们也没有造成任何破坏。

K太太诠释：在王国的下半部分，所有人的领土都是独立的，没有彼此穿越的情况。在这之前的画中，穿越其他人的领土表示把危险的性器官刺入他人身体（注记Ⅱ）。所以，从现在这张图上的安排来看，家中的男性之间并没有发生争夺。另外，父亲的颜色也没有之前那么黑了。父亲和保罗的领土很小，代表他们是婴儿，而理查德和母亲变成了父母；画中的他和母亲分别是国王和皇后，而父亲和保罗都是小孩。他那又红又大的性器官在最上方，这代表他想通过和父亲互换角色来获得和谐［主客体角色逆转］。只要他因为想要攻击父亲和保罗而变得害怕他们，母亲就也会有危险；现在他让父亲和保罗都变成小孩，且不和他们搏斗，就能保证母亲的安全。

K太太指出，这张图的王国是长条形的。

理查德回答说："这是一只章鱼。"

K太太诠释说，他还是害怕自己体内含有章鱼，而且那会使他自己也变成章鱼，因为这张图不但代表母亲的内在，也代表他的内在。K太太指出，当她诠释时，他一直在吸那支代表父亲性器官的黄色铅笔。在他的幻想中，即便是父亲的性器官像"可口的怪兽肉"一样让他想吞下去，但它一旦成为他内在的一部分，就可能会立刻变成章鱼。这样的焦虑一直存在。他想通过将好母亲与坏母亲分离开来处理这种焦虑。所以，在昨天的第三十一张画中，整个左半边都是浅蓝色的，在右半边有一些相互浸染。今天的图中并没有分明的界线区分左右，也看不到性器官的穿刺，但他还是害怕自己内在的那只章鱼。

理查德饶有兴致地盯着第三十一和三十二张画看，他指出，在第三十二张画中，保罗的领土并不多，甚至有一小块在他的领土范围内，但保罗有一块长形的领土对着父亲，而父亲正挨着母亲。

K太太诠释：在画的右半部分，理查德的领土很小，且被父亲和母亲包围；保罗在左半边也一样被父母包围。

理查德指着第三十一张画继续说："它看起来像一只鸟，且看起来有点儿吓人。"上面的浅蓝色是鸟冠，紫色是眼睛，还有"张得很大"的鸟嘴。理查德一边说一边拿起铅笔放到嘴里咬。

K太太先是指出他刚才在咬铅笔，然后诠释说，浅蓝色的鸟冠代表浅蓝色母亲的后冠，母亲在图中是皇后，而且他在画蓝色时会唱国歌，但是这个浅蓝色后冠是那只张大嘴巴又吓人的鸟的一部分，它同时代表着母亲的另一面。鸟嘴上的红色和紫色说明它有一部分也是代表理查德和保罗的性器官。他的阴茎在穿刺时，也代表在啮咬和吞噬。在他的幻想中，母亲变成了可怕的鸟，变得跟他一样贪婪而危险。

理查德认为那只鸟很吓人，接着又盯着第三十二张画看，说这张图也像一只鸟，只是没了头。下面那个黑色的部分是掉出来的"粪便"，看起来也很吓人。

K太太诠释：第三十二张画代表他那受伤的内在，也表示他的性器官被切断了；昨天他感冒的时候就是这个感觉。K太太提醒说，昨天他曾说第三十一和三十二张画一样，代表他把那只"吓人的"鸟吞下去了，所以他觉得自己也变得可怕起来。在他的幻想中，他具有摧毁性、吞噬性。他在吃那些像鸟巢一样的麦片时，觉得是在把好母亲吞并进去保护自己，来对抗内在的坏父亲。这说明他越是害怕，内在的坏母亲就越强大；但他仍相信自己内在有好母亲。他认为那只代表母亲的可怕小鸟，已经和怪兽父亲联手起来从内部攻击他、吞噬他，也从外部攻击他并切断他的性器官（注记Ⅲ）。

理查德又开始画图：一条线上面是一艘插着英国国旗的船，船上有两根烟囱，烟囱里冒出交错的烟，船的上方写着几个字"大西洋护航舰"。线的下面是一条鱼、三只海星以及一艘正在发射鱼雷的U形船。画的最下面跟以前一样是两株海草。理查德把铅笔从嘴里拿出来，他本想用铅笔指出鱼雷发射的方向，后来却让铅笔越来越靠近K太太，几乎要戳到她的性器官。他解释说，鱼留在原地不走太笨了，它会被炸伤。那些海星是为了拦截鱼雷。上面的护航舰正载运着货物。

K太太诠释：U形船代表对父母有敌意的理查德，但因为父母也给了他好东西（船上的货物），他有罪疚感。他攻击坏父亲时，会忽略父亲对他的好。

理查德反驳说，父亲很好、很和善。

K太太诠释：理查德在幻想中攻击性交的父母时，他怕伤害到好母亲，所以很害怕K太太和游戏室死掉。那条“笨”鱼代表母亲，是表示她不该和父亲上床，而让自己被理查德的愤怒及怨恨所伤。从没了头的鸟身上掉出来的又黑又可怕的“粪便”，代表鱼雷。K太太指出，想要拦截鱼雷的海星代表想要保护母亲的好父亲、好保罗及好理查德。

理查德刚才在画护航舰被U形船的鱼雷攻击时，问K太太会不会厌倦自己的工作。

K太太诠释：他问这个问题的时候，一边在轰炸那艘载着货物的护航舰，说明他觉得K太太的精神分析对他的帮助，和他在婴儿时期从母亲那里获得的帮助、关爱以及奶水一样。他觉得自己使母亲变得筋疲力尽，还攻击她。他不仅担心K太太会厌倦工作，也担心自己会让她筋疲力尽。他刚才说到护航舰被鱼雷攻击时，手上的铅笔差点儿刺到她。

对K太太的诠释，理查德并没有反对，他继续画画。他把最后画的那张图放到一边，说他不会为它上色。理查德走出游戏室去看天上的飞机，他说这不是轰炸机，不知道是什么，好像是要往山那边飞去……他指着庭院里的一处告诉K太太，这就是几天前他把“毒蘑菇”踩扁的地方。他从地上拔了几根杂草，然后说他要跟K太太讲一个悲伤的梦，他一想到这个梦就觉得难过。回到游戏室后，他开始画画，先画了一个房子，说这是他们原来的家，战争爆发后他们离开了家园。右边的那个图形代表奥立佛的家，下面是玫瑰园及庭院。他还画了一个小圆点表示炸弹掉落在墙上的位置，旁边的正方形是被炸掉的温室，再旁边还有一条小道从玫瑰园开始延伸到图的左边。父母的房间在二楼，左边是他的房间；一楼是客厅，很少使用，右边的起居室经常使用。理查德说他最喜欢起居室和自己的房间，然后他在这两间房间的窗户上画上圆圈。他很喜欢自己的房间，因为里面有他喜欢的电动火车，他很想把电动火车带到现在的房子里来。理查德津津有味地讲述那辆电动火车，他说火车头是流线型的，后面还有坚固的载货车及乘客厢。他小心地保护着这辆火车，不让它有一点儿损伤。有一次，父亲忘了把电源关掉，结果让电动火车的自动控制系统出了问题，火车头和煤车都坏了。

K太太诠释：载货车及图中那艘被鱼雷攻击的护航舰都代表好父母。她解释说，火车后面的各种车厢代表他的家庭，火车头代表父亲，即一家之主。他过去所有的美好回忆都和火车及老家有关，然后，K太太问起他刚才说到的梦。

理查德不愿谈这个梦，只说："我们回到老家。"

K太太问，"我们"是指谁。

理查德说，是指他和母亲，还有一位阿姨，她在梦中跟他们一起住。过了一会儿，他说，母亲曾告诉这个阿姨，她喜欢住在乡下，所以即便战争结束后他们也不会回老家去。他很难过，因为他想念他的房间、起居室、电动火车还有老家的一切。他跟母亲说，如果她不回去，他就自己回老家住。

K太太诠释：那个受伤且被遗弃的老家，代表在晚上独自面对流浪汉父亲且没人保护的母亲，也代表在伦敦遭受轰炸的K太太。他要一个人回老家住，代表他想离开健康的母亲，去保护受伤的母亲。他在舰队游戏中也表现出对父亲的担忧；他担心当自己把母亲抢走后，父亲会被遗弃。现在，他和母亲睡在一个房间里，又留下父亲一个人。他觉得父亲会孤单，认为自己应该回到老家陪他。

K太太诠释理查德想保护受伤的母亲时，他在不停翻看之前的画。他指着第十四张图并望着K太太说："这张画得最差。"

K太太说，这张图代表他那受伤且流血的内在，里面还有受伤且流血的母亲。

听完K太太的话后，理查德走到庭院里欣赏山景。

在面谈的过程中，理查德曾要K太太听鸟叫声。他低声说："鸟的声音真好听，我很喜欢。"。

K太太诠释：鸟和鸟叫声代表好的小孩、好的内在，及友善的外在世界。

当K太太在诠释理查德的攻击欲望时，他在纸上涂鸦，并在上面画了一些圆点。他问K太太介不介意他随便乱画。

K太太诠释：他的涂鸦及圆点都代表他把粪便当作是轰炸的武器。

然后，理查德又画了一个小小的人物，又把他涂掉，并在上面画圆点。他说这是希特勒，他正在轰炸希特勒，并打算杀了他。

K太太诠释：他攻击希特勒父亲时，担心会伤害到好父亲和好母亲以及K太太，所以才会问她介不介意他在纸上乱涂……

理查德开始玩丢小凳子。他先拿起两张凳子丢在地上，说："这是炸弹。"然后又拿起一张椅面有毛皮的凳子，对它又摸又抱，表示喜爱。

K太太诠释：有毛皮的椅面代表父亲那吸引人的性器官。他想轰炸父亲的性器官，但又觉得炸毁它可惜了。

理查德说，他知道父亲的腋下有毛发，但不知道性器官的周围也有。他看了K太太一眼，说母亲只要看儿子就会知道了。

K太太诠释：理查德嫉妒她和她先生间的关系，另外他想否认她和母亲都会接触先生的性器官。浅蓝色母亲远离流浪汉父亲，不仅是因为他很危险，也是因为理查德会嫉妒父亲。

在这次面谈过程中，理查德会特别注意经过的路人，尤其是小孩。他画画的时候，要K太太帮他注意外面，告诉他有谁正在经过。他对路人表现出的好奇心和这次面谈的素材一致，集中在外在情境上。上次面谈时，理查德主要担忧的是内在情境（尤其是鼻子里的毒、内在的坏客体以及虑病焦虑）。

在回家的路上，理查德说今天的好天气让他感到高兴。在阳光的照射下，他的鞋子闪闪发亮。在被害焦虑降低、忧郁焦虑增强的状态下，理查德在面谈过程中采取了躁症防卫措施。

第四十五次面谈注记：

Ⅰ. 理查德说自己的病好些了，不仅是因为虑病焦虑降低了，也是因为生理症状消失了。他在婴儿时期就经常感冒，所以应该探究一下他感冒时的心理因素。我认为，虑病焦虑（理查德的虑病焦虑非常强烈）并不完全是由不存在的症状所引发，而极有可能是和实际的生理症状有关，是通过将症状的严重程度夸大或扭曲而产生的。问题的关键在于，具有虑病特质的人体现出的生理症状是不是大多数是由虑病焦虑造成的。这也说明歇斯底里症状和虑病焦虑有关联，我曾不只一次指出这一点（参见《儿童精神分析》与《关于婴儿情绪生活的一些理论性结论》〔*Some Theoretical Conclusions Regarding the Emotional Life of the Infant,* 1952〕，《克莱因文集Ⅲ》）。

Ⅱ. 从最近几次素材的变化中能看出，理查德在自我整合与统整客体方面的能力增强了，因为他由内在危险所引发的焦虑减轻了，但自我整合的过程就会引发焦虑。例如，具有毁灭性的自体可能会危害自体的其他部分及客体，且可能造成客体被摧毁，或（通过投射）变成坏客体。当理查德出现了整合时，原本鸟冠代表母亲的那只鸟（第三十一张画）变成了会吞噬的可怕客体，且还会投下粪便。对于爱的冲动的信心越强，整合过程所引发的焦虑就越少。另外，整合和统整有所进展，表明客体与自体的各个部分能完美地结合起来；如果整合是在降低分裂的欲望驱使之下进行的，且自体与客体的各个部分通过混乱的方式结合，那就表明整合失败，这会造成更严重的精神错乱（参见《论躁郁状态的心理成因》〔*A Contribution to the Psychogenesis of Manic-Depressive States*〕、《对某些类分裂机制的评论》〔*On Some Schizoid Mechanisms*〕以及罗森菲尔德〔*H.Rosenfeld*〕在《精神病状态》〔*Psychotic States,* 1965, *Hogarth*〕一书中的《关于慢性精神分裂症中意识混乱状态的病理学评论》〔*Notes on the Psychopathology of Confusional States in Chronic Schizophrenia,* 1950〕）。第三十三张画的下半部分所表现的是成功的统整与整合过程：理查德的内在客体通过和谐的方式统整起来，与投射认同的强度减轻有关。所以，第三十三张画中那些颜色区块（代表他自己和家人）不再相互穿越。统整与整合能力的增强与焦虑减轻相关，这个过程中能看到理查德对于内化迫害者的恐惧减轻了，他不再担心他和这些迫害者会相互毒害了。

有关内在危险的焦虑通过精神分析减轻后，理查德第一次在分析过程中追溯并表达他对老家的爱，还提到早期的一些美好回忆。这一点至关重要。被害焦虑的减轻引发更加强烈的忧虑焦虑和罪疚感，也让他对自己和外在世界更有信心，更加有希望，但要知道，当时的我们尚身处动乱之中，在险恶的外在环境下，理查德的这些正面的转变，实属不易。我常提到外在因素和内在焦虑间的交互作用，对理查德来说，前线的失利会增加他的焦虑，但我也想特别强调一点（这次面谈印证了这一点），即如果对外在危险的恐惧是因为那些在早期阶段产生的焦虑而增强，那么现实危险所引发的焦虑能通过分析而减轻。

这一观点我在其他论文中也有提及，并在那里讨论过弗洛伊德提出的客观焦虑和神经症焦虑两个概念（参见《关于焦虑与罪疚感的理论》〔*On the Theory of Anxiety and Guilt*〕）。

Ⅲ. 昨天的素材表达了他对整合过程的焦虑。今天，这种焦虑明显减轻了。仅隔一天就能有如此大的转变，说明整合就是一个在成功和失败间摆荡的过程，而这个过程会为整合能力奠定更加稳固的基础。

第四十六次面谈（周一）

今天的理查德跟以前不一样，他很有精神，但兴奋过度。他不停地说话，语言却缺乏条理。他还问了一系列的问题，却不等K太太回答。另外，他很焦躁不安，不停地关注外面，表现出被害恐惧。K太太的诠释，他听不进去，也不回应K太太。理查德表现出强烈的躁症亢奋。他的攻击性明显增强，也更加直接地针对K太太。他刚进门就说他把舰队带来了，且要准备一场大战：日本、德国和意大利要联合起来对抗英国（这个时候他突然表现出担忧）。他问K太太对当前战况的看法，但不等她作答就自己说下去了。他说他觉得好多了。他写了封信给吉米（吉米是老二，他自己是老大），想跟他商量怎么对付奥立佛，然后，理查德把舰队拿出来摆好。英军的实力明显比其他所有国家的军队加起来都强，而且就部署在岩石的后方；K太太的袋子与时钟代表岩石。这个时候，意大利的舰队突然出现，但转身就逃跑了。其他国家也开始发动攻击，但他们的驱逐舰都被一一炸毁。理查德把这些被炸毁的驱逐舰放在一边，说："他们都死了。"一艘英国的小型驱逐舰对德国的大型战舰开火，想把它击沉。但后来理查德让德国战舰投降了，由那艘英国驱逐舰俘虏。在游戏的过程中，理查德不断地跳起来看外面经过的人。他敲打窗户想引起他们的注意，还对他们做鬼脸，可转身又躲在窗帘后面。他对一只狗也这样做，还说一个小女孩看上去很愚蠢。另外，他尤其关注外面经过的男人……理查德看着K太太，说她的发色很美，且迅速地碰了一下她的头发；他还摸了摸她的连身裙，想知道裙子的材质，然后，他说刚才经过的一位老妇人样子很"奇怪"。舰队游戏刚开始时，理查德像以前一样发出引擎发动的轰隆声，中途，他突然停下来说："这个声音怎么跑到我耳朵里了？"……理查德把其他舰队都击沉后，突然说他"厌倦"了这个游戏，就把舰队放到了一边。他拿出一把铅笔来，把黄色铅笔放进嘴里用力咬，然后，戳到鼻孔和耳朵里，还用手指按住其中一个鼻孔，发出各种声响。他说自己发出的声音像绿野仙踪里把桃乐丝吹走的龙卷风；桃乐丝是好女孩，并没有死掉。这个时候，理查德问K太太喜不喜欢他的浅蓝色衬衫和领带。他用手帕擦擦鼻子，但其实没这个必要。他看了看手帕说："我的手帕沾了鼻涕。"

K太太诠释：理查德渴望她称赞他的衬衫及领带——代表他的身体和阴茎，因为他觉得自己身体里有毒；这说明他想用这个毒攻击内在父母，而父母也会报复。K太太指出，咬铅笔表示攻击父亲那有敌意的阴茎，并把它吞下进去。他刚才说他的耳朵里有轰隆声，说明他发出的声响一直在他的体内。在他的幻想中，舰队战斗会在他体内一直进行，这不仅会伤害他自己，也会伤害内在的好母亲，就像龙卷风把好女孩桃乐丝吹走一样。另外，这也说明他自己就是策划这些战争的人。

理查德一边扮鬼脸，一边用力咬着铅笔，他问K太太介不介意他把铅笔折断或咬穿，没等K太太说话，理查德立刻又问她喜不喜欢她的儿子……他在一张纸上写满了自己的名字，但字迹很潦草，然后又在上面涂鸦，把名字都涂掉了。

K太太诠释：在刚才的舰队游戏中，小型驱逐舰正在打击敌军的大型战舰，代表他在对抗母亲。

理查德站起来跑，根本不听K太太的诠释，还发出各种声音。

K太太诠释：昨天图中那条代表母亲的"笨"鱼想要阻挡鱼雷，也代表会被他攻击的K太太。今天，"愚蠢的"小女孩代表她。最近，他的攻击性很明显，刚才他说要写信给吉米，一起对付奥立佛。当他决定要攻击奥利佛的时候，他表现得很开心（第三十三次面谈），还说他很痛恨自己对讨厌的敌人装出友善的样子。但他还是把恨意表达出来了，如偷偷地用"粪便"攻击——写上名字后又在上面涂鸦把名字涂掉，他耳中的"轰隆声"代表他幻想中持续在体内进行的舰队战斗。他对父母的嫉妒以及现在对K太太与先生或儿子的嫉妒都引发了他的恨意。因为他幻想自己已经把他们吞并进去，他觉得这些攻击不只在外在发生，也在他的内在进行。

理查德在不断吸鼻子、吞口水。

K太太提醒：两天前，他说鼻涕都流到肚子里去了；这说明他觉得自己在肚子里用有毒的黏液攻击父母。他觉得父母会报复的。这个内在的攻击行动让他觉得身体里有死去的人，且不能把这些人丢出去。他尤其担心受伤或死去的内在母亲，而那条“笨”鱼代表母亲。

K太太诠释的时候，理查德画了一艘战舰，并在船身上写上“罗德尼”。然后，他在战舰下面画了一艘小型的巡洋舰，巡洋舰下面是潜水艇。他依旧是用描轮廓的方法。他说那艘巡洋舰正在“渡洋”。理查德拿出另一张纸，不断地在上面写自己的名字，这次并没有涂掉。他又拿了一张纸，先画了三艘不同大小的德国战机，又在图的下面画了一大一小两艘英国战机。他把两艘大型的德国战机和小型的英国战机划掉，并写下战果：“两架德国战机以及一架英国战机被炸毁”……理查德走到庭院里，在几株荨麻上踩了几脚，并说要是多下点儿雨就好了，植物就不会干枯了。然后，他回到房里，在某个角落里捡起一根树枝，他把树枝丢向K太太，但没有打中她。理查德没有道歉，也没问K太太介不介意。他说他要把树枝折断，但并没有这么做，然后，他说他想打破窗户把树枝丢出去，凳子还想踢，还问K太太待在英格兰多长时间了。他说他遇到K太太的一个朋友——约翰。他跟约翰谈过他的分析。理查德问K太太的孙子是不是英国人……理查德用树枝敲打凳子时，嘴里念叨着K太太的儿子和孙子的名字，但随即大声说他在揍希特勒，且想杀死他。他一看到有老人经过，就问K太太他是不是那位脾气不好的老先生（和K太太同住的房客）……他还问那位老先生是不是对K太太很坏，他等待K太太的回答。

K太太诠释他画的最后两张图。她说第一张图中的潜水艇在最下面，代表理查德对父母的攻击。另外，他描绘三艘船的轮廓，和他在另外一张纸上写下自己的名字但没涂掉有同样的意义。他今天画第一张图时，在那张图上写下的名字十分潦草，后来还用涂鸦的方式把名字涂掉。他想要公开发动攻击，却一次次转变为隐密的攻击行动。

然后，理查德又画了一张王国的图，并涂上了颜色（第三十四张画），他说父亲和保罗的领土很小。

K太太诠释：在这张画中，理查德和母亲再一次扮演父母的角色，而保罗和父亲是他们的小孩。她说，通过角色对调，他能避免自己因嫉妒而摧毁父母。另外，他取代了父亲后，就拥有了能生小孩的好阴茎——让植物生长的雨水。

理查德直直地盯着那张画着战机的画，没有说话。

K太太诠释：理查德怀疑有敌意的母亲和坏父亲一起来对付他，也怀疑K太太和她的外籍儿子、孙子（凳子）联合起来——他刚才用树枝敲打凳子，说要杀了希特勒。理查德赞美K太太的头发和连身裙，就是想要让她维持好母亲的角色，但他立刻又对路上的老妇人感到厌恶。理查德很害怕在伦敦死去的K太太，而他生病时也害怕母亲会在他体内死亡。

理查德又开始踢凳子……他把那张毛皮凳子拿来摸了摸，还往脸上贴了贴，并要K太太也摸一摸椅面上的毛皮。

K太太诠释：他因为嫉妒而痛恨父亲并攻击他的性器官，想要摧毁它，这一切都让父亲在他的幻想中变成了敌人。但他也爱父亲。让植物生长的雨水就代表父亲的好尿液，而它能给母亲小孩，也创造出了理查德。母亲如果离开父亲，会让理查德不开心。他刚才要K太太摸凳子的毛皮，就是在表达他希望母亲能够爱父亲；这张凳子被他踢过，而毛皮的椅面代表父亲的性器官（第四十五次面谈）。

理查德说，在那张飞机对战的画中，两架炸毁的德国战机是父亲和保罗，而“活下来”的小型德国战机是他自己；大型的英国战机是母亲，炸毁的小型英国战机也是他。

K太太诠释：理查德怕他杀了父亲和保罗后，会遭受报复而死，或是阴茎被摧毁。但他自己坏的那一部分仍存活了下来，也就是那架小型德国战机（在之前的素材中是用U形船来代表，见第十二次面谈）。

理查德走到外面，并把门关上，让自己被锁在外面。他让K太太开门让他进去，当她把门打开时，他松了一口气说：“还好我带着舰队。”

K太太诠释：舰队代表他内在的好人和好家庭，这和他放在老家的那辆电动火车一样。她还说，理查德把自己锁在房外表示的是：因为他有这些谋杀欲望，所以他应该被赶出家门或将会被赶出家门。

理查德慢慢安静下来。在面谈快要结束时，尤其是K太太诠释完最后一张图后，他变得沉默而哀伤。快要离开时，他看到一位老人经过，又问K太太他是不是那位脾气不好的老先生，然后，他很担忧地再次问，那位老先生是不是对她很坏？K太太说他一点儿都不坏，理查德这才放心。临走前，理查德告诉K太太说，他其实一点儿都不想听她的诠释。

K太太今天不去村里，所以在转角处就跟理查德分开了，而他并没有表现出恐惧，但在这次面谈过程中，他对于外在敌人的焦虑明显地表现出来了。另外，他也更有信心能打败敌人（注记）。

第四十六次面谈注记：

这次的面谈跟上次很不一样，说明上次面谈中表达出的那些情感——对父母的爱及公开对抗迫害者的能力，实际上是很不稳定的。这些情感和对抗忧郁的躁症防卫机制一起产生。在这次面谈中，理查德一直想要把内在危险情境和敌对情感外化，却以失败告终。他转而进行秘密攻击，内在焦虑凸显出来，但他也要考虑一点：理查德觉得我离开时会有被摧毁的危险，所以很恐惧。这种恐惧会不断地增强内在焦虑。

第四十七次面谈（周二）

今天的理查德安静了很多，心情似乎不错。他说自己没带舰队来。他打开水龙头，把头凑过去喝水，并问K太太介不介意他这样做。没等她回答，他又喝了一口水，又问K太太介不介意他把水用光，还问她今天是不是要跟约翰见面。

K太太诠释：他刚才问能不能喝水，并不是怕会把水用光，而是怕会消耗掉K太太的精力，以至于会剥夺其他病人的权利，尤其是约翰。理查德再次感受到婴儿时期的恐惧感，即消耗掉母亲的精力、掏光她，并使得以后可能出生的小孩失去资源；水龙头代表父亲的好阴茎，这说明他怕自己会抢走本来属于K太太的好阴茎。K太太提醒到，他之前（第四十一次面谈）想知道伊文斯先生是否卖过香烟给她，也说他卖过糖果给母亲，而昨天也问她是否买到了糖果。

理查德表示想画画，还说自己很开心。因为他觉得好多了，实际上比感觉更好；外面阳光灿烂，战场上好消息不断，他光着脚没穿袜子。另外，旅馆里那个讨厌的男孩明天就要走了。理查德又说他今天没带舰队来……然后，理查德画了第三十五张图。他画了一艘潜水艇，但把船上面的英国国旗划掉了，把它变成了一艘U形船。他在船下面涂鸦，表示他正在轰炸它，还说船的后面有一个小人是希特勒，他也在轰炸希特勒。涂鸦的后面还有一个“隐藏的”希特勒被他轰炸。理查德用手指出希特勒的脸（a）、肚子（b）和脚（c）。他说他当时画的并不是希特勒，但现在能看到他就在里面。理查德在图的左下方用两种不同的方式写上“4”，他认为一笔写完的“4”更好。

K太太诠释：理查德又觉得涂鸦就是炸弹。他现在能更坦然地用粪便发动攻击，这些攻击是针对坏希特勒父亲。这样，他就能避免伤害好父亲和好母亲。“隐藏的”希特勒也表示他内在的坏希特勒。

理查德对这些诠释表示认同，说："没错。"

K太太解释说，因为他的感冒好得差不多了，他那种自己和他人会相互毒害的恐惧感也降低了。他对K太太和母亲都更有信心了，觉得自己内在和外在都能保有她们。旅馆里那个讨厌的男孩也代表希特勒父亲及他自己危险的那一面，而他想要把这个危险部分从自己的内在中赶出去。另外，他觉得自己更有能力对抗外在敌人，所以能保护好母亲和好K太太。战场上的好消息也给了他很大的安慰。阳光代表好的、温暖的以及活着的爸妈结合在一起，就像一笔写完的"4"，未被隐藏的希特勒破坏分离。

理查德走到庭院看看四周。他踩扁了几株荨麻，并说自己不想碰它们。他指着一株大而茂密的荨麻，说它看上去有些恐怖，于是一脚踩下去，并说这样至少能让它暂时起不来。

K太太诠释：荨麻代表章鱼父亲。这说明尽管理查德抱有更多希望，他还是没有信心能根除在他和母亲体内的父亲的坏阴茎。

理查德拔了一些杂草，并表示应该要经常拔杂草，但一说完就转身离开了。在游戏室里，他拿出一本之前很感兴趣的书，看着那张小人射杀怪兽的画。他告诉K太太，小人瞄准的是怪兽的眼睛。怪兽"看起来很得意""它的肉很好吃"。理查德又把黄色铅笔放到嘴里咬，并看着昨天那张画了战机的画。他说母亲在图中像一个巨人。

K太太说，那只怪兽也是巨人。

理查德说，没错，只不过区别是：母亲是好的怪兽巨人。

K太太诠释：现在母亲体内有一个好的怪兽父亲，而非坏的章鱼或希特勒父亲。她提醒说，理查德以前曾表示对高塔的喜爱（第七次面谈），现在他对得意的怪兽也表现出喜欢，这也说明他欣赏父亲的性器官。

理查德着手画第三十六张画。在画画的过程中，他不断站起来观察外面的行人，且好奇地注意到运煤车上的两个男人；他说他们特别脏，但那也不是他们希望的，他为他们感到难过。另外，理查德又一次说他很开心。他翻看以前的画，说第三十四张画跟其他的画不一样：王国的右端看上去很像鱼尾巴，而且他跟母亲的领土差不了多少，那些很小的领土是父亲和保罗的。

K太太诠释：理查德把父亲和保罗变成了小孩；他和母亲是父母，并且母亲体内含有好的怪兽父亲。这样，他就能改善母亲的内在，又保住了父亲和保罗。母亲就是那条有尾巴的鱼，她的内在含有他们每个人。昨天，理查德拿树枝敲打凳子时，嘴里念叨K太太儿子和孙子的名字并大声说他是在揍希特勒。这说明，他想把希特勒从他和母亲的体内赶出。

理查德对上面的诠释表示赞同。

K太太诠释：理查德怕他在摧毁母亲体内的坏希特勒时，会伤害她和她体内的好人。同样，如果他攻击K太太体内的希特勒，也许会一同摧毁她、她儿子和孙子……

理查德挑了一张他最讨厌的凳子，因为这张凳子的椅垫原本是又软又厚，现在被坐扁了，然后，他又踢了它一脚。

K太太诠释：他刚才的动作说明了他对那个阴茎受伤或被摧毁的父亲有恨，而且受了伤的父亲会报复他。

理查德谈起第三十六张画的内容，他说在王国的中心，每个人拥有相同大小的领土。

K太太诠释：这个情况令他高兴——就像他刚才画画时说得一样，因为他希望让所有人平分母亲；如果每个人得到的东西都一样多，就不会争斗了。父亲的黑色领土少了很多，而且黑色不再是不好的意向。他刚才替那两位运煤工人感到难过证实了这一点。王国里那些小块的领土代表小孩。这些区域大多是浅蓝色的，也有跟保罗和父亲相同的颜色，还有一块红色代表他承认自己还是一个小孩。今天，理查德的快乐和希望全在于：他把母亲与自己的内在按这种方式安排。昨天，攻击行动主导了他的画画和思想，他还认为只有在体内毒害K太太的儿子、孙子、父亲和保罗，才能完全控制他们，而且他们会进行报复。即便他们都变成了小孩，也还会攻击他。相反，他在今天这张画中（第三十六张画）希望能减少怨恨和争战，从而减轻恐惧感。这样，在他体内的K太太和母亲就能安全一些，但从这张画也能看出他让小孩分得的母亲多一些。

理查德说要画一个小镇，然后就画了第三十七张画。他说他想好好打造这个小镇，但可惜的是他不太会画画。他说一定要有两条铁路才能避免意外的发生。这两条铁路在图的左边交会，和X地的火车站一样，然后，他画了几间房和一条马路，并把它叫作艾尔伯特路（Albert Road）。他说，他很喜欢艾尔伯特这个名字，因为它会让他想到艾尔佛德（Alfred），他是保罗在军队里的老朋友，人非常好，也是他和保罗共同的朋友。理查德在图的左上角写上“止冲挡”（Buffer），他说铁路必须要有止冲挡。他还画了一个平交道口和一个很危险的弯道，而右边是一条铁路支线（Siding）。

K太太诠释：这张画跟第三十六张画表达的意思一样，是说他、父亲及保罗和谐相处，平分、共享母亲。车站代表母亲；从车站出来的两条铁轨代表他们共享母亲的爱，而止冲挡的作用是避免冲突。货场（Goods Yard）代表喂养所有人。艾尔佛德代表比保罗更好的哥哥，且不会跟他竞争，但图中还是有一条危险的弯道，代表母亲内在也许会发生的危险——理查德、保罗和父亲之间也许会发生冲突。理查德说，他想要好好打造这个小镇，但可惜他不太会画画，说明他希望重建受伤的母亲并给她小孩，也希望修复自己的内在，让它变得更安全。

理查德刚才在画这张画的时候聚精会神，且很满足的样子，也再一次说他很开心。他的感冒完全好了，但他还会偶尔吸吸鼻子，并说现在他没有什么鼻涕了。

K太太诠释：他仍担心自己体内有毒。鼻涕代表有毒及被下毒的东西，而吸鼻子是为了检查毒还在不在。

理查德说他想画现在的家。他先画出了房子，然后画了一条线，号称那是道路，通往隔壁养鸡的邻居家，但他发现没地方画邻居的房子了。他指出通往车站的路及车站的位置，他从图的另一边开始画，画了一条线来代表父亲去车站的路线。他在原来那条线的中间又画了一条直线延伸下去，等于把整条路线加长了。他还加了两条短短的线，代表父亲在路上遇到的猪和驴。然后，他查看K太太几天前带来的铅笔（旧铅笔快要用完了）。在这之前，他没注意过这些新铅笔。他问K太太他能不能“把这些变成铅笔”，并解释说是指削铅笔。他削的时候，铅笔没断过，而且变得非常尖，理查德很高兴。削完后，他用笔尖轻轻地点了点K太太的手，想让她知道笔尖有多尖。他还要把那支代表母亲的绿色铅笔也削一削，说它肯定也会非常尖的。他把铅笔并排在桌上做比较，然后再把全部铅笔拿起来握在手里，挥舞着说："有了它们，我就能杀死希特勒。"

K太太诠释：理查德幻想自己是在修复父亲、保罗、K太太的儿子以及孙子的性器官。他认为每个人都是平等的，现在甚至连母亲（旧的绿色铅笔代表母亲，也代表K太太）都有阴茎；这样就不存在嫉妒和嫉羡了。最近，他在画中表现出要公平对待每个人，为的是避免竞争和灾难。用了这个方法，他就能联合这些好男人（刚削好的铅笔）一起攻击坏希特勒父亲。

K太太收拾铅笔时，理查德让她小心不要把笔尖弄断了。他看着地图，多次说希望俄国人能坚守阵线，也希望英国皇家空军能轰炸德国。面谈的最后，理查德跟K太太说他很高兴今天没穿袜子：他想把腿晒得又黑又亮。他脱了凉鞋，说是想把里面的树枝倒掉，还让K太太看他拇指底下长的小鸡眼。

K太太说他昨天用树枝敲打凳子，凳子代表K太太的儿子和孙子以及他内在的希特勒。她诠释：他刚才想倒掉的鞋里的树枝代表他用来攻击好人的坏阴茎。

离开游戏室之前，理查德看见地上有一些树叶，便拿了扫把来把叶子扫起来，并说："老房间扫一扫更好。"

这次面谈中还是能看出理查德的躁症情绪，但没昨天那么明显了。他对路人的警戒心也减少了。今天，他的话没那么多，却能自由地表达自己的想法，也能专心地听诠释并接受诠释了。他多次说自己很开心，除确实是纾缓和满足外，里面也包含了躁症因素。

第四十八次面谈（周三）

理查德晚到了几分钟。K太太从窗户里看到他没有奔跑，反而看上去很镇定，而且进门后也并没为迟到道歉。他说他带来了舰队，接着拿出来开始摆弄。他把两艘战舰放在最前面，其他的跟着这两艘后面。他说他昨天整个晚上都在做梦，是很不愉快的梦；他不想谈这些梦，且也只记得不那么可怕的一段。他问K太太，在他来之前她看没看到那些讨厌的小孩，尤其是那个红发女孩。她在路上有没有遇到他们？他们对她怎么样？然后，他看到史密斯先生（五金行老板）站在对街跟一位男子说话，那位男子正在修剪树篱。理查德认识他，叫他"熊"（the Bear）。他说史密斯先生人非常好，很"亲切"。说完，他走去水龙头旁边喝水。回来时他发现史密斯先生还在原地，就说他希望史密斯先生快点儿走开，否则他什么事也不能做。理查德嘴里不断念叨："史密斯先生，快走开……快点儿去工作。"然后，他也要K太太念三遍"史密斯先生，走开"，他说这样做史密斯先生就会离开了。K太太念了三遍后，又按他的要求再念了六遍，最后又念了三遍。史密斯先生最终离开了，理查德觉得是K太太的魔法的结果了。理查德看着史密斯离开，也看着那位和史密斯先生交谈的男人，并说他们两个看上去都很和蔼，自己也很纳闷刚才为什么这么介意史密斯先生站在那里。在说话的过程中，他在移动船舰。先是把尼尔森移到桌子的另一端，罗德尼也跟着，然后让这两艘船单独留在那边。过了一会儿，整个舰队全部过去了，理查德说，他们在等待敌人出现。

K太太诠释：理查德刚才念叨"史密斯先生，快走开"时，他把尼尔森移到桌子另一端，是希望父亲走远。昨天，他画完父亲去车站搭车上班的路线后，又把这条路加长，也是希望父亲能够离得更远。K太太诠释：父亲在半路遇到的猪和驴代表他的两个坏儿子——理查德和保罗。他们想独占母亲，所以想让父亲迷路，甚至死掉。只要他对父亲有敌意，父亲在他的幻想中就会变成敌人。

理查德走到庭院，在几株荨麻上踩了踩，然后看了看四周，又回到房间里画画。画到一半时，他突然问K太太：“你什么时候会在家？我想找时间来看你。不是做分析，只是想单纯拜访一下。”

K太太诠释：理查德想把她当朋友，而不是分析师。他认为这样他就不会怀疑或恐惧她和母亲，并希望她们永远都是浅蓝色的母亲。K太太说，理查德之前说她漂亮，还说她的洋装很闪亮（第四十五次面谈），可说完没多久，就说路上那位老妇人很可怕。他努力让自己不要将K太太想成是和希特勒父亲联合起来，并抛弃他的“邪恶畜生”母亲。所以，他想与K太太联合，并运用魔法赶走代表父亲的史密斯先生。

理查德说，他刚才就料到K太太会这么说。K太太问他为什么，是不是他一开始就是这么认为的。理查德说是。过了一会儿，他问K太太，精神分析结束之后，他可不可以来拜访她。

K太太说，可以。

理查德问K太太是不是有很多在伦敦的病人，又问面谈结束后她要不要去村里，会不会先去杂货店，然后他说，自己不喜欢K太太去杂货店。

K太太问为什么。

理查德说，杂货店离这里最近，如果她先去杂货店，就只能陪他走一小段路。他问K太太，昨天有没有跟伊文斯先生买玩家（Player's）香烟，他曾看到她走进去，觉得她也许会买一些。理查德有些愤怒地骂伊文斯先生是骗子。他说，伊文斯先生昨天跟母亲说他不卖玩家香烟，就算有也不卖给母亲。然后，理查德提到旅馆经理，说他很讨厌，还很爱管闲事。

K太太问他讨厌那位经理的什么地方。

理查德说：“他整个人都讨厌。”然后抱怨起昨天发生的事：旅馆经理跟他说不能摘庭院里的玫瑰花，可他已经摘了。

K太太诠释：史密斯先生、伊文斯先生和旅馆经理都代表K先生和父亲。他生气的原因有两个：他想要吸好阴茎，但父亲不给他，却给了母亲；K太太代表母亲。他刚才抱怨伊文斯先生不卖香烟给母亲，却卖给K太太；香烟也代表父亲的阴茎，这里的母亲代表受挫的他。理查德想独占母亲，他希望父亲远离甚至死掉。同样，他觉得K太太不应该有其他病人、儿子或孙子，但他对父亲是又爱又恨，所以也会为他感到难过。他对父母都有罪疚感，他希望他们在一起。在舰队游戏中，他一开始还是让罗德尼跟着尼尔森，后来小孩也加入了。他们和平相处，只对希特勒父亲有敌意。他说整个舰队都在等待敌人出现，但实际上敌人就是他自己；嫉妒且怀有敌意的他想攻击父母，破坏家庭和谐。

理查德说他不信任K先生，信任K太太。他又问K太太是否喜欢自己的工作，还问她为什么觉得这个房间适合儿童，是不是因为比较安静？

K太太说，她以前说过，这个房间是代替游戏室的。

理查德重复道："原来这个房间是代替游戏室的啊。"他问她是租下这个房间了吗？有没有付租金？他以前曾遇到一位K太太的病人，想问他的名字。他在想，来这里进行精神分析的成人病人究竟在害怕什么，总不会是怕小孩吧？他们会害怕其他的大人？如果这样，他们就惨了，大人总是比小孩多很多。理查德自己知道K太太不会告诉他关于其他病人的事，却还是忍不住想问（注记Ⅰ）……理查德想了好一会儿之后，说他想了解精神分析是怎么一回事；他想"深入了解"精神分析。

K太太诠释：他对精神分析感兴趣，其实是想知道K太太所有的秘密。K太太和成人病人见面时，他想知道他们在做什么。他对父母的房间也有同样的好奇，而刚才说想"深入了解"的东西，是指父母的秘密、内心的想法及性器官。理查德最大的忧虑是常常不信任母亲，而现在也不信任K太太。他希望永远保有可靠的、浅蓝色的好母亲。他想让自己相信K太太就像银子一样闪亮美丽，但因为K先生在第一次世界大战时和英国敌对，所以他不能完全信任K太太。父母在一起时，他会怀疑他们在性交，他因此陷入嫉妒和恐惧，从而在幻想中攻击父母。这时，他认为父母联手起来对付他，母亲变成了外国人、间谍以及敌人。K太太提醒说，他做手术时认为母亲和坏医生一起陷害他。

理查德走出门外，回头看K太太，问她年轻时头发是什么颜色。是黑色，还是浅色、金色，或白色？

K太太诠释：他不愿承认她的头发是白色的，因为这样显得她很老，而他非常怕K太太会死。

理查德说，黑色也代表死亡。他边说边踩扁荨麻。

当他回到房间以后，K太太问他现在能不能叙述一下昨晚的梦。

理查德有点儿抗拒，但仍描述了梦的内容：理查德正在法庭上受审，但他不知道自己犯了什么罪。庭上的法官看上去非常和善，且一句话也不说，然后，他走去电影院，电影院好像也是法院的一部分。接着，法院里的建筑瞬间全都塌了。这时，他似乎变成了巨人，并用他那巨大的黑鞋把倒下来的建筑一一踢正。最后，他真的让一切都恢复原状了。

理查德一边描述这个梦，一边画画（第三十八张画）。

K太太诠释：梦里的法官跟昨天他被经理指责禁止摘玫瑰花有关联；摘玫瑰花代表偷走父亲的性器官和母亲的乳房。K太太说，昨天他说完史密斯先生很“和善”后，立刻就去水龙头那边喝水。他刚才也说法官很和善，以前也曾说过旅馆经理非常好。他还认为父亲和蔼可亲，但当他试图偷走父亲的性器官和母亲的乳房时，他幻想中的父亲就会变得十分可怕。K太太说，理查德表示梦中他不知道自己犯了什么罪，实际上，是他摧毁了法院的建筑。那些建筑表示他已摧毁但也想修复的父母。梦中，他感觉自己成了巨人，代表他的内在含有巨人母亲和怪兽父亲，故具有很强大的力量和毁灭性［全能思考］。在昨天的面谈中他曾说到巨人母亲和怪兽，又把削好的铅笔全抓在手里，说用这些他就能杀死希特勒。这表示他认为自己体内含有力量强大的父母。他用巨大的黑鞋踢那些建筑，表示他实际上就是摧毁它们的人。他在梦里并没有认罪，但他那双黑色的巨大希特勒鞋不仅是用来修复建筑，实际上也是用来摧毁建筑及父母的。

理查德对K太太的诠释没有做出回答，而是要她看第三十八张画。他指出，图上的每个人都要去各自的目的地，而K太太正要搭火车去伦敦。

K太太问，跟她往相反方向走的人是谁（a）。

理查德说那是K先生，他们在路口道别后，K先生流着泪踏上旅程。

K太太说，面谈刚开始时，他说要史密斯先生“走开”，但一点儿用也没有。后来，K太太叫他“走开”时，他真的走了。现在，她要送K先生离开，说明要父亲离开的人是母亲，然后，K太太问，是谁要往另一个方向走

（b）。

理查德说，那是他自己，他要回老家去（Z地）。

K太太诠释：图上的她要去伦敦，说明他对分析结束存在恐惧。

这时，理查德担忧地问：“你还没有要离开吧？”

K太太说，现在还没有要走，大概两个月后她才会走。她说理查德其实早就知道这件事了。

理查德沮丧地说，他也许也要去伦敦了。

K太太诠释：理查德担心是因为他的问题才让分析停止。刚才他问大人会害怕什么东西，还说大人的恐惧比儿童更严重，说明他对未来很担忧。在这之前他曾表示他怕变成笨蛋。另外，他害怕自己的摧毁欲和危险性会让好母亲离他而去、甚至死亡或是变坏；他也害怕K太太的离去。

K太太诠释时，理查德突然打断她，他说自己知道她的精神分析要收多少钱，是母亲说的。

K太太诠释：治疗要收费这件事让他不开心，这说明她不是好母亲，且不是因为爱才喂养和帮助他的。

理查德说，他觉得她应该收费，因为她需要钱。

K太太说，没错，但收费会让他不信任，所以他才会想把K太太当成朋友来拜访她。

理查德又问K太太，晚上要不要去电影院？她貌似不经常看电影。他等会儿要和母亲一起去。

K太太诠释：他想要她一起去。理查德马上表示赞同。K太太还说，如果她没去看电影，他会觉得是自己的原因。

这个时候，理查德说要改变一下第三十八张画中的安排。原本K先生和K太太是一起从X地出发，然后在路口道别。理查德是独自从X地回老家，路上并没有遇到K太太。现在，理查德决定让K太太从伦敦回来，在经过两个交叉口时和前往Z地的他相遇，接着，他们再一起去X地，且在那里遇到刚回来的K先生。图上有很多地方都写了“威灵”（Valeing）这个名字。理查德说，他们实际上“都在同一区”。

面谈快结束时，理查德看着铅笔问K太太，有没有带新的铅笔过来，那些铅笔要多少钱。

K太太诠释：理查德觉得她应该把精神分析收到的钱全部花在他身上。他刚才问她有没有付这间游戏室的房租，说明他觉得K太太不该是那种只顾收费的人，而会把一些钱反过来用在他身上。

面谈结束的时候，理查德看到窗户外的母亲已经在等他了，K太太还在收拾东西，便问他要不要先跟母亲走。理查德拒绝了，并说他想帮她收拾东西，想等她一起走。理查德走到外面时，对母亲说："我感觉我似乎变了一个人，就好像换了一个国家一样——我现在是美国人了。"（注记Ⅱ）。

在这次面谈过程中，理查德更加关注外面的动静。他的被害感更深了，且一直表现得很担忧，但对K太太的诠释，他大多数都回应了，唯独在进行有关那场梦的诠释时他没回应。

注：我在记录中找到一小段不能安插进去的素材，但这段素材的确是在这次面谈中发生的。我曾诠释说，理查德对母亲有攻击欲望，且想要把她体内的小孩拿出来。理查德说，他早上吃了一个小孩：他在鸡蛋里看见一块可能会长成小鸡的东西。他表示自己以前吃过很多次鸡蛋，却都不知道这件事，今天早上发现后就再也不想吃鸡蛋了。

第四十八次面谈注记：

Ⅰ. 不管是分析成人还是儿童，精神分析师都一定要根据他对当时情况的了解，来判定沉默到底代表什么。很多病人在面谈刚开始时会在表达上出现困难，可以给他们一点儿时间去克服，但如果沉默持续了十五到二十分钟，精神分析师就需要去诠释这沉默背后的原因，或许能在上一次面谈的素材中得到线索。一些时候沉默表示满足感或愉悦感；在这种情况下就不应该做任何诠释。等到病人再次主动开口说话时，往往会表示他很享受安静的感觉，且会觉得是在通过沉默和分析师接触。这说明他已将精神分析师内化了。

理查德在这个时候保持沉默，说明他是在思考，而且试图想要了解自己，所以我并没有打断他。

Ⅱ. 我曾说过，理查德之前历经了内在危险情境的强烈焦虑，且在分析这些焦虑（第四十四次面谈）后，他的态度出现了特别大的转变，即随着之前回忆的重现，他的注意力和情绪转移到外在世界了。在这次面谈中，他的攻击性和敌意都外化了，而且也更直接地针对他觉得是真实的坏客体——希特勒。之前，他对父亲的好坏感受不断变化，使这些客体关系不能长久维持，所以他一直都不能确定自己攻击的是好父亲还是坏父亲。对抗外在敌人（他提到要公开和奥立佛那一伙人决斗时）引发了他的被害恐惧，而他想要用躁症防卫来克服这些恐惧，但是，他对自己及其他人的好坏感受的变动就没有这么快速，而这和精神分析师、母亲、与父亲的好坏两面能进一步统整密切相关。这些外化和统整客体的过程涉及的是更进一步的自我整合，也包含在区分自体及客体各个部分的能力上的提升。尽管自我整合和客体统整的过程能带来纾缓，却也会激起焦虑。第四十六次面谈中的那张战机画就说明了这一点；在画中，他自己既身为德国战机又作为英国战机，说明他在潜意识中领悟到自己兼具摧毁性和爱的冲动。

第四十九次面谈（周四）

理查德再一次迟到了几分钟，他没有解释。他说自己又感冒了，而且这回是重感冒（实际上他唯一的症状是轻微咳嗽）。他还嚷嚷着腿痛，说腿抽筋了。理查德去喝了一口水，回来后，他向K太太讲述昨晚看过的电影，说那部电影十分悲伤，他还忍不住哭了；故事讲述的是一位十分和蔼可亲的德国老教授（理查德称他是“可怜的老家伙”）最后死在了集中营里。这期间，他的太太没见他几次面。叙述电影故事时，理查德把舰队摆好，然后开始挪动船舰。

K太太问理查德，他的父亲是不是就快来X地了（理查德之前说过父亲要来的日期）。

理查德说，他明天就到。

K太太把理查德为电影中那位老教授感到难过的心情和昨天的素材连结在一起：昨天，他看见史密斯先生站在对街，一直要他“走开”“去工作”；在解释那张图时，他说K先生被K太太送走后流着泪离开，这些都和父亲马上就会来X地度过周末有关系。理查德想让父亲回到Y地，让他一个人在那边工作。他现在很想叫父亲离开，因为他嫉妒父亲过来跟母亲睡同一个房间。

对K太太的诠释，理查德表示赞同，但他说旅馆房间里的床是分开的，父母并不会睡在同一张床上。这时，理查德把罗德尼移走，尼尔森跟着过去，并碰到了罗德尼的船尾。

K太太诠释：刚才的动作再一次说明了理查德不想父母性交，但他又让尼尔森碰触罗德尼，说明他认为父母实际上是会性交的，这正是他想要父亲离开的原因之一，但是，他也会为被遗弃又孤独的父亲而难过；父亲的代表就是流着泪的K先生，所以，他最后还是让K先生跟K太太团聚；他刚才也让罗德尼跟尼尔森在一起，并认为自己应该允许他们性交。最近以来，不管是吮吸铅笔、想吃美味的怪兽肉还是在耳朵里听到代表父亲的船舰发出的轰隆声（第四十六次面谈），都再次说明了他幻想自己已经吞并了父亲。理查德对父亲心有恨意时，他的内在就变成了可怕的监狱或集中营，而他能在这里虐待、攻击父亲，并迫使他跟母亲分离。他认为自己正在用黏液、“小便”和“大便”杀害父亲，但是，他也害怕失去他爱着的好父亲。理查德为电影中的老教授感到难过而哭泣时，也是在为受伤、死亡的内在父亲以及被K太太和母亲抛弃的外在父亲哀悼。实际上，他早就知道K先生已经去世了，且还因为这个感到难过。他也担心如果父亲死了，母亲就会孤单一人。

理查德把船舰挪来挪去，他告诉K太太，他给其中一艘船取了一个新名字，叫哥萨克（Cossack）号。

K太太诠释说，理查德不提俄国境内发生的战争，是因为他不了解战争情势，同时也非常担忧。哥萨克号代表他自己。他想帮助被德军攻击的俄国，因为俄国现在代表母亲。

理查德让哥萨克号独自出航并远离其他船舰。他说到葛罗沃姆号（Glow-worm）对抗敌军的英勇事迹，最后该船舰却被剖成了两半。这让他很难过。哥萨克号绕着桌子走了一圈，然后进入挪威的峡湾（用K太太的袋子和装画的信封做的），即补给船奥特马克（Altmarck）的所在地。德国的船舰开始驶进峡湾，而其他的英国战舰也开过来支持哥萨克号，双方在这里展开了激烈的交战，最后英军大获全胜。出了峡湾后，尼尔森和哥萨克号会合。这时，罗德尼变成了俾斯麦号，尼尔森和哥萨克号分别从两边联合起来猛攻罗德尼，俾斯麦号眼看快要坚持不住了，但还是没有被击沉。另外，还有另一艘与其体型相当的船舰过来加入哥萨克号的阵营，有时则是换成稍大型的船舰。在游戏过程中，理查德说他非常期待父亲的到来（但他刚才并没有反对K太太诠释说他想要父亲离开），他想跟父亲一起去钓鱼。

K太太诠释：理查德在舰队游戏中表现出了对父亲的矛盾情感，也说到理查德在面谈一开始说的话。她说，当他怨恨父亲，想独占母亲时，就会造成灾难。好父亲会被遗弃，变成孤独一人，或是父母也许会和他敌对，把他剖成两半——葛罗沃姆号代表他自己。为了避免灾难发生，理查德认为他应该离开家。所以，他让尼尔森碰触罗德尼的船尾并和她会合后，立刻让哥萨克号独自出航，但是，后来理查德（哥萨克号）却和父亲（尼尔森）联合起来攻击由俾斯麦号代表的母亲，这是因为他认为，如果母亲遭受了攻击就会变成敌人；母亲被攻击，理查德一样会感到难过。但是，在他的舰队游戏中，母亲是永远不会被击沉的，否则他会有强烈的罪疚感。他想和父亲一起去钓鱼，就是代表想与父亲联合。在他的幻想中，跟父亲的联合失败后，就转到保罗的阵营（一艘稍大型的驱逐舰加入哥萨克号的阵营），这样他们就能一起攻击母亲或父母。

理查德又开始画画……他又谈到昨晚的电影，并说里面也有一些在奥地利的场景，然后，他谈到一位和他家认识的女士，她的先生是德国人（他说这句话时，并不带任何恶意）。理查德问K太太介不介意他讨厌德国人；他觉得她一定非常喜欢德国人。说这句话时，他仔细地画着和第三十八张画一样的铁路，他说现在火车不能通行，要等他把铁轨的枕木都画好之后才可以通行。

K太太诠释：理查德想要父母和他一样，晚上一直在睡觉，这样一来他就不会伤害他们或K太太，也不会发生坏事。刚才在舰队游戏中，他表达了对父母的罪疚感，而在昨天的梦里，他是罪犯。

这个时候，理查德十分积极地回应着K太太的诠释。他说，梦中的他接受审判是因为打破了一块玻璃。他说，他不知道自己是怎么修好那些建筑的；他变成巨人后，只不过是用鞋踩了几下而已。

K太太提醒他，几天前，游戏室的一扇窗户也被打破了。

理查德说不是他做的，是某位女童子军做的。（他说的是事实，但他们发现时，理查德表现得很不安。）

K太太诠释：即使窗户不是他打破的，但他在这里所经历的攻击欲望让他有罪疚感。

理查德开始讲述刚才画的图。他说“我们大家”（包括K先生和K太太、父亲和母亲、他自己、两只金丝雀和波比）一起去旅行，隔壁养鸡的邻居也要跟着一起去。

K太太说，理查德曾表示邻居是一位老妇人，而邻居和K太太代表他的奶奶。他很喜欢奶奶；通过和K太太的关系，他感觉奶奶复活了一样。

理查德说，他们从原本住的小镇出发去伦敦。大家一起住在伦敦，然后还会一起回到Z地。

K太太诠释：理查德想要分析进行下去，也想跟她一起去伦敦，但他的家人也要跟着一起过去。

理查德赞同这个诠释，他还说K太太还没有去过他的家，他希望她有一天能去看看。

K太太诠释：理查德幻想自己已对家人造成了非常大的伤害，所以希望能跟家人团聚并修复他们。对于他内在含有的K太太，他有同样的伤害和修复欲望。

在面谈的过程中，一方面，理查德的被害感明显减轻了，他不太关注经过的路人了；但另一方面，他的虑病恐惧增强了，他一直感觉喉咙不舒服，时不时会清清喉咙，实际上他很少咳嗽。另外，他并没有表现出过度忧虑或兴奋，态度也十分配合。

第五十次面谈（周五）

理查德看上去精神不错，也非常开心。他今天早到了几分钟，一直在外面等待K太太。他说他没带舰队过来，想让它们休息休息，还说他昨天没做梦。理查德有些迫不及待地开始画图。面谈刚开始时，他像以前一样问K太太听没听到英国皇家空军发动空袭的新闻。他说画上其中一个车站的名称叫罗斯曼（Roseman）。跟第三十八张画中一样这张图中的铁路有好几条，分别通向不同的城镇，但每条铁路都经过罗斯曼车站。里面有一个城镇是他的家乡。他画完枕木（用直线来代表）后，说火车能开始通行了。这个时候，理查德注意到史密斯先生正从外面经过，他走到窗边朝他挥手。史密斯先生也跟理查德挥了挥手，然后，理查德又跟K太太说“史密斯先生真的是个好人”。他还问K太太有没有看到“那些女孩”从外面走过。过了一会儿，他看到她们走过来，又看到她们离开……理查德说父亲今天下午就到了，他有点儿期待也很高兴，他打算和母亲一起去车站接父亲，这一定“非常好玩”。

K太太诠释：罗斯曼车站代表好父亲，且他有吸引人的阴茎——玫瑰（Rose）。他想和父亲一起去钓鱼，还觉得去接父亲“非常好玩”，这些都说明他想和父亲性交，也想要父亲的阴茎。这个罗斯曼父亲和章鱼父亲完全不一样，也和不让他摘玫瑰的饭店经理不同。

理查德说，他本来觉得吃章鱼会消化不良，实际上他吃完后什么事也没有。他的感冒全好了。昨天面谈结束后，他就没怎么再咳嗽了。昨天晚上他把章鱼解决掉了，他拿了一把刀——不，他只是把章鱼扔到窗外，然后章鱼就死了。他说自己昨天晚上并没有想到这一点，现在才想到。

K太太问他，是在哪里抓到的章鱼。

理查德说，章鱼就在他的床上，且就躲在床单下面，在这之前，他肯定是躺在了章鱼的肚子上。他把手伸到床单里抓出章鱼，然后拿刀刺向它的心脏，再把它扔到窗外……这时，理查德正画着铁轨上的枕木，说有很多辆火车都要经过车站，情况“很复杂”。他说，有一辆火车刚进站，而另一辆载货火车冒着烟正准备出发。他模仿起火车的声音，说那辆“又老又笨的货车”一下开到这，一下开到那，然后一边用手指出火车的位置。火车的声音越来越尖锐，嘶嘶声也越来越大——表明了父亲愤怒的情绪。

K太太诠释：理查德既期待父亲的到来，又希望他不要来。那辆“又老又笨的货车”代表父亲。理查德越是想尽办法把父亲赶到其他地方去，父亲就越愤怒，所以火车才会发出愤怒的嘶嘶声。

理查德笑了，他觉得这个诠释有些好玩。

K太太诠释：他说他躺在章鱼的肚子上，代表章鱼父亲就在他的肚子里。他想杀了章鱼父亲并把他从体内拉出来。“很复杂”是指他的感觉：他爱父亲、很高兴见到他，也想要他的阴茎；但又害怕在他、母亲和K太太体内的坏章鱼。他有点儿嫉妒，因为他想独占母亲，但又害怕被他赶走的愤怒父亲。K太太提醒理查德说，他十分不想把房间的位置让出来给父亲，让他跟母亲一起睡。最近一段时间他才有了一些跟母亲独处的机会，现在这个机会又将失去，他很怨恨。

理查德同意K太太的诠释，他再次表示他真的非常期待父亲的到来。他说他的房间很好，就在父母隔壁。这时，路上有一群男孩正在学狗叫，理查德也学起了波比叫，然后说：“波比抓兔子非常厉害的！”他还说波比从没有吃过兔子，只是追着玩。

K太太诠释：理查德好像更相信他具有爱的能力，也不再那么害怕自己的攻击欲望以及怨恨会造成真正的伤害。波比代表他自己；他说波比追兔子只是追着玩，而不会真的吃兔子，说明他不会真的吞噬父亲［全能思考减轻］。他不那么恐惧自己内在的争斗，所以他的感冒痊愈了，和家人的关系也得到了改善。既然病好了，心情也好起来了，于是他决定让舰队留在家里，避免再次发生战争。同理，他说昨晚没有做梦，也是为了避免产生焦虑。

接着，理查德又画了另一张铁路画。他看着刚才的两张图，又翻看以前那些火车和车站的画，并开始解释图中的名称。他非常满意罗斯曼这个站名，并说威灵（第三十八张画）是指鲸鱼，今天第二张画中的汉姆斯威尔（Halmsville）是指火腿（Ham），他很喜欢吃火腿。理查德有些惊讶，他竟然在潜意识表达了自己的这个想法（注记Ⅰ）。

K太太提醒说，火腿也是指德国的铁路枢纽——汉堡（Hamm），而他以前也提过汉堡曾饱受空袭。

理查德同意这个诠释，并指出图中汉堡站的货场位置。

K太太诠释：吃火腿代表吞下好的东西，但火腿一旦被吞下去，就变成了非常危险的东西——火腿是很好的食物，但它也是指当时最常遭受空袭的地区。两天前，他说第三十八张画中所标注的威灵全都在“同一区”，说明好的阴茎和乳房也许会和坏的东西混在一起。他觉得内在好像充满了鲸鱼父亲，也害怕这只危险的怪兽会让他变得危险。在最近的那场梦中（第四十八次面谈），他成了脚上穿黑色鞋的巨人，不但有强大的修复能力，也有强大的破坏力；所以在他的幻想中，修复力和破坏力已经混在一起了。

理查德开始画王国。他涂红色时告诉K太太，母亲今天早上对他发脾气了。

K太太问，为什么。

理查德说，因为他惹母亲生气了，而且他经常这样。他不停抱怨，不但不听母亲的话，还和母亲顶嘴。他坚持自己的想法。

K太太问他今天早上他想做什么。

理查德说，他只是不想起床，又说实际上他不知道自己要什么。他不知道该不该把他刚才的想法讲出来，K太太鼓励他讲出来，理查德便说他想打破窗户，还想乱扔东西。

K太太说，他讲话时，正在上色。他的领土在最上面，也拥有最大的阴茎，而父亲的领土则很少。她诠释说，他很期待父亲的到来，但这也让他愤怒到想打烂东西。他试图取代父亲的地位，成为一家之主……

理查德有些哀怨地说，前天他在旅馆的庭院里看见一只小猫。他跟小猫玩了一会儿，正想把它送去警察局时，别人告诉了他猫的主人是谁，然后他就把猫送了回去。昨天他从那户人家的窗户外面看见了那只小猫。

K太太诠释：没把小猫留下来使他非常难过。

理查德同意K太太的诠释，他确实很难过，但他其实并不想养猫，因为小猫会把东西抓破，还会到处破坏，非常麻烦……理查德开始数每个人拥有的领土数，和以前一样，谁拥有的领土最多，就用代表他的颜色画王国下面那条线。理查德发现他自己有二十三块、母亲有十九块、父亲有四块、保罗有八块。

K太太诠释：理查德想要在他的肚子里怀个小孩。之前的画中他非常努力地维持家庭和谐，这张图中却显示出他想占有一切并拥有最大的阴茎和最多的小孩。他对自己不能生小孩感到难过，也对不能抢走母亲的小孩感到遗憾，就像他必须把小猫还给它的主人一样。他想打破窗户，不仅只是为了把东西扔出去，也暗示他想闯入小猫主人的家，也就是闯入母亲的身体里。他觉得这里有小孩。小猫代表既有破坏性又让人讨厌的他。

理查德查看以前的几张画，计算出母亲拥有的领土数目后写下来。K太太说，今天只能陪他走到转角。理查德说很遗憾，但他现在并不害怕独自回家。路上，理查德说他要和母亲去伊文斯先生的店里喝一杯咖啡，他店里的咖啡很好喝。伊文斯先生脾气不太好，但好像还蛮喜欢他的，表现为：他经常会卖糖果给他。

在这次面谈中，理查德的身心状态都非常良好。他没有表现出被害感。除史密斯先生和那群女孩外，他只有两次关注了外面的行人；一次是老妇人，另一次是老先生。理查德的虑病恐惧也减轻了很多，也没表现出躁症情绪，他变得真的开朗了。他能自由地表达想法，也愿意聆听和接受诠释。整体来说，他的态度和善，情绪平稳。另外，他的两难情感、欲望及焦虑都很清楚地显现出来，重要的是他能完全认知到这些（注记Ⅱ）。

第五十次面谈注记：

Ⅰ. 这个时候理查德的感觉，本质上和他在画画及游戏时渐渐相信潜意识之存在时的感受一样（见第十二次和第十六次面谈）。在大量案例中，我发现儿童和成人在经历且认知到心智某一层面的存在时，收获的既有情感的满足，也有智性的满足。通过诠释而理解潜意识所带来的纾缓作用，即是产生满足感的因素之一。通过分析让病人觉得有益和实在的东西表达出来，会使被爱和被喂养的早期经验再次出现。这种充实感和自我整合以及客体统整有重要关系。自我整合的需要在早期阶段就产生了，而诠释的一个重要功能及分析的主要目标就是促进自我整合。自我整合的需要和领悟能帮助病人在精神分析过程中经历焦虑和冲突时忍受痛苦、悲伤，甚至会让病人在诠释引起被害焦虑且让精神分析师变成迫害者的情况下，也能经历被害焦虑。我发现，某些病人（成人和儿童都有）可以自己或在分析师的协助下觉知心智的某一部分（通常被看作不好或不诚实的那一面）时，他们不仅会感到满足，甚至还会感觉有趣。这种病人往往具有幽默感，所以我发现构成幽默感的因素之一是发现自己受潜抑的一部分后，有能力体验到满足感。

Ⅱ. 这次及上次面谈中，理查德对于内在危险的恐惧明显降低了（这两次面谈之前的分析造成的），这让他能更明显地经历并表达焦虑和两难情感。另外，理查德对于焦虑和两难情感的认识及深入了解起到了纾缓的作用，让他对自己和他人都更有信心，心智状态也因此而更加平衡。

第五十一次面谈（周六）

理查德在转角的地方等K太太，看到她后说的第一件事，就是他下楼吃早餐时扭到脚了。到了游戏室后，他说今天要和父亲一起去钓鱼，并开始详细说明他们的计划。他说他们还没有取得钓鲑鱼的许可证，但他想钓到一只鳟鱼。父亲带了一根钓竿给他。理查德还表示他买了一本非常大的画本，要在家里画画，他的画本比K太太带给他的大了一倍，且非常便宜，也许是K太太之前买贵了。他在家里曾画了铁路，现在有点儿等不及想继续画下去了，但理查德决定先计算每个人在之前图中各自拥有多少领土。他把最早画的两张图摆在旁边，并说，这里不只有他的家人，还有其他的颜色。每当他发现母亲的领土跟他的差不多时就很高兴，这说明他为自己拥有的领土比母亲多而有罪疚感。他算了几张后就放弃计算了，他说他画的画太多，画本都快用完了。然后，理查德开始画第三十九张画。画的过程中，他微笑着跟K太太说，昨天晚上爸妈的房间里发生一件事：有一只老鼠跑进去偷吃了两块饼干。母亲太害怕老鼠了，所以根本不敢下床去赶那只老鼠，他认为父亲一定也怕老鼠。老鼠还爬到父亲的钓竿上。理查德讲的时候嘴上带着笑，说明他认为自己比父母厉害多了。他说，如果当时他在房间里，一定会拿父亲的拖鞋把老鼠赶出去的。他用戏剧化的方式讲述了整个过程，并把情境中的父母和自己都演了出来。他还说自己是“小羊赖瑞”（儿童广播节目中的一个角色）……理查德首先画的是“伦迪”站（Lundi），和一条通往“威灵”的铁路。他说“伦迪”这个名字让人想到疯子（lunatic），还有一位整天在X地不务正业、游手好闲的“疯”男人：他有红色的头发，可已经快秃了，然后，理查德又画了几条通往“罗斯曼”和其他车站的铁路并说从伦迪到威灵的铁路没有其他路线。这个时候，有一辆火车从伦迪出发前往威灵，K太太就在这列火车上，正要去钓鲸鱼。他也想钓鲸鱼，所以就和K太太一起去了。

K太太诠释：理查德觉得爸妈昨晚性交了，疯子代表的是正在和母亲性交的父亲。父亲的头已经秃了，目前也没什么事，就和那位“疯”男人一样。老鼠代表父亲的性器官，它偷吃的东西正是母亲的乳房（两块饼干）。理查德对自己被赶出房间有些怀恨在心，他觉得母亲被攻击正合他意。老鼠也代表理查德及他的性器官，而他的性器官正在攻击父亲的性器官——钓竿。他认为自己比父母厉害，是因为他觉得自己成功地骗过了他们，把自己装成小羊一样无辜又害羞。他不但希望母亲被攻击，也希望K太太被攻击，因为她即将离开他前往伦敦去见其他的病人。K太太代表的是和父亲或保罗联手的母亲。理查德非常怨恨K太太不能继续对他的精神分析，所以对她越来越不满。K太太原本住在“伦迪”——伦敦，说明她在伦敦会被疯狂的坏希特勒父亲虐待。他刚才说从伦迪到威灵没有其他线路，是指坏父亲拥有了母亲的内在，容不下其他人的阴茎，即容不下他的阴茎。急驰而过的火车，是指吓坏了的K太太和母亲正拼命想逃离疯狂的希特勒父亲。理查德想保护K太太及母亲，于是上了K太太在的这趟火车。他想替K太太钓那只坏鲸鱼——希特勒的阴茎。理查德认为，他应该阻止疯狂的父亲并保护母亲，可他也会感到恐惧，于是装成一只无辜的小羊。何况，父母的事也容不得他介入（没有支线）。他说他对昨晚的事既感到得意又有罪疚；他既希望父亲在性交中伤害母亲，又觉得自己应该拯救母亲……（注记Ⅰ）。

理查德在铁轨上画着枕木，并再一次说明要等枕木画完后火车才能通行，否则会不安全。

K太太诠释：他想攻击父母，于是觉得父母有危险了。当他睡觉时（枕木就代表他），父母才是安全的。相反，也只有等父母睡觉后他发动攻击，才不会出问题（老鼠代表他）。当父母醒了，他就得装成一只乖巧的小羊。

理查德说，他很期待那场搏斗。

K太太问他，指的是哪一场搏斗？

理查德说，他说的是钓鱼。他得把鱼当成是鲸鱼一样和它们搏斗，他会先给出鱼饵让他们上钩。鱼为了甩掉鱼钩，会用鼻子撞石头，然后被杀死、吃掉。

K太太诠释：理查德想吸吮并吃掉父亲那吸引人的阴茎（“罗斯曼”、鱼、鲑鱼），但因为他痛恨父亲的阴茎，并要把它当成是鲸鱼一样来攻击，所以父亲的阴茎在他体内会变成鲸鱼，跟章鱼一样是他的敌人。她还说，理查德刚才又在咬黄色铅笔了。

理查德指着图上从罗斯曼通往约克（York）的铁路说，“约克”听起来有点儿像猪肉（Pork），且中途还有个像火腿一样的“汉姆斯威尔”。

K太太诠释：一切好东西都集中在图的一边，说明他心中有某一部分是认为父亲和阴茎是好的；另外的部分却觉得他们会危害或摧毁母亲。他感觉自己体内含有好阴茎，也有内斗的父母。

理查德又把黄色铅笔放进嘴里吸吮。他说想问K太太一个问题，且她一定要回答：是不是规定要求精神分析师不可以生气或失去耐心？如果这样做，会对他们的工作造成影响吗？他很好奇地看着K太太。

K太太诠释：她代表母亲。理查德认为自己抢走了父亲的好阴茎并吞噬了它，所以认定母亲因此产生了敌意，但他也希望K太太和母亲有区别；她是一位精神分析师，她的工作就是要理解并帮助他，她应该对任何事都不会生气，如果是这样，他将毫无保留地告诉她所有事，但是，他刚才突然很害怕K太太会变得和母亲一样生气发脾气，因为他夺走了罗斯曼阴茎，却把疯子的阴茎留给了她们。

理查德又翻看了以前的画，并指着一张领土被切得非常小块的王国（第十一张画），说这个王国是小孩，不能计算在内。

K太太诠释：该图中的每个人都是平等的，也都是小孩，所以他们不会伤害彼此，但他也怀疑小孩是否真的不会伤害人。

理查德一直盯着第二十一张画看得出神。他指着那只海星说：“你看！她在叫‘救命、救命！’我要去救她（注记Ⅱ）。”他还对K太太说：“颜色是你涂的，你记得吗？”（那时，理查德要K太太给这张画上色，她照做了）。

K太太诠释：这张图代表母亲和K太太发出求救信号，并想摆脱疯狂的黑色父亲。理查德认为自己就要去拯救她了，也非常高兴自己现在有这样的感受，因为在这次面谈中，丢下母亲和危险的父亲在一起造成的强烈恐惧体现了出来。理查德曾多次表示K太太和分析工作对他是有帮助的，她也代表会帮助他的好母亲，所以，不管是把她留给发疯的坏父亲还是攻击她，都会让他有更深的罪疚感。

理查德盯着画有战机的图，有些好奇。他说母亲和波比都存活下来了，随后又补充说，“不，这应该是我自己。”……然后，他说那两架被炸毁的德国战机是父亲和厨娘。

K太太诠释：他怀疑厨娘下毒害他（第二十七次面谈），所以，被炸毁的父亲和厨娘代表坏父亲和会下毒的母亲，而好母亲和他自己都存活了下来。

理查德继续画画。他说他正在画的线代表火车，他边画边发出火车的声音。火车开往各地，但没有一辆是从伦迪前往威灵。

K太太向理查德指出这一点，并说，这代表理查德对父母危险而疯狂的性交感到恐惧，他想阻止他们。他刚才说想和K太太一起去威灵钓鲸鱼，也代表拯救她的意思。

理查德在第三十九张画上又画了一条新的路线：火车从伦迪开往罗斯曼，并发出“骄傲的”嘶嘶声。

K太太诠释：现在她和母亲生气了，且想把好父亲的代表——罗斯曼从理查德身边抢走。她说，理查德注意到母亲的领土没有他多，代表他想要将小孩还给她；他认为是自己抢走了她的小孩，也夺走了能让她生孩子的罗斯曼。理查德说他新买的画本比K太太带来的还要大，且很便宜，是表示抢走母亲所拥有的好阴茎和小孩。

理查德把第三十九张画顺时针转动了半圈，把伦迪和威灵放在了上方。他说这是一条蛇，所以火车才会发出嘶嘶的叫声。

K太太把画转正，问他：这样看上去像不像章鱼?

理查德表示赞同，还说他感觉K太太非常厉害，竟然能发现这一点（注记Ⅲ）。

在面谈结束时，理查德说今天是大英帝国一位创立者的生日，他的教名是塞西（Cecil），他问K太太是否知道他。

K太太说，那是塞西·罗德兹。

理查德非常高兴K太太能知道这个人，并补充说意大利有一个小岛就是用他的名字命名的，但他说的时候并不太肯定。

K太太诠释：理查德想要K太太和母亲对建立并维系家庭的好父亲忠诚，也希望自己对他忠诚，但是他刚才提到的意大利是敌军之一，说明他怀疑K太太和母亲的可信度。理查德对于外籍的K太太（意大利的小岛）的恐惧和不信任，也转到了母亲身上。他既害怕母亲会和他敌对，又担心如果母亲最爱他，必然会对父亲不忠，并和父亲对立起来。

第五十一次面谈注记：

Ⅰ. 因为（通过施虐欲望）让母亲陷入和父亲性交的危险中理查德产生强烈的罪疚感。这在第一次面谈中就已经显现了，也是他担心流浪汉会绑架母亲的原因。我观察到，儿童和成人会在各种情境下，因为忽略母亲、没有保护好她，或甚至伤害了她而自责，原因是这些潜意识幻想情境产生了罪疚感。这说明罪疚感来自婴儿早期的施虐幻想，而精神分析师应该立即寻找到这些源头，才能从根本上降低罪疚感。

Ⅱ. 理查德对之前的素材表现出了很大的兴趣，且能在评论的时候发出更深的领悟和更强的信念，我把这当成是"修通"的成果。我观察到，在精神分析进行到某些阶段时，病人会回头看早期的那些没被完全接纳的素材并将它和现在的素材结合起来。这说明他有了更深的领悟和了解，在自我整合上也有进展了。

Ⅲ. 从某个角度来说，从最近几次面谈的素材（尤其是上次和这次面谈）可以看出一些基本的心智历程。我曾提到的观点是（见《关于婴儿情绪生活的一些理论性结论》〔1952〕，《克莱因文集Ⅲ》），把爱和恨及相对应的好客体和坏客体分裂——或在某种程度上把理想客体和危险的客体分裂，是在早期阶段的幼小婴儿保持心智稳定的方法。我在《嫉羡与感恩》〔1957〕，《克莱因文集Ⅲ》中也强调了早期分裂过程的重要程度，幼儿能成功地把爱和恨以及好客体和坏客体分裂的能力（表示分裂程度还没深到抑制整合，但又能对抗婴儿的焦虑）是以后区分好坏的能力的基础，这也让他在经验忧郁心理位置时，能将客体的不同面向统整起来。我觉得原初分裂过程得以成功的一大关键，就是早期被害焦虑不过度（这不但取决于内在因素，也受到外在因素的影响）。在第五十次面谈中，我让理查德认识到他幻想中的玫瑰（好阴茎，也指母亲的好乳房）和鲸鱼父亲（迫害性的阴茎）之间有很大的关系。他在第四十八次面谈中曾指出，第三十八张画中的“威灵”全部都在同一区，而这说明他的内在被鲸鱼占满了。这张画的左半边是让他痛恨且害怕的客体——伦迪（伦敦）和威灵，而行驶在这两站间的火车表示父母间危险的性交行为。图上左右两个不同的区域是只用一条线连结。

这次面谈的素材说明了好坏客体的区别并只有一条线连接。这表明了理查德在婴儿的早期发展阶段没有完成的一个步骤。在这里，我要强调外化过程的重要性，它在理查德近几次的面谈素材中清晰地表现出来。他慢慢能经验到自己对内在客体的强烈情绪和焦虑，并让这些情绪及焦虑通过更直接的方式表达出来，也更能聚焦在那些被他看作是真正邪恶的人（奥立佛与希特勒）身上。这说明理查德在想办法找到更好的方法来对抗被害焦虑。

我曾在第四十五次面谈的注记中指出，投射性认同强度降低，说明理查德在客体统整上已有进展（在第二十五张画中，内在和外在客体和平共处，没有相互穿刺）。投射性认同降低说明偏执和精神分裂机制及防卫减轻了，及修通忧郁心理位置的能力增强了。这种能力的增强和自我整合及客体统整有所进展密切相关，它似乎也是早期分裂历程发展顺利的表现；在这一次的面谈中就证实了这一点，但是，这个分裂过程还没有完全成功。理查德首先指着图中代表“坏的”那半边（伦迪到威灵），说这看上去像一条蛇（说明他认为这部分代表父亲那像蛇一样的坏阴茎），但当我告诉他两边合起来像一只章鱼的时候，他竟对我的说法完全赞同。他想把好母亲和坏母亲、好父亲和坏父亲及父母亲全部分离开，但都失败了。代表坏父亲的章鱼已和另一边的好父亲混在一起，且占据一切。

我在注记中对于理查德的转变及其背后的原因所给的说明，都是从精神分析技巧和理论上来看的，很多进展实际上都没能进行下去。我的目的是要表现出精神分析过程中起伏不定的现象，而并没有假设这些进展是长远的。和序言中说得一样，这些转变的成果不能持续下去，主要是由于精神分析的时间太短了。在精神分析过程中多次反复经验，也就是一个完整的修通过程，是维持分析成效的必要条件。

第五十二次面谈（周日）

理查德来到K太太住所附近和她见面。刚见面，他就拿了一块父亲钓的鲑鱼给她，并说这是他“坚持”要来的，他一定要把好的那一块给K太太。送走K太太时，他看上去很开心。他说自己没有钓到鲑鱼，父亲倒是钓到了好几条，其中还有一条很大的鲑鱼。他从以前到现在就只钓到过一条鲑鱼。（他很钦佩父亲的钓鱼技术。）

理查德马上开始画画，他一边画，一边说着当下的战况：英国皇家空军空袭成功，而俄国那边也占据优势。他走到地图前，想在上面找到公报中提到的两个俄国城镇。

理查德说他又要画铁路了，但这一次不会画枕木。刚开始他只画出了一两条铁轨，但火车出发之前，他又添加了好几条线，并用铅笔当火车。有一列火车从“提玛”（Tima）站出发，且行驶速度极快。经过某些路段的时候，它会发出非常大的声响，在其他路段却又安静无声。

K太太问，为什么会有这种情况。

理查德说，他被敌人追着跑，在某些地方一定要保持安静才不会被敌人听到。他表示“提玛”这个名字使他想起盟军在阿比西尼亚攻占的一个地方，也使他联想到一个叫提姆（Tim）的男孩。他喜欢提姆，但他的任性很让人烦。他是个“讨厌鬼”，但又很友善。理查德说敌人在追火车时，手在纸上到处画圆点，并说：“现在火车从这边走到那边，又跑到这边。”

K太太问，是只有一个敌人在追他吗？

理查德说，不是，有好几个敌人。

K太太诠释：那个友善的“讨厌鬼”提姆表示理查德让人喜欢的一面，就跟波比一样。提姆和火车都表示，因为理查德的性器官进到K太太和母亲的性器官和体内，所以才会被父亲及他的性器官追着跑。

理查德说，父亲是一个魔术师，他有很多个分身。

K太太诠释：理查德认为父亲每次和母亲性交时，就会把性器官留在她体内，所以她的内在全是父亲的性器官，且它们会伤害理查德的性器官。K太太说，他以前在游戏和画画的过程中都曾表达过父亲、保罗以及他的性器官在母亲和K太太体内搏斗。她说，刚才的火车就和理查德怕其他小孩的时候所表现出来的行为一样；有时他向这些孩子挑衅，有时又不做声，避免引起他们关注。他还会表现得很友善、很无辜；昨天装成“小羊赖瑞”，今天装成友善的“讨厌鬼”。他在上次面谈中画的枕木表示父母睡觉的时候他就安全了，而他睡觉的时候也不会去伤害父母。现在，他不画枕木，说明他觉得所有人在睡觉时都不安全。

这时，理查德让火车跑得很快并再一次说明火车是在被敌人追赶的。他在火车走过的地方画圈，说：“这边、那边，快点儿！快点儿！”理查德表现出来的不但是被追赶的紧张情绪，还有一点兴奋。那个时候，图上的铁路线已变得跟迷宫一样复杂，而火车一定要找到出口。最后的时候，火车成功出来，并安全脱身了。

K太太诠释：他刚才表现出的是对父亲的恐惧，及害怕父亲的性器官会在母亲体内攻击他及他的性器官。母亲的内在就像迷宫一样复杂，而他和他的阴茎得尽快脱离才行。K太太提醒到，昨天父亲来了后，他就把脚扭伤了；他的脚也代表受伤的性器官（注记）。

理查德突然对着对面墙上的明信片说：“这只小知更鸟的胸部很红。”

K太太诠释：他说的这句话印证了她刚才的诠释。胸部很红的知更鸟代表他那受伤和流血的性器官；表示假如他的性器官和父亲的性器官搏斗，可能就不能顺利地从K太太或母亲体内逃脱了。

理查德画完铁路图后，在上面到处涂鸦。

K太太诠释：理查德成了想用“大便”攻击父母的婴儿；现在他还是认为自己在母亲的性器官里不能和父亲抗衡，这个时候，他选择了婴儿时期的攻击方式，也就是用“大便”轰炸父母［退化］（Regression）。

理查德又开始画画（第四十张画）。画中有两艘船停在港口，他把右边那艘船画得比较小，说被轰炸的巡洋舰是尤坚号（Prinz Eugen），而左边那艘画得比较大的船舰是格耐森瑙号（Gneisenau）。画中的圆圈表示炸弹，炸弹掉在尤坚号和格耐森瑙号之间。这个时候的理查德表现很认真，好像在想什么。他说尤坚号非常好看，如果它被炸毁有点儿可惜。他在港口外又画了沙恩霍斯特号（Scharnhorst），且把它放在炸弹攻击范围外。

K太太诠释：理查德对他摧毁了父亲的好性器官——尤坚号非常后悔，也很伤心，且他是因为嫉妒和愤怒才轰炸并摧毁了它，所以产生了罪疚感。另外，他也担心在母亲体内攻击父亲会伤害到母亲。图上的炸弹掉在尤坚号（父亲的性器官）和格耐森瑙号（母亲）之间，但他想拯救母亲，就在港口外画了另一艘船（沙恩霍斯特号），表示母亲在炸弹攻击范围外，很安全。理查德也想通过这个方法阻止父母性交。

画完后，理查德就像以前一样走到庭院看着远处的山丘，并被美丽的景色触动。他说山顶被风云笼罩着……理查德走回房里继续画画。直到现在，他都没有注意过路上的行人，但当他看见那个红发女孩和其他人一起走过的时候，他说他们要去教堂，但是他并没有表现出不友善或被害感。理查德开始画第四十一张画，脸上仍是一副认真思考的神情。他指着画的下面说这是泥土，泥土的下面是两条虫，两条直线是指虫从泥土里出来的样子。泥土上面的高射炮在攻击德国战机。他不确定最后的结果是什么。

K太太诠释：那两条虫代表父母躲在泥土下，很安全。

理查德同意K太太的说法，说它们躲在下面的确很安全。

K太太诠释：高射炮代表的是理查德，他在用他的性器官和"大便"攻击德国战机。他觉得自己攻击了父母，于是父母在他的幻想中成了敌人，敌人常常是用德国的战机或战舰为代表。他必须摧毁作为敌人的父母，但他也爱父母，觉得他们是好父母，想保护他们。他对父母的情感左右两难，所以不能决定最后的结果。K太太说，那两条虫不但代表父母，也代表母亲体内的小孩。他想保护那些小孩，不让他们受到自己的攻击。实际上，母亲有两个孩子。

理查德问K太太，除下周日他父母都还在X地时他们要见面外，以后他们还有机会在周日见面吗?

K太太说，这件事由他自己决定。目前的计划就只有下周日的会面。

理查德认真地开始画第四十二张图。那架德国战机和闪电画完后，他沉默了一阵子，然后，他说他想问K太太一个私人问题，不知道她介不介意。他问她有没有去教堂？精神分析师也去教会吗？没等K太太回答，他马上自言自语道，她没办法去，因为她太忙了。

K太太诠释：理查德担心她回答没有去教会，这样他对她的疑虑就更大了。K太太问他，是不是认为没有上教堂是不对的，他跟母亲是不是经常去教堂？

理查德说，不上教堂是不对的，上帝不喜欢这样。他偶尔会去，母亲在Z地时经常去，但在Y地就没去过了。这时，理查德把画中的天空涂成了黑色。

K太太问他是否在害怕被上帝惩罚？

理查德表现得很焦虑，且K太太诠释时，他站起来试图远离她。他把角落里的一根绳子捡起来扔到旁边，被抛出去的绳子舞动起来。这时，理查德突然变得有些兴奋了。他不断玩着抛绳子的游戏，且越抛越好，有些自得其乐了。他说绳子看上去像一条蛇。其中有几次准备把绳子抛出去时，他会先把它放到两腿间。理查德说这是他的表演，K太太是他的观众。他先做主持人，宣布有一个小男孩要表演抛绳子的绝技。他要求K太太在他出场和向观众致谢时都鼓掌。K太太按他说的做了，还假装和旁边的观众交谈，说"他表演得很棒吧""这个小男孩真厉害"……理查德很高兴。表演了一会儿后，他让K太太也上台，并向观众宣布，她也要表演抛绳子。

K太太抛了几次后诠释：理查德把绳子放到两腿间的时候，绳子代表父亲的性器官，他想把它偷走给自己。他要K太太也表演抛绳子，代表他认为母亲也应该拥有一个强而有力的阴茎，这样才平等。理查德和K太太的抛绳子游戏代表他想和她性交。另外，他也一直害怕自己这样的欲望，且认为代表父亲的上帝会惩罚他。K太太说，他说舞动的绳子像蛇，绳子和第四十二张图中的闪电都是代表上帝（父亲）那强而有力又有毁灭性的性器官。

理查德再一次说绳子很像蛇，也像闪电。他把绳子放回原来的角落，说："它应该放在这里很长时间了。"

K太太诠释：理查德把绳子放回原来的角落，并说它放在那“很长时间了”，说明他只是向父亲借来用一下而已。

这个时候，理查德把第四十二张画中的天空越涂越黑，在德国战机上也加了几笔。他说，乌云笼罩了天空，且闪电击中了这架德国战机。他的神情又变得焦虑而痛苦。他站起身来，看看架子上的东西，然后在房间里走来走去。

K太太诠释：他想要逃避那些让他痛苦的想法。

很明显，理查德在强迫自己努力地去听K太太的诠释，一边看架子上的东西，且心神不宁地走来走去。

K太太说，他对精神分析是强烈怀疑的态度，且很不认同这种做法。K太太刚才和他谈论的事情，他觉得很不适当，他觉得K太太是在引诱他，并允许他去经验对母亲及对她的性欲。这些欲望和他对父母的恨意、嫉妒以及摧毁欲望相关联，他爱父母，所以认为这些欲望很危险。他一直都在努力地避免这些被他视为“不好”的攻击欲望，只想保留爱的感受，但引诱他且让他恐惧的K太太也代表母亲；母亲让他们睡在一个房间里，也是在引诱他。母亲爱他时，他也会怀疑母亲对父亲不忠，并产生那些不好的攻击欲望。就算他自己并没有要上教堂，但他仍认为K太太不该在周日跟他会面。这说明他们都应该去教堂，也代表父亲应该获得他应得的关爱。另外，他也希望K太太能安排在其他时间和他见面。

这个时候，理查德打断K太太，并坚定地表示他认为精神分析是有帮助的。

K太太补充说，就是因为这一点，及她代表的是有帮助的好母亲，所以当他怀疑她是那个引诱他的母亲时，才会表现出痛苦。他怕父亲（上帝）惩罚母亲；闪电击中德国战机，就是代表惩罚背叛父亲且对他不忠的母亲以及K太太。他以前怕山顶会被暴风雨袭击（第四十二次面谈），也表示他害怕他爱着的好母亲遭受攻击，所以当K太太问他是否害怕被上帝惩罚时，他决定从她身边逃离。

面谈快要结束时，理查德的情绪才稍微平复。离开时，他表示想再看看他带来的那块鲑鱼。鲑鱼又大又美，他很满意。理查德说他知道K太太要去买报纸，他们能一起走一小段路。K太太锁门时，理查德说应该让游戏室休息一下了。在路上，他又回头看游戏室，说："它看上去很好，要好好休息。"走到半路上，他看见了父亲。他指了指在远处的父亲，很高兴父亲和K太太能碰面。他问K太太是否会把鲑鱼分给那位"脾气不好的老先生"，K太太说她会分给房间里所有的人吃，理查德听了很高兴。

第五十二次面谈注记：

对于理查德在父亲到来后就扭伤脚的这件事，我先不予评论。像这样有象征意义的动作，我会等到相关素材情境出现后再给出诠释。

第五十三次面谈（周一）

理查德在转角的地方等K太太。他很担忧的样子，一见面就问K太太知不知道那位红发女孩的名字，或能不能帮忙查出来……来到游戏室后，理查德跟K太太讲了早上和父亲一起去钓鱼的过程。他钓到了一条小鲑鱼，他知道钓小鲑鱼是违法的，可等到他发现时，它已经死了。旁边有三位女士一直在盯着他看，于是他把死掉的小鲑鱼又扔了回去，假装它还活着。父亲钓到一条小鳟鱼，并问他是否该把它杀死。他说："不，不要杀宝宝。"但那时父亲已经把它杀了。父亲没有对他不小心弄死鲑鱼宝宝的事生气，但他说如果被发现，理查德也许会被抓走。讲话时，理查德一边把舰队拿出来，并说舰队已经休息够了。

K太太诠释：理查德觉得周日不应该见面的另一原因是，他认为K太太和游戏室都应该好好休息。她谈到小鲑鱼时也提醒说，他以前曾提到吃了受精蛋时，说自己"一定已经吃了上几百个宝宝"（第四十八次面谈）；她对此的诠释是，这代表他抢走了母亲体内的小孩并杀死他们，还吃掉了他们。小鲑鱼也代表相同的意义。

然后，理查德很高兴地告诉K太太，说他收到一封邻居寄来的信，邻居在信中讲到他们又多了四只小鸡和一只小猫。听到这个消息后，他很开心。

K太太诠释：这个消息给了他很大的安慰，因为这说明母亲体内还有小孩，也许是他没有摧毁他们，或是他们又自己长出来了。另外，他也怕自己对K太太的小孩已经做了相同的事。他想要小孩，所以抢走了母亲的小孩，但又嫉妒他们，就在幻想中摧毁了他们。这就导致了他非常害怕其他小孩；他们代表母亲的小孩，就算被他攻击，最终还是出生了，且变成了他的敌人。今天他刚来就跟K太太要那位红发女孩的名字，是因为红发女孩代表母亲体内的小孩，也就是他的敌人。因为他幻想自己已经吞下了这些敌人，所以他们也存在于他体内。知道了她的名字后，也许他就能或多或少地了解这些未知的敌人了。

理查德指着一艘驱逐舰说：“这是最大的驱逐舰。”

K太太诠释：他感觉他的破坏力是最大的。

理查德将这艘驱逐舰和其他驱逐舰比较，结果发现他们其实都一样大。他把其他船舰都放在桌子的一边，拿出一艘驱逐舰放在另一边，且藏在K太太的袋子和时钟后面，然后，他描述整个场景，他说：德国的舰队停在布雷斯特港。这一天，阳光明媚、天气晴朗，风平浪静，且敌人好像还在远处，但他们不知道的是敌人正在策划着一场突袭。这时，理查德好像有点儿同情德国舰队，但他还是让那艘藏起来的驱逐舰现身了，来轰炸德国舰队。过了一会儿，理查德改变了舰队的安排。因为那艘单独的驱逐舰代表理查德，他开始担心孤军奋战的自己不是庞大敌人的对手，所以，他挪了好几艘驱逐舰和一艘战舰到英国这边，现在英国有六艘船舰了。这下，对战开始了，双方都有船舰被击沉，分不清谁胜谁负。

K太太诠释：那艘最大的驱逐舰代表他自己。他一开始想单独对抗敌人——表示所有家人都是他的敌人，且在他身体里攻击他，但后来，他害怕了，且希望能和“好的”家人一起对抗外在敌人——德国人。那六艘英国的船舰代表父母、保罗、他自己、厨娘以及贝西。

理查德在玩舰队的过程中，再一次提到英国皇家空军的空袭行动和他对俄国战况的关注。在这次面谈过程中，理查德又开始注意外面经过的路人。当他看到三位女士经过时，马上跑到窗边说：“这三个笨女人。”并拍打窗户想引起她们注意，但他又马上躲到窗帘后，不想让她们看到他。

K太太诠释：“三个笨女人”代表他杀死小鲑鱼时在旁边盯着他的那几个女人。

这个诠释让理查德很惊讶。他说：“她们真的是那三个盯着我看的女人啊。”但马上又改口说不是同一批人。

K太太诠释：那三个女人代表母亲、保姆以及厨娘。在他的幻想中，她们觉得他摧毁了母亲的小孩，于是联合起来对付他。

理查德不同意这个观点，他说保姆不在里面，是母亲、厨娘以及贝西。

K太太提醒说，他曾怀疑厨娘和贝西一起毒害他，但他也怀疑母亲一旦发现他摧毁了她的小孩或想要伤害他们，她就会攻击他——那只有着浅蓝色鸟冠、看上去非常恐怖的鸟正在投射“大便”（第四十五次面谈中画的第三十一张画）。他觉得厨娘和贝西在一起时都是用德文（第二十七次面谈）交谈的，但实际上他知道她们根本不会讲德文，所以，厨娘和贝西也代表K太太。理查德认为，她和其他两位女士正在联手对付他。K太太指出，他一直不想承认她的母语是德文，而说是奥地利话，但他知道奥地利人说的话就是德文。

理查德一直看着路上的一个男人，说他又笨又讨厌。后面经过的男人、女人和小孩也都被他用相同的字眼形容。他还是像先前那样拍打窗户，然后立刻躲起来。理查德的情绪变得极不稳定，不停地用力跺脚、大吼大叫和唱歌。他问K太太，如果他中途要离开，她会不会阻止他。

K太太说不会阻止他，但她会指出他对她的恐惧，并试着解释恐惧的真正原因。刚才他非常害怕路上经过的男人、女人及小孩，他们代表他全部的家人，包括K太太在内。在他的幻想中自己已经攻击了所有人，所以会害怕他们。K太太还说，他大吵大闹是因为不想听到她的诠释。作为和他敌对的其中一个家人，她说的话就是一种攻击。

理查德表示，他今天其实根本不想来。在来到游戏室的两小时前，他认为自己已经受够这一切了，再也不想看到K太太（但实际上，他还是准时到来）。

K太太诠释：今天他尤其害怕K太太所代表的母亲，是因为他攻击了她的小孩（死去的小鲑鱼）。昨天，K太太代表那位让他偷走父亲性器官并取代父亲的母亲，所以父亲（上帝）变成了他们共同的敌人。他认为整个家（对他来说就是全世界）都在和他作对，甚至连游戏室都变成了和他作对的K太太及她内在的小孩，而这也是他想要逃跑的一个原因。他刚才大吵大闹，也许是想向外面的人寻求帮助来对抗K太太。

这时，理查德在纸上写着字母并随意画画，写完后又在上面涂鸦。画中能辨认出来的东西只有一座正对准上方圆圈发射的高射炮，而圆圈的中心有一个小圆点（第四十三张画）。他说他不知道他们在对谁发射。理查德用咖啡色铅笔在昨天那张图（火车被追赶）上涂鸦，然后，他还在另一张画了枪炮的图上涂鸦，但他说这些枪炮现在并没有发射。

K太太诠释：对准圆圈发射的高射炮代表的是他用“大便”攻击母亲和K太太的乳房——中心有圆点的圆圈，因为他想要获得更多乳房。这和他的嫉妒心有关系。他嫉妒那些接受母亲乳房喂养的小孩（注记Ⅰ），也嫉妒K太太去伦敦和其他病人见面并跟她的孙子团聚。涂鸦代表的是母亲的身体，而里面含有父亲的性器官和小孩。所以，他觉得自己正在攻击家里的所有人，并会遭到他们的报复。跺脚和大吼大叫所表达的也是他用“大便”攻击K太太，所以他变得害怕她，并想要逃走。

理查德继续吼叫和跺脚，但或多或少地有把K太太的这番诠释听进去。最后，他总算渐渐安静下来，然后画起了第四十四张画。他边画边说，这条鱼是母亲，她有很多很多的小孩。最靠近母亲鱼鳍的那条是最小的小鱼宝宝。

K太太诠释：母亲用乳房喂养这条小鱼宝宝，这让他感到嫉妒，所以他在图中画了高射炮来攻击小孩和乳房。

理查德不同意这个诠释，他说鱼没有乳房，只有鱼鳍（注记Ⅱ）。

K太太说，鱼代表母亲。理查德渴望母亲乳房里的乳汁，且想阻止来和他抢食的小孩。

理查德安静了很多，画小鱼宝宝的时候他很开心。他好像并不能确定哪一条才是最小的小鱼宝宝。在画右下角那条小鱼宝宝时，他说它长得很逗，并且是年龄最小的一条……不！还有一只更逗的——他指着右边那列从上往下数的第二条，然后，他又说同一列的第一条才是年龄最小的；虽然它的体型并不是最小，却最靠近母亲。他说，有人正在抛鱼饵，鱼饵是假的，专门用来抓小鱼宝宝……然后，理查德沉默了。

K太太问他，是谁正在钓小鱼宝宝?

理查德马上回答说是他自己，然后立刻改口，不！是父亲，父亲钓到了一条小鳟鱼。

K太太诠释：他为自己曾杀了一条小鲑鱼而感到罪疚；他刚才说话时又

在纸上画了一条钓鱼线，代表父亲和他都在摧毁小鱼。

理查德说，鱼母亲不会去吃鱼饵，但小鱼会上钩。

K太太诠释：他认为他和父亲一样危险，他们用性器官来引诱母亲和摧毁她里面的小孩；所以他才会觉得性交非常危险。K太太提醒他，她在伦敦时，他又曾和母亲谈起小孩的出生过程。他说他非常担心“关于生小孩的事”（第四十一次面谈），还问生小孩痛不痛。理查德认为，他会用他的阴茎抢夺母亲，还会偷偷地把她的小孩吃掉。另外，昨天他很害怕要是他和K太太或母亲性交，就会被强大的父亲（上帝）惩罚。所以，他和K太太一起拥有了父亲那强有力的性器官（绳子）后，还是把它还给了父亲——把绳子放回角落。

理查德问，女人和男人的性器官是不是不一样？

K太太诠释：理查德可能希望母亲拥有阴茎，因为他觉得她的阴茎被抢走了，且怕自己的阴茎也会被抢走。

理查德在另一张纸上继续涂鸦。他一边画着圆点，一边问K太太懂不懂摩斯密码。

K太太诠释：理查德怕他用“大便”偷偷攻击母亲和K太太的行为会被发现，所以才试探着问K太太知不知道他在做什么，但他又希望K太太能发现他的秘密，这样这些秘密攻击的危险性就降低了。

涂鸦结束后，理查德开始唱歌：“统治吧，英国”（Rule, Britania）。

K太太诠释：理查德想保护父母，避免他们被自己摧毁。第四十四张画表示他非常担心小鱼宝宝会上钩。他自己想成为母亲的宝贝，所以不能确定究竟是大一点儿的鱼（保罗）还是小一点儿的鱼（他自己）才是最年幼的。

理查德又画了一个王国（第四十五张画），并要K太太把所有的彩色铅笔都拿出来。他指着红色铅笔说：“这就是我。”画完后，他把红色铅笔扔到K太太的脚边，并说她踩到了那支铅笔。

K太太诠释：理查德对他想攻击她和家人，并对他们产生吞噬和摧毁的幻想感到非常罪疚。他觉得K太太报复他的方式就是把他踩扁。他刚才说红色铅笔是他自己，另外还代表他的阴茎［投射］。

理查德说他听到了德国城镇和船舰被袭击的消息，他表现出非常同情的样子。理查德问K太太是否知道昨晚德国有哪些城镇被轰炸了？她觉得柏林美吗？她知道慕尼黑吗？慕尼黑是不是也很美？K太太回答说是。

理查德有些为之动容……

他画完第四十五张画后，发现没有画纸了。

K太太指出，在这张画上，他在最上方拥有最多的领土。和他最靠近的是母亲，然后是保罗（紫色），但他的领土比理查德的小很多，父亲（黑色）的领土则是在下方的更小的方块。理查德让K太太把画本后面的硬纸板拿回家重复利用。这是迈向胜利的一步；他难过地说，我们现在距离胜利还有好多步——有好几百步。现在，我们就像走在玻璃做的山丘上，一不留神就会滚下来。我们在克里特岛时就是这样了。

第五十三次面谈注记：

Ⅰ. 理查德曾想留下他捡到的小猫，这说明他想拥有小孩，现在他的这个欲望更明显了。我认为，嫉妒其他小孩被母亲喂食只是激起他强烈敌意的其中一个原因；而另一个原因则是嫉羡母亲拥有哺育小孩的能力，即嫉羡母亲的乳房，但我并没有向理查德诠释这一点。

Ⅱ. 回顾时我才发现，以前理查德都会接受我对素材的象征意义的诠释，但这一次他却说鱼没有乳房。我认为，他对母亲乳房的嫉羡让他否认了母亲有乳房。这表明了他要攻击母亲乳房的决心。之前，我已提到过这一点了。

第五十四次面谈（周二）

理查德这次提前到了，并在游戏室外等K太太。一看到K太太，他就问她有没有带新的画本来。当发现新画本和旧的不一样时，他表现得十分失望。他问K太太为什么不买一样的画本，K太太说她很抱歉，但店里就只卖这一种。理查德觉得K太太当初应该多买几本的。新画本的颜色黄黄的，让他联想到生病时病恹恹的样子。他说他非常难过旧的画本用完了，转而又安慰自己说："没关系，新的画本用久了就会顺手了。"理查德表示他今天没带舰队来，还补了一句："舰队不想看到这新的画本。"他把手指伸出来让K太太看（他还是第一次这么做），上面有一个非常小的粉红色印记，比针头还小。另一根手指的指甲上也有一个小斑点，他说这些斑点打从出生就有，然后，理查德一边开始画第四十六张画，一边向K太太详细讲述昨晚看的电影。他说那部影片非常有趣，为什么K太太没有去看？他表示错过了这部电影非常可惜……里面英国皇家空军又有杰出的表现……理查德说，他今天既想来又不想来。和昨天不一样的是，今天想来的成分占得多：有3/4想来，1/4不想来。这时，他已经画完了第四十六张画，并说有一艘U形船被击沉了，而将它击沉的英国战机就在它上方。他激动地描述U形船战败的惨状：U形船上的旗帜被炸得很烂，潜望镜全碎了，船上的大炮也都毁了。那条鱼（画完U形船后第一个画的东西）替U形船感到难过。然后，理查德画了几只海星上去。他在这张画上画了一条分隔线，分隔线上方是完好的U形船，下方则是被击沉的U形船、鱼及海星。

K太太诠释：U形船再一次代表父亲，尤其代表父亲的性器官；战机代表理查德具有摧毁性的那一面；鱼则代表善良的一面；为他所造成的破坏而感到难过。他再一次表达出他对于摧毁父亲的性器官感到十分罪疚——特别是尤坚号（第五十二次面谈）。

理查德说，大一点儿的、比较靠近U形船的两只海星是父亲和母亲，而小一点儿的是保罗。

K太太诠释：父亲、母亲及保罗都还活着。他们都在哀悼理查德的死亡——战机被摧毁了。

理查德看着K太太，说他喜欢她的夹克，他原本以为它是紫色的，现在才发现是红色的，而红色是他最喜欢的颜色。他还看着K太太的洋装（图案是白色圆点），并轻轻摸了摸，然后说它很像一条银河。这还让他想起了探照灯……然后，他走到水龙头那里喝了一口水。

K太太诠释：理查德希望维护她和母亲的安危。他不应该把母亲的乳汁都喝完，这样会让她枯竭——用完的画本代表她的乳房。紫色原本代表保罗，现在也代表好父亲，而保罗、好父亲和母亲都需要被好好保护。为了保证母亲的安全，他不应该偷走父亲放在她体内的好阴茎，也不应该抢走她的小孩，所以他应该抗拒自己的贪婪。在白纸上画画就是代表和K太太及母亲有良好的关系，表示母亲给了他食物和爱，而他也想用小孩、爱及友善的态度来回报母亲。昨天他就画了很多小鱼宝宝给鱼母亲。K太太还说，白色的画本代表她的好乳房及乳汁，像银河一样的洋装也有着相同的象征意义；而黄色的画本让他联想到生病，也会让他觉得是被弄脏了的乳房。他小时候经常生病，生病的时候，他就感觉吞下去的白色好乳汁和好乳房都变成了坏东西，且都变成了母亲的坏乳房。

理查德提醒K太太说，他刚才说她的洋装像探照灯，他问："你会搜寻东西，对吗？"

K太太说，他说的是她会搜寻他的想法。另外，他可能也觉得父母（特别是母亲）会发现他的恨意、嫉妒心及"大便"攻击。

理查德说起了他昨天在园游会上遇到K太太的事。他当时跟她说他已经喝了两杯柠檬水；他现在觉得昨天喝的好像并不是柠檬水。K太太问他觉得自己喝的是什么。理查德先是表现出阻抗，然后说那是"小便"。刚说完，他就冲进厨房就着水龙头喝了一口水，然后盯着一壶水看看，闻了闻；再看着旁边的一大罐墨水，也闻了闻。

K太太诠释：一直以来，代表母亲乳房的水龙头，在他心中或许已经变成了"小便"或"大便"（墨水），因为他生气或不满足时，想把"小便”或“大便”倒进母亲的乳房里，或倒进代表乳房的罐子里，所以，他觉得母亲的乳房及用来代替乳房的奶瓶都是有毒的。另外，有可能在厨房的罐子里下毒的厨娘（第二十七次面谈），就代表“坏”母亲及她的“坏”乳房。K太太提醒理查德说，昨天她曾说第四十四张图中的高射炮所瞄准的圆圈就代表她的乳房。

理查德苦恼地说他还要写一篇作文，题目是“我长大后要做的事”。

下面是我长大后要做的事。首先，母亲说战争后所有的小男孩都必须在陆军、海军及空军接受六个月的训练。母亲曾表示，如果政府批准，我就必须去受训。我想要去皇家空军接受六个月的训练。在那之后，我想当科学家或成为一个火车司机。希望我的愿望都能实现！完毕。

理查德没有解释他想当科学家的原因。这时，他表现出强烈的阻抗。

K太太诠释：理查德为自己想攻击她、她儿子、父母及保罗而感到哀伤及罪疚。他很想做一个乖巧的小孩，希望能达到政府（代表父母）的要求，并能摆脱所有危险的坏想法和欲望。

理查德同意这个诠释，但正当K太太要继续诠释他想当科学家的原因时，精神分析被突然打断了。这时，有一位男子带着一片窗户上的玻璃过来敲门，他要把那块破了的窗户换掉。

K太太走过去问他能否晚点再来。男子友善地答应了。

理查德也站起来，且脸色发白，看上去很焦虑。男子走后，他松了一大口气。他激动地说：“这样真的打扰到我们了。”然后，他走到窗边目送那位男子离开，说：“他人还蛮好的。”这听上去像是想说服他自己的话。

K太太诠释：理查德认为那位男子代表发现他想和K太太（代表母亲）性交而突然闯进来的父亲。他怕父亲会因此惩罚他。K太太提醒说，他以前梦到自己因为打破玻璃而被审判（第四十八次面谈）。当时，他也说法官看上去很和善，但实际上他很害怕法官。

理查德开始画第四十七张画。他画到一半就停了下来，把整个大拇指都放到嘴里，隔了一会儿后又重复了一次这个动作。

K太太首先指出他的行为，然后诠释说，他认为那位男子不但闯入游戏室、K太太和母亲的身体，还闯入了他的内在。他认为代表好父亲的“罗斯曼”一进入他体内就变成了敌人——鲸鱼。

理查德开始讲述刚才画的那张画。他说有一位中国的大使正打算乘坐德国战机离开德国……他问K太太有没有看到史密斯先生经过，并说但愿她没看到……理查德说，图上的闪电击中了德国战机和正想进入战机内的大使。

K太太诠释：他认为黄皮肤的大使看上去很邪恶，是因为黄色看上去有点儿像“病菌”，这也代表坏母亲、坏父亲以及危险又善变的“小便”和“大便”，而图上的闪电是上帝对他的惩罚。

理查德同意K太太的说法，他也认为上帝是在惩罚那位大使，虽然他看上去是个大好人，实际上是个大坏蛋。

K太太诠释：这也指刚才那位来修窗户的男人。他看上去很友善，却代表入侵者和法官。

理查德指着德国战机机舱内的圆圈说那是他自己，他已经在战机里了。

K太太诠释：德国战机代表她或她的身体。理查德在幻想中已经进入了她的体内［投射性认同］，且在那里被K先生发现了，然后被惩罚了。

理查德说，现在他变成了上帝，他要让闪电击中那个大坏蛋。

理查德把绳子拿起来绑在自己腰上，再绕过双腿，然后开始耍绳子。

K太太诠释：理查德觉得抢走上帝的武器——闪电，就能让自己变得像上帝一样强大。这表示他偷走了父亲的性器官，害怕父亲会来伤害他的性器官。理查德给她看手指和指甲上的印记，就是表示他怕自己的性器官已经因为被父亲攻击而受伤了。他经常说父亲是一个好人，但实际上却并不信任他。他认为只要他攻击父亲，就会被父亲强力反击和严厉惩罚。现在父亲就住在X地，这更加深了他的恐惧。

理查德看上去不太开心，也不怎么在听K太太说话。他拿起那本有怪兽图片的书翻看里面的插图，还读了一篇故事。

K太太诠释：理查德不想听这些让他痛苦的诠释，但他也许是因为想从书中了解父母彼此及和他之间的关系。这时，理查德指着那张怪兽插图，然后轻轻打了个冷战说，书上小人的弓箭正瞄准怪兽的眼睛（讲话的时候，理查德用手半遮住自己的眼睛），然后，他说到刚才读到的故事，他说躲在尸体里一定非常可怕（故事是讲一个男人把怪兽杀了后，就和同伴一起躲到怪兽的肚子里来，以避免被敌人发现。他向他的同伴抱怨说里面很闷）……理查德走进庭院四处打探了一下后，又回到屋内。

K太太诠释：怪兽代表这间游戏室，而他感到自己是被困在这里。另外，K太太已经和外籍的K先生（中国大使）联合起来了。理查德认为，假如他在母亲和坏父亲联盟时进入她的身体，把父亲杀掉，自己就会被困在里面永远脱不了身——最后会窒息而死。这些都表达了他对K太太和含有坏父亲的母亲的恐惧和疑虑。有时他感觉甚至连游戏室也变坏了。

理查德用强烈的语气反驳，他表示K太太刚才的诠释很让他受不了。

面谈结束了。理查德还像以前一样把桌子放回原位，再把椅子收进桌子的下面，他好像非常高兴终于能离开了。离开之前，他恳求K太太一定要去看电影，K太太问理查德如此希望她去看的原因，他说，她应该好好休息一下，也应该有一些改变。他感觉她总是在工作。

出了游戏室后，理查德对K太太很友好。当听到她说今天不会去村里时，他表示很遗憾（注记）。

第五十四次面谈注记：

从昨天和今天的素材当中，都能看出理查德对被攻击的敌人表现出同情。他的爱与恨的界线越来越模糊。可疑的母亲和浅蓝色的好母亲，及好父亲和坏父亲都更进一步地整合了。理查德的素材说明他越来越察觉到自己的攻击性，而德国的战机和船舰则变成了他所怨恨且带有敌意的父母。这种领悟所引发的罪疚感，加上自我整合和客体统整的进展，使他对于坏客体的容忍度提高了，也慢慢对真实的敌人产生了同情心——这是非常重大的情绪转变。伴随着统整，产生的是更强烈的忧郁，甚至还有绝望和极度的哀伤。我认为，当个体能承受罪疚感和忧郁到某种程度，而不是用退行到偏执——分裂心理位置、利用分裂机制来逃避时，自我整合和客体统整就能得到发展。另外，恨在爱的作用下渐渐得到缓和、疏通，也慢慢能导向对好客体有直接威胁或伤害的人事物上。只要恨的目的是用来保护好客体，升华以对爱的能力的信心就会增强，罪疚感和被害焦虑就会减轻。这些改变能促进形成良好的客体关系并拓展升华能力。

第五十五次面谈（周三）

理查德看上去很焦虑，他急不可耐地告诉K太太两件事：他又感冒了，他今天又把舰队带来了……理查德四处看了看并认真地检查起游戏室。看到窗户换好后，他非常高兴，而且他发现房内也没有任何变化。

K太太诠释：昨天来换窗户的那个男人代表闯入的父亲。他今天看见父亲并没有对K太太（即游戏室）造成任何伤害，松了一口气；这也代表母亲没有被伤害。

理查德把舰队排成战斗的队形。他向K太太指出，其中有五艘驱逐舰长得差不多，还有一组小型的船舰也非常相似。

K太太提醒说，当她诠释完他为杀死鲑鱼宝宝和母亲的小孩感到罪疚后，他曾认为五艘驱逐舰中有一艘是“最大的”。

理查德看见K太太带来了一本新画本，且和之前用完的那本一模一样后，很开心，并问她是在哪里找到的。K太太说，她现在才发现它和其他东西放在了一起。理查德高兴地说“太好了”，然后问她有没有把黄色画本带来。她说没有，理查德表示很满意。

K太太提醒说，理查德讨厌黄色画本，是因为它让他联想到生病。她也提到第四十七张画的象征意义以及他昨天对于这张图的联想。

理查德认真地听着，但他说这张画十分可怕，他一眼都不想再看。

K太太诠释：理查德特别不信任那位表面和善的大坏蛋（中国大使、梦中的法官、史密斯先生、换窗户的男子），让他被闪电击中，但他也代表理查德自己。他已经坐进敌机里，代表他也将被闪电击中。他说上帝用闪电来惩罚那个表面和善，但骨子里很坏的人，可之前在描述他到父母房间帮他们赶走老鼠的过程中（第五十一次面谈），他曾说自己是“小羊赖瑞”。实际上，他只是假装成小羊，因为老鼠代表他的欲望：攻击父亲的性器官（钓竿）和吞噬乳房（饼干），所以，他会被上帝所代表的父亲用闪电报复和惩罚。那架德国战机代表K太太。因为K太太诠释了他对她和母亲的性欲，所以她也变得不可靠、不忠诚。因为母亲和父亲同房，理查德一个人睡，所以他认为母亲变成了坏人，甚至是间谍，且和父亲联合对付他。所以，理查德希望K太太和母亲被摧毁——闪电击中了战机，而他因为有了这个想法而痛恨自己、怀疑自己并产生了罪疚感。另外，他不但希望，而且也预期自己会遭到惩罚。

当K太太提到理查德觉得自己表面装成无辜的“小羊赖瑞”，实际上就像那个“大坏蛋”一样表里不一，但心里又对父母有着攻击欲望的时候，他既羞愧又尴尬。他说：“但我真的是无辜的。”过了一会儿，他承认道：“也许你说的是对的。”

K太太补充说，昨天他特别不愿意承认他不信任自己、K太太和母亲以及害怕被父母攻击。承认这些会让他很痛苦，所以她说的话他一点儿都听不进去。

理查德盯着K太太看了好长时间，然后低声说，虽然他看上去好像没在听，但实际上他有在听她说话。

K太太问，他昨天不停打断她的话，且大吼大叫及朗读时，是不是也有听她说的话。

理查德说，那时他听得并不认真，但K太太说的话他大部分都听到了。

K太太说，他把舰队带来，就是想能进行分析工作，而且他认为舰队对分析有帮助；舰队代表着他自己和家人好的一面。

理查德说，他确实是这么认为的。这个时候，他开始移动舰队，他先把罗德尼和尼尔森放在一起，隔了一段距离外又摆了一艘巡洋舰和一艘驱逐舰，然后，他再把罗德尼移到桌子的另一端，最后停下来。

K太太诠释：理查德想克制嫉妒心来避免冲突，并想通过这个方法改善和父母之间的关系。停在一起的巡洋舰和驱逐舰表示保罗和他一起，但是，只要父母（罗德尼和尼尔森）一靠近彼此，他就会感到嫉妒或焦虑，所以他想要母亲（罗德尼）离开。这样，父亲、保罗和他就能维持友好关系。

这个时候，尼尔森和罗德尼会合，然后一起绕着K太太的袋子行驶并驻守在袋子后面。理查德说："父母就躲在这里。"然后又立刻改口说他们是在战备位置。后来，在桌子另一边的巡洋舰和几艘驱逐舰也过来加入尼尔森和罗德尼。

K太太问，那几艘驱逐舰代表谁。

理查德说那是保罗、他自己和其他几个小孩，他们要帮父母一起对抗敌人，而那艘巡洋舰是K太太。他跟K太太说，之前有好几次她都是巡洋舰，是他的家人。

K太太问理查德，是不是有时他并没有提及她也在舰队里？

理查德说，她一定在其中，只是当时他不确定她站在哪一方。

K太太诠释：理查德对于她和母亲的不信任让他非常痛苦，所以他选择回避K太太在敌方的事实。

理查德问K太太看什么报纸，也告诉她母亲看的是什么。他说希望她们两个看一样的报纸……这个时候，他把另一艘巡洋舰（不是代表K太太的那艘）移到敌方，说："这是K太太。"然后又指着另一组不是代表德国的舰队说："不，她在这里。"过了一会儿，他补充说："这是坏母亲和坏小孩。"他是指德国舰队。接着，他指着一艘驱逐舰和潜水艇，说他们是意大利的。接着，他让代表K太太的英国巡洋舰开始前进（他嘴里哼着"统治吧，英国"），并对两艘意大利船舰与一艘德国驱逐舰发动了攻击。

K太太诠释：理查德如此痛恨那个红发女孩，是因为她曾问过他是不是意大利人。

理查德说，他真的想把她和她的朋友都炸毁。

K太太诠释：那个女孩的问题会使他感觉自己背叛了父母——英国，所以才会让他变得愤怒。在刚才的舰队游戏中，他让K太太把坏母亲和坏小孩炸毁，而且希望她能保护他、和他一起对抗敌人，但刚才他一会儿说K太太是英国的船舰，一会儿又说是德国的，不能判定她是哪一方的，说明他还是非常不信赖她的。K太太表示，她知道自从战争爆发后，理查德不能接受她是奥地利人；对他而言，她相当于是德国人，如果她跟母亲一样是英国人就好了。所以，他希望K太太和母亲看一样的报纸，但是，不值得信任的K太太也代表可疑且不可靠的母亲。

理查德对这个诠释表示赞同。他再一次问K太太，这样直接说出对她的不信任是否真的没关系。又问，要是他叫她“邪恶的畜生”，会伤害她吗？

K太太诠释：他说她是“邪恶的畜生”时（第二十三次面谈），非常怨恨代表母亲的她，他认为母亲已经和坏父亲联合起来了。他怕自己的恨意和攻击欲望会摧毁K太太或母亲［全能思考］。他还认为，如果他把自己的攻击欲望全部用文字叙述出来，恨意和攻击欲望就会变得更加危险。

理查德和以前一样，在面谈快结束时问K太太今天会陪他走多远以及她今天是否要去杂货店买东西。

K太太说她要先去银行。

理查德问他能不能在银行外面等她。还有，要是有男孩攻击他，他能不能到银行里面，她会不会保护他？

K太太诠释：理查德希望她像刚才在舰队游戏中攻击意大利船舰一样来保护他。他认为K太太理应保护他，并帮他对抗联合起来的坏的父母。也许就因为这些，代表K太太的巡洋舰这一次直接参与了舰队游戏。与此同时，她也代表会保护理查德并对抗坏的父母的保姆。

理查德说，他不反感K太太去银行，反正她每星期才去一次，但他非常不喜欢她经常去杂货店。

K太太诠释：杂货店代表会卖给K太太和母亲好东西的K先生和父亲，理查德因此感到嫉妒。他嫉妒，一是因为他不能从父亲那边得到好东西——阴茎，二是因为他不希望父亲爱母亲。K太太提醒说，他以前非常嫉妒伊文斯先生卖香烟给她（第四十一次面谈）。

理查德高兴地拿起新画本看了看。他画了第四十八张画，但没做任何说明，然后，拿来一本年历，翻看里面的图片。他把年历放回去时，很仔细地确认国王和皇后的那张图片一定要朝上，并温柔地抚摸它。

K太太诠释：翻看年历表示他想了解父母在做什么，和昨天看书的目的是一样的。

理查德哀求似的问K太太：“那你的秘密是什么？”

K太太诠释：理查德想知道晚上母亲和父亲在床上时都在做什么，包括想知道K太太的秘密，但他又希望父母能幸福地在一起——他喜欢那张国王伴着皇后的图片。

以前K太太诠释理查德讨厌黄色画本的原因时，他曾一直吸鼻子，还问K太太在不在意他这么做。

K太太诠释：昨天修窗户的男子离开后，他画中国大使时，曾突然把大拇指放进嘴里；那时K太太解释说，这代表他认为自己被危险的父亲和他的阴茎攻击了。吸鼻子是想把鼻涕吞下去，也代表抵抗他的内在敌人——“小便”和“大便”。之前，他体内的争斗都和感冒有关，而今天他一来就说自己又感冒了。

立刻游戏室后，理查德说他感到身体里“又红又热”，但事实上他应该没有任何病痛。

第五十六次面谈（周四）

理查德走到离K太太住所更近的地方和她会面（以前他都是在游戏室外面等她，或在街道拐角处跟她碰面后再一起走一两分钟的路程）。他兴奋地拿出一封母亲写的信给K太太，信中母亲提到希望K太太重新安排下个星期的两次面谈时间，好让理查德和放假回来的哥哥能有多一点儿时间相处。理查德也问K太太，父亲下个周日回去后，后面的周日要干什么。K太太说，她会改时间的，且从下下星期开始就不再安排周日见面了。理查德听到后非常高兴。K太太的决定让他安心了很多。他把手臂轻轻搭在K太太的肩膀上，说他非常喜欢她。这时，理查德突然想到他把舰队落在家里了，没带来。（以前他没带舰队来的时候，都会说清楚原因。）理查德看见史密斯先生正朝这边走过来，所以，如果他今天没有在这里等K太太，那她就会单独和他碰面。理查德装作轻松地说："史密斯先生来了。"他很快就把话题转回刚才的面谈时间上。

进入游戏室后，K太太讲起理查德最近对她和史密斯先生碰面所给出的评论，并说他在那个拐角的地方等她就是想知道她来游戏室的路上会不会遇到史密斯先生。当K太太去杂货店或是伊文斯先生的店时，他就会怀疑和嫉妒。过去，他曾多次表达过这一点，昨天也是这样。

理查德用锐利的眼神看着K太太，并问伊文斯先生是不是非常喜欢她，有没有"给"她很多糖果。

K太太诠释：理查德对她曾遇到或认识的每一个男性都感到嫉妒。即使他知道K先生已经去世了，但还是会嫉妒他。他提及K先生时，就好像他还活着，而这不仅表示他认为K先生仍在K太太体内，也表示K先生代表现在有可能和K太太发生性关系的所有男性。同样，他也很不信任母亲。

理查德在桌子前面坐下，并向K太太要了画本和铅笔。这时，K太太发现她忘记把画本从家里带来了。她说很抱歉。理查德努力控制住自己的情绪，并说他要在之前那些图的背面画画。他先画出了三面并排的旗子，分别是纳粹党旗、英国国旗和意大利国旗，然后唱起了国歌。接着，他画了一些音符，并按照这些音符哼出旋律。他还写到：三加二等于五，但没对此做任何联想。接着，理查德在另一张纸上涂鸦，他快速又用力地画着圆点，然后写出自己的名字，再用涂鸦把名字盖掉。从理查德的动作和脸上的表情能看出，那些他努力压抑的愤怒和哀伤现在在慢慢显露。他脸色苍白，表情痛苦，像是完全变了一个人。K太太忘了带画本来，让他既难过又愤怒。

K太太诠释：当她说没带画本过来时，他感到好母亲变成了有敌意的坏母亲，且还和坏父亲（史密斯先生）联合起来对付他。从他刚才画的旗子就能看出来：代表他自己的英国国旗被挤在代表敌人的德国和意大利国旗之间，还有另外一个原因让他觉得母亲和K太太与他敌对，那就是，当他未从母亲那里获得充足的奶水和关爱且备受挫折时，就会偷偷地用尿和粪便弄脏母亲；所以，他认为母亲让他受挫是惩罚他。K太太也指出，他嫉妒那些和她有关系的男人——包括史密斯先生、杂货店老板和伊文斯先生，但又想要让自己相信他们是好人。他也怀疑他们对K太太和他是否真心，是否是表里不一的“大坏蛋”。“好的”K太太和“浅蓝色”的母亲在理查德心里是和蔼可亲的，但他也不信任她们；当她们给他的爱和仁慈（现在是以画本为代表）一旦有所保留，她们就会立刻变成他的敌人。

理查德愤怒地涂鸦。他发出“小羊赖瑞”那样温柔的声音，但转瞬又开始发出怒吼。他把所有的铅笔都削尖，偷偷瞄了瞄K太太，看她有没有在注意他，然后迅速地咬了那支经常代表母亲的绿色铅笔（以前他从没有咬过或破坏这支铅笔），并把有橡皮擦的那头放进卷笔刀里削烂……理查德在第四十三张画上涂鸦，画上有一架高射炮正对准上方的圆圈开火，而K太太之前说这是代表理查德在攻击母亲的乳房。

K太太诠释：咬铅笔及偷偷把橡皮擦放进削卷笔刀里削，都是说明他已经偷偷地吞噬、摧毁并弄脏了母亲的乳房。每当他感到自己受挫时，这些感觉就会出现，但是，他也觉得每次的受挫和不满足，都是自己攻击并摧毁母亲乳房而受到的惩罚。现在，同样的感觉也出现在他和K太太的关系中——铅笔代表她和母亲，所以他才会避免让K太太发现他做的事。

理查德走进庭院时，看见有一个男人站在对街的庭院里。理查德焦虑地说："他在看我们，别说话。"又压低声音说，"你快跟他说'走开'。"K太太照做了，但男人并没有因此离开，理查德只好回到游戏室里，而且是蹑手蹑脚地走进来的。理查德从架子上找到一个橡皮环，把它往凳子上丢，然后又丢向天花板，还自言自语："可怜的家伙。"他看到橡皮环向橱柜的方向滚去时（在此之前他已经把橱柜关上，以免球滚进去），就马上把它捡了起来。

K太太指出，"可怜的家伙"代表她的乳房和性器官粗鲁地顶着其他许多男人的性器官（凳子）——包括史密斯先生、杂货店老板和伊文斯先生。他通过这个方法惩罚并虐待父母。他不信任他们，又为他们难过（注记Ⅰ）。

理查德在纸上写下几个字，然后用很不屑的语气读出来："周一我要回家看保罗，哈哈哈、嘿嘿嘿、呵呵呵。"

K太太诠释：理查德是表示他很想离开她，也很高兴能回到保罗身边。因为他在K太太这里不仅感到受挫（K太太忘了带画本），还感到嫉妒。他觉得K太太更喜欢史密斯和伊文斯先生。他想表现出自己根本不在乎的样子，另外，他很得意能用遗弃她的方式来惩罚她。他和保罗联合起来对抗代表母亲的保姆的时候，就有同样的感觉。他写下了"呵呵呵"，说明他认为自己像"呵呵爵士"，即他提到的那个最可恶的叛国贼。他觉得，只要自己偷偷啃咬并轰炸父母，就会变得和呵呵爵士一样。

理查德来到窗边看外面，然后小声问："为什么我们不一天见两小时？"（注记Ⅱ）。

K太太问他，是不是指一天见两次面？

理查德说："不是，是一次两小时。"

K太太诠释：她没把白色画本带来，他很不高兴。白色画本代表他和她的良好关系以及她的好乳房，也和昨天的银河有关。他小时候曾认为母亲的乳房没有给他充足的奶水，而换成奶瓶后，他更感到愤怒和受挫。他讨厌奶瓶，且怀疑它是坏东西。K太太把白色画本换成黄色的，让他想起了小时候的感觉，而今天，他什么都得不到。

理查德仔细地画着第四十九张画。画的过程中，他说这张图和以前的完全不一样。画完后，他说这是一只老鹰，并指着中间浅色的区域说那是老鹰的脸和嘴。然后，他把外套拉上来盖住耳朵，只把脸露在外面，他说这只老鹰就是这样做的。

K太太诠释：躲在外套里的老鹰，代表在K太太（及母亲）体内的理查德；他进入了她的身体、伤害并吞噬她。图上黑色的老鹰也代表父亲的性器官，它会把母亲弄脏并摧毁她。另外，老鹰也代表理查德的内在，K太太和母亲都进入了他的内在。K太太提醒，一开始是戴着浅蓝色皇冠的皇后，后来变成一只会吞噬的鸟，它不但有一张大嘴，还有“可怕的‘大便’掉出来”（第四十五次面谈）。理查德认为，自己体内含有这只会吞噬的鸟——以老鹰为代表。理查德把这只老鹰涂黑，代表他用“大便”把鸟——母亲涂黑，接着她又把他的内在弄脏（注记Ⅲ）。

理查德把年历拿出来，翻看着里面的图片。他非常喜欢里面的风景画，还称赞水仙花很美。

K太太诠释：理查德认为自己和母亲的内在都很坏，且危险又肮脏，所以他想通过欣赏风景画来获得一些安慰。

理查德问K太太，昨晚有没有去看电影，如果没有，那她做了什么。

K太太提醒说，昨天他在翻看年历时，就曾要求她把秘密告诉他，今天他在表达对她的怀疑，怀疑她和不同的男人发生性关系。

面谈结束之前，理查德爬上一个宽大的架子，打开放在上面的急救箱看了看，然后用手摇了摇箱子上的架子，看它是否会掉下来砸到他……理查德告诉K太太，以前他去了炸鱼和薯条店，但他只吃了薯条并没有吃炸鱼。他讨厌在那么肮脏又恐怖的店里吃炸鱼，店里全是可怕的脏小孩，他非常讨厌他们。他在那里没有遇到红发女孩，但碰到了另一个讨人厌的笨蛋。如果杀人不犯法，那他一定会杀死那个笨蛋的。

K太太诠释：他以前根本不敢进卖炸鱼和薯条的店里，现在他敢进去了，说明他已经没那么害怕其他小孩了。另外，这也代表他非常想探索母亲的体内，看里面是否充满有毒且肮脏的小孩。他这么想，是因为他认为自己轰炸了他们，并把他们弄脏。K太太提醒说，玩具游戏中的“贫民窟”里也全是疾病且肮脏的小孩（第十六次面谈）。

理查德和K太太一起离开。当他看见K太太朝回家的方向走的时候，表现得又惊讶又懊恼。但实际上在面谈过程中，理查德曾说过他知道K太太在周四时往往会直接回家，而不会去村里。也许就是这样的失落感让他今天做了到K太太住所附近等她的决定，这很不寻常。

理查德的母亲打电话给K太太，她说这天下午理查德看上去很难过，也很忧愁。他告诉母亲他很难过，并且决定上床睡觉，以前只有在生病时他才会这样做。自从父亲过来后，理查德就变得非常难缠、爱发怒且情绪化。这天下午和晚上，他都显得非常抑郁。

第五十六次面谈注记：

Ⅰ. 在最近几次的面谈中，能看到他偏执焦虑和忧郁焦虑的交替速度加快。我在之前的注记里说过：理查德开始对敌人产生了更多的同情心，而这说明他越来越接近忧郁心理位置。我曾多次指出，忧郁心理位置也会带来被害焦虑，只是主要的特征还是忧郁焦虑、罪疚感以及修复倾向。

Ⅱ. 在这里，理查德显露出他对于拥有能完全满足、哺育他的乳房的渴望（理查德婴儿时期接受哺乳的时间非常短，也没有获得完全的满足）。婴儿和母亲乳房间的关系非常重要，在前几次的面谈中已完全彰显出来。在第五十四次面谈中，黄色画本带给他的挫折和深层焦虑表达出他对好乳房（白色画本及我洋装上的“银河”）的渴望，可以说这个渴望从未消逝过。白色画本代表他能完全信任母亲；我带错画本，让他对我产生出不信任，也促使他对母亲的早期疑虑再次出现。在这次面谈过程中，理查德问我为什么不安排连续两小时的面谈，当时他所表达的正是渴望获得能完全满足他的哺育情境，即从两个乳房都获得满足。这不仅是退行至婴儿期的表现，我变得不可靠也是让他失望的一个原因。总体来说，我认为这样的现实情境因素持续运作，而且与退行现象并存，也说明即使出现退行，更为成熟的自我仍起某种程度的作用。我们通过诠释和自我中还没退行的那一部分接触，也只有这样，诠释才能产生作用。对于理查德来说，我先是买错了画本，后来又忘了带，这证明了我非常不可靠。另外，我最终将会离开他的事实，所引起的不信任感及他对母亲的疑虑都因为这个加深了。通过精神分析理查德在现实情境中的感受，我能够进一步分析出他在婴儿期所经验到的不满足和怀疑。

理查德在这次面谈一开始就对史密斯先生表现出强烈的嫉妒。通过这个能看出他严重怀疑我会趁他不在时和史密斯先生见面，甚至发生性关系。理查德对于母亲的乳房既爱又恨的情绪再一次被唤起，并使得他对那些和我有关系的男人更直接、更强烈地表达出偏执式的嫉妒。我发现，对父亲早期的嫉妒和怀疑，来自婴儿不能享受乳房或受挫时，因为这时婴儿会觉得是别人（父亲）抢走了它（参见《关于婴儿情绪生活的一些理论性结论》，1952，《克莱因文集Ⅲ》；上面的这些观点在我的《儿童精神分析》第八章中有阐述。）这个论点能解释俄狄浦斯情结的早期阶段，即是受到这样的嫉妒和怀疑所影响。

我曾指出偏执的根源是对于内化的父亲阴茎的不信任和怨恨（参见《儿童精神分析》第九章中的“狼人”案例。）这个对内化的父亲阴茎的不信任和恨意，与婴儿和母亲乳房之间的关系有重要关联，因为原本是针对母亲乳房的怨恨和不信任被置换到了父亲的阴茎上。我认为这些都是了解偏执症的重要因素。

大家都很清楚偏执和同性恋之间的关联。我认为，同性恋的正向要素的基础，就是将对乳房的爱转移到阴茎上，并将这两个部分客体看成是一样的。同性恋的反向要素是和偏执情感的强弱程度挂勾，并取决于这几项因素：对于乳房的怨恨和怀疑、对于侵入的父亲（阴茎）的怀疑，及抚慰父亲的需求。所以，这次面谈素材中的偏执式嫉妒，与抚慰父亲的需求之间密切相关。当然，同性恋还有许多其他要素，但它们并不在我这本书的讨论范围内。

理查德多次表现出对史密斯先生的嫉妒，但也被他所吸引，还非常嫉羡伊文斯先生会卖给我糖果和香烟。在最近的几次面谈中，即理查德的父亲在X地期间，理查德的同性恋要素在他和父亲的关系中显现出来，而他想要克服俄狄浦斯嫉妒和偏执式疑虑的努力，也影响了他的同性恋要素。

Ⅲ. 这是内化紧接在投射性认同之后或和它同时产生的例子之一。对于客体遭受恶意投射性认同的攻击所产生的恐惧，加深了客体将要进入主体的感觉。进行精神分析时，一定要能区分被投射后认同之客体所入侵而产生的恐惧以及把有敌意的客体内射的过程。前者是自我变成了被客体入侵的受害者；而后者则是自我启动了内射程序，但这个过程必然会引发被害焦虑。

第五十七次面谈（周五）

理查德再一次走到K太太家附近和她碰面。他很清楚自己不应该这么做。一见到她，理查德就迫不及待地摊开手上的舰队给K太太看（这是他第一次没把舰队放在口袋里）。他看上去很友善，也很健谈，明显是很想取悦并安抚K太太。理查德马上问K太太，有没有遇到史密斯先生。K太太说，他一直在关注史密斯先生有没有出现，说明他对她的疑虑还没有消除。他们来到游戏室后没多久，理查德就看到史密斯先生经过外面。这让他安心了很多，但是，当他看到史密斯先生停下脚步和对街庭院里的老人（理查德叫他“熊”）交谈时，他又担心了起来。他问K太太，史密斯先生能否听到他们讲话，且开始压低自己的声音。

K太太诠释：理查德在她住所附近和她见面，不单单是想知道她有没有遇见史密斯先生及他们做了什么，也想进入她的卧房里看她有没有和“脾气不好的老人”发生性关系。

这时，理查德打断K太太，问她英国皇家空军最近有没有发动空袭。

K太太继续诠释：理查德想连续不断地监视她的行动，他对母亲也有过这样的想法。这不仅是因为他嫉妒，还因为他觉得性交就和英国皇家空军的空袭行动一样危险，这可能会让母亲死去；就像她遭到流浪汉父亲的攻击以及K太太在伦敦时遭到希特勒攻击一样。

理查德承认他一直都在关注母亲的一举一动，想知道她做了什么，而且也一直关注她的行踪，对她收到的每一封信都很好奇。他说：“她也一直在关注我——不，事实上她没有。”

K太太诠释：想了解母亲内在的渴望加深了他的好奇心。他怕那个表里不一的“大坏蛋”父亲（和“大坏蛋”理查德）会伤害并轰炸母亲，那样，母亲就会变成那家有毒又“可怕”的炸鱼和薯条店。因为他一直在监视母亲，所以会觉得她也在监视他［投射］，但是，他知道母亲不会这么做，所以又说：“不，事实上她没有。”

理查德走到水龙头那里喝了一口水，并表示K太太的诠释让他很受不了，希望她不要再讲下去了……他开始移动舰队，并问K太太能否帮他做一件事。

K太太问，帮他做什么。

理查德问她能否帮他把房间变暗。K太太答应了他，然后，整个房间暗了下来。理查德说，必须得像这样暗到完全看不见舰队才行，否则他的舰队就发动不了夜袭。他用触摸的方式辨认出那一艘是尼尔森（他以前曾说过尼尔森和罗德尼很像，区别在于罗德尼的桅杆有一点儿“受损”，不像罗德尼的那样尖锐）。

K太太再次诠释：理查德认为她、母亲，甚至是所有女人的性器官都是受损的，而且她们的阴茎不是断了就是被切掉了。这一点在他最早画的几张画里曾表达过，尤其是第三张画。最近他也说过男人和女人在性器官上的不同（第五十三次面谈）。

理查德开始移动尼尔森，并发出很大的声响，然后用戏剧化地说道：“他就这样前进着，完全没料到会在黑暗中被突袭。”然后，理查德让其中一艘驱逐舰出航，其他几艘也跟在后面。

K太太问，是谁在夜晚突袭尼尔森。

理查德马上回答说：“我。”他还问K太太有没有听到鬼魂在攻击尼尔森，随后他嘴里发出一些奇怪的声音。

K太太诠释：理查德想把自己变成鬼魂，在夜里攻击父亲，这样父亲就认不出来攻击的人是谁了。他也害怕他和父亲会两败俱伤，两个人都变成鬼魂……

之前，理查德曾告诉过K太太，旅馆里新来了一个让他很害怕的男孩，他很烦恼。其他人倒是认为那个男孩很和善。他知道那个男孩一定会来找他玩，然后监视他的，但也许他自己才是一直在注意和监视其他小孩的人……这时，理查德不停地打开和关掉电灯，然后他把窗帘拉开。他躲在窗帘后偷看史密斯先生是否还在，然后发现他已经离开了，才放下心来。

K太太诠释：这个舰队游戏说明了理查德在夜晚的感受。他想要攻击父母，却又有恐惧感。他觉得自己（英国皇家空军）的炸弹会落在坏父母头上，但也会因此伤害或摧毁好父母。K太太还诠释说理查德对被别人监听和监视感到恐惧。面谈开始时，他就担心他们的谈话会被监视他的史密斯先生听到，所以他故意压低声音说话。这些都和他一直想监视父母的行为有着密切关系，他想知道父母的想法并偷袭他们，但是，因为他幻想自己已经把父母吞噬了（在炸鱼和薯条店吃的薯条，以前的鲑鱼、鲸鱼，而现在是黑色的老鹰），他认为自己体内含有危险的父母，而他们会在里面监视他并掌握他的行动及想法。所以，他才会如此害怕被旅馆里那个“可怕的”男孩监视，也怕被史密斯先生或那个老人偷听。

理查德认真地听着K太太的诠释，特别关注关于他对男人和男孩的被害感这一点。他问K太太，为什么他总是会出现这样的念头；为什么K太太说的这些竟如此真实。而他很想了解这背后的原因。他走到庭院里环视四周。外面天气很好，而他却一脸严肃，且沉默不语。他看见隔壁庭院里有一只猫在破坏菜园，就拿了一颗小石子扔向它，然后回到房间里。理查德在房间里到处巡视，他很高兴昨天来的女童子军没有移动任何东西……他决定要打扫一下房间，尤其是把暖炉下面的地板扫得干干净净，然后，他又去厨房把烤炉里的煤灰清理出来。他让K太太把原本放在炉子上的斧头还放回原处，这样就没有人知道他动过了。

K太太诠释：理查德害怕她（和母亲）体内的坏小孩会弄脏她并对她下毒，也担心他自己和父亲已经把他们的坏“大便”放进了她体内。破坏菜园的猫代表的是他自己，说明他正在设法阻止这些好小孩长大。他很高兴看到女童子军没有移动任何东西，说明他希望自己和母亲的小孩不去伤害她的内在，或是代表他能修复这些伤害。另外，清扫房间和炉子也是这个用意。

理查德拿起一本书开始阅读，并翻看里面的插图。当他看到一张小孩子和小猫一起玩的插图时，表现出愉悦的神情。他对另一张有一只猫站在高墙前面的插图也表现出兴趣。

K太太诠释：理查德对小猫的图感兴趣，是因为小猫代表他想给予母亲或自己想拥有的好小孩。

这个时候的理查德陷入沉思，有点儿心不在焉。突然，他如梦初醒般凝视着K太太，并深情地说："你看上去美极了，你的脸很漂亮，我非常喜欢你。"很明显，他刚才完全没听到K太太的诠释。

K太太诠释：他对母亲和K太太内在的情况感到非常焦虑，而且他还觉得她们很愤怒，变成了"邪恶的畜生"。K太太诠释时，他发现自己不只是恐惧K太太和母亲，也希望她们体内含有的是好小孩，而心中存在的是友善的想法。他看着K太太时，发现她实际上很和善，这也表示她是那个没有受伤且会帮助他的好母亲。所以，他才会说她看上去美极了。

理查德还是像以前一样问K太太，是否要去村里或杂货店买东西。K太太说她要去鞋店。虽然鞋店比杂货店要近，能和她一起走的时间就少了一些，但理查德看上去已经满足了。鞋店里的店员都是女性，这也许是他心安的原因（注记）。

第五十七次面谈注记：

理查德对史密斯先生及其他和我有关系的男人所产生的嫉妒心，具有比较强烈的偏执特质，这是因为他的父亲住在X地。分析他的俄狄浦斯情结，让他对父亲的嫉妒及对父母性交的幻想得以完全释放。我一开始的观察是，理查德的忧郁心理位置更加强烈地显现出来，但这好像跟上述情况相悖。我的解释是，爱恨交织的情感也跟着针对父亲的偏执式嫉妒一起在分析过程中显现，而他对于父母的复杂情感也更加明显——例如，取代父亲的欲望和罪疚感及怜悯之心一起出现。当嫉妒心更为强烈时，他也更能意识到其中的偏执特质，从他经常对自己心中的疑虑感到困惑就能得到印证。

第五十八次面谈（周六）

理查德在游戏室附近的街道拐角处等K太太，很忧心的样子。一见面，他就问下星期的面谈时间是否已经重新安排了（他想回家陪放假的哥哥），然后，他说他想告诉K太太一些事情，这些让他很苦恼，但他认为到房间里再说更好一点儿。他问K太太有没有遇到史密斯先生时，正好看到他经过，便用很友善的态度跟他打招呼，同时，也关注K太太如何跟他打招呼。进入游戏室后，理查德把舰队拿出来摆好，然后把刚才想讲的事情告诉K太太。他说他的耳朵越来越痛。医生检查后说他的两只耳朵里都红红的，但右耳“一定更严重”。K太太问右耳为什么更严重，他没有回答，只是说右耳更痛。实际上，现在他的耳朵一点儿都不痛。他害怕的事是也许又要开刀了，这让他很担心。理查德说话时眼睛一直盯着对街，然后大松了一口气，说：“史密斯先生走了。”（史密斯先生刚才又停下来跟对面的老人交谈）。

K太太诠释：史密斯先生（代表K先生及父亲）一直是引发理查德被害感的因素。

理查德说史密斯先生真的是个好人……他又说昨天伊文斯先生“给”了他一些糖果。

K太太问理查德，伊文斯先生是否把糖果卖给了他。他说是，但随即就转移话题，不想承认伊文斯先生跟他拿钱了。突然，他又生起伊文斯先生的气来，说大家向他订购草莓，他却没把草莓送出去。理查德骂伊文斯先生是一个骗子，还说上周日大家排队买报纸时，伊文斯先生要他排到最后面去，当时的他真想杀了伊文斯先生（K太太当时也在排队，理查德因为她目睹了这件事，觉得非常丢脸。第二天，他明知道K太太在场，还故意问她有没有去排队。他很想隐藏自己的怒意）。过了一会儿，理查德看着路上经过的两个男孩，说他认识他们，其中一个以前也住在Z地。他说他们人非常好，还说他们并没有监视他，不像他似的要随时随地监视其他男孩。这时，理查德一边开始排列舰队。他拿起尼尔森放进嘴里并咬了它的桅杆，然后开始追一只绿头苍蝇，并叫它“绿头苍蝇先生”。一开始，他想拍死那只绿头苍蝇，后来又用手指抓住它，说它企图逃离监狱，但最后还是把它放掉了。

K太太诠释：尼尔森的桅杆之前都是指父亲的性器官，现在它也代表史密斯先生的性器官；绿头苍蝇也是这个意思。理查德试图摧毁父亲和他的性器官，他刚才咬了尼尔森的桅杆，说明他认为自己已经将父亲的性器官吞下去了。绿头苍蝇也代表父亲，理查德又为他感到难过。他放走绿头苍蝇，还有一个原因，就是想要摆脱这个他渴望拥有并吞并的性器官。他不但非常不信任它，还很惧怕它。正因为他对父亲和他的性器官有攻击欲望，他才一直觉得自己会遭到父亲的报复。

理查德继续摆弄舰队，他先放了几艘驱逐舰，又拿来一些潜水艇，最后是两艘巡洋舰；每一组舰队的船舰并排着，并且组和组之间离得非常近，几乎没有什么空间。理查德说巡洋舰代表他和K太太。过了一会儿，他让尼尔森自己出航，并绕行桌子一周，最后躲在峭壁（用K太太的袋子和篮子做成的）后面。罗德尼马上跟了过去，想找到尼尔森和他会合，而尼尔森也想回到罗德尼身边，但是，罗德尼却朝反方向驶去，竟和尼尔森擦肩而过。理查德叹道：“可怜又寂寞的尼尔森。”罗德尼藏到了峭壁后面，尼尔森则驶进港口。这时，理查德在代表他自己和K太太的巡洋舰中间放了一艘潜水艇，并说它是波比。放好后，他马上让尼尔森驶向他和K太太的巡洋舰，并且发出很大的动静。

K太太问，尼尔森是在生气吗？

理查德说，是的，而且尼尔森质问他和K太太在做什么，但是，当尼尔森来到代表理查德的巡洋舰旁，紧靠着他停下来的时候，它的声音突然停止了。

K太太诠释：游戏一开始时，他为了让父母能愉快地独处，于是决定放弃母亲而选择了K太太，就像他以前经常去寻求保姆的关爱一样，但是，后来父亲被排挤而且落单了，然后，他再次让母亲跟着父亲，想要帮他们重聚，却又怕自己不能让他们快乐。最后，父母还是没有找到对方。在理查德和K太太之间的波比代表他自己的性器官，他把性器官放进K太太体内，激发了父亲的愤怒，并且想阻止他。K太太和保姆都代表母亲。所以，理查德很害怕父亲会介入进来并攻击、伤害他的阴茎，而现在，史密斯先生代表父亲。理查德和父亲会合，不仅为了安抚父亲，还是因为他同情“孤独的尼尔森”。现在，代表父亲的尼尔森和代表理查德的巡洋舰紧靠着，代表他们把性器官放在一起了。

理查德不赞同这个诠释，并说自己不可能有这样的欲望，更不会用自己的性器官做这样的事。

K太太诠释：理查德对父母的这些欲望被各种各样的恐惧掩盖了。其中一个恐惧就是害怕被遗弃的父亲会具有威胁性和危险性。理查德也觉得自己的性器官不够大、不够好，且在母亲体内或许会受伤或甚至不能抽出来。但是，即使被这些恐惧支配着，他还是希望和母亲性交，想把性器官放进她体内。为了取代父亲，他必须把父亲赶走，让他落单或是杀了他。另外，他还有一个藏在心底深处的欲望，就是想和父亲——即史密斯先生做爱，这表现在他让尼尔森和代表自己的巡洋舰紧靠在一起。

这时，理查德把尼尔森移开，让罗德尼从峭壁后面出来。虽然他已预留了足够的空间，但在罗德尼掉头时，她的船尾还是碰到了尼尔森和理查德的船尾。最后，她来到了代表理查德的巡洋舰旁。理查德说，母亲（罗德尼）也质问他在和K太太做什么，然后，他赶紧把代表波比的潜水艇从他和K太太的巡洋舰间移开并说：“现在性器官不在里面了……”突然，理查德把整个舰队都打乱了。现在，所有船舰都倒了下来躺在那里，只剩一艘驱逐舰在那里站着。理查德说，这是吸血鬼号，也是英国海军唯一幸存下来的船舰。理查德赶紧把所有船舰扶正，并说现在整个舰队都是德军的。尼尔森变成了提尔皮茨号（Tripitz）并向前行驶。这时，原本躲在峭壁后面的吸血鬼号突然出现，开始攻击提尔皮茨号。另外，还有几艘船舰也过来支持提尔皮茨号。双方交战的结果现在还不知道。理查德突然问K太太有没有刀子，于是她拿了一把小刀给他。他拿起小刀刮了刮尼尔森的桅杆，说要把坏的部分刮掉。现在，小刀是美国的基地，任何国籍的人都能进去。

理查德说，美国没有参战——喔不，他们有参战。这时，吸血鬼号又变成了德军，并和日本以及俄国的巡洋舰轮番进入港口，然后一连串的战争开始了。俄国不再和英国同盟，而是加入了日本和德国的阵营。最后，有几艘船舰转变了阵营，变成了美军并去帮助吸血鬼号（这个时候又变回英军）以及英国的舰队，然后游戏就结束了。理查德跑去水龙头那里喝水，并把水槽装满水。

K太太诠释：战败的英国海军舰队代表他的家人，吸血鬼号代表理查德。前几天，他曾说自己是“最大的驱逐舰”（第五十三次面谈），但他也觉得自己已经吃掉并吞并了其他人，尼尔森才会因此突然变成德军的提尔皮茨号。全家只剩下他一个人活着，他不但孤苦无依，也没有盟友。他认为家里的每个人都被他攻击、背叛和遗弃。因为他幻想自己体内含有全家所有人，他不但能感受到家人的愤怒和在他体内对他的攻击，也能感受到他们的不快乐。这更加深了他的不快乐和孤独感。游戏最后，他想通过美军的支持让好父母复活。就在这时，他到厨房去喝水并把水槽装满水。水槽代表他的内在，而水代表好母亲的好乳汁。

理查德一直看着暖炉，暖炉现在是关着的。他问能否用暖炉烧自己，它关着的时候里面是否有电。他不安地摸了摸暖炉，然后打开开关，看到暖炉慢慢发红。然后，他又伸手把暖炉关掉，说它变得太红了。

K太太诠释：这和“耳朵里面发红的感觉”有关联。

理查德说，他想把暖炉里那些发红（效仿〔Imitation〕）的煤炭拿出来。他慢慢变得很愤怒，并说想把那根断掉的发热管拔起来。他问K太太，如果暖炉是她的，他能不能这么做。

K太太说，即使暖炉是她的，她也不能让他破坏它。

理查德又问，要是在K太太家，他能不能把桌子打坏。

K太太说，她不允许他弄坏整张桌子，但如果只是刮伤它或在上面留下印子就没关系。她可以拿木块或别的东西给他切。

K太太诠释：他的这些问题都表明了他的摧毁欲望以及对摧毁K太太感到恐惧，而K太太体内含有K先生；暖炉的发热管代表她体内那个男人的性器官。他对父母也是这样的感觉。所以，不管他有多愤怒，他还是希望

K太太能制止他的暴力行为。他认为，她应该要阻止他摧毁父母和攻击自己的性器官；他刮吸血鬼号的桅杆上的那些坏东西，就是表示切除自己阴茎上那些危险的坏部分。理查德认为自己内在有很多迫害他的人，而他的性器官里也有很多坏的性器官。他不想要这些坏东西，就像之前想赶走史密斯先生和绿头苍蝇先生一样。暖炉还没打开时，他突然问能否用暖炉把自己烧死，说明他不确定他的内在是否着火了。又红又痛的耳朵代表父亲的性器官在他体内燃烧，如果他烧毁父亲的性器官，它就会用这种方式报复他。

理查德又跑去水龙头那里喝水。半路上，他捡起一个橡皮环，使劲咬它，说它的味道真不好，然后，他走到水龙头前凑上去喝了一口水，说这才是好味道。走出厨房前，他又把水槽装满水，然后跑到外面去，叫K太太去把水池的塞子拔掉，而他则是好奇地看着水是如何流走的。

这次面谈的过程中，理查德并没有向K太太要画本，这明显是因为她昨天没把它带来（注记Ⅰ）。面谈过程中，他对于路人及内在客体的被害感降低了。当英国舰队全军覆没，只有他自己活下来时，忧郁显现出来，但并未持续多长时间。后来，他还是找到了一个更能让自己接受的解决方法，说明他并没有完全绝望（注记Ⅱ）。

第五十八次面谈注记：

Ⅰ. 我认为理查德一定是在担心我又忘了带画本来，但我的感觉是，他今天根本不想问，他怕问了会再次失望，所以就压抑了自己对画本的兴趣。这个态度说明他想让自己忽视那个渴望拥有的客体并否定其重要性，为的是避免怨恨及摧毁他爱的人而造成的罪疚感与忧郁，但是，这样的躁症防卫机制并没有完全成功。理查德在怨恨和愤怒下，让代表全家人的英国舰队全被击沉，然后便是感到罪疚、孤独和绝望。另外，他的同性恋欲望也随着他转而想要父亲的阴茎（咬尼尔森的桅杆）。显现，并因为受到母亲乳房的挫折而增强。

虽然理查德在这次面谈中经常表现得很忧郁，但整体来说，他并没有完全绝望。我认为，最近这几次的分析已经成功帮他减轻了忧郁和被害焦虑，让他能重新获得希望。我又变成了那个爱他的好母亲，而他也能慢慢接受对他有帮助的诠释。这个过程表现在他去水龙头那里喝“好”水。

远离罪疚感和忧郁的决定因素是和原初以及特定客体（即母亲的乳房和母亲）的关系，转而从其他关系来经验这些情感，是妥协的一种常见现象，也是对抗忧郁心理位置的躁症防卫，但这样的防卫未竟全功。很多病人往往会感到罪疚或忧郁或因为一些微不足道的事情引发罪疚感，但是，在移情情境中所感受到的罪疚通常很难克服，因为所有和原初客体有关的情绪在移情情境中会全部再次出现。

Ⅱ. 精神分析进行到这个阶段时，有一些行为已经变成了习惯行为。理查德通常会在面谈一开始就问英国皇家空军的空袭情况。其实他每天都收听早间新闻，他早就知道答案了，他只不过是想从我这里再次证实。这也代表他想知道我晚上过得好不好。就像第五十七次面谈的素材显示的那样，英国皇家空军的空袭行动也代表坏性交，会威胁我和他母亲的生命。

另外，面谈开始时，在玩游戏之前他一定会去喝水，这也变成了惯例。他想通过这个方法向自己保证他一定能在精神分析过程中有所收获。他还会问我有没有去看电影或问我前一天晚上做了什么事。这些问题代表两个方面：一方面，他担心我因为给他做精神分析而没有力气去看电影；另一方面，他怀疑我和“脾气不好的老先生”或史密斯先生在一起。理查德的俄狄浦斯情结在这时完全显现出来，嫉妒也达到最强。

第五十九次面谈（周日）

理查德又来到K太太住所附近和她会面，他很明白这样做等于是占K太太的便宜，于是用故作轻松的态度来掩饰自己的羞愧。他问K太太有没有猜是谁在等她——是否猜可能是K先生？他说现在他好了，耳朵不痛了。他今天还穿了新衣服。K太太去拿游戏室钥匙的时候，理查德在外面等她。她出来后，他问她碰见了谁，是不是只有那位（保管钥匙的）老太太，还有没有其他人在？一路上，理查德各种提防，也非常注意身边每个经过的人。他要么不断转过身去查看，要么就很注意身后的动静。他说今天是周日，所以不可能遇到史密斯先生，并指出史密斯先生在工作日早上从家里走去上班的那条路。他说今天路上的人很少，就算遇到人，他也不怕了，但他又小声说，还是不能太掉以轻心……到了游戏室后，理查德说他没有带舰队来，因为不想带。他去喝了口水，然后就跟K太太要画本，但他马上又改变了主意，要K太太把整个篮子都给他（里面装有玩具、画本和铅笔）。他着急地在里面又翻又找，拿了几样东西出来。他先看看拿出来的小荡秋千，然后变得焦虑起来，说这个秋千有问题，有一边好像松了。刚一说完，他马上把秋千放回篮子里，再把篮子往外推，说这是受伤的母亲。理查德开始画图（第五十张图），这还是一张铁路图，上面有火车从“罗斯曼”（Roseman）开往“汉姆斯威尔”（Halmsville），但他又把Hamsville拼成了Halmsiville。K太太指出后，他强调说，他想写的是Hamsville，只是没注意到写错了。他承认了这个错误后感到惊讶并马上改正，但对于Halm却没有再做进一步的联想。理查德变得更忧郁，也越来越不能配合精神分析。他把铅笔放在纸上当火车，说火车要从罗斯曼开往汉姆斯威尔，其他火车则从威灵开往路格，这两条铁路在中间交会。这时，理查德时不时把黄色铅笔放进嘴里。

K太太诠释：图中的两条铁路在中间交会，说明代表阴茎的罗斯曼有可能变成危险的鲸鱼，但他想要否认这一点，所以只让铅笔火车从“罗斯曼”开往“汉姆斯威尔”。他这么做是因为害怕自己的耳朵（即“路格”）要开刀。他认为鲸鱼（内在的坏父亲——性器官）正在进入他的耳朵。

这时，理查德打开暖炉，看着里面的发热管慢慢变红。

K太太诠释：发热管代表他那正在发红的耳朵。

理查德同意这个诠释，但他又把暖炉关掉，说它们现在又变白了。

K太太诠释：他担心和内在的坏父亲（鲸鱼）搏斗后，耳朵就不能再变白了。他的耳朵也代表性器官，他对耳朵开刀的恐惧和以前性器官开刀的可怕经验有关联。昨天，他问K太太，如果暖炉是她的，他能否把坏掉的发热管拔掉，发热管代表的是父亲的危险性器官。另外，他还担心一旦关了暖炉，就会把K太太内在和他内在的所有东西都杀死。K太太提醒说，关掉暖炉在以前代表结束掉母亲和K太太内在的生命。以前他梦里那辆有很多车牌的黑色汽车（第九次面谈）就代表死去的母亲和死去的小孩，而这和开关暖炉的动作有关联：开代表生，关代表死。

理查德不高兴地说他不想听了，他想出去。他走到庭院四处看了看，但什么也没说，和以前有些不一样。然后，他说庭院里有这么多野草非常糟糕，应该要整理干净才对……回到房间后，他在纸上不停写着他的名字，但这一次没有在名字上面涂鸦……理查德问K太太，假如精神分析师真的生起气来，会不会对他自己或病人造成伤害。

K太太诠释：理查德认为自己伤害了她，所以觉得她会生气。他想把庭院里的杂草清理干净，让庭院恢复整齐，说明他想把坏宝宝和性器官都扯出来。关掉暖炉一定程度上也是这个意思，但他又害怕这样做会让母亲死掉。他在纸上写下自己的名字，但没有在上面涂鸦，说明他承认自己一旦愤怒或嫉妒，就会危害K太太和母亲。

理查德说，这是没有用的。K太太问他，是不是指精神分析工作。他说是，他明知道精神分析工作是有帮助的，但还是不想承认它是有用的。

K太太问理查德，是不是因为她马上就要离开他，他才会这么觉得。

理查德承认是这个原因并说他很担心K太太离开。精神分析工作只剩下短短几个星期，真的能帮助到他、真的有用吗？

K太太说，即便只有短短几个星期，精神分析也是有价值的。

理查德看上去稍微安心了一点儿，并开始画第五十一张画，但在画画之前，他问了一系列的问题：K太太昨天晚上去了哪里？是在家里吗？她和K先生用什么语言交谈？是奥地利话还是德文？K先生在上次战争中是和英国敌对吗？匈牙利和奥地利是不是站在德国那一边？K先生的领子和领带的样式是不是跟他身上的一样，还是更老气一点儿？他的教名是什么？（理查德表现得很焦虑且极具被害感。）

K太太诠释：晚上的时候，他很担心她，现在这个担心因为她就要离开他而加深了。他怕她变成邪恶的畜生母亲。在他的幻想中，这个邪恶的母亲里面充满了邪恶的畜生父亲。这让他对代表父亲的K先生更加好奇，他很想知道K先生的阴茎到底是那有毒的、发红发热且会吞噬的鲸鱼（即会伤害K太太），还是好的"罗斯曼"。他对母亲和自己的内在也有相同的恐惧感。K太太提醒说，之前他画的那只老鹰（第四十九张画）代表被下毒且有毒的黑色母亲，里面含有鬼魂父亲。

理查德看了看这张画，变得很害怕，说它非常吓人，然后，他在浅色的区块里画了一个椭圆形。

K太太诠释：现在这个张开的嘴巴（椭圆形）代表被吞噬且会吞噬的父母。

之前，理查德曾问K太太能否把周二的面谈时间往后延一些，这样他就能搭乘火车回X地，而不用坐公交车，因为坐公交车又累又不舒服。

K太太说因为不能改时间她非常抱歉，但她说她会打电话给他的母亲，看能不能有其他安排，让他不用坐公交车回来。

一听到她说不能延后面谈时间，理查德很失望，他的脸色变得惨白，眼中也泛着泪光。当K太太说到会和母亲商量一下这件事时，他才稍微平静下来，但这件事明显让他受到了很大打击。

K太太诠释：只要她不按照他的想法去做，就马上从好母亲变成了会遗弃他、让他孤军奋战的希特勒母亲（注记）。

理查德继续画第五十一张画。他问K太太是否知道他画的是什么，然后自己回答说它是齐柏林飞船，炸弹就从它中间掉下去。尼尔森的右侧和左侧都有炮弹朝上发射。一架英国军机正在轰炸齐柏林飞船，军机的右边还有一颗炸弹。画完这个部分后，他在尼尔森下面画了一条线，线的下方只有一条鱼。这个时候，理查德变得非常忧郁。

K太太问这条鱼代表谁。

理查德说是他自己。

K太太诠释：齐柏林飞船是K先生和K太太，他刚才又问他们之间的关系。K先生和K太太代表坏的或可疑的父母正在摧毁英国的好父母，但他们最终被上方那架代表理查德的英国军机炸毁，但理查德认为他一旦杀了坏父母，就会连带杀死好父母，因为他知道好父母和坏父母实际上是相同的。在这次面谈过程中，理查德再次对能帮助他的K太太表示了他的喜爱之情；但是，她也代表间谍母亲，她用敌人的语言和父亲（K先生）交谈。最后，理查德认为自己杀了所有人，全世界就只剩下他一个人——分隔线下方的那条鱼。

理查德又在下面加了第二条鱼、一些海星和几株海草。

K太太问，第二条鱼代表谁。

理查德说这是保罗。他想了一下后，改口说这条鱼是K太太，然后在旁边写上——“K太太”。他还说，其中有两只海星是他的金丝雀，另一只是波比，然后，他从1开始飞快地写下很多数字。K太太问，这些数字代表什么。他说，他只是想把空白的地方填满而已。

K太太说这些数字也许是代表人。

理查德立刻说，他们是小孩。他又看了看第五十一张画，然后说这是一张哀伤的图。

K太太诠释：这张画说明他的家人、K太太、全世界都将消失，只留下他一个人，这让他很绝望；昨天的舰队游戏也是一样，整个英国舰队都沉没了，只剩代表他自己的驱逐舰存活下来。但很快他就加入了第二条鱼（先是代表保罗，后来代表K太太），说明他还有一线希望。在他昨天的幻想中，美国最后还是帮助了英国，代表尽管他有很多恐惧，却还是希望这个分析工作以后能继续下去，而好母亲和他自己都能存活下来。

在面谈过程中，理查德看了几次窗外并注意来往的路人。他说有一位女士长得非常好笑，看上去像意大利人。一群小孩经过时，他并没有跟以前一样躲起来，而是说："他们看见我也没事。"甚至当那位红发女孩（他的敌人）和她的一群朋友经过的时候，他也没有躲，而是板起一张脸，还抬了抬下巴，说明他试图面对她们。明天，理查德的父亲就要回家了，而他的忧郁和罪疚感也因此加深了。他对周日的面谈感到矛盾；如果以后不再安排周日面谈，他就能安心回家过周末，但他也会因此感到更加失落和罪疚。他问K太太周日是否会和其他人会面，并说，她既然不见他，也希望她不要见其他人。他也知道，周日是否安排面谈，完全由他决定。

在去村庄的路上，理查德尤其注意周遭的人和事物。他问K太太去不去伊文斯先生店里买周日的报纸（之前他已经问过这个问题了，现在又问了一遍）。理查德有点儿得意地告诉K太太说，她今天去不了杂货店，村里只有一间店开着，就是药局。

一路上，理查德还会经常停下来观察来往的人。当他看到几天前捡到的那只小猫，他就卸下了心防。他的脸上又出现了光彩，他要K太太走近一点儿看看那只正坐在墙上的小猫。他抚摸着小猫，问K太太可爱吗，然后他跟小猫说话，要它乖乖回家，不要再迷路了。理查德脸上的表情，甚至是整个态度都有了很明显的转变，从忧郁、被害、怀疑和警戒的状态变成了充满爱与温柔。

第五十九次面谈注记：

很多精神分析师把受挫看成是造成被害焦虑和攻击性的原因。过度的挫折的确容易增强人们的被害焦虑，但我在这里还是要再次强调，有强烈被害焦虑的儿童（成人也一样）特别不能承受挫折，因为在他们的幻想中，挫折会让客体转变成和敌人联盟的迫害者。我认为，从出生就开始运作的摧毁冲动的投射和这一点有关联。

第六十次面谈（周一）

理查德在史密斯先生可能会经过的拐角处等K太太，明显是想监视他。今天理查德的情绪没昨天那么亢奋了，被害感也减轻了。今天的天空看上去好像随时会下大雷雨。之前理查德说过他很害怕大雷雨，现在他说他只怕闪电，不怕打雷，但很快就放弃了假装。理查德告诉K太太，母亲安排他明天坐车回来X地，这样就不用再一个人坐公交车了。K太太和理查德进入游戏室后，发现里面摆了很多袋子和柱子（女童子军要用到的东西），理查德想要偷看袋子里的东西，但后来还是作罢了。他离开前又试了一次，并说其中一个袋子里可能装了一只熊。

K太太问，是不是活的熊。

理查德说不是，但也不能肯定。

K太太说，如果它既不是活的，也不是死的，那也许是只幽灵熊。

理查德表示同意。他还是像以前一样先去喝水，再问英国皇家空军最近有没有空袭行动。然后，他问K太太能否帮他把掉在地上的外套捡起来，并说他的脚抽筋了，一弯下身脚就会痛。

K太太捡起外套并说，除精神分析外，他还要她帮其他的忙。这和他去水龙头那里喝“好的”水一样，都是要确认K太太没有生气，也没变成那个邪恶的希特勒母亲，而水龙头代表她的乳房。

雷雨渐渐逼近的时候，理查德让K太太把房间弄得暗一些，不要让他看到大雨和闪电，好让他觉得安全一些。K太太赶紧把窗帘拉上，他则跑去追绿头苍蝇。他看到窗边有两只绿头苍蝇，说：“这两只好色的绿头苍蝇，我来把它们赶出去。”

K太太问他“好色”是什么意思。

理查德说：“呃……就是肮脏，还有……”然后，他说另外那扇窗户边上还有好多只，还认为有时候它们会带着苍蝇宝宝一起来，加起来有好几百只。

K太太诠释：好色和肮脏指的都是性。那两只好色且带着宝宝的绿头苍蝇代表正在性交的父母。他对性交的父母感到又嫉妒又恨，想把他们赶出去。

理查德抓到了几只绿头苍蝇，说它们是肮脏的绿头苍蝇先生和太太，然后他又难过地说，如果它们现在出去会被雨淋湿，但应该能到家。

K太太问，它们的家在哪里。

理查德停顿了一会儿，悲伤地说："也许就在这间游戏室里。"他把暖炉打开，说有些冷，可实际上天气很闷热。外面，大雨倾泻而下，这时的房间已经完全暗下来了。理查德打开电灯，说："我们在这里还挺舒适的，不是吗？"但每隔一段时间，他就走到窗帘边看看外面，说现在外面还在下倾盆大雨，还说雨"既讨厌又肮脏"。他说他们在这里有些危险，这里只有一间屋子，不像在村里有很多房子。理查德问K太太有没有看见史密斯先生，实际上她根本不可能见到他，现在窗帘全都拉上了，而且她和理查德见面之前也并没有机会在路上遇到他。理查德一直在问她，那个袋子和柱子是干什么用的，尽管他很明白K太太和他一样也不知道。他时不时从窗帘缝里偷看外面，然后告诉K太太外面的天气情况。他说外面雨变小了，太阳慢慢出来了，山上的雨应该也会变小；这让他很高兴。

K太太诠释：理查德想通过监视来控制天气和史密斯先生，他现在代表的是K先生和父亲，要停止打雷和闪电则代表控制父亲那强有力的阴茎。K太太提到他之前的绳子游戏（第五十二次面谈），并把这个游戏和闪电击中中国大使跟这个素材联系在一起（第四十七次面谈）。理查德想要把父亲赶走，不仅是因为他想独占母亲（及K太太），也是因为恐惧；他担心肮脏的雨打在山上，就代表父亲用有毒的性器官伤害母亲。所以，他必须时刻监视父母，并让他们分开。他也会为父亲感到难过，因为父亲被赶出去后就会像绿头苍蝇一样被雨淋湿。理查德有这样的感觉，主要是因为今天早上父亲才刚离开，让他感觉好像是自己让母亲叫父亲"走开"的，就像之前他让K太太叫史密斯先生走开一样。他也害怕他因此受到的惩罚就是K太太离开他。另外，他把父母赶走——即把绿头苍蝇先生和太太赶走时，会认为连好父母也被他一起摧毁了。他之前认为很哀伤的第五十一张画，表达的就是他感觉全世界只剩下他一个人，就像两天前的舰队游戏中一样，最后只剩代表他的驱逐舰存活下来。

理查德说舰队游戏跟他画的画没有关系。

K太太诠释：他经常把舰队留在家里，是因为他认为只要把舰队和其他游戏分开，就能保证家人的安危。他们就算在其他情况中被摧毁，至少在舰队里还能存活［分裂］。

理查德说，第五十一张画中的尼尔森并未被摧毁，齐柏林飞船扔的炸弹并没有击中尼尔森，而是掉在了外面。里面只有齐柏林飞船被炸毁，而飞船代表的是K先生，不是K太太；K太太和他是线下面的两条鱼。

K太太诠释：他在画这张画的时候，认为她也在齐柏林飞船上，而且是间谍母亲。尼尔森上面的两根烟囱代表的是好父母，而好父母和代表坏父母的齐柏林飞船一起死去。画中只有那架代表他自己的轰炸机存活下来了。分隔线下面的第一条鱼也是他自己，一样是唯一的幸存者。但他无法忍受孤独，所以就画了第二条鱼代表K太太，即好母亲，还在旁边画了代表两只金丝雀和波比的海星——实际上是父母和保罗。他通过这个方式在分隔线下面让家人复活，并说线下面发生的事和上面的事没有任何关联。这说明他在幻想中，他把那个具有攻击性且会造成灾难（家人被摧毁）的自己与爱的需求及让家人复活的渴望分离了（分隔线下面的和平情境）。

这时，理查德看着这张图出神，并没在听K太太的诠释。突然，他抬起头来看着K太太，用和缓的语气问："你在想什么？"

K太太说，她一直在想刚才告诉他的那些话。

理查德说他很高兴能听到她这样讲。

K太太诠释：她提到他对坏父母的攻击的时候，他感觉包括K太太在内的每个人都变坏了，还和他敌对，所以他不想听这一段诠释。当她提到画的下方代表他想让全家人复活的那一部分的时候，她又变成了有生气、对他有帮助且会喂养他的好母亲。他只喜欢这部分的诠释，因为这证明了她也认同他的好的幻想。

雨快停的时候，理查德走出去看看四周，并说山上下了好多雨，他感到很难过，但也许下雨对有些人来说是件好事。他看见窗户上有一只大蛾，便害怕起来。他用小刀攻击那只蛾，弄伤了它，然后把它放在桌子上，兴致勃勃地看着它垂死挣扎。他对着蛾的翅膀吹气，想把上面的灰尘吹掉，后来因为他感到罪疚和害怕而不得不停下来。他准备用小刀结束那只蛾的生命的时候，夸张地描述道："现在刀子就在他的头上，他的死期到了。"然后，他又把蛾踩扁。理查德现在极其亢奋，满脸通红并得意洋洋地宣布蛾死了以及自己胜利了。他又看了它一眼，突然变得很焦虑，说它看上去很像甲虫，他很怕甲虫。这个时候，理查德变得焦躁不安、心神不宁。

K太太诠释：对他来说，那只蛾就和"绿头苍蝇先生"一样，攻击它就代表攻击父亲和他的性器官。所以在他的幻想中，蛾变成了一只让他恐惧的甲虫，而且他害怕蛾会以牙还牙反击他［被报复及迫害恐惧］。

理查德说："请你不要说它是甲虫，这样我会很害怕。"

K太太诠释：他感觉那只死掉的蛾已经变成了更让他害怕的甲虫。他刚才杀死蛾时，嘴里在磨牙，所以它不仅变成了敌人，还被他吞噬了。理查德在心中曾杀死了他痛恨的父亲，且父亲在他体内变成了坏章鱼父亲；但有时他又想拯救父母，所以他把那两只绿头苍蝇放了。他画的画里也呈现了相同的情况：一开始，他把好父母、坏父母及坏K太太都杀了，后来又让她和全家人复活。

雨停之后，理查德让K太太帮他把窗帘都拉开，他们一起欣赏从云后面露出的阳光。他还跑到外面去看山丘和庭院是否有所变化。回到房间后，他在地板上找那只死掉的蛾，结果发现它不见了，于是变得疑神疑鬼起来。

K太太诠释：他认为消失的蛾已经进入他的体内，且变成了一个内在敌人。实际上，他刚才跑出去时也许踩到它了，它可能现在就黏在他的鞋底上。

理查德同意这种说法，但他还是一脸担忧的样子……理查德开始画第五十二张画，他非常投入其中。画中有两条主要的铁路：一条叫长线（Longline），另一条叫普林肯（Prinking）。普林肯线一边通往路格和威灵，另一边通往布朗布克和罗斯曼。当K太太告诉理查德面谈结束时间已经到了的时候，他有点儿不愿意离开（注记）。他慢吞吞地收拾东西，并说“普林肯”听上去像是“骄傲的国王”（Proud King）。

K太太诠释：这指的是已被修复的父亲，因为“长线”正是代表强而有力且没有受损的性器官。另外，图上Longline的第二个n写得有点儿像v，变成了Longlive，代表长命的意思。

理查德说，“布朗布克”（Brumbruk）是棕色（Brown）的意思。

K太太诠释：被修复的父亲带着“长线”（Longline）从鲸鱼城市前去棕色的城市，代表理查德担心“骄傲的国王”（父亲）的安危，因为他要去攻击的棕色城市代表母亲的屁股，就像棕色时钟通常是指K太太的屁股。

离开之前，理查德问K太太待会儿会去哪里。K太太说要去杂货店，他问她是不是必须要去。他说杂货店老板的父亲是一位老先生，没什么问题，但杂货店老板不太友好。

K太太诠释：杂货店老板代表危险的父亲和K先生，而她一旦去了杂货店，她和杂货店老板就变成了肮脏、好色的绿头苍蝇父母。

第六十次面谈：

我认为，在病人注意力不集中、阻抗也很强烈时，只有通过诠释才能让他配合精神分析。就理查德的例子来说，当我诠释完理查德有修复家人的欲望后，他的态度有了很大的改变，变成了全然的配合。昨天我并不能完全修通理查德的忧郁，因为我在诠释中没能成功建立起摧毁和修复的关联。但昨天的面谈还是发挥了一些作用，让理查德能用更加完善的心智结构进入今天的面谈，也更能配合精神分析。就治疗技巧来说，把冲动和情境的各个面向联系起来是很重要的——在理查德的案例中就是指摧毁和修复间的关联。精神分析最主要的目的就是让病人能将分裂的心智整合起来，这样就能缓和分裂过程中引发的各种幻想情境所带来的影响。若要促进整合，精神分析师就需要密切关注素材，并适当地诠释摧毁冲动及其后果。另外，也不要忽略病人在素材中出现的爱的能力及修复欲望。这种精神分析技巧和针对病人的摧毁冲动提供再保证是很不一样的。

第六十一次面谈（周二）

理查德在拐角的地方遇到K太太，并告诉她一个坏消息。这时，来带理查德回饭店的保罗正好开车经过这里，理查德指保罗给K太太看，保罗和K太太相互点头问好。理查德很高兴，他表示希望K太太有机会能接触一下保罗，他人真的非常好，然后，他说他们家最近发生了一件不好的事，但他想等到房间之后再告诉她。理查德等到K太太和他都坐下来了才说话，他告诉K太太，今天一大早他看见父亲病恹恹地躺在地上，几近昏迷。他立刻去叫母亲过来。母亲“冲进房间”，然后保罗也来了，他们把父亲抬到卧室的床上去。理查德在讲这件事时，既高兴自己在这件事上尽了一份力，并能转述这样重要的事件，又显得忧心忡忡。他说他希望父亲能早点儿康复。理查德讲述着他将照顾父亲的过程，这表明父亲在他心中变成了小婴儿，而他自己则变成了照顾婴儿的大人。他问K太太对这件事的看法。K太太说她很同情，他听后表示很高兴。理查德说，他曾把这件事告诉过旅馆里的每个人，马上又改口说不是每个人，而是一些人。他告诉K太太，他一直到周末前他都必须一个人住在X地，不过幸好他现在感觉好多了，也没那么害怕了，他能自己一个人住。理查德解释说，父亲病倒的原因有两个：一是X地太闷热，二是他工作太辛苦了，而且上个冬天他非常辛苦。他说医生说父亲不需要动手术，他本以为需要，幸好不需要，不然父亲也许会承受不了。在讲述过程中，理查德一再表示自己尽力了，并说父亲太重了，他一个人根本抬不动。所有细节都讲完之后，理查德发生了很大的转变。一开始描述时，他强作镇定，但能看出内心非常激动，而且脸上很有生气，表情也非常丰富。现在他变得十分不安，脸色转为苍白，显露出焦虑及被害感。他又想翻看昨天女童子军留在这里的袋子，还踢了踢那些柱子……理查德坐回桌前，又提到父亲生病的事，并说父亲不用动手术真是太好了。他从口袋里拿出一把小刀，说这次他不用向K太太借，他自己带来了。他打开小刀，开始在柱子上刮，然后，他走到窗户前，背对着K太太，用小刀敲打自己的牙齿。

K太太诠释：昨天他在幻想中用两种方法对付入侵的父亲。他把绿头苍蝇先生和绿头苍蝇太太赶了出去，但发现这样会让它们在外淋雨。

这个时候，理查德打断K太太的诠释，问第二种方法是什么。

K太太诠释：他帮蛾开刀，最后杀了它；蛾代表的是父亲。刚才他要用小刀刮柱子，说明他很怕自己已经攻击了父亲。父亲病倒时，他觉得是他造成的［欲望的全能感］（Omnipotence of Wishes）。因为他感到罪疚，想惩罚自己，所以就用刀子指着自己，并敲打自己的牙齿。

K太太诠释时，理查德慢慢平静下来，脸上也恢复了血色，且表现出深受撼动和有所理解的神情。但没过多久，拿着小刀的理查德变得非常具有攻击性。他先是又砍又切那些木头柱子，然后沿着窗台刮出一条线，还想要割坏桌子，甚至差点儿把那些女童子军的袋子割开。K太太说他不能这么做。另外，他还老是把刀片放到嘴里。K太太警告他，这样会伤到他自己，他这才停止下来，然后，他又在房间里走来走去，手上的小刀不但打开着，还指向自己。K太太再次警告他，万一滑倒就会受伤，他才把小刀收起来（注记Ⅰ）。

K太太诠释：理查德感到那只受伤且被支解而死亡的蛾（父亲）就在他体内；父亲的病及他对父亲死亡的恐惧让这种感觉更深了。理查德想把这个生病的、危险的或死亡的父亲从体内赶出去，所以他用刀子对准自己，代表想伤害或杀死自己。木头柱子代表的是父亲巨大的性器官，他也觉得那柱子就在他体内，且在里面受到攻击；破坏桌子或割坏窗户都是这个意思。他对自己的攻击欲望感到很罪疚，所以想惩罚自己。

理查德很是惊恐和痛苦，他说他恨不得自己“不在这里”。

K太太诠释：他说的父亲生病的原因之一是“闷热的X地”。实际上，这也是在指K太太和精神分析工作。K太太已经变成了受伤的母亲，体内含有因为受伤而变得危险的父亲。理查德觉得非常罪疚，所以他想把父亲的病归咎于代表坏母亲的K太太。

理查德在游戏室里四处看，然后走到厨房里打开了火炉门，从里面取出一些煤灰出来。他用斧头敲了敲沥水板，他的动作十分小心，还特别指出了上面原有的一些痕迹。他还拿斧头敲炉管，并说，假如这是他家，他会把所有东西都打烂。

K太太诠释：理查德害怕她、母亲及自己的内在里面含有被摧毁的巨大的父亲性器官；他感到这个内在很危险，因为他怕父亲死亡。他觉得只有把K太太和他内在的性器官打烂，或动手术把它取出才行。他刚才用小刀不停切东西，然后又拿斧头敲打沥水板和炉管。他可能觉得只有通过手术才能根除父亲的病（注记Ⅱ）。

理查德又从炉子里清出很多的煤灰。然后，他查看了其中一个袋子，还尝试着把手伸进去了一点儿，但还是猜不到里面装的是什么。他又说里面装的也许是熊，他问K太太别人是否会介意他打开袋子。然后，理查德开始扫地，并说他想把房子打扫干净给别人使用。他还找了一支刷子刷了刷马桶，刷完后看到马桶干净多了他很高兴。理查德打扫房子的时候，只问了几个问题，最后一个问题就是英国皇家空军最近是否进行了空袭行动。

K太太诠释：理查德现在想要换一种方式来面对恐惧。如果他能把K太太、母亲及自己内在的"大号"（即甲虫、蛾以及危险的父亲性器官）都清理干净，也许就会让每个人都修复好。这说明他想根除父亲体内的病源，也代表他觉得自己的"大号"，可能就是让父亲生病的罪魁祸首。

理查德在房间和厨房四处寻找，然后在某个储柜里找到一些放了很久的东西。他打开几个盒子，拿出里面的东西来看，看完后又小心翼翼地把东西一个个放回原处，因为他怕那些女童子军发现他动过这些东西。他拿起一本书翻看里面的图片。这时，他的情绪平静了很多。他不停地问K太太今天要不要去村里，当听到她说要去邮局时，他很高兴。

K太太问他，为什么喜欢她去邮局，而不喜欢她去杂货店或史密斯先生的店。

理查德说，如果她去邮局，就能陪他多走一段路（事实上并不是这样，其实邮局离游戏室更近）。

K太太指出，他更喜欢邮局和鞋店，因为里面只有女店员，没有他害怕的"可怕的"男人，包括K先生、史密斯先生、伊凡斯先生和杂货店老板。

显然，理查德只在刚开始的时候替父亲的病感到难过。他讲述父亲是怎样被抬到床上照料时，父亲在他心中变成了婴儿，而他对父亲产生了更多的怜悯之情。这次面谈的过程中，理查德表现出的最主要情绪是内在危险（他自己和母亲的内在）引发的被害感及强烈的修复欲望（注记Ⅲ）。在房间里时，理查德不停地攻击房里的各种物品（代表内在迫害者）。他也不再像以前那样关注外面的路人。在路上走时，他对经过的小孩或大人也都没什么兴趣，此时的他变得既严肃又悲伤。和K太太道别时，他看上去在想什么事情。显然，他对父亲生病的担忧和焦虑在这个时候又出现了。

第六十一次面谈注记：

Ⅰ. 我曾说过，精神分析师有时候必须要注意并阻止儿童对自己做出任何伤害，现在我要补充的是，防止儿童伤害自己也很重要。

Ⅱ. 引起攻击欲望的一项重要刺激因素是，想通过扯出或切断被认为是客体内含有的坏东西来拯救客体。这个机制对于理解儿童的破坏行为非常重要。例如，有一个四岁的小男孩对母亲怀孕这件事感到很焦虑，虽然他有点儿期待宝宝的出生，但还是觉得很嫉妒。我认为他是害怕母亲肚子里装的是坏东西。他经常把床单、屏风的布幕、自己的睡衣剪破，要阻止他这样做的唯一办法就是把剪刀全都收起来。这些攻击很显然有一部分是针对他自己的，因为他感觉自己体内含有母亲及宝宝；另一部分则是为了拯救母亲，因为在他的幻想中，母亲里面含有又坏又危险的宝宝。这个小男孩的破坏行为很显然是和母亲怀孕有很重要的联系，但就其他儿童来说，即便母亲没有怀孕，他们也会有破坏东西的欲望。我相信，即使有其他焦虑产生，儿童一直都会有探索母亲身体的强烈欲望，及摧毁母亲体内可能怀有的宝宝或坏阴茎的欲望，即便母亲实际上没有怀孕也会这样。

Ⅲ. 在这次面谈过程中，我把诠释的重点放在理查德的被害感上，但是，我也在想一个问题：除了被害感之外，悲伤和忧虑的情绪也很明显，在这种情境下，这样的诠释是否足够。从整个面谈过程来看，在面谈结束时，理查德的被害感已有所降低，这说明我的诠释是有效的。另外，他在面谈最后，情绪转变成了哀伤并陷入沉思，所以，从这一点上也能看出这种情绪是因为被害焦虑经过诠释后才显现出来的。

我曾指出，被害焦虑会因为忧郁逐渐达到峰值而增强。被害焦虑的增强，也说明爱、怜悯和罪疚感都被遏阻了。另外，如果婴儿在出生后就有强烈的被害焦虑，那他的忧郁心理位置就不能被修通。面对强烈的被害感的时候，个体就不能让忧郁和罪疚的痛苦显现并经验这些情感。在精神分析过程中，精神分析师可能必须和病人的被害感做长期的抗战，且必须进行诠释。我们知道，每个人都有或多或少的罪疚感和忧郁，这能帮助我们更敏锐地发现在精神分析过程中这些情绪可能出现的任何迹象。相反，也有很多案例是一开始只看到忧郁及对抗忧郁的防卫机制，这时，就必须谨记被害焦虑也在运作，且一定会在分析过程中显现。

总的来说，分析时必须专注于处理当下最主要的情绪，同时，关注其他焦虑情境的出现。

第六十二次面谈（周三）

理查德在游戏室外和K太太见面。他的表情严肃而哀伤，但被害感好像降低了。他说他接到母亲的电话，母亲告诉他父亲昨晚的情况不错，医生也很满意，他听到后很高兴。进入房内后，他和K太太说母亲让他问能否把周五的面谈改成下午，让他能周四晚上回家，周五再赶回来。他问这件事时显得很担忧，即使K太太立刻就表示同意，他还是问她什么时候能确定下来改时间的事，还问了两次。

K太太强调说，可以改时间，并说他好像不敢相信自己希望的事能成真。当他终于确认K太太同意改时间，他也真的能回家，而且K太太和母亲之间不会有冲突的时候，脸上显露出喜悦之情。

理查德四处张望，他想看昨天那些女童子军是否动过房里的东西，当他看到所有东西都正常时，他很满意，然后，他发现有一些袋子和柱子被搬走了……他又一次强调他很高兴父亲的病情能好转，然后，向K太太讲述昨晚发生的事，他说保罗在旅馆陪他，直到吃完晚饭才离开。保罗还让旅馆里的人“好好守规矩”。

K太太问理查德，这是否表示他很喜欢保罗来陪他，而且说明保罗对他很好。他说现在旅馆那个男孩不来烦他了，女服务生的态度也变得很友善。保罗离开后没多久，他在床上看书，想安慰一下自己，但他还是觉得很孤独，就边哭边睡，哭了没多长时间就睡着了。这个时候，理查德抬起头来看着K太太说：“我知道你替我感到难过。”他又说想请求K太太一件事，但她一定不会同意；他非常希望晚上能来找她，还想在她家里住，跟她睡在同一个房间。他疑惑地问，这样是否就是代表他想把自己的性器官放进她里面？问的时候，他把两只手的小指都放进嘴里（注记）。

K太太诠释：虽然他有时候是想把性器官放进母亲里面，但他对这种行为感到很害怕。昨晚他感到孤独和不快乐的时候，不是因为这件事。那时，他希望代表母亲的K太太能来安慰他、爱他、陪他睡觉并抱抱他。他也想吸吮她的乳房，他刚才放进嘴巴的两根手指就代表她的乳头。理查德想要变回小婴儿，这样他不快乐时就能躺在浅蓝色好母亲的臂弯里让她呵护。K太太问他昨晚上床睡觉前曾想了哪些事。

理查德说，那个时候他很希望自己在家，他想着父亲、母亲和父亲的看护。那个看护看上去是个好人，他想多看她几眼……理查德开始画画（第五十三张画）。他也看了看第五十二张画，认为布朗布克代表棕色这一点非常有趣，还说到画中那个鲸鱼城市。他指出第五十三张画的左半边有一个调车场，晚上好几十辆火车会在那里睡觉。

K太太诠释：理查德想和保罗一起上床睡觉，而且是和好几十个代表好哥哥的保罗一起，而且他们会把性器官放在一起；小时候每当他感到孤独及被母亲遗弃时，他就是这么想的。K太太指出，他今天用棕色铅笔画这张图，和以前的习惯不一样，而刚才她在诠释时，他还把铅笔放进嘴里。调车场里那些在火车尾端的黑点代表他的粪便以及自己和母亲的内在，他认为自己已经把这些东西都吞进去了。把母亲体内这些棕色的东西清理出来吞掉，也代表吃掉鲸鱼和父亲的性器官。他想获得父亲那吸引人的性器官，也就是长线、国王以及罗斯曼，但也因此感到非常恐惧，所以转而投向他认为更好、更安全的保罗的性器官。

理查德不同意这个诠释，并解释说，他今天用棕色铅笔是因为这支笔削得最尖。但好像他自己对这样的辩解并没什么信心，又说："……至少是这里面最尖的一支。"画中除了写有"往路格"（to Lug）这几个字外，只写了"林基"（Rinkie）；他说这个字的前半部分是Rink（溜冰场），而后半部分的Kie代表Key（钥匙），这个拼法很有趣，但他还是觉得这是代表钥匙的意思。……理查德说话时，还一边玩着刚才坐下来时顺手捡起的橡皮环。之前K太太问他孤独时心里在想什么的时候，他把橡皮环弄成"B"的形状，然后又说到父亲的看护。

K太太说理查德对乳房的渴望，表现为刚刚B的形状和吸吮两只小指的动作。他想见到父亲的看护，是因为她让他想起小时候他很喜爱的一位保姆。之前，在母亲回去Y地期间，保姆曾过来X地陪他住了几天，他很想念她。现在，生病的父亲必须要看护照料，所以他觉得父亲变成了小孩——也许是变成了他一直预想母亲会生的小孩。他很嫉妒将成为新生儿的父亲，他害怕自己失去母亲和保姆的爱。另外，父亲变成小孩的感觉，让他想要变成婴儿的欲望再次出现［退行］。假如这个愿望不能达成，他就会去寻求保罗的陪伴和爱。

K太太诠释的时候，理查德好像很感兴趣，态度也很友善，但当她提到他的孤独感的时候，他露出哀伤的神情。他把橡皮环放到头上，微笑着说："你看，我的头上有光环。"然后露出一个天真无邪的表情。

K太太诠释：理查德感觉自己像个天使。他喜欢K太太替他感到难过，也想要博得她的同情，所以他把自己装得像"小羊赖瑞"一样天真无邪。

理查德认为K太太的这些诠释很有趣，他也很认同。

K太太诠释：父亲也代表他自己的小孩。虽然他既害怕又讨厌那些贫民窟的脏小孩——他们代表受伤而危险的小孩，但实际上他很喜爱好小孩。

理查德完全认同K太太的这个诠释。他说父亲吃的是班杰食品，这难道不是婴儿食品吗？……现在，理查德变得非常焦躁不安，他走到窗前看着外面。他看到史密斯先生路过，于是向他招手并微笑，史密斯先生也友善地回应了他。他非常高兴地坐回到桌前，并没有对史密斯先生做出任何评论，也没有问K太太今天是否遇见过他，这和以往很不一样。然后，理查德在口袋中摸索小刀，但他好像自己也不确定有没有带来，最后还是找到了。他打开小刀，看着上面的商标，说："德国制。"这时他又朝窗外看，看见有一个男子路过，他说那个人长得很可怕。

K太太问他为什么这么说。

理查德说他的鼻子大得吓人（实际上，那位男子的相貌并无特别之处）。他转头看看房间四周，然后轻轻地用小刀在木头柱子上划了几下，但很快就收起来小刀。他把柱子立起来，再放手让它倒下，发出很大的声响。……理查德问英国皇家空军最近有没有空袭行动，K太太说不知道。他听后表现得不高兴，还问她早上为什么没有听新闻……理查德走进厨房，拿起斧头敲打火炉的炉管，但没敲几下就放弃了，后来又仔细检查火炉的各个部分。他先打开火炉，清出一些煤灰，然后敲了敲里面的管子让煤灰掉出来。他打开火炉的风门并研究炉子和水箱是怎么连接的，然后，他打开水龙头并装满一桶水，他要K太太把水倒掉。此时，厨房的地板被他弄得一塌糊涂。理查德看见后很担心，而K太太帮忙清理的时候，他很感激。

K太太问他，是不是怕女童子军发现他把厨房弄得这么脏。

理查德说不是，他是不想她们怪罪她。

K太太诠释：理查德在寻找自己体内那个巨大又吓人的父亲性器官，它以刚才那个男子的大鼻子及他口袋里德国制的小刀为代表；他还想知道它到底有多么巨大。他想打烂它、切断它，让它离开自己的身体，所以他才会去划柱子，但后来他又去清理炉子了，炉子代表他的内在。火炉也代表K太太的内在，而德国制的小刀代表K先生。他之前经常认为K太太体内含有K先生，所以她的内在也含有那个生病的父亲。理查德想要把自己放进父亲体内那些坏的、有爆炸性的粪便清理出来。他怕自己造成的混乱局面会让女童子军怪罪K太太，这说明他的坏粪便会令其他人不和，尤其是父母之间不和。

清理完成后，理查德便开始翻看年历，并说他很喜欢其中的几幅风景画。年历中有一张图上画了一间棕色茅草屋顶的农舍，且整张画的色调都是棕色，他一看到这张图就说自己不喜欢，并赶紧翻到下一张继续欣赏。K太太问他不喜欢那张图的原因时，他有点儿不太高兴，但还是勉强地回答说他不喜欢那个屋顶。他喜欢的那张画名叫“孤寂”，上面画的是一群绵羊和几只小羊。他看着那张画，突然变得激动起来。

K太太诠释：他感觉很孤独，非常想回到父母身边，那些跟着羊群的小羊让他想起他自己。

理查德说，他是非常想回家，但并非不快乐。年历里还有好几张深褐色色调的图片，他同样是很快地翻过去。

K太太诠释：这代表他讨厌自己的粪便。农舍的棕色屋顶代表父母的家和内在，他觉得是自己一次又一次地弄脏了它们。

理查德给K太太看两张棕色的画，并说他喜欢这两张，上面画的是耀眼的阳光，看上去有点儿金光闪闪的。

K太太提醒道，太阳通常代表会带给他温暖和帮助他的好母亲，好母亲甚至能把那些坏的“大便”修复成好的东西。理查德马上接着说，他的鞋在阳光照射下也会金光闪闪。

理查德在准备离开时，瞄了瞄以前画的图，看到第四十九张图的时候，他打了一个冷战，说：“那只可怕的老鹰正盯着我们看呢。”

K太太诠释：那只老鹰代表混在一起并被坏粪便涂黑的父母，而张开的鸟嘴代表他们会吞下他。坏父母在监视理查德及代表好母亲的K太太，他们密切关注理查德和K太太的一举一动及对话。但是，他也幻想自己已经吞噬了坏父母，以至于他们会从内在监视他的行为和思想。现在，老鹰代表着生病且受伤的父亲和母亲联手起来对付他。

第六十二次面谈注记：

性交的欲望在意识层中一直被他强烈潜抑，潜意识素材却证明了这个想法的存在。现在，口腔欲望和情境因为父亲生病所造成的退行现象而加强了。理查德在俄狄浦斯情境中和生病的父亲做的斗争引起了他的焦虑，这种焦虑到了让他难以忍受的程度。从过去的素材可以看出，理查德曾在舰队游戏中想要放弃性欲来避免和父亲竞争，他这样做主要是想维持家庭的和谐。父亲生病更是加强了他想维持家庭和谐的渴望，让他退行到婴儿期阶段。被看护照料的生病的父亲也变成了婴儿。父亲也代表会抢走母亲乳房的小孩。我发现，越接近我要离开的日子，理查德的口腔欲望就变得越强烈。另外，因为他的焦虑大都集中在父母的性交上，所以性器特质对他来说也变得危险了，退行至口腔特质的情况也更加明显。他希望在俄狄浦斯情境中避免的嫉妒在口腔情境又一次出现，这一点非常重要。

我曾提到过一些会导致男性性无能或性能力衰减的因素，比如害怕和父亲的性器官竞争所引起的焦虑、被父亲报复的恐惧以及母亲那受伤且危险的性器官（因为里面含有具有摧毁性的父亲性器官）所引发的焦虑。我想要补充的是，在升华中表现出的一种对于哺育的好乳房的渴望，是一生都会存在的特质，所以不论焦虑是被内在还是被外在因素激发，这样的渴望都非常容易再次出现。所以，除要考虑到退行的影响外，我们也不能忽略那些一直存在且会影响整体发展的早期欲望。

第六十三次面谈（周四）

理查德站在离游戏室不远的地方等K太太，他看上去心情很好。他靠在庭院的围墙上，假装没看见K太太，还半闭着眼睛做鬼脸。他开玩笑似的对她说，他刚才假扮成“傻乎乎的老笨蛋”，他问她有没有认出他来。他说母亲打电话过来了，说假如父亲的情况有好转，就能把他留给看护照顾，然后她会带他和保罗一起到Z地住一天，但情况没有好转就不行。来到房间里后，理查德坐了下来，并说今天没有带舰队来，因为它们不想来，也不愿意见到她。

K太太诠释：理查德对她的感情有些矛盾，好像觉得她也会变得具有危险性。舰队代表他某一部分想法以及他的家人，而他和K太太见面时他想保护家人的安全。

理查德同意这个诠释，但他说自己真的非常想过来见她，也非常爱她。他说他昨晚很开心，睡得很好。昨天晚上他去电影院看了一个非常棒的电影，而且是坐在他最喜欢的位子上，即右侧的最上方，这个位子能俯视全场。他告诉K太太这个座位号码，并说右侧的位子没有其他人。其他人也会买这种便宜一些的座位，但只要他能坐在这个座位上，他不介意旁边有别人。他认为，当时有几个男孩在看他，他没理会，后来他们就没再看了。回到旅馆后，他读了一会儿书才睡觉，且睡得很好，睡醒后觉得很有精神。

K太太诠释：坐在他最喜欢的位子上，有点儿像在游戏室里跟K太太坐在一起的感觉；他经常说，坐在K太太旁让他很有安全感，也会觉得自己被保护了，不需要担心有人迫害他。当他在电影院里安稳地坐着时，他更加确定K太太就在他体内，他感觉自己是受保护的，这说明他确定有内在的好母亲存在。K太太提醒说，有一次周末，他曾感到她就在他身边（第七次面谈）。昨天晚上，她不是那只监视他的老鹰（第六十二次面谈），而是内在的好母亲，所以即便晚上没有家人陪他，他也不会感到孤独。他很骄傲自己能一个人住，且不会感到不快乐，而这也说明了K太太及精神分析的确对他产生了正面作用，让他更加确信自己的内在有好母亲。

理查德抬头看着K太太，眼神里全是温情和喜爱之意，并伸手摸摸她的袖子。他说自己非常喜欢她的红外套，还问欧洲的女士是不是都穿这么漂亮的外套……理查德抬头时，正好看到史密斯先生从窗外经过。他刚才并没有看外面，所以差一点儿就错过了。史密斯先生今天好像很匆忙，他没有看到理查德，这让理查德很失望。他敲了敲窗台，史密斯先生这才抬起头来对他微笑，而理查德也安下心来。

K太太诠释：如果史密斯先生没对他微笑，他就会很担心，因为他害怕好父亲会突然变成坏父亲，所以，对于代表父亲的男人，他始终保持友善的态度。他刚才靠在墙上假装是“傻乎乎的老笨蛋”的时候，其实指的是笨蛋父亲，他在取笑父亲，所以他产生了罪恶感，也让自己感到很害怕。

这个时候，理查德把很是沉重的木头柱子的一端举起来。只要他一放手，就会砸伤自己。

K太太诠释：这个动作说明他很害怕父亲那具有报复性的巨大性器官。他尝试着把柱子举起来就是想看看父亲的性器官有多危险。刚才他确认史密斯先生会不会给他友善的回应，也是这个目的［现实感］（Reality Testing）。

理查德走进厨房去查看火炉，但他今天并没有像昨天那样破坏它，只是仔细地检查并清理了一番。他从“水箱宝宝”里面舀水出来时，跟K太太说水管口有一些细菌，他要把它清理一下。他用水桶从水箱里舀水出来，一开始没有装得很满，所以还能自己把水倒掉。第二次，他请K太太帮忙，并说：“我并不想请一位女士倒水，但你能帮我吗？”K太太把水倒掉后，他找来一支刷子开始刷火炉，还从火炉及炉管里面清出很多煤灰。

K太太诠释：理查德想把她体内那些危险的宝宝（细菌）或生病的宝宝清理出来，也想把K先生那肮脏且生病的性器官清出来，以免她也被弄脏或生病。这样能让她的内在变得更好。他也想利用这个方法让生病的父亲康复起来。

理查德的手、外套上面全被煤灰弄脏了，但他并不在意，还说要清东西就是会弄脏自己（注记）。

K太太诠释：这样一来，他会认为有一些原本在K太太和母亲体内的脏污细菌转移到他身上了，这样他就能减少她们的问题。

理查德来到水箱前又开始用水桶舀水。

K太太让他不要把水装得太满，否则她也提不动。

理查德问，假如他一直开着水龙头，整间房子都被大水淹没，然后被冲到河里去，会有什么样的后果。到那个时候，是不是河水会越来越浅，很多人就会没有水喝。

K太太诠释：她让他不要把水装满，让他认为自己好像是在想偷走母亲的好乳房，并让其他小孩没有机会喝奶。因为他不能装满水，所以水龙头就从好乳房转变成了父亲的坏性器官，会把母亲淹没、摧毁并带走——房子被大水冲到河里。

理查德又问K太太今天要不要去村里（面谈刚开始时他就问过一次了）。实际上，他知道K太太每周四会去见约翰，而且就是在他的面谈结束之后，所以她必须直接回去住所。理查德哀求道："你非得要回家吗？"

K太太诠释：理查德知道约翰马上就要和她见面，所以他希望她不要走，她应该把时间都留给他一个人，这也是他前几天（第五十六次面谈）问她能否把面谈延长成两小时的原因。另外，他也担心K太太和约翰见面后又会被弄脏、被伤害。这种感觉让他更加嫉妒现在正在被母亲照顾的父亲和保罗，也担心他们会弄脏、伤害他。

理查德不停地把水箱的盖子用力盖上。

K太太诠释：这个动作代表他要把她的乳房盖起来不让其他人用，特别是不许约翰使用。另外，他嫉妒时也会感到愤怒，他希望K先生和约翰重重地伤害K太太的乳房和性器官，这也是他担心母亲性交过程有危险的原因……这时，原本有两节的水箱盖子突然裂开了，其中一节掉进了水箱里。K太太把它从水箱里捞起来的时候弄脏了手臂，便用水把手臂冲干净。

K太太擦手时，理查德也在毛巾的另一端上擦手，并说他们共享这条毛巾。他和K太太一起把水箱盖子的两节拼凑起来，他很高兴K太太能帮他做这些事。

K太太诠释：他想跟她共享毛巾，说明他希望她能在外在和内在都维持好母亲的状态。

理查德拿到一颗小球，他把球从房间的一端滚到另一端。接着，他又拿来另一颗大一点儿的球，照样滚了一遍，最后让两颗球撞到一起。

K太太诠释：他觉得自己的性器官虽然小，但还是能进入K太太身体里的（房间代表她），这说明他能为她做事，也能赢得她的爱。这样，他就更愿意和约翰一起分享她（代表和保罗共享母亲）了。大球代表约翰和保罗。

然后，理查德从K太太的袋子里拿出一颗更大的球，并用相同的方式玩这颗球。

K太太诠释：他现在正和保罗和父亲一起共享母亲。

离开房间之前，理查德仔细查看外套，看见上面沾了煤灰，但他好像并不是太介意。他说母亲如果看见外套脏了，一定会骂他两句，但应该不会太严重。他很友善地和K太太道别，看上去并不是特别兴奋或开心，也没有表露出被害感或忧郁。最近一段时间，理查德很少害怕路上的其他小孩了，而在这次面谈过程中，他也几乎没有注意过外面的路人。

这天，理查德的母亲告诉我，自从父亲生病后，理查德就一直表现得很好，也很愿意帮忙，只是他还是把整件事戏剧化了。理查德明白，他必须自己一个人住在X地的旅馆里，他说虽然他很想待在母亲身边，但他认为自己来X地接受分析是正确的，而且他的意志很坚决。他的母亲说，理查德的情况改善了很多，也维持得很好。

第六十三次面谈注记：

理查德能认识到清理东西的时候，就一定会把自己弄脏，我觉得这很有意义。他的整体发展在这个阶段所显现的特质，是理想化减弱及更进一步的整合，所以，他更能认识到人没有达到完美也可以是好的。这说明，他虽然弄脏了自己，但还是能成为有用、有帮助以及有价值的人。若能更加包容别人，也就能更加包容自己，所以罪疚感就降低了。忧郁和被害焦虑的降低也表明他的强迫倾向更缓和了。

第六十四次面谈（周五）

这一天，外面下着很大的雨。理查德来到游戏室时，看了看房间四周，露出嫌恶的表情。另外，他根本不看K太太。他拿了一份从Z地带来的报纸给K太太，并让她立刻阅读，好让她尽快熟悉Z地，这样她才会喜欢那个地方……理查德从口袋里拿出一先令，问K太太有没有十二便士能跟他换。

K太太说自己没有零钱。

理查德坐了下来，说他但愿现在“不在这里”。他做了一个动作，然后说他是在摇铃。

K太太问他，想叫谁过来。

理查德立刻回答说，他要叫浅蓝色母亲进来，并要把深蓝色母亲赶出去。他指着K太太身上那件深蓝色的洋装，说这个颜色虽然是深蓝色的，但还不是黑色，是介于这两个颜色之间的。然后，他讲到这次和母亲、保罗回Z地的情况，他们不但带回了很多父亲要用的日用品，还带了他的发条火车。他提到这辆火车的时候，很是激动，然后，理查德又开始画第五十四张图。他说这画的是发条火车的路线图，中间那个圆圈是轨座，周围的线是铁轨，他并没有说上面那个圆圈代表什么。理查德开始模仿火车发动的声音，并描述火车的动力和速度是怎么产生的，显然他是想要克服自己的恐惧和忧郁［躁症防卫］。

K太太诠释：理查德很高兴能把发条火车带回来，不仅是因为他喜欢玩这辆火车，也是因为它代表他自己，代表小小理查德还活着，他接受母亲乳房的喂养；图中的两个圆圈代表母亲的乳房。他现在迫切需要这些东西的安慰，因为他很害怕父亲病得严重，甚至怕他会死掉，而这也加深了他对自己死亡的恐惧（注记Ⅰ）。

理查德沉重而哀伤地说：“父亲病得很重。”然后，他跑去厨房，站在一个箱子上看向窗外。这才发现原来房间里的那些袋子和木头柱子已经搭成了一个帐篷。他很兴奋地叫K太太过来一起看，然后让她握着他的手，因为他要跳下来。

K太太诠释：他要她握他的手、想跟她换零钱，都表示想通过这些方式把她变成好母亲，这样他就不再害怕那个被轰炸且受伤的母亲，即含有生病父亲的母亲（以在Z地的老家或是死去的“老鹰”母亲为代表）。

理查德踏着正步在房里走来走去，一边大声吼叫、用力跺脚……他坐回桌前，迅速在两张画纸上写满自己的名字和涂鸦，画的过程中显露出愤怒、忧虑和被迫害的神情。

K太太诠释：跺脚、吼叫和愤怒地涂鸦都是在表达他认为自己已经用粪便和尿轰炸并弄脏了父亲。他很担心是自己害得父亲生病，且伤害了含有父亲的母亲。所以，他不仅感到罪疚，还害怕会被自己体内的内在父母（即老鹰）报复。

理查德挖了挖鼻孔（很不寻常的动作），并问K太太会不会阻止小孩病人做出伤害自己的事。

K太太让他举个例子说明。

理查德说：“比如，把鼻屎吃掉。”

K太太诠释：他以前好像就吃过鼻屎，而且害怕鼻屎跟“大便”（会伤害自己和父母）一样又坏又危险。

理查德大方承认自己以前曾吃过鼻屎，但刚说完立刻就冲到厨房去。他仔细查看“水箱宝宝”，看见水里有一些煤灰，于是拿了一支拨火棒在水里戳来戳去，并说：“父亲生病的时候，他的心脏就像这样。”

K太太诠释：他认为自己已经攻击了父亲，并在他的身体里戳来戳去，让他受伤、生病，但他也想要通过拿着拨火棒上上下下的动作，来使父亲的心脏继续跳动不要停止。同样，他在移动火车时，会觉得这样能维持自己和父亲的生命。

理查德拿起盖子朝水箱上盖，但盖子扑通一下掉进水里，水溅到了火炉上。K太太把盖子捞起来时，理查德正看着窗外的大雨，然后跑去打开侧门。窗帘都被雨打湿了。

K太太让理查德把门关上，并诠释他的恐惧，他认为大雨是生病的父亲的尿，不仅有毒，还会把人淹没。他让窗帘被雨打湿，就是看看雨是否真的这么危险。

理查德在游戏室里跑过来跑过去。之前，女童子军把房间全都打扫整理过了。他看着屏风上面放着的几张明信片，念了一遍其中一张明信片上的小短文。明信片上写说唐老鸭把他收养的一只小企鹅留在家里后，就出门觅食去了，回来时发现贪吃的小企鹅把金鱼全吞了。这个时候，理查德用力地啃咬着一支新的红色铅笔，并把铅笔末端的漆都咬掉了。他问K太太是否在意他咬新铅笔。

K太太诠释：理查德担心自己就是那只贪吃的小企鹅，且把父亲那好的"罗斯曼"性器官吞下去了（金鱼和铅笔都代表父亲的性器官），留下K太太和母亲跟受伤或死亡的K先生和父亲在一起。

理查德画了两张邮局汇票：一张一镑的给自己，另一张十一便士的给K太太，上面全都有国王的签名。

K太太诠释：他在说明自己体内也含有好的"大便"——国王签署的汇票；国王代表父亲。K太太只拿到十一便士，他却拿到了一磅，说明他认为自己把她体内的好父亲阴茎及好宝宝全都抢走了。

理查德变得心神不宁，他走到窗前看着外面的雨，然后又在房间里跑过来跑过去，并在涂鸦过的纸上写下自己的名字。

K太太诠释：他怕自己没有好的"大便"（一英镑）能给K太太和母亲，来代替被吃掉的金鱼——阴茎。他感觉他只有坏粪便——涂鸦，所以不能把抢走的东西还给母亲，当看到她为生病的父亲难过时，他也帮不了她。

理查德指着红色铅笔说："被我咬过的红色铅笔，现在变成棕色了。"

在这次面谈过程中，理查德一会儿吵闹、一会儿不安，表现出严重的被害焦虑，但和父亲病倒后的那几次面谈比起来，在这次面谈中，他更能经验到忧郁的感受及实际的痛苦情境（注记Ⅱ）。

第六十四次面谈注记：

Ⅰ. 这里的诠释还应再补充一点：火车代表理查德，只要他活着，即说明内在父亲也是活着的。这种感觉和他小时候的记忆联系在一起，而这些记忆因为回到老家而再次出现，并激起他对父亲的爱和关怀以及重新享受家庭生活的渴望。从之前的素材中能看出，在Z地被轰炸且被遗弃的老家也代表被遗弃的母亲。通过重现过去的记忆及经验爱的感觉，理查德感到自己能消除或抵消摧毁欲望及他对希特勒父亲的认同。另外，还有一点很重要：过去受到被害焦虑遏止的爱的感觉，到这个精神分析阶段已经能浮现出来，并全然地被经验到。

在精神分析的过程中，我们不但看到了早期记忆的复苏，也看到了影响理查德整体发展的情绪和焦虑都出现了，尤其是那些婴儿期早期阶段或在潜藏记忆背后的感觉记忆。假如我们能在分析过程中，进一步探究更为深层、更为早期的情绪情境，那么这些记忆就显得尤其重要。

Ⅱ. 从理查德父亲突然病倒后的素材及他的态度中，能看出来刚开始是以被害焦虑为主导。一直到被害焦虑经过分析而减轻了一些之后，忧郁、罪疚感与修复欲望才强烈地表现出来。理查德能自己一个人住旅馆就是很好的例子。我认为是因为分析他才有了这样的进步。他认为在这样的非常时期，必须这样做才能帮助母亲，也才能让分析继续进行下去。我曾在《论躁郁状态的心理成因》这篇论文中指出，强化被害焦虑是一种避免经历罪疚感、责任感和忧郁带来的痛苦的方法，我认为，不能修通忧郁心理位置通常会造成退行至偏执心理位置。理查德所经验到的，而现在也更能承受的痛苦，都是很深刻的。他不能把想象中抢走的好阴茎和好小孩还给母亲，不能抵消因嫉妒及全能死亡欲望而对父母造成的伤害，也不能在母亲为父亲的病苦恼时给她帮助；这些都和他的罪疚感密切相关。各种来源（包括口腔、肛门和尿道）引发的焦虑在同时运作。另外，理查德在不同的关系中还面临对谁忠诚的冲突：包括对父母双方的责任以及对精神分析师和母亲的忠诚。他还嫉妒父亲能得到关爱，尤其是被看护照顾，对父亲的嫉妒和他想维持父亲生命的愿望相互矛盾。他跟母亲、保罗一起回老家，把父亲丢在这里。这也让他产生了罪疚感。他现在很清楚地意识到，假如父亲死了，他的家庭就会出现危机，母亲也会变得孤苦无依。所以，他对自己过去的嫉妒和攻击欲望感到非常罪疚，而且这些嫉妒和攻击欲望现在依然存在。

第六十五次面谈（周六）

面谈之后，理查德提着手提箱走过来，他说要直接坐公交车回家。他的神情很严肃，但态度却友善而坚定。他告诉K太太说，从今天开始他将离开旅馆，以后不再住那里了。

K太太问他有没有觉得难过。理查德点头，说有一些难过，因为旅馆的人都对他很好。他还说，下周一他会去威尔森家住三个晚上，在这之前的分析里，他曾提过威尔森一家是他们家的朋友，住在X地。在去威尔森家之前的接下来的几天里，包括周末，他都会回家。

接下来，理查德入了游戏室，他看看四周，然后问K太太能不能帮他把鞋带绑好。这样，鞋带一整天都不会掉了，K太太照做了，帮他绑好了鞋带。理查德在桌前坐下，做了一个摇铃的动作，并且说这次要K太太进来。他还说，她今天是“浅蓝色”的母亲，她今天穿着的外套很漂亮。

K太太问道：“既然我已经在这儿了，你为什么还要摇着铃再让我进来呢？”

理查德对这个问题显得有些吃惊，他陷入了思考，过了一会儿才回答：“K太太，你说得没错，但我也不知道我为什么要这么说。”

K太太对此的诠释是，理查德将她当成了心目中那个好母亲，他希望这个好母亲能进入他的内在，而不仅是进入游戏室。理查德如同要求母亲一样要求K太太帮他做许多事，如帮他拾起水箱盖子、牵着他的手让他跳下箱子、跟他换零钱、帮他绑鞋带等。这种种行为，都让他觉得K太太不仅是能帮助他的精神分析师，而且还能代表一个好母亲，在他与母亲聚少离多的时候，K太太便代替了母亲的角色。他要K太太帮他把鞋带绑紧，是想表达他的一种希望，他虽然在周末离开了，无法跟K太太待在一起，但他仍可以在身体里面保有她这个好母亲。另外，理查德还坚持，K太太必须满足他的所有要求，不然，他就会担心她可能变坏了，昨天就出现了这种倾向。K太太解释说，他对待母亲的方式也如出一辙，使出浑身解数来争取母亲最多的关爱，只为了确认母亲还爱着他，而不是变成了那只老鹰。老鹰的形象代表着受伤又有敌意的母亲，体内还包含着那个生病与受伤的父亲。

理查德同意K太太的解释，他承认他一直希望能得到母亲更多的关爱。过了一会儿，理查德拉着K太太一起走到庭院里，然后把门关上，说这样就能把K太太锁在里面了。K太太诠释说，因为理查德周末要回家，觉得K太太快要离开他了，所以他内心生出一种渴望，渴望把她锁在房子里，他借由这一举动，也将K太太锁在自己的内在里。

回到房内后，理查德向K太太要了画本，当他发现之前画的图都放在新的信封里时，他感到很难过。他问K太太，旧的信封怎么了（注记Ⅰ）。

K太太回答他，旧信封在昨天下雨时弄湿了。

理查德听了，便说，他喜欢那些旧的信封，还问K太太是不是把它们都烧了。

K太太告诉他，旧信封没有被烧掉，而是被她拿去回收了（注记Ⅱ）。

听到这样的回答，理查德显然变得高兴起来，他面露喜色，还说很开心看到K太太是一个爱国的人。他望向窗外，说有一个女孩刚刚经过，她有一头卷发，看起来很像书里面那只怪兽。说完这一句，他再度拿起铅笔，一边吸咬一边问K太太："你介意我吸你的铅笔吗？虽然你看上去不会为这种事情生我的气，但现在没生气，以后可说不准，所以K太太，你会生气吗？"还没等到回答，他又接着问K太太："你喜不喜欢我带来的报纸？"这时，他又突然面露难色地说："这份报纸，我本来是想给旅馆的女领班的，可是我又希望K太太你能留着。不过也没关系啦，反正之前女领班已经看过了。"

K太太指出，他想同时取悦她和女领班，就如同他想同时对好母亲与保姆保持忠诚一样。他希望把好母亲与怪兽母亲分开，因为怪兽母亲的内在还含有生病的坏父亲。而将好K太太与坏K太太分离也是他的表现的方式，所以刚刚那位"看起来像怪兽"的女孩就代表了坏K太太。K太太分析道，这也与他对父亲生病的罪疚感与恐惧感相关。他会觉得是他抢走了好父亲的性器官，也就是之前精神分析里出现的金鱼、罗斯曼、普林肯以及长线

（也有长寿之意），这让他感到罪疚与恐惧，所以会觉得母亲体内含有受伤而危险的父亲。刚才他特别强调红色铅笔是K太太的，还一直问她介不介意他吸铅笔并咬坏铅笔。而在此之前，他从来没有说过任何一支铅笔属于K太太，但他现在这么说，是因为他担心他导致了坏的结果，他已经把K太太体内（同时也是他所认为的母亲体内）那个好父亲的性器官吸走了。红色铅笔被他又吸又咬之后，已经变成了棕色铅笔，于是他认为K太太体内只剩下了又坏又危险的性器官，这都是他造成的。铅笔是属于K太太的，这也代表她和母亲的乳房，他也觉得自己咬了乳房，还把它弄脏了。

理查德将房间四周环顾了一遍，说他现在知道剩下的袋子里装了什么，他指的是另外一个搭在外面的帐篷，在之前他曾仔细地检视过。游戏室与厨房都已被清理干净了，关于这件事，理查德从昨天到今天都没有给出任何评论。K太太特别指出这一点并解释说，他不喜欢女童子军清理游戏室与厨房，因为他认为这些都应该是他的工作。

在K太太说话的时候，理查德又画了一张汇票，金额是十九先令两便士。他说要把这张汇票给母亲。

在K太太看来，理查德这一行为是代表把好阴茎（好“大号”）还给母亲。事实上，他不仅把国王给他的一英镑分给了K太太与母亲，还多加了一点钱。他想借由这个方式将K太太与母亲公平对待，就如同他经常希望能把关爱平分给母亲和保姆，或者平分给父亲和母亲。

理查德开始在一张纸上涂鸦，他说他写的是中文。他的涂鸦确实有一点像中国字。他说这张涂鸦是一封抗议书，但他不太确定到底是写给谁的。K太太问他，这封抗议书里面写了什么，理查德回答说他也不知道。接着，他在纸上画了一条形状奇特的电车线，起点站与终点站都是罗斯曼，然后再用涂鸦把它整个覆盖掉。做完这些，他再次询问K太太等一下会不会去村里。随后，理查德开始重复昨天做过的一件事，他在房间里面踏着行军的步伐，一边大声吼叫一边踢正步。他还画了一个几乎快要填满整张纸的纳粹党徽，然后把它变成英国国旗。紧接着，他又画了一架很大的飞机，并强调这架飞机是英国的。

K太太诠释说，画上这架“英国”的军机，其实在理查德的认知中，他认为是由德国假扮的，就像他将纳粹党徽伪装成英国国旗一样。而他刚刚在房间里学着军队跺脚和踢正步，是因为他觉得，这么做就是在攻击游戏室以及代表母亲的K太太，与此同时他又很想保护她。

在之前的许多次精神分析中，理查德通常都会在他画的涂鸦上写好自己的名字，但这一次他却没有做任何说明，只说纸用得比昨天快，还不断地将画纸从画本上撕下来。

K太太对此解释道，画本象征着她，这代表理查德今天想从她身上索取更多，能索取多少就索取多少，因为明天是周日，他无法过来与她会面，为此他感到既愤怒又挫折。

理查德强调说，他真的很想回家，不想留在X地了。

K太太认为，他确实想回家与母亲在一起，但他也想留下来，跟K太太在一起待着。周日的面谈取消了，这让他很生气，一想到原本的面谈时间可能被别人占用，他就越发感到嫉妒与愤怒。她也诠释说，当看不见她时，理查德总忍不住怀疑她到底在做些什么。

K太太问他，是不是很想回家见母亲，理查德承认了，回答说没错，但是他也想看看从Z地回来的火车。他兴致勃勃地仔细描述着那辆火车，说它能够跑得非常快，有着红色的火车头和棕色的乘客车厢。在说到“棕色的乘客车厢”时，他意味深长地看了K太太一眼，然后又说，车厢是棕色的也很好。他一边喋喋不休地说着火车的样子，一边开始画第五十五张画画。他画了一个三角形，又在三角形的上面和下面分别加了一条线。理查德解释说，三角形的两边是骨头，下面那条线代指性器官。在加上线条之前，他突然将整张画拿了起来，还把嘴唇贴到其中一个乳房上。画完指向性器官的线条后，他在画面上代指头的部分加了头发。

K太太对此的诠释是，理查德因为这个周日无法过来与她会面，他的感受就像他还是小婴儿的时候失去了母亲的乳房，而替代乳房的奶瓶又被剥夺了。这种感受再一次重现，更深层的原因是父亲病了，变得像婴儿一般需要被看护和照料。

K太太问画画中间那个未完成的三角形代表什么，理查德说那是V，代表胜利（Victory）。K太太接着问，他右脚上面还有一个小写v，那是不是代表“小的胜利”？那么，大的胜利是属于谁的？小的胜利又是属于谁的？

理查德回答说，大胜利是他的，而父亲得到的是小胜利。

对于画画中三角形上的头发，K太太也诠释说，理查德画完性器官的线之后，就在头上加了头发，那些头发也代表性器官周围的毛发。

理查德突然表现得难为情了起来，于是，他跑到厨房里四处查看。他仔细检查着炉子，当发现炉子上昨天被水溅到的地方出现了生锈的斑点时，他就变得懊恼不已。就像前面提到的，之前女童子军清理过厨房的事，他知道后并没有过多表示，但此时看到火炉上生锈的斑点显然让他抓狂了。他愁眉苦脸地说，这火炉就像他把脏东西喷到母亲身上的时候一样，还问K太太他有没有什么方法可以补救。K太太找来一支刷子，把火炉清干净了。

炉子被刷干净后，理查德就不再留意它了，转而拿了一支耙子跑到庭院里，还拉着K太太跟着他，然后开始耙一排排蔬菜中间的泥土。他看上去很满意，说希望能多耙几排，还说泥土虽然是棕色的，但它是好东西。理查德耙土时非常专注，露出心满意足的表情，不太留意经过的路人，也没有像以前一样要求K太太在一边轻声说话。事实上在这一次的面谈中，他几乎很少注意到外面，也没有问起史密斯先生的事。期间只发生了一次例外，那就是当一位男子经过时，他对他做了鬼脸，还张着嘴，做要出咬人的动作。做完鬼脸后，他又立刻转向K太太，并且充满感情地说：“这不是做给你看的，是给他看的。”

K太太分析道，耙子象征着父亲和他自己的好阴茎，他觉得可以用来清理并且修复母亲，也可以让泥土里的蔬菜成长。很显然，他也让蔬菜代表了孩子们。他似乎也觉得自己的“大号”不仅是炸弹，也可以是好东西，就像之前的分析里，邮局汇票也被他用来当作“大号”，成为给母亲与K太太的礼物。

耙完地，理查德就回到房内，开始用棕色铅笔涂鸦。他很用力，结果把笔尖弄断了。K太太觉得他此时用棕色铅笔使劲涂鸦，还把笔弄断，表明他还是很担心，觉得自己的“大号”正在弄脏并摧毁K太太。这与他之前看到溅水的炉子就开始生气一样，水就像尿，而他觉得是自己的尿破坏了炉子。

接下来，理查德拿起绿色与黄色铅笔，把没有削的铅笔两端摆在一起。黄色铅笔的笔尖已经断掉了，他就拿来刚刚断掉的棕色铅笔，将棕色铅笔的笔尖用力地推挤黄绿两色的铅笔笔端，就这样把绿色铅笔挤走了。

K太太诠释说，这支棕色的铅笔代表他的阴茎，他刚刚推挤其他铅笔的动作，表明他的阴茎会制造坏的尿与“大号”，而且弄断了父亲的性器官，导致父亲生病，这让母亲非常难过。对此他感到十分愧疚并怀有很深的负罪感。另外，他也害怕自己会对K太太造成同样的伤害，啃咬新的红色与黄色铅笔，代表着他在攻击母亲、K太太与父亲的性器官。咬铅笔也意味着他在吞食他所攻击的阴茎，他觉得这些攻击不仅在K太太体内进行，也在他自己体内发生，所以他才在之前特别询问K太太，想知道她介不介意他啃咬这几支铅笔。如同他画的第五十五张画那样，他以为自己获得了胜利，但当他学着希特勒踢正步时，也同时代表着希特勒赢得了胜利，并且从内在控制了他。

纵观整次面谈，理查德完全没有提到父亲。他在K太太收拾玩具时瞄了瞄他画的那些画，若有所思地说，他很久没有画海星了。K太太问他，“你现在愿意告诉我，那篇中文的抗议书写了什么吗？”理查德没有正面回答，只深情地注视着K太太说：“我爱你。”

K太太认为理查德在用中文抗议的时候，如同他偷偷地以愤怒的黄色大便抗议，这都是在表达对K太太的怨恨，恨她让他失去了周日的面谈机会。但与此同时，他又觉得怨恨K太太是不对的，他还是很喜爱她，于是，他又感到罪疚，所以不愿意把抗议的内容说出来。当K太太这样跟理查德分析解释的时候，理查德表示同意。

这次精神分析结束了，K太太与理查德一起走出房间并把门关上。理查德望着房间说：“老房间要休息了。”他们一起走到路上。他又回头望了一眼游戏室，说：“再见！可爱的老房间。”理查德看上去一脸严肃，却没有显露忧郁或被害的神情。他再次询问K太太，她是否真的要跟他一起回村里，K太太给了他确定的回答。在回去的路上，他们一起坐了公交车。

理查德向K太太表示，他觉得坐公交车去X地挺好的，没有觉得有什么不舒服，他还跟一同乘车的一位女士聊天，觉得她很和善。在K太太与一位熟识的女士打招呼时，理查德显得很高兴，说K太太几乎认识每个人，她在这里一定有很多朋友。

第六十五次面谈注记：

Ⅰ. 旧的信封对理查德来说具有一定的重要性，因为它代表着他与精神分析师之间的一种紧密连接关系，甚至代表精神分析师本身。就像他一直想自己回到那个被遗弃的老家一样，老家代表着孤独、被遗弃的母亲以及他所有的早期记忆。他对这类最初的客体怀有深刻的依恋，并由之产生了移情情绪。对客体的强烈依恋也证明他有爱的能力，但也强化了他由此而产生的忧郁和焦虑。过度强烈的罪疚感让他极度依恋母亲，妨碍他建立新的情感关系，阻碍他发展出自己的兴趣。这些都是干扰理查德发展的关键因素。好在，随着精神分析的进行，这些不利的影响已经有所减轻。

Ⅱ. 我曾再三强调，只要不违背分析技巧的基本原则，我有时会回答患者的问题。在这次面谈中，为了让理查德安心，我不仅回答了他的问题，而且还再次提供了非常直接的肯定和保证。

或许读者们想知道，我这么做对精神分析的影响有多大，对此我也很难下定论，因为我同时也在不断地分析负向移情，还有理查德对我和对他父母的疑虑。从精神分析的原则上来说，我还是得强调，即便是在理查德这样的案例中，避免给予患者过度的肯定才会更有效。在我回答完理查德的问题之后，他马上表现出对我的爱国特征很满意，也就是认定了我是很好的客体，我的回答增强了他的正向移情。接着，他说那位路过的女孩长得很像怪兽，但其实她的长相并无任何怪异之处。这表示在他心里，虽然理想化了精神分析师的形象，如我是一个爱国的K太太，而不是一个不可靠的外国人K太太，但这种理想化并没有消除他对我的疑虑。这种疑虑便转移到了路过的女孩身上，这些疑虑也唯有透过诠释才能够消除。对此，我没有提供给他应有的诠释，而是给予了某种肯定，他也很清楚这样的肯定已经超出了精神分析的范围，这样反而会增加他对我的另一层疑虑，怀疑我的诚信与真诚。我们在精神分析中曾多次发现，即使患者十分渴望被爱，渴望获得肯定和保证，但如果真的从精神分析师身上获得了他们所渴望的这些，反而会在潜意识中遭遇怨恨与责难。这样的情况如果发生在成人身上，有时甚至会更糟，因为怨恨与责难有可能深入他们的意识之中。

第六十六次面谈（周一）

理查德看起来心情非常好，他很开心，表现得也很友善，他说今天自己坐公交车来的，途中很愉快。不过，他还是有些愤愤不平，他说在当公交车上人很多，变得很挤的时候，检票员小姐就会说："请买了半票的人让出座位。"这时候他就不得不让出自己的位子。

K太太向他诠释道，这是他为了得到母亲而想与父亲竞争，当他不被当成大人看待时就会非常生气。K太太接着问他，公交车上还有没有其他男孩。理查德回答说有，但其他男孩不注意他，他也不怎么看他们，然后他转换话题，主动提到了父亲，说父亲的情况还不错。

K太太指出，现在的他可以一个人坐车了，也不觉得其他男孩会注意他或攻击他，这让他很骄傲也很开心。

理查德说，到威尔森家去住，他很高兴也很期待，威尔森太太还答应要送他一份礼物。接着，他问K太太今晚想不想去看电影，并带着哀求的语气说："K太太，请你一定要去。我看过电影介绍，这片子很不错，是关于一个好笑的人扶养小孩的故事。"他再三哀求K太太一定要去看。K太太只好说抱歉，她不太可能去看电影。

理查德于是说要给她一个惊喜，然后慢慢打开手中的盒子，将里面的舰队以非常戏剧化的方式拿了出来。他说的惊喜，就是保罗在Z地的家里找到了大型的巡洋战舰胡德号（Hood）。他问K太太，看到他把舰队带来是不是很高兴，还没等K太太回答，他就非常肯定地说，他相信她一定很高兴。

K太太为此解释说，这或许表示他确信她很高兴再见到他。理查德也非常赞同这一点。接着，他将胡德号与尼尔森号来作比较，让K太太来看，胡德号的体积比尼尔森大出很多。事实上，胡德号也是整个舰队里最大型的一艘。他遗憾地说，真正的胡德号被击沉了，不过还存在于游戏里，而可怜的尼尔森号，以前看起来很大，现在却显得好小。

K太太诠释说，胡德号在理查德心里代表着父亲，当看到如今的父亲因为生病变得很无助，需要像一个小孩一样被人照料，他就觉得非常难过。他想担起家庭的职责，想与无助弱小的父亲的对换角色，于是他使自己变成了胡德号，所以他就更不想承认胡德号已经被击沉了。

听到我这么说，理查德显得很惊讶，他说他恰好在今天告诉母亲，从现在开始他要担任父亲的角色。他移动着尼尔森号，让战舰在K太太的袋子与时钟边绕行，然后躲藏在后面。接着，他让胡德号也出航，将两艘战舰会合，两艘船都挨在桌子边缘，几乎快就要掉到桌底下去。随后，他让尼尔森号回到其他战舰的队伍中，却将胡德号隐没在袋子后方，让它在里面停留了一会儿。

K太太指出，理查德将胡德号与尼尔森号的大小作比较，是因为在他还小的时候，会觉得父亲的性器官是很巨大的。理查德听后陷入沉思，然后说他不清楚在他心里，是不是真的认为父亲的性器官很巨大。他坚持他不曾看过父亲的性器官，但最近有看过保罗的，那东西周围还有一些毛。

K太太说，理查德可能观察过父亲、母亲或保姆的性器官毛发。从他画的第五十五张图上就可以看出这一点，因为他在画K太太时，先画了代表性器官的那条线，随后在上面加了头发。K太太也指出，胡德号代表了理查德的父亲，尼尔森号则代表着他自己，他刚刚在游戏中险些让胡德号与尼尔森号发生事故，但最后还是让胡德号安全地躲在袋子与时钟后面，而尼尔森号则回到家人身边。

在那一刻，理查德低声地说：“可怜的父亲。”

K太太诠释说，这是他在为父亲的病感到难过，虽然真的胡德号被击沉了，但他还是说在游戏里胡德号又复活了。这表示他仍希望父亲恢复健康，能继续担任一家之主。

理查德再一次为父亲感到难过，并且很认真地、低声说：“正是为了父亲，我才要求自己一个人来这里的。”

K太太问他这是什么意思。理查德有点儿难为情地说，精神分析能帮助到他，这样一来，父亲就不需要为他担心了。

K太太于是询问理查德，是不是觉得接受精神分析能让他不再那么嫉妒，这样他就不再怨恨父亲，也不会攻击和伤害他了。理查德低头想了一会儿，同意了K太太的说法。

这时，理查德让胡德号回去与其他船舰会合，还把它放在了舰队中间，胡德号两侧分别是罗德尼号与另一艘巡洋舰，而在离他们远一点的地方，则是一艘驱逐舰——吸血鬼号。K太太诠释说，这代表理查德希望修复父亲，使他重新担任父亲与丈夫的角色，而他自己再变回家中年纪最小的成员，也就是那艘吸血鬼号。

理查德在这次面谈中，还拿出一袋从史密斯先生那里买来的白萝卜种子。他高兴地拿给K太太看，还他说这是他最喜欢且一直都想要的种子。

K太太指出理查德刚刚又啃吸了铅笔，这表示他想吸吮并吞食父亲的性器官，并觉得这样做会让他变得非常强壮，能够给K太太与母亲带来很多小孩，也能借此修复她们。

这时，理查德画了第五十六张画，画的是他的舰队。他在船舰旁边一一写上人名，当写到胡德号时，他犹豫了一下，口中喃喃念道："是父亲，还是理查德呢？"随后，他写下了自己的名字。

K太太诠释道，在取代父亲或保有父亲的地位之间，理查德陷入两难的境地，而解决这个两难的方式，是让第五十六张图中代表父亲的英国海军舰队爱芬厄姆号（H. M. S. Effingham）远离代表母亲的罗德尼号。与此同时，又让父亲的船舰在体型上大过代表理查德的索门号和吸血鬼号，也大过代表保罗的德里号（H. M. S. Delhi）。吸血鬼号是舰队中体型最小的一艘船舰，这表示理查德其实心里清楚，他确实是家中年纪最小的一个，不过他却将代表自己的吸血鬼号横亘在代表父亲的另一艘战舰胡德号与母亲罗德尼号中间，把他们两个隔开来；同时，吸血鬼号也跟往常一样代表着理查德的性器官，让他可以用来与母亲生下小孩。另外，还有一艘索门号，它代表着更小时候的理查德，他让它紧跟在了母亲身边。接下来，理查德画了第五十七张图。他对K太太说，图中的圆圈是轨道，火车正绕着轨道行驶，而他重新安排了路线。K太太对此做出解释，火车代表理查德，铁路所形成的两个大圈代表乳房。这幅图说的是他在两个乳房之间奔跑，也意味着他来回奔走在K太太与母亲之间。

K太太在诠释这一点的时候，理查德指着铁路的两端说，这里面有两个性器官，一个大的，一个小的，小的那个在圆圈里面。K太太认为，这表明除渴望吮吸母亲与她的乳房外，他也想把自己的性器官放到乳房旁边。大的那个性器官属于父亲，不能被遗漏。

理查德注视着K太太，说他很喜欢她，因为母亲曾经对他说，K太太是个“大好人”。但他不喜欢家里的厨娘，而且对厨娘很没礼貌，总当着她的面叫她“粗鲁的老乞丐”，把厨娘吓得说不出话来。

K太太问他为什么要这样说。理查德说他也不知道，只是觉得很讨厌她，看到她就生气，所以对她很凶。K太太于是提醒理查德，他曾经在以前的精神分析中提过，他家的保姆在离开之前跟厨娘大吵了一架，从那时起，他就开始痛恨厨娘了。K太太诠释说，理查德的母亲提到保姆时态度亲切，理查德就认为母亲对保姆也是友善的，而厨娘对保姆态度不好，她就是个坏厨娘。当他在精神分析中表示出对K太太的喜爱之后，一旦K太太没有对他百依百顺，他就会对K太太很生气，就会提到坏厨娘，所以坏厨娘也代表了K太太。

接下来，理查德走进厨房，去查看“水箱宝宝”，说里面的水不太脏，于是跟以前一样凑着水龙头喝了一口水。喝完水，他用手将原本安装在沥水板上方的一条金属弹簧线拉了起来，然后一送，弹簧线又弹到板子上。他要求K太太也跟着他一起做。突然间，他对着门外，跟一位想象中的男子吵起架来，大声地叫着：“你走开，走开！”一边叫一边锁上厨房的门，不让那个男子进来。

K太太提醒说，在第四十八次面谈中，他也曾经叫史密斯先生“走开”，还有一次是叫对面的“熊”走开。其实，这两个男人都代表着迫害他的父亲，他害怕他在与K太太（实际上是他母亲）独处时，在他向她表达喜爱时突然闯进来。

理查德在面谈中不断地吮吸着黄色铅笔，当他叫那位想象中的男子“走开”时，铅笔也没有从嘴里拿出来。

K太太诠释说，他想要独占她的乳房，还有保姆给他的奶瓶。他怀疑父亲如今不仅占有母亲的乳房，还独占了保姆。他于是将父亲视为与他竞争的小孩，所以也想把父亲赶走。

理查德坐回到桌子边，将之前他买种子时找回的零钱整理了出来。他让K太太看一看那些硬币，说一便士比两先令的硬币还大，他更喜欢便士。接着，他拿出防毒面具，把它戴上。这个面具他出门的时候也会随身带着。他说，有些人看到他戴防毒面具时会变得大惊小怪，他却不以为然。事实上，他还挺喜欢防毒面具的，面具上是橡胶的味道，这与他玩过的橡胶积木很像，他喜欢橡胶的味道。

K太太分析道，理查德的口袋意指他的内在，他把史密斯先生找给他硬币从口袋里拿出来，在一堆混在一起的硬币中，他再将便士与银色的硬币分开。在理查德的意识中，便士代表父亲的性器官，银色的硬币代表母亲的乳房。他喜欢便士，但他还是会心存怀疑。他将银色的硬币与便士分开，等同于将好乳房与父亲分开。他希望自己的内在保有母亲的好乳房。他假装喜欢戴防毒面具。其实是因为觉得父亲的性器官有毒，他要用防毒面具来防止自己中毒。

接下来，理查德伸出手臂，轻轻地在K太太肩膀上碰了碰。过了一会儿，他又重复了一次，还说他爱她。他再次恳求K太太晚上一定要去看电影，说的时候极尽哀求，还说如果她去了他会很高兴的。K太太认为，如果她答应了理查德去看电影，她就会更像他的母亲，理查德也会减轻对母亲的思念。她如果代替了他母亲的角色，理查德就觉得自己可以抚摸并且亲吻她了。

最终，K太太还是没有答应理查德。理查德于是走出到屋外，然后叫K太太也一起出来。虽然K太太坚持不去看电影让他失望了好一阵子，但他的态度仍然很友善，然而，当他看到隔壁人家养的母鸡时，却显得有些生气，他称那些鸡为“笨蛋老母鸡。”他回到房间后，瞧见一位老太太经过时，又说：“讨厌的老女人。”

K太太诠释说，老母鸡和老女人都代表了她。因为她不肯满足他的心愿，陪他去看电影，这让他很生气，觉得很受挫。

在这次面谈中，理查德说他在X地过得很快乐，也不是那么在意离开家了。事实上，他看起来十分心满意足，除面谈最后那位老太太外，他几乎不会被外面的情况所影响，被迫害感的征兆也相对减轻了。我从理查德的母亲那里得知，理查德坚信，他一个人坐车过来、留在旅馆或去朋友家住，都是在“尽自己的本分”。对他而言，这些都是崭新的体验，他以前根本做不到。

第六十七次面谈（周二）

这一次，理查德迟到了几分钟，但他进来时并没有显得很匆忙，而是感觉十分拘谨和忧郁。他放下手提箱，但没有拿出他上次带来的舰队，也没有在房间里走来走去，或是踢踢凳子、踩踩椅子，而是整个人看起来很闷闷不乐、不知所措的样子。此外，他也没有看K太太或时钟一眼。他发现了房间的一只大蛾，跟他前几天看到的属于同一种，他试着将大蛾赶出去，但没多久又决定不管它了。他不停地绑着鞋带，把鞋带绑得越来越紧……过了好一会儿，理查德才问K太太，他是不是迟到了，迟到了几分钟。

K太太回答，大概两三分钟。理查德问K太太，他能不能多留两分钟。

K太太诠释说，两分钟可能代表着她的乳房，理查德觉得他回家过夜意味着抛弃了K太太，所以害怕会失去她的乳房。

听到这些，些许活力似乎回到了理查德身上，他说："被你发现了，你真聪明……"他站到窗前，一直望着外面，然后又坐回到桌前，伸出了双手，请求K太太把画本拿给他。他先是吸了吸铅笔，然后写了一连串的"ice"（冰），中间没有任何空格。他一遍又一遍地写着，一边写还一边读出来，并且越读越大声。接着，他开始画第五十八张画。原本他似乎又想写跟第六十五次面谈一样的中文抗议书。当K太太问他写的是不是中文字时，他一开始也给了肯定的回答，但没过多久又否认了，说这些是冰上的刮痕，他说他画的是滑冰场，画中的那些黑点和线条是正在滑冰场上滑冰的人。

K太太分析道，理查德想要很多的冰淇淋，如同他希望尽可能地从K太太身上获得更多东西一样。溜冰场意味着K太太（与母亲）的内在，那里面有好的奶水、小孩和父亲的好性器官，但是，如果理查德侵入她的内在并抢走了里面的东西，就有可能刮伤她。说这些时，理查德又在画面上添加了两条线，把溜冰场框了起来。K太太也解释说，理查德小的时候，如果觉得没有被满足，他就会想要刮伤和咬伤母亲的乳房；现在他回家了，仍然无法从K太太身上获得他想要的满足，就会觉得自己也在用同样的方式，去刮伤和咬伤她，所以在一开始，他会认为那张图可能是另一封中文抗议书，他在抗议K太太。K太太进一步解释道，他回了家，离开K太太，这让他觉得K太太此时的对应关系是“好乳房——母亲”，有时候也能代表保姆，而他的母亲则降级成为“乳房——母亲”，自己母亲的乳房不再那么好了。K太太告诉理查德，其实他母亲给他母乳喂养的时间并不长，只有短短几周，之后就改用奶瓶了，而且很可能是由保姆来喂他的。

理查德马上问：“那之后母亲的乳房呢，是给保罗喝了吗？”问完后，他想了一会儿，然后轻轻地说，他出生的时候保罗已经很大了，母亲应该不可能给他喂奶。接下来，他还问了K太太很多有关的问题，得到的答案也让他非常震惊，他也表现出了进一步刨根问底的兴趣。他不停地问K太太：“你怎么会知道母亲喂奶的事？是母亲告诉你的吗？她什么时候说的？她到底是怎么说的？还有，为什么母亲不喂我喂久一点？”

K太太告诉理查德，在他母亲第一次跟她沟通治疗细节的时候，她就询问了他小时候的情况。他母亲提到，理查德只用母乳喂养了几个星期，之后她的奶水就停止分泌了，所以改用奶瓶喂他牛奶（注记Ⅰ）。K太太诠释说，当理查德知道母亲给他母乳喂养的时间很短之后，他的第一个念头是，母亲把乳房拿走是去喂保罗了。如果他还是小婴儿，可能会认为母亲在惩罚他，才会把乳房给别人，比如给保罗或者父亲，所以他会羡慕、嫉妒并且怀疑父亲与保罗。现在，理查德虽然已经不再是小婴儿了，但父亲此时因为生病，又变得像小婴儿一样需要看护和照顾，于是他又开始嫉妒父亲了。

理查德回答说，父亲甚至占用着两个看护，就是说需要两个人来照顾他。这一点他在之前的精神分析时就跟K太太强调过。K太太解释道，这似乎代表着父亲不仅抢走了母亲的乳房，还把他的保姆也夺走了。

当K太太诠释这一点时，理查德正在用嘴使劲吮吸自己两只手的大拇指，这个动作在他以前的精神分析中不曾出现过。接着，他在几张纸上涂鸦，还将自己的名字写得特别显眼。涂鸦的时候，他频繁地跑到窗边看着路人，尤其在意路过的男孩子。当有男孩经过，他就躲在窗帘后面，大张着嘴对他们扮鬼脸。另外还有一点也很不寻常，中途他去了三次厕所，并且难为情地向K太太解释说，他觉得想上“小号”，但就是上不出来。

K太太指出，他心里想要独占K太太（或母亲）的乳房，这个念头一旦出现，就会在心里攻击其他可能抢走乳房的人。他之所以会对着路过的男孩们做鬼脸，正是因为这些人在他心中都变成了敌人，他们抢走了他的母亲和乳房，所以他要攻击他们，频繁地想上厕所也是他试图用“小号”攻击他们的一种方式。

在这段面谈中，理查德一再询问其他病人的情况，包括他们的会面时间，是不是都为男性，谁排在他后面。K太太诠释说，他嫉妒并害怕K先生、史密斯先生与她的孩子，唯恐他们抢走他的K太太。

这时候，理查德画了第五十九张画，似乎画的是铁路和站台。他告诉K太太，布鲁恩（Blueing）这个站名是浅蓝色（light blue）的意思，同时，也用手指了指她。K太太问他能不能解释“布鲁恩”里面的“恩”（ing）是什么意思。理查德摇头，说他不知道。K太太又问，有没有可能是墨水（ink）的意思。理查德听后微笑了，说就是这个意思，其实在她问他的时候，他就想到了，但他不想说出来。

K太太提醒理查德，之前他曾觉得厨房里的那罐墨水很臭。第五十九张图代表着坐在火车上的理查德想让好的、浅蓝色的、会哺乳的母亲与他觉得脏的、臭的墨水分开。当他感到不满足和愤怒的时候，就会想要弄脏他深爱的母亲和她的乳房，他觉得自己小时候就做过类似的事，他曾毒害了自己的母亲。现在，他想用“小号”与“大号”弄脏K太太。图上另外两条铁路分别通往路格与布朗布克，代表着他想保护浅蓝色的母亲，不让她被“大号”弄脏与伤害，所以他不能确定布朗布克这个字应该怎么拼写。他刚刚一直去上厕所，也表示他想用“小号”弄脏代表母亲的K太太，但同时又犹疑不定，并为这种想法感到恐惧。

理查德还在涂鸦，同以前一样，他也他不知道自己画的是什么。他画的是一个椭圆形，又在椭圆形里画了两个大圆圈和一个小圆圈，三个圆圈看上去是紧挨在一起的。接着，他在椭圆形的外面又画了两个粗粗的圆圈，并使劲在圆圈里点满黑点，之后又在椭圆形里点上更多黑点。画黑点时，他磨着牙，眼神锐利，显露出暴怒的表情。

K太太诠释说，两个圆圈代表早期母亲的乳房，也代表着她的乳房，他磨牙代表着正在啃咬乳房。他用来画黑点的铅笔笔尖意味着他的牙齿和指甲，他以粗暴的方式画黑点，表示他正在用尿与粪便把乳房弄脏、涂黑。

接着，K太太问他画在椭圆形里面的，三个圆圈黏在一起那个形状是什么。理查德毫不迟疑地回答说是蛋。

K太太解释道，三颗蛋黏在一起的形状很像一个未出生的婴儿。他似乎对母亲体内的小孩充满嫉妒，他觉得母亲正在哺育他们，却没有给他喂奶（注记Ⅱ），所以那三颗蛋代表着他想攻击母亲的内在以及里面的小孩。

这时，理查德又在同一张纸上画了两个简单的圆圈，圆圈上也画满了黑点，画完之后，他说这两个圆圈是新的乳房。他还分别在这两个圆圈的中央画上一个更显著的黑点，并说："这是乳房上面的那两个东西，然而它们现在也不见了。"很显然，他说的是乳头，但他还不知道怎么说这个词。接下来他又画了两个粗略的形状，同时，在上面画满黑点和涂鸦，然后说它们看起来像草莓。画黑点的时候，他还提到德军突袭了莫斯科。画完这些后，他在纸上写了好几个"V"，再次强调"V"代表胜利。他把这张图以非常粗鲁的方式从画本上撕了下来（最近他总喜欢这样），当看到下面两张纸上因为他画黑点画得太用力而留下了明显的痕迹时，他露出了非常担忧的神情（注记Ⅲ）。

K太太诠释说，他觉得自己不是"好的英国皇家空军"，没有为正义而战，而是像摧毁莫斯科的希特勒一样邪恶。莫斯科代表了受伤的母亲。

理查德一边涂鸦一边听着K太太的诠释，在这一过程中并不安宁，而是频频停下来看经过的路人。早些时候，他也询问史密斯先生有没有来过，K太太有没有见过他。理查德继续动手撕开画本上的画纸，然后在上面涂鸦，但动作相比之前，不再那么粗暴了。他把画本上最后那张纸拿过来，静静地在铅笔留下的一个个印记上涂黑点，但没过多久就放弃了。

K太太解释说，他在尝试掩盖画纸上那些仿佛受伤的痕迹，或许是想修好它们。她还指出，他这次一直在浪费这些画纸，用得比以前多很多，这主要是想向他自己证明几件事：一是他能够对K太太予取予求；二是她还是喜欢他的，哪怕他会攻击她的乳房；三是即使乳房被摧毁或耗尽，仍然可以有新的乳房来替代，比如他后来画的那些像草莓的圆圈。

理查德从口袋里拿出一些钱，说这些钱不够他坐公交车的。K太太分析说，这是他希望获得她的礼物，也就是好乳房。他也想确认，在遭受了他的攻击之后，她的乳房和体内的小孩仍旧完好，而她还喜欢他。

理查德又掏出了一些钱，拿出两先令、六便士、三便士以及一便士，然后分别将这四个硬币放在空白的纸上描画轮廓。他指着其中一个便士对K太太说，那是他前天跟史密斯先生买白萝卜种子的时候找回来的零钱，他还把这个便士放进嘴巴里咬了一下。接着，他从手提箱里拿出那一袋萝卜种子，心满意足看着，还说他最喜爱的就是白萝卜种子，它们在画画里面看起来好漂亮。他摇一摇袋子，高兴地表示这里面装了“几千几万颗”种子。

K太太认为，理查德说那两个画了乳头的圆圈看起来像草莓，但它们起初代表着好乳房。棕色的便士不仅代表父亲或史密斯先生的好性器官，也代表“大号”。当他愤怒时，他就用“大号”弄脏母亲的乳房。史密斯先生其实代表K先生。他嫉妒K太太与他见面，再加上害怕史密斯先生会伤害或弄脏她，这让他的嫉妒更加强烈。这就好比他总是密切留意父母的一举一动，有一部分原因是嫉妒他们发生性关系。他从史密斯先生那边买来“几千几万颗”白萝卜种子，还有他想要种出白萝卜，都代表他想要父亲的好阴茎，因为它能够给母亲带来许多小孩（注记Ⅳ）。

理查德此时表现得十分平静而镇定。他拿出K太太的橡皮擦，把它描在画本上，再将橡皮擦上印的字抄写到画本上。接着，他画了两条横线，从纸的一端延伸到另一端，再将中间画一条直线，把图中的橡皮擦切成两半，然后说这些线是监狱的栏杆。

K太太诠释说，橡皮擦代表K先生或父亲的性器官，他在心里吞并了它，并将它囚禁在自己体内。它本来是一个很棒的性器官，如同他想要获得的白萝卜与草莓一样，但现在却充满了“大号”，开始变得相当危险。

他描了橡皮擦的图案，并把上面印的字写下来（注记Ⅴ），想借此来确认父亲的性器官现在究竟是好是坏。他觉得它在从外面看起来很危险，所以想把它囚禁在自己的内在，并从内部控制它。这在心理分析里属于将客体内射并借此来控制并阻止它造成伤害的一种行为。

这时，理查德提议要和K太太玩圈圈叉叉的游戏，而他先一步选了叉。他每次都故意让K太太赢，最后还打破规则让两边都赢。K太太认为这代表着理查德想把乳房、性器官或小孩还给她，留给她选的圈圈就是这个意思。

理查德开始画第六十张画。他先画了一条波浪形的曲线，说这是沙滩，曲线下面的小人是K太太，她正躺在沙滩上。他还画了一些大大小小的圆圈，里面有黑点的大圆圈是地雷，而波浪上比较小的圆圈代表刚刚那颗地雷越来越靠近，它们正在爆炸，小圆圈上的涂鸦就是地雷爆炸的余波。理查德显露出十分担忧和哀伤的神情，随后他将这张图放到一边，马上又开始画一幅新的画（第六十一张画）。他说，画里是K太太的庭院，里面长了三颗好草莓。

K太太对此解释道，理查德不确定父亲的性器官到底是不是好的白萝卜与草莓，他担心“大坏蛋”父亲其实只是在假装他的性器官是好的，所以当K太太（及母亲）躺在床上时（画中是躺在沙滩上），她们就可能随时被炸毁。他觉得自己吞并了K太太、母亲以及父亲的性器官，所以他也害怕自己会被一并炸毁。他觉得自己也是“大坏蛋”，不仅用坏粪便弄脏了草莓上的乳头，还让父亲用性器官攻击并弄脏了母亲。昨天，他把史密斯先生找零时给他的便士与其他硬币分开，是觉得便士代表着可疑的性器官，也就是他吞并进去的“大坏蛋”。他想避免好乳房被自己内在的坏性器官摧毁或攻击，所以才把便士与其他硬币分开来放。

理查德聆听得很专注，一边听一边从K太太的篮子里拿出一个玩具——那是一个秋千。他摆荡了两下秋千，看到它完好如初，十分高兴。算起来，他已经好几个星期都不再玩玩具了，今天是第一次玩（注记Ⅵ）。他小心翼翼地把火车取出来，接上两节车厢，开始移动它，然后脸上再次露出开心的表情。

K太太诠释说，这代表着他想知道K太太与母亲的乳房（两节车厢）是否完好，还有他能否与爸妈（同样也是两节车厢）和平共处。

玩了一会儿火车，他又拿出一辆货车，让火车与货车相遇，结果货车翻车了，但整个过程并不激烈（注记Ⅶ）。

面谈最后，理查德的神情依然严肃，但比一开始的忧郁要好了许多。走在路上时，他依然会四处张望，看看行人，但并不显得在刻意提防。他喃喃地说，如果所有住X地的人都跑到斯诺登峰（Snowdon）上，或者全部挤到公交车里，不知道会是个什么样子呢？

理查德在面谈途中还问过K太太，周二的公交车会不会很挤。他说他现在去坐公交车还为时尚早，所以想先去旅馆，看看那里面的人。K太太问他有没有特别想见的人，理查德说没有，他就是想看看每一个人。面谈结束后，他友善地与K太太道别，但依然显得很拘谨（注记Ⅷ）。

第六十七次面谈注记：

Ⅰ. 在那次交谈后，我曾经告诉理查德的母亲，如果由她来找一个恰当的时机，向理查德解释早早让他断奶的原因，会对精神分析有帮助，但她并没有这么做。眼看着与理查德的精神分析时间所剩无几，只留下几个星期了，我觉得已经到了由我来告知这件事的时候。我常常发现，父母所提供的细节如果出现在了患者的素材中，就可以加以利用，但我之前也强调过，精神分析师必须谨慎处理这个过程，而且不能用得太频繁，否则势必会让患者怀疑父母与分析师勾结。所以，当需要直接告诉患者的这类细节时，我都会坦白地告知消息来源，只有在非常必要的情况之下才能够采取这种做法。毕竟，我们进行精神分析时所仰赖的素材，应该尽量都由患者提供。

Ⅱ. 这个例子显示，孩子的挫折感不仅仅源于对父亲的疑虑。在婴儿期被剥夺乳房的时候，孩子怀疑父亲抢走了乳房（就此案例而言，还包括怀疑哥哥），等到孩子年纪渐长，还有可能怀疑想象中的小孩，怀疑他们在母亲体内接受喂食，于是对这些想象中的孩子产生嫉妒。我认为，理查德的愤怒与挫折感中，也包含了嫉羡母亲的乳房以及生育并哺喂小孩的能力（参见《嫉羡与感恩》，1957，《克莱因文集Ⅲ》）。

Ⅲ. 这是感觉记忆（Memory in Feelings）的例子之一。整个断奶情境以及由此而生的焦虑与情绪，在对变成婴儿的父亲的嫉妒以及我即将离去的刺激之下复苏了。

Ⅳ. 理查德为什么会从渴望母亲的乳房，快速转变为渴望父亲的阴茎能给他带来小孩？我们可以从两个角度来探讨。在男孩的女性位置中，对乳房的爱会转移到父亲的阴茎上。另外，婴儿如果感到嫉妒与怨恨，会认为是自己伤害并弄脏了母亲的乳房、性器官与身体，而这也是促使其将欲望转向阴茎，导致同性恋的诱因之一（见《儿童精神分析》第十二章）。

Ⅴ. 患者对于内在情境及客体的不确定感，使其渴望完全复制一个客体，而这种不确定感也会导致他们近乎强迫地需要去精确地描述客体，如经由书写、画画或其他方式表现出来。不确定感也能带来混淆、困惑，进而引起强烈的焦虑。曾有一个案例，一位成人患者曾经梦到一个形象极为模糊的客体黏在她的车轮之间，在梦中看到它的瞬间，她感到非常震惊，她随后联想到这个客体代表一个乳房或阴茎。在梦中，她感觉到自己根本不想看它一眼，但心里又很清楚它已存在了很多年，也该到了去看清楚它究竟为何物的时候了。当看清楚那个客体的那一刻，她很清晰地感受到了内心的震惊。进一步的联想显示，这代表她终于能够精确描述出使她焦虑已久的内在客体，她以前一直想看它，却又不敢看，而现在终于能够辨认出来了。

Ⅵ. 在很长一段时间里，理查德都不再玩玩具，他最后一次玩玩具是在第二十一次面谈时，而关于玩具的完整诠释则是在第二十二次面谈时。此后的数次精神分析中，虽然他不玩玩具，却会用其他素材代替玩具的功能。比如，第三十一次面谈中，他曾经望着代表“贫民窟”的房子和一个被他弄坏的玩具玩偶，但他并没有动手玩它们。玩具，特别是一些已受损的玩具，清晰地表达了他的攻击欲望所造成的伤害，即他认知中的那些“灾难”并且将摧毁冲动与焦虑情绪联结在一起。这些玩具代表着那些他已无法改变的婴儿期情境。尽管如此，他仍旧能运用例如舰队、画图以及联想等媒介来表达内心的真实想法，偶尔还会利用屋内或庭院里的各种物品来投射自我。这是什么原因呢？我的看法是，这些表达媒介让理查德获得了更多的掌控能力。比如舰队是他非常喜爱的玩具，除了曾经发现其中一艘船的桅杆好像有点问题之外，他从未让他的舰队真正受到过任何损害，他也从不把舰队留在我这里，只有一次，有一艘船“忘了带走”。还有，他经常不把舰队带过来，因为他说它们“不想来”。画图也可以当成做梦的另一种形式。同样，这也是他能够掌控的形式，因为他画完了一张图后，又可以接着再画一张新的。以上我列举的这些表达媒介都可以带给他掌控感，让他更相信自己，能够与客体建立新的、更好的关系。分析进行到这个阶段，他能够重新开始玩玩具，着实具有别样的意义。这表明在潜意识或意识中，他都认同精神分析对自己有帮助，并努力使精神分析有所进展，以及进一步测试自己的承受能力，来面对痛苦、忧郁及被害焦虑。类似的情况也出现在其他案例中，有些患者在精神分析进行到某一阶段时，会回溯至早期的梦境，由此带出更多与婴儿期焦虑情境有关的细节。这都代表患者随着一步步的自我整合而减轻了焦虑，会觉得自己更有能力了，可以去面对那些他们在早期阶段无法处理的焦虑情境。

除此之外，还有一点很值得玩味，那就是“灾难”会发生在各种场景中，有时是厨房被弄得一团糟，有时是玩具或舰队陷入灾难。这些变动也意味着，当下一个类似的焦虑即将登场时，之前表达灾难的媒介与发生地点已被分裂掉，也就是说，已不在患者的意识中。我认为，不予理睬一个将要被完全摧毁的客体，不仅代表患者试图借由其他情境或场景转移焦虑，借此测试其危险性，也代表患者有能力把灾难的影响范围控制在客体或自体的某个部分，而让其他部分保持完好。从移情的角度来看，理查德把舰队留在家里，表示他想保护真正的家人，让灾难只发生在分析师身上，这时候，分析师代替家人承受灾难。通过这个方式，理查德觉得自己拯救了他真正的母亲。还有时，他认为舰队可能会攻击我，所以才会说舰队“不想来”。他借此举来拯救精神分析师。因此在这起案例中，分裂的过程延伸至一个目的，促使理查德将摧毁性的自体与爱人的自体分开，借此来保护精神分析师、母亲或其他家人。可见，在某些情况下，分裂过程也极其重要，属于心智正常运作的一部分，只要不过度，就能够促进整合。从大范围来说，如果内在与外在世界都被可怕的灾难所包围，我们就容易深陷于绝望与忧郁中，甚至会产生自杀的想法。从精神分析技巧的角度来看，将这些现象全部诠释出来具有非常重要的意义，还有一点不能忽视，即便是极度忧郁的患者，也仍然认为内在或外在世界的某处依然存在着好客体。

Ⅶ. 我的对此的结论是，让父母快乐相聚这一理想化情境终究难以维系。货车与电车相撞依然意味着理查德干扰了父母的性生活，不过，货车被撞的程度并不激烈，表示理查德减弱了其情感强度。冲动强度极大地影响着构建俄狄浦斯情结的过程，对此可以从两个角度来探讨理查德的转变。其一，虽然他很少亲口提到父亲的病情，但他其实一直都知道父亲的身体很虚弱，他非常担忧。这种担忧带来罪疚感，促使他更努力地克制自己对父亲的嫉妒与攻击。其二，精神分析不但减轻了他的嫉妒，还增强了他的修复欲望，让他更希望看到父母可以快乐地相聚，因为担忧父亲的健康，这些情感都得以增强。我们也可以从生之本能与死之本能的角度来看待这些现象。攻击性、嫉羡与嫉妒的减弱，显然大大增进了理查德以爱缓解恨的能力。我认为两种本能在融合过程中相互转变，而现在，生之本能主导着一切。

Ⅷ. 理查德把他离开旅馆的那一天叫作“离别之日”。那天他也必须等一段时间的公交车，当时正下着雨，虽然旅馆与公车站离得不远，他却没有回旅馆等。旅馆与里面的人代表着失去的客体，因为每次与人离别，他都会产生已经失去他们的感觉。理查德不再回旅馆，就是决定离开失去的客体。他的防卫和抵触在这次面谈时减弱了，他觉得自己现在可以接受失去并面对那些他失去的人了。他主动去看篮中的玩具，也是态度转变的另一种表现。那些玩具也意味着失去的客体，而且被他认为是很危险的。在我看来，这些都暗示着他能坦然面对内在情境，不再害怕客体被无情地摧毁了。这也反映在他与外在世界的关系上，如他终于愿意去见旅馆的那些老朋友了。

第六十八次面谈（周三）

理查德抵达时，看上去又累又热，他抱怨公交车里很闷很挤，但没有表现出被其他乘客迫害的情绪。他半开玩笑地说要送给K太太一个礼物，掏出来一看，原来是公交车票。过了一会儿，他渐渐变得越来越不安，因为他得知威尔森家有人生病了，于是，母亲有可能取消之前安排他本周留驻X地的计划。接着，他决定打电话问母亲，想问她是不是有别的安排。讲完电话之后，他感觉稍微放心了一些，但他似乎一直挂念着这件事，在面谈过程中非常心不在焉，甚至有好几次，他久久地沉默不语。与K太太讨论过他心中的担忧后，他说他非常喜欢她，还问她喜不喜欢他。

K太太反问他，他对此是怎么想的。

理查德便回答，他觉得K太太喜欢他，另外，她人也很好。接着，他问K太太一个月后是否就要离开了，还提到他母亲会过来见她，跟她讨论之后分析的安排。理查德再次询问，K太太是不是真的要走。虽然他几个星期前就已经知道她要离开，还知道具体的日期，但直到现在才完全接受这个事实。

K太太回答道，她确定在一个月之后会离开。她也诠释说，上周六他非常不开心，也是因为害怕她即将离开。

听到这句话后，理查德神情忧郁，脸色苍白。他向K太太要了画本，说想画他们的家。

K太太问他是不是要画他们现在住的家。

于是理查德强调，他们只有一个家，那就是在Z地的老家。接下来，他画了一个正方形来代表房子，又画了一个图形来代表他的碉堡和庭院里的小路。理查德向K太太详尽地描述着他的碉堡，还说有炸弹掉落在了附近，把通往碉堡的阶梯炸毁了，但那阶梯本来就很老旧，也不稳当。他说他要做一个新的阶梯，这样就没有任何人能阻止他回到碉堡里，连希特勒也不能。说完之后，他在房子与碉堡之间涂鸦。接着，他开始画第六十二张图，同时，问K太太伊凡斯先生卖不卖草莓。

K太太问他，是不是指她有没有跟伊凡斯先生买草莓。

理查德又反问K太太，她是不是买了一些草莓，还说伊凡斯先生觉得草莓到处都买得到，所以他不卖草莓。紧接着，理查德话锋一转，说他要买很多很多白萝卜种子，这样就可以撑到秋天，不会很快用完了。他还问K太太，现在距离秋天还有多久，五个星期还是六个星期？

K太太诠释说，理查德一心一意想要回老家并重建他的碉堡。这表示他想修复他认为已经受伤的性器官，也想保护好母亲，以免被希特勒坏父亲攻击。他想通过给K太太与母亲更多小孩来维系她们的生命，但这就需要他从伊凡斯先生（代表父亲）那里拿来很多很多种子。好草莓代表着好性器官，他一方面盼望K太太可以从伊凡斯先生（这里又代表着K先生）那里买到好草莓，另一方面又感到嫉妒。K太太也指出，老家也意味着几年前去世的奶奶，失去奶奶让他很伤心。而K太太也当了奶奶，所以他害怕K太太离开之后也会死亡。她即将离开的事实已定，这不仅让他难过，更加深了他之前的恐惧。他刚刚问现在距离秋天还有几个星期，那其实就是她要离开的时间。他觉得自己应该在那一天于体内建立了好母亲和K太太，并且为了维系她们的生命，还必须给她们所有的种子，也就是孩子们。

理查德指着画里面的那两颗草莓，说他想吃。他还望着这张画，说这是母亲的乳房，接着指向旁边的叶子，说那是她身体里面的小孩。他在两张纸上涂鸦，然后说其中一张上面的“V”代表胜利（Victory）。

K太太诠释说，这代表他一旦能够压制自己的摧毁欲望，可以不用经过争斗就能把K太太和母亲留在自己身边的话，他就赢得胜利了，然而，从昨天画的关于地雷的那幅图来看，他仍旧猛烈地攻击她的乳房、身体与小孩，表示他怀疑自己根本做不到。

这时候，理查德数了数兜里的钱，计算了一下自己的花销，发现剩下的钱比他之前预计的要少，于是他说，希望自己不需要再花钱给家里打电话了。他拿起了一本书，翻看着里面的图片，整个人一下子变得很木讷，感觉难以亲近。他看着看着，突然抬起头，来问K太太在想什么，他又再一次缠着她，让她去电影院，并且问她愿不愿意为了他去。

K太太分析说，这代表理查德担忧她晚上是不是跟男人一起度过，嫉妒她晚上会做什么事。他想了解她的想法，希望窥探她的内在，得知她的所有秘密。另外，他也嫉妒晚上和K太太在一起的男人，同时，也害怕他嫉妒的那个男人很坏，会把他那像地雷一般危险的性器官放到她的性器官里，但与此同时，如果没有那个男人，他又担心K太太晚上会寂寞。

紧接着，理查德又问了K太太几个问题：晚上会跟病人会面吗？晚上到底都在做什么？为什么从来不去看电影？

K太太回答道，她更喜欢看书，如果天气好，她也会出去散步。

理查德似乎不怎么相信这番回答，他继续翻着手上的书，但只看了一小会儿，就又抬起头来问K太太在想什么。

K太太诠释说，他觉得自己在分析中必须向K太太吐露内心的秘密，但她却不愿意说出她自己的，这一点惹恼了他。或许他心中有许多秘密，可以通过涂鸦表达出来，但他却一点儿都不想亲口说出来。

接着，理查德又拿出一张画纸在上面涂鸦，然后说画中的G代表上帝（God）。

K太太解释说，理查德害怕父亲变成严厉的上帝，因为他想给K太太和母亲许多小孩，同时又阻止父亲给母亲带来小孩，为此他害怕父亲会像严厉的上帝那样惩罚他。但是，他也会为了同样的原因，在惧怕父亲的同时为父亲的生病而感到罪疚。

在另外一张纸上，理查德清晰地写下自己的名字，并且要K太太也在这张纸上写她的名字，之后他又写了几句德文，但十分坚持地说他写的是奥地利文。K太太同意了他的要求，写上名字并用德文写了“天气很好”这几个字。理查德要K太太教他念这句话，还重复念了好几遍。

在离开游戏室的时候，他说：“这对我很有帮助，现在我不像刚进来的时候那么疲累了。”K太太问什么东西对他很有帮助。理查德回答：“只要和你坐在一起，就对我有帮助。”接着他像往常一样确认下一次会面的时间，然后带着他一贯的、郑重承诺的口吻说：“我一定来。”

第六十九次面谈（周四）

这一次，理查德站在距离K太太住所更近的地方等着她，他还特别向她强调了这件事，并留意着史密斯先生，看他是不是走在前方的路上。进入游戏室后，理查德显得有些严肃，但并没有特别忧虑。提起住在X地的事，他说现在已经有了新的安排。另外，他还有些神秘地说，有件事K太太或许会想知道，那就是他现在把舰队装在一个更坚固的盒子里，但他把它们都留在威尔森的家里了。

K太太问他这么做是为了什么，他回答说，舰队不想来，它们可能会伤害K太太……这时，外面有卡车经过，理查德说那声音听起来像哀嚎声。

K太太问他，哀嚎声让他想起了什么。理查德回答说，会联想到熊，但那是俄国的好熊，而不是德国的坏熊。他还说，他很高兴看到目前俄国的形势相当良好。

K太太提醒他，他曾经说过，女童子军的袋子里可能装了熊，他也经常表现出对俄国人的不信任。此外，他还怀疑K太太、母亲与自己身体里可能躲藏着外籍的、危险的熊。这代表父亲。

理查德就问K太太今天有没有看见过史密斯先生，一边说一边望向窗外，指着从远方走来的一个男人说："噢，你看，史密斯先生来了。"等到那个男人走近时，他才发现那是一位老人，而并非史密斯先生。理查德看着窗外那位老人，评价他是一位和善的老先生，但语气有些口是心非。

K太太诠释说，他似乎不喜欢年轻人，而比较喜欢老年人，因为在他看来，老年人感觉不那么危险（注记Ⅰ）。她还提醒他，他特别不乐意她去杂货店，但在第六十次面谈时也说过，他并不介意她去见杂货店老板的父亲。

理查德承认K太太说得对，并且问她为什么会这样。K太太解释道，他觉得年轻人就像是身强体壮的父亲，拥有一个强而有力、像地雷一样危险的性器官。

理查德对K太太说，他看过希特勒、戈培尔与其他纳粹党员的照片，相比之下，他更讨厌戈培尔，因为戈培尔看起来獐头鼠目，感觉很阴险。他接着问K太太，有没有在广播里听过希特勒讲话。不等K太太回答，他就开始像希特勒那样高声叫喊，一边挤眉弄眼，一边模仿人们高呼“希特勒万岁”时跺脚的样子。

K太太解释道，他之所以觉得那个大声吵闹、看起来很坏的希特勒不及戈培尔危险，是因为希特勒没有把邪恶的表面隐藏起来。假装和善、獐头鼠目的戈培尔比较危险，他代表“大坏蛋”、面带微笑的史密斯先生，甚至是面容和善的父亲。这样的人，哪怕会危害K太太与母亲，还是不易被她们察觉，仍旧能获得她们的喜爱。K太太还提醒理查德，在第五十五次面谈中，他也曾觉得自己是一个大坏蛋。

这时，理查德打断K太太的话，说史密斯先生也有好的一面，他卖给他很多美丽的白萝卜种子。

K太太诠释说，他依然相信好父亲有性能力，能够给母亲许多小孩，甚至还会跟他分享性能力，那些胡萝卜种子就有这种暗示，不过，他还是很不确定父亲到底是好是坏，所以他才极其担心并嫉妒K太太去见史密斯先生，还觉得史密斯先生无时无刻都跟随在K太太身边，今天也是如此。所以理查德坚信，只要他和K太太一起走在史密斯先生可能出现的那几条路上，只要史密斯先生经过游戏室，理查德就一定看得到他。

理查德还说，有可能史密斯先生会在比他更接近K太太家的地方见她。

K太太指出，他的意思是，史密斯先生可能会直接去她家找她，可是之前理查德见到她时，她家里只有她一个人。在这种情况下，史密斯先生怎么可能在去她家的途中不被理查德发现呢？K太太诠释说，在理查德心里，史密斯先生代表K先生，而K先生又代表父亲，所以他也会认为K先生还活在K太太体内，所以他非常希望K太太晚上去看电影，只要她去看电影，就不会跟史密斯先生在一起了。理查德害怕死去的坏K先生躲藏在K太太体内，而父亲生病更加深了这种恐惧。他非常担心父亲的身体，但在有时候却幻想着，生病的父亲在母亲体内变成了坏的鬼魂（注记Ⅱ）。

面谈才开始一小会儿，理查德就向K太太要画本。最近，他索要画本的态度十分急切，甚至近乎哀求地想让K太太把画本放到他手中。除此之外，他这些天还会特意要求K太太给他拿那支新的黄色铅笔。铅笔的一端是由金属制成的，他偶尔吸吮或啃咬这支铅笔，有时还会一直把它放在口中。就像今天，他不停地吸吮它，就像婴儿吮吸奶瓶一样，甚至说话时也没有把铅笔拿出来。

理查德问K太太，她还有没有别的画本，如果还有，是不是跟他现在用的一模一样。

K太太说她还有一本，不过样式不太一样，不是黄色的。她诠释说，理查德希望K太太可以向他源源不断地提供相同的画本，这表示他希望母亲的好乳房能够保持完好，永不枯竭；而母亲的好乳房现在变成了K太太的好乳房，所以他才会不断地吸吮着代表母亲乳房的黄色铅笔（注记Ⅲ）。

理查德又询问起K太太的病人。他经常重复询问相同的问题，还不想等待K太太的回答。他总是问，你的病人都是男的吗？有没有女的？他们几岁？什么时候跟你会面？诸如此类。在这些问题中，理查德特别想知道他是不是X地所有病人里年纪最小的一个，以及K太太在伦敦的精神分析室里接待过几个小孩。

K太太对此分析道，理查德希望自己是最受宠的病人。尽管他很嫉妒父亲与保罗的成年人身份，但他也认为当年纪最小的人和婴儿也有好处，能够获得更多的关爱。就像他希望母亲有更多的小孩一样，他也希望K太太有其他的儿童病人，这样他们就能够维系她的生命，并带给她快乐，而且小孩也不像男人那样危险。

理查德开始画布鲁恩车站，但没画几笔就放弃了。他说画得不好，于是用涂鸦把它整个遮住了。他又跟昨天一样说他担心剩下的钱不够，于是拿出另一张纸来画硬币。他一边画还一边比较着便士与先令硬币的大小与颜色……他在画好的一个便士上面涂鸦，并且问K太太介不介意他这么做。

K太太诠释说，这是理查德担心自己内在没有足够的好乳房和好“大号”，没法给K太太和母亲带来好的小孩。他也怕弄脏了便士硬币，这样就等同于弄脏了好乳房。在第六十七次面谈时，我曾分析过，“布鲁恩”车站代表着好的浅蓝色乳房，他决定不画布鲁恩车站，还说他画得不好，其实是觉得在布鲁恩车站上涂墨水，也代表着在K太太与母亲以及内在的乳房上涂墨水。他非常担忧自己无法保护母亲，现在则特别指向K太太。

理查德要求K太太与他一起走向庭院，他在庭院里四处张望，K太太则是与住在对面的老人交谈了几句，理查德曾说过对面的老人是熊。K太太与老人交谈结束后，理查德就要求她返回房间。他的脸上没有惧怕的神情，反而非常认真地说，那位先生根本不懂精神分析是怎么一回事，他们的精神分析不应该被打扰。过了一会儿，他再次邀请K太太一起到庭院里去欣赏山丘，显得十分心满意足。K太太认为，当他在欣赏山丘的美景时，表明他觉得好母亲依然完好存在着。

一回到房内，理查德就开始画第六十三张画。他先画了两个小人，小人的性器官连在一起。画完后，他开始四处涂鸦，在有些地方写上自己的名字。理查德说，他把自己的性器官与K太太的性器官放在一起，还在图的上方写了自己和K太太的名字。画中，K太太的性器官也是阴茎，而且比理查德的大。

K太太问理查德，他把名字里的第一个缩写字母写得很大，甚至盖过了K太太的头，这让他联想到了什么。

理查德说它像香蕉，中间还有一个小圆圈。

K太太对此诠释说，画中他的性器官小于K太太的，但那个盖过她头上的香蕉图形也代表他的性器官，而且是巨大的性器官。他刚刚提到的小圆圈是他性器官上面的东西，而且他还觉得这个东西有些不对劲。

理查德说，他的确觉得那个小圆圈有些不对劲。

K太太再次提醒理查德，他曾做过割包皮手术并诠释说，他想把他的大性器官放到她的脑后。诠释这一点时，K太太也指出，他特别用力地吸吮铅笔，表明他想吸吮她的乳房以及父亲的大香蕉（性器官）。这样，他就可以把大性器官吸进自己体内，把它当成自己的性器官，并把它用在K太太身上。

K太太问他对另一个形状有什么想法。理查德回答说，它也是香蕉，不过它有尾巴。接着，K太太指着这张图下方的G提醒理查德，昨天的G代表着上帝。理查德听后一脸惊恐，说K太太刚刚讲的话吓到他了。

K太太于是问他，是不是害怕上帝会惩罚他。理查德回答说是。K太太诠释说，理查德害怕那个力量非常强大的父亲，他像上帝一样什么都知道，很清楚他想对母亲和K太太做的事。他还想把母亲从父亲身边抢走，也想抢走父亲强壮的性器官。这些想法父亲也都知道，所以会惩罚他。

接下来，理查德画了一张脸，说这是米奇，代表着他，然后在上面写了自己的名字。他又画了另一张脸，说这是米妮，代表K太太。K太太说，米妮的脸很胖，可能也代表着她的肚子，理查德笑着说没错。

K太太诠释说，还有另外一个原因让理查德觉得她胖，那就是她肚子里充满了他给她的小孩，也就是他从史密斯先生那边买来的种子。

接下来，理查德画了第六十四张画，他看上去很开心，显然是对能够再用彩色铅笔画画感到很高兴，可见他担心被上帝惩罚的恐惧感已经消失了。理查德特别指明画画的上方和下方，并解释说那两大块红色的区域应该在下方。

K太太表明这两块就代表他的性器官，而理查德也同意这一说法。

接着，K太太问他浅蓝色的部分代表谁。

理查德似乎有些犹豫，他想了一会儿，然后说浅蓝色的部分代表K太太和母亲。画完这张画后，他便提起母亲几天后要来见K太太，并且问她们到时会讨论哪些事。比如，母亲会不会继续让他接受精神分析？等到秋天来临时会是什么情况？问这些问题时，理查德一副忧心忡忡的样子。

K太太问他，是不是在担心精神分析结束后，他不知道该怎么继续生活？理查德承认了，说他害怕已经消失的恐惧感又会卷土重来。

于是K太太问他，消失的恐惧感具体都有哪些，理查德说，他不那么害怕小孩了。过了一会儿，他又补充道，他说不出来具体是哪些恐惧已经消失了，但他感觉自己好了很多。

K太太问他，是不是感觉自己烦恼变少了，而快乐变多了。理查德同意她的说法，并且再一次问她，母亲究竟会跟她讨论哪些事。

K太太问他，为什么这么担心她们之间的谈话。理查德只好吞吞吐吐地回答，他就是想知道，K太太会不会建议母亲把他送去那间比较大的学校，他不太想去，因为他仍然很怕那些年纪比较大的男孩子。如果他一直很害怕，他一定会生病的。说到此处，理查德变得极其忧虑，又再次询问K太太会不会向母亲提出这样的建议。

于是K太太反问他，希望她怎么跟母亲说。理查德回答道，他希望母亲能帮他请家教，一定要找女老师，不能是男老师，因为他觉得以前教他的男老师都很可怕，而女老师就和善多了。

K太太又问他，愿不愿意去小一点的学校上学。理查德说他还是更喜欢家教，但他也不排斥去小一点的学校上课。他还苦笑了一下，向K太太坦白说，其实他更希望连家教都不请，最好什么课都不上。

K太太问他，如果不上课，他想做什么。

理查德回答说："我什么都不想做，只随便读点什么东西就好啦，读读报纸就挺不错。"事实上，他现在除睡觉前偶尔阅读一下外，几乎不怎么看书。他要K太太答应他，不会建议母亲送他去那间大一点的学校。

K太太回应道，既然这么害怕，她就不会要他去那间学校念书了。

听到这个回答，理查德原本因为焦虑而苍白的脸颊顿时显露出喜色，说既然这样，他就放心多了。接着，他再次不确定地问K太太，她是不是真的认为这么做是对的，他不去那间大一点的学校念书会比较好。K太太再次表示，以他现在的情况，她确实是这么认为的。

理查德接着问她，那么他去小学校念书呢？会不会比请家教更好？K太太于是说，她觉得他母亲应该还是希望他能去学校读书，这样他就可以和其他小孩一起学习，不再是一个人了。

理查德十分坚持地想知道，K太太是不是也有同感。K太太回答说是，她确实也是这么认为的。

于是理查德又问，如果去上学，他要在学校里待多久？是不是要两年？这时，他又担忧起来。

K太太指出，他还是很担心，自己最终逃不掉去普通学校上课的命运。理查德也同意这一点，说他以后也应该去一般的学校上学，然后他问K太太，他能在未来一两年之内办到吗？

K太太表示，可以先观察一下明年的状况，有可能他到那时就会喜欢和其他小孩相处了。不管怎样，她都会与他母亲认真讨论，他接下来继续接受精神分析的可能性有多大。看情况允许，她会想办法安排他从明年夏天开始接着进行精神分析的。

理查德又问起K太太即将前往伦敦的事，显得很忧愁。K太太回答道，她要到伦敦市区工作，但会住在伦敦郊区。听到她这么说，理查德似乎安心了一些。

K太太问理查德，为什么不早一点把心里的想法和问题说出来，为什么觉得她会跟母亲提一些让他很害怕的建议？K太太也解释说，因为她与母亲讨论时他不在场，这导致他开始不信任她，觉得K太太似乎变成了那个与母亲联合起来对付自己的坏父亲。

理查德听了，一脸疑惑地对K太太说，你不会变成坏父亲的，而是变成“畜生母亲”。

K太太解释说，因为她即将离开，所以理查德担心她会被坏的希特勒父亲轰炸，变成邪恶的“畜生母亲”（“畜生母亲”曾出现在第二十三次面谈中，其实是体内含有坏父亲的母亲）。

与K太太进行这段对话的过程中，理查德也将K太太要告诉母亲的那些建议写了下来，如他想请家教，随即又把请家教改成去小一点的学校上学。他的脸部表情很明显，很痛苦地意识到自己有严重的学习障碍，也知道这个障碍影响着他的未来，他甚至开始站在父母亲的角度，为自己的未来担忧。

此次精神分析结束后，理查德在离开之前如释重负地说，他很高兴能与K太太讨论这些事，现在他感觉好多了。

第六十九次面谈注记：

Ⅰ. 从我的记录来看，理查德从未提起过他有爷爷。我不确定他有没有见过爷爷或外公，当时他们都已经不在人世。或许在他的潜意识中，仍然记得其中某位，并且希望他可以复活。

Ⅱ. 以我的观点，针对内在父亲的强烈嫉妒是偏执式嫉妒的基本要素之一，患者甚至在父亲真正死亡后，仍然认为他永存于母亲体内，还会怂恿母亲并与之联合起来，共同对付他。

Ⅲ. 我在先前的注记（第六十七次面谈，注记Ⅶ）中曾提到过，理查德现在的态度已经逐渐转变，如今他更有能力用爱来缓解恨。这项转变的一个重要迹象，就是他强烈地表达出想要永远保有好乳房的渴望。我认为，对乳房保持完好无缺的信念以及坚信自己有能力稳固地保有这个内在客体，是患者能成功处理摧毁冲动和焦虑的先决条件。

第七十次面谈（周五）

这一次，理查德走到路上与K太太会合。他躲在门柱后面，等K太太经过时才突然跳出来。他仔细观察着K太太，想知道她有没有被吓到，有没有生气，看到她没有受到惊吓，他才放下心来。他说刚刚有一个男人恰巧骑单车经过，那个男人看到他这样跳出来，一定会觉得他想跳到K太太身上，攻击她并伤害她。进入游戏室后，理查德问K太太，跟母亲是不是约好了见面的时间，还说母亲在等她的电话，想跟她讨论这件事。

K太太回答说，她已经给他母亲打过电话了，下周一就会跟她见面。

确定她们不会把见面日期延后，理查德似乎轻松了很多。他向K太太要了画本，要的还是她新买的那本。当看到新画本的样式与之前不一样时，他显得很失望，说新画本里面的画纸他不太喜欢，但至少比之前那种又薄又黄的画纸好一些，他从来没用过那些黄色的画纸。理查德一边抱怨一边把硬币放在纸上描。他一脸忧虑，沉默不语，整个人都感觉很紧绷。

K太太提到他昨天的疑虑，他怀疑她会向母亲建议，送他去那间大一点的学校念书，而他认为这么做很残酷。

理查德承认他确实觉得这样很残酷，因为K太太最了解他，知道他有多么害怕那些年纪比较大的男孩。这时，他突然说："K太太，现在能不能别急着进行精神分析，我能不能拜托你一件事？你先答应我，绝对不会建议母亲送我去大一点的学校念书。"

K太太提醒他，昨天她就已经保证过了，但似乎没什么用，他还是怀疑她有邪恶的想法。他向K太太哀求道："拜托你，再答应我一次。"

K太太重申，她之前就说过，她不认为现在送他去大一点的学校念书是一个正确的决定。虽然理查德相信她的精神分析，相信她的帮助，也很喜欢她，但仍然怀疑她，这其中一定还有什么别的原因。

K太太再次提到她昨天给邪恶的"畜生母亲"这一概念所做的诠释，还有理查德一直害怕她体内那个未知而危险的K先生。在他的认知中，K先生不仅会伤害她，还会怂恿她与理查德敌对。他还认为，K太太去伦敦就相当于抛下他，让他独自去面对内在的敌人与所有焦虑。这些敌人与焦虑，就物化成了学校里那些危险的大男孩。

理查德去厨房喝水，然后把大拇指放到嘴里吸吮。他又开始频繁地留意外面经过的路人。他大喊："史密斯先生来了！"然后跑向窗边，对着史密斯先生微笑。史密斯先生首先看到坐在桌前的K太太，于是对她微笑，之后才跟站在窗边的理查德打招呼。理查德很在意这一点，他问K太太，为什么史密斯先生要特意向她微笑，他们的关系是不是很好？这时候的理查德，显露出极度不信任的神情（注记Ⅰ）。

K太太说，她只拜访过史密斯先生几次，他其实也知道这是事实，但他还是不相信。他总觉得觉得史密斯先生肯定会在私底下见她，甚至晚上跟她上床，当理查德不在场的时候，史密斯先生一直都跟K太太在一起。K太太分析说，理查德认为史密斯先生代表着K先生，他不仅侵入K太太，还把她变成了与理查德敌对的"畜生母亲"，这也是当理查德看不见父母时，在心里对他们产生的疑虑。

史密斯先生离开后，理查德担忧地问K太太，不知道史密斯先生怎么看待他与K太太在一起这件事？其他人又是怎么想的？

K太太诠释说，因为他很好奇父母在一起时做些什么，所以也觉得其他人正在监视他，尤其是父亲。他认为，他们会怀疑他侵入母亲的身体并因此而惩罚他。K太太提到理查德画的第六十三张画，指出理查德以为他心中的上帝，也就是父亲已经知道他与代表母亲的K太太性交了，他预计自己会被上帝惩罚，所以感到害怕。

当理查德看到K太太拿来一个信封，准备装他画的画，突然变得十分不安，显露出强烈的被害感，并且再次问K太太，信封上的字是谁写的。

K太太指出，理查德虽然很了解母亲有哪些朋友和亲戚，但他还是对母亲的一举一动以及每个想法充满好奇并伴随着怀疑，包括她收到的信件以及关于她的所有秘密。之前他承认过，他会暗中监视母亲，一方面，他对母亲又爱又恨；另一方面，又无法完全相信母亲是爱他的，他认为母亲对他的感觉也同他对母亲的感觉一样，也是爱恨交加。另外，他还一直怀疑父母在谈论、责怪甚至怨恨他。他幻想自己会攻击父母，由此产生的罪疚感更加深了不信任感。理查德如今意识到，自己其实并不信任K太太，他心中存在着一个“邪恶的畜生”K太太，然而更令他痛苦的是，他发现自己有时也会怀疑母亲是“邪恶的畜生”。

理查德认同这一观点，说不喜欢自己对母亲有这些想法，对K太太也一样，因为K太太也是他非常喜爱的人。理查德一直盯着墙上的一张图，图中画的是海王星和一个女人，二者中间是地球。几天前他曾说很讨厌海王星，现在他指着这张画问，是不是K先生就长这个样子，但他随后又说，不，这是海王星，根本不是K先生……他又反复地问了之前常问的几个问题，比如K太太认不认识X地的杂货店老板欧文先生。他问道，为什么K太太不跟欧文先生买东西，他看上去是一个大好人，反而总是去另外一间杂货店买?

K太太分析道，理查德不喜欢另外那间杂货店的老板，觉得他是一个坏男人，所以不希望K太太跟他有任何接触。他希望有个好男人、好先生出现，来照顾K太太，同时又很担心她找不到这样的男人。他也害怕父亲病死，这样一来不仅母亲不再有人照顾，她还将陷入对父亲的思念之中。对理查德来说，生了病的父亲变成了受伤的、被抢夺的父亲，开始变得很危险。所以他希望代表母亲的K太太可以远离所有可疑的男人，如那个杂货店老板，如同画中的女人与“讨厌的”海王星之间有一个地球（代表全世界）将二者隔开一样。

理查德打开信封，把里面的画全部拿出来，一张张摊在桌子上。这时，他突然向K太太要了装玩具的袋子，然后小心翼翼地把玩具一个个掏出来，仿佛怕看到让他不自在的东西似的。他还要求K太太收好所有的铅笔和蜡笔，但不要拿走他的画、她的袋子和时钟。他摆好几间房子和几个玩偶，然后说这是瑞士的一个小村庄，这个地方很平静。

K太太分析道，他觉得瑞士比英国安全。

理查德接着说：“但是现在，可怜的瑞士被敌人包围了。”说完，他拿出一个之前极少拿出来玩的小玩具水桶并把它放在时钟旁边，说这里是医院，又拿出另外一个小水桶当成疗养院。他拿起几个受损的玩偶，动作迅速地将它们进这两个水桶里，再把袋子的内侧翻出来，清理掉上面的灰尘。随后他把玩具分成好几组，像以前一样将一男一女两个玩偶放到货车上，说这是父亲和母亲在一起。他用桌子盖了一个车站，让两辆电动火车围着桌子绕行。电动火车相撞的危险似乎在他心头萦绕不去，这让他非常小心地测试车站，检查它能否容得下两辆电动火车同时进站。其他玩具的组合包括一个男人与一个小孩、一群小孩，还有一群大人。这些组合之前大都已经分析过。他指着其中一个小女孩玩偶说她有乳房，接着他向K太太展示其他玩具女人也有乳房（注记Ⅱ），不仅如此，他还指着电车的两节车厢说，那也是两个乳房。他拿出两个女玩偶，假装她们在交谈，还编了一段十分亲密的对话。其中一个玩偶说："我亲爱的亨丽艾塔，你好不好啊？"另一个回答："我亲爱的梅兰妮，我很好，你呢？"过了一会儿，理查德又说她们其实不是亨丽艾塔和梅兰妮，而是K太太和母亲，她们正在进行下周的对谈。原本摆在远处的小男孩玩偶也加入了进来，这代表理查德站在旁边仔细观察着她们。随后，理查德又拿出了一个玩具男人，说这是史密斯先生，他也要参与讨论。

K太太再次分析道，理查德仍然怀疑她与母亲的会面，不相信她们是诚恳的。事实上，不会有任何男人参与她们之间的对话，但他仍认为可疑的史密斯先生会在场，而史密斯先生代表K先生和父亲，而那两个玩偶女人则变成了含有希特勒K先生的畜生K太太，以及含有坏父亲的畜生母亲，所以她们是坏人，还联合起来对付他。

突然间，理查德跑去厨房查看火炉，他拿起"水箱宝宝"的盖子，看到里面的水很脏，便觉得很不安。于是他开始用水桶舀水，再让K太太把水倒进马桶里。他越舀越担心，因为不管他怎么弄，水还是脏的。他搬走火炉盖，往火炉里倒了一点水，想看看水会往哪里流，接着他打开火炉的风门，想清理干净里面的煤灰。随后，他打开烤炉，发现里面有一个他从没见过的闪闪发亮的锡杯，这让他很高兴。他先用锡杯舀水箱里的脏水，可能觉得不想把锡杯弄脏，就拿它接水龙头的水。接来的水都被他倒进水箱里，但还有一大半洒在外面。他一边继续接水，一边看着K太太拖地，说幸好女童子军今天不会来，不然就会看到他把这里弄得一团糟了。K太太劝他不要倒太多水，不然很难把地板拖干净，于是，像以前一样，理查德又把水装满水槽，然后让K太太把塞子拔掉，自己跑到外面去看着水慢慢流出来。做完这些，他开始回屋继续玩玩具。

K太太诠释说，史密斯先生代表着理查德母亲体内的坏父亲与K太太体内的坏K先生，他为此感到恐惧，所以更迫切地想要了解K太太与自己的内在。现在他似乎特别害怕父亲那肮脏的、有毒的尿，想知道它会不会从母亲身体里流出来。K太太还诠释说，他必须让好奶水远离肮脏的尿，才能保持干净，而水龙头与闪亮的锡杯就代表着母亲的好乳房。

理查德移动着火车，还将玩具拆分组合成各种事物，变换的速度太快了，以至于K太太无法记住所有的细节。理查德告诉K太太，狗加入其中的一组中，它想做“坏事”。紧接着，一场“灾难”骤然降临，玩具们都被撞成了一堆，最后全都翻倒了。理查德从玩具堆中捡起一间小房子，迅速塞进嘴里，过了一会儿说，这是他自己，他活下来了。不过，他似乎仍不太相信这间房屋已经逃过一劫。

面谈接近尾声，所以K太太只来得及这样诠释：狗代表着贪婪又会咬人的理查德与他的性器官；理查德之前说狗想做“坏事”，表明它就是“灾难”的始作俑者。这场“灾难”说的是所有人都死了，包括他的父母，还有他自己。他企图拯救自己，所以把代表自己的小房屋挑出来，但他内心深处并不相信自己能成功。

理查德同意这个诠释，和K太太一起把玩具都收回袋子里，却在正准备离开时，又从袋子里拿出一颗球，让它在地板上弹了一两下。

K太太指出，那颗球代表理查德、他的性器官以及K太太体内的小孩。他还是希望K太太和他能够安然无恙的。

这次面谈时，外面的倾盆大雨加深了理查德的焦虑。之前的素材显示，理查德认为雨就是全能的父亲洒下的尿，不仅有毒，还会把人淹没，所以他也害怕闪电与暴风雨，觉得与上帝的惩罚有关。只要一下雨，理查德就变得很忧郁，但在父亲生病以前，他对下雨是怀有比较正面的看法的，他完全知晓植物需要雨水才能生长。虽然在理性上他早已熟知这个事实，但在情感上，如果潜意识焦虑得不到纾解，他就不愿意接受这个事实。父亲的病使他更加害怕父亲的尿与精液会摧毁母亲。在之前的精神分析里，理查德每次都会喝水，他觉得相对于水箱里的脏水，水龙头里的水是好东西，代表好乳房与好阴茎，他可以依靠它来对抗被毒害的偏执式恐惧。当K太太在精神分析中提到他说的话关联着她的乳房时，他就将两颗玩具树木放进嘴里。K太太也解释了，这个动作代表他想吸吮母亲的乳房，并认为这样做能让他与K太太复苏。

第七十次面谈注记：

Ⅰ. 我昨天的解释并未减轻理查德对我的不信任感，这一点值得关注。在当时的情况下，我把会向她母亲提出的建议告知于他是恰当的做法。若不这么做，他的愤怒与不信任感势必会更为强烈，然而，尽管我已悉数告知，他妄想的疑虑与嫉妒依然存在。这再度印证了我过去的经验，这也是治疗具有偏执特质的患者时常见的情况，患者的被害焦虑及妄想式的疑虑，仅靠精神分析师的再保证与解释依然难以消除。

我再三强调，理查德之所以会缺乏内在安全感，是因为他从未与母亲建立起稳固的内在客体。为此，他特别害怕母亲会变为迫害者并与危险的父亲联盟，与他敌对。父亲的生病使他的被害焦虑达到巅峰，而对于父亲的死亡感到恐惧则让父亲的形象进一步崩坏；然而他心中仍然存在着好父亲的形象，并与坏父亲的形象分裂开来。外在因素深刻影响着他的内在情境，这些外在因素不仅激起了理查德的被害焦虑与分裂机制，也强化成了一种防卫机制，用以逃避因强烈罪疚感所带来的怜悯与忧郁。

Ⅱ. 值得注意的是，理查德特别指出那两个玩偶女人（他母亲和我）有乳房，这是他以前玩玩偶时从未说过的。我觉得一个可能的解释是，上学的事让他感到极度焦虑，在这个状态下，他或许想让自己安心，所以强调乳房。尽管他怀疑母亲与我对他的忠诚，让他没有安全感，但毕竟我们有乳房，可能并非真的那么坏，然而，我也在怀疑，从另一方面来说，乳房是他从未完全信任的最初客体。这样一来，是否可以表示这两个女人反而更可疑，也意味着两个不诚恳的女人有着坏乳房？

第七十一次面谈（周六）

理查德等在街道转角处，一见到K太太，就说他刚刚遇到了红发女孩，但却假装没见着她，而她也没开口理他，大概是被“气得说不出话来”。他说他并不害怕那个女孩，还十分肯定地说“一点儿都不害怕”。显而易见，他很庆幸自己渐渐能跟其他小孩一样，可以勇敢面对焦虑了。做完今天的精神分析，理查德就要回家过周末了，所以把手提箱带了过来。他虽然看起来有些忧郁，但比上周六好了很多，也不容易被路过的人影响。在游戏室里，他拿出两个半克朗的硬币，将它们放在桌上旋转。他开心地看着硬币旋转的样子，听着发出的声音。他一边玩着硬币，一边说今天的天气不太好，还问K太太公交车会不会很挤。说这些话时，他又露出担忧的神色。

K太太诠释说，那两个硬币代表她的乳房，而他刚才的举动，代表他想如同小时候一样玩母亲的乳房。当他断奶时，以为自己攻击或吞并了乳房，所以导致乳房消失了，旋转硬币则是代表让乳房复原。刚刚他问公交车会不会很挤，其实是害怕K太太的小孩和其他病人都来跟他抢乳房，还会因为他想独占乳房而攻击他。K太太提到，他曾在第六十七次面谈时问她，如果住在X地的人都跑来山顶，或都挤进公交车里会怎样。这些都跟他觉得自己摧毁了母亲体内那些未出生的小孩有关，但有时，他又希望把小孩还给母亲。

理查德将玩具从K太太的袋子里拿出来，发现她这次多放了几个他经常拿来当小孩的玩具玩偶，他显得很开心。除此之外，K太太知道他昨天一直想把受损的玩偶跟其他玩具分开，所以还多带了一个小盒子，让他装那些受损的玩偶。对理查德来说，K太太多带来的玩具象征着礼物和对他的爱。这时，史密斯先生正好经过，向坐在桌前的K太太和理查德微笑。理查德很介意路人看见摆在他桌上的玩具，他说不想被别人看到，他们一定会觉得他很幼稚的。说完，他跑到路上，以路人的角度看了看，又回到屋里，说路人们只看得到K太太坐在桌前。

K太太分析道，他不愿意让别人看到他在玩玩具，一来是怕他们笑他幼稚，二来玩具也代表他的想法与欲望，他不希望被外在或内在的父亲发现。

所有的玩具“小孩”，不论新旧，都被理查德拿来排成两排。一间有塔楼的玩具房子被当作了教堂，他先把所有的玩具小孩放在“教堂”旁边，表示他们正要去做弥撒。或许因为教堂和上帝都是让他产生内心冲突的来源，他很快又改了主意，把教堂换成了另一间以前用来当学校的房子，说这些孩子都在“学校”外面的操场上，还用铅笔把操场围起来。一个玩具小男孩底座掉了，理查德试着让它站立，发现它站不起来后，便问K太太能不能修好它。K太太回答可以，他就将它收在被当成医院的盒子里。

K太太再度诠释了理查德对上学的恐惧，学校里面有危险的大男孩，如同他动手术的医院，而且他也想留在K太太身边，希望她帮助他，如同在医院里接受治疗。那个被收进医院里，等着K太太修复的玩偶代表着理查德。只有K太太回来，继续帮他进行精神分析之后，他才会复原，才可以去上学。

理查德说孩子们喜欢看火车经过，于是让两辆火车经过学校旁边，不断地绕着桌子行驶。接着，他把两只动物放在货车的第一节拖车上，又把另外一只放上后面那节拖车。他说前面那两个是母亲与保罗。随后，他改口说没有保罗，是父亲和母亲，但很快又否认，说还是母亲与保罗。他说后面那个是他自己，还半开玩笑地说，他一直在监视母亲和保罗，看看他们都做了些什么……理查德把K太太带来的东西都摆上桌，包括她的手提袋、装玩具的袋子、时钟、画，还有她的雨伞（注记Ⅰ），并且不准她拿走。他在这些东西之间留了位置让火车通过，但火车还是几乎紧贴着桌子边缘行驶。他在桌子的另一端，也就是学校和那群小孩的对面，摆了几间房子、教堂和所有剩下的玩具玩偶，说这是山脚下的一个瑞士村庄。他把玩具玩偶分成许多组，接连上演着各种不同的场景（注记Ⅱ）。理查德这次的游戏中最重要的主题之一，是让两辆电动火车很惊险地驶过那群小孩身边，差一点儿就撞成一堆了。在以往的游戏中，这样的情景通常都以“灾难”收场。理查德说，如果其中一辆电动火车突然超过另一辆，那就很危险了，但他也不确定哪辆会先开进车站。接下来的场景转向瑞士村庄，昨天被他拿来当成史密斯先生的玩具男人先站在一位小男孩的身边，随后又与一位玩具女人和其他玩偶会合了。

K太太诠释道，跟以前一样，货车上的那些玩偶代表着理查德不仅想监视母亲与保罗，还想监视父母。由于父亲生病了，理查德不希望自己产生与父亲竞争或攻击父亲的想法，不过，这时的父亲因病也变成了小孩，他又不得不与其竞争（注记Ⅲ）。货车代表理查德，另一辆火车代表保罗和父亲，它们随时可能会相撞。K太太的时钟与手提袋代表她的内在，理查德让火车经过K太太的时钟与袋子，意指想进入K太太体内。他正与想进入母亲体内的保罗与父亲竞争，但父亲现在生病了很虚弱，他又很怕与父亲发生冲突。K太太更进一步诠释说，村里那个之前代表史密斯先生的玩具男人先与玩具小男孩站在一起，随后与玩具女人和其他人汇合，代表着父亲先与理查德和解，然后与母亲和所有家人团聚。借由这个方式，理查德希望弥补先前拆散父母的行为。

理查德指着玩具们说，那两棵树摆在学校与瑞士村庄中间，虽然很靠近桌子边缘，但跟火车之间还隔着画画。他也放了一台货车在附近，卡车的引擎盖有一部分被画画遮住了。那两棵树是他的金丝雀，货车则是钻到兔子洞里的波比。

K太太诠释说，他的画画代表着他与K太太的关系以及她的内在。昨天那两棵树是他渴望独占与保有的乳房，而波比则是他的性器官，它除了想钻进K太太的性器官里外，也想钻进K太太的心里。此外，他的阴茎也在K太太与母亲体内，追捕着K先生与父亲的性器官。

理查德拿出另外一个玩具男人，摆在一个玩具女人旁边，说这个女人是K太太。K太太诠释说，昨天他希望她去“好的”杂货店，是因为他希望有一个好男人、好先生来照顾K太太。

这番诠释让理查德非常震惊，他望向K太太，神情表明了K太太说中了他意识里的想法。接着，他问K太太喜不喜欢K先生，当失去K先生后，有没有觉得很难过、很寂寞。寂寞这个词，理查德还说了两遍（注记Ⅳ）。不等K太太回答，他请求K太太一定要告诉他，她会不会觉得寂寞和难过。他还问K太太介不介意他提出这样的问题，并且带着焦虑的神情说，他想当K太太的先生。停顿了一下，他又补充道："等我长大以后。"

K太太诠释说，理查德希望能成为母亲的先生，因为父亲生病了，他担心母亲也会寂寞、不开心。另外，也出于罪疚感，他认为是自己让母亲失去了"好"先生。可能在以前，他常常怀疑母亲是不是真的喜欢父亲，他们在一起开不开心。因为他从表面上看来，或是听别人的谈论，他都不太确定。如今他很害怕，如果父亲死了，他就必须代替父亲的角色，也得想办法让母亲开心，这个责任对他来说太沉重了，毕竟他还只是一个孩子。

理查德接着玩玩具，并提到坐火车的事。他说有一个女人（并非他手里的任何一个玩具玩偶）跟K太太说她要去赶火车。这时，他让一辆火车开出车站，然后说那个女人错过了火车。

K太太问，那辆火车开往哪里？理查德回答说往伦敦。

K太太诠释说，这个女人代表她，她想坐火车去伦敦，却错过了火车。

理查德开心地说，没错，就是这样，只要她想去伦敦，她就会错过火车，这样她就去不成了，同时，他又让另一辆火车出站，说这辆火车也要去伦敦。

K太太解释说，先前他曾提到，他必须去伦敦才可以继续接受精神分析，所以另一辆去伦敦的火车上都是他和他的家人，因为他担心自己终究阻止不了她，所以他们要和她一起去伦敦。

理查德又重新安排了一辆火车，还特别强调另一辆开往相反方向的火车要去Z地，而不是他现在的家。

K太太对此的分析是，他如果跟她一起去伦敦，会觉得自己遗弃了母亲和在Z地的老家，而老家也代表孤苦无依的母亲，因此他必须从伦敦再回到Z地。这表明理查德既想跟母亲和家人在一起，又想跟K太太在一起，常常在忠于母亲还是K太太之间左右为难。

理查德再一次让电车开往伦敦，并与另一辆开往相反方向的火车相遇。这时，他说灾难马上就要降临了。这一次，他没有试图阻止，而是看着火车撞翻了学校里的小孩和整个村庄。

K太太诠释说，在刚刚的游戏中，她终究会去伦敦，而他阻止不了，他与家人也会跟随她前往伦敦。然而他又认为这绝不可能发生，所以在嫉妒与绝望之下，他让一场灾难来结束一切。这也意指K太太如果去伦敦就会被轰炸、被K先生（其实是希特勒）摧毁。理查德觉得，这是他的攻击欲望带来的后果，所以既恐惧又罪疚。如果K太太死了，他将面临彻底的灾难，因为这代表着母亲、全家人、所有的小孩，甚至全世界都毁灭了。这对他而言也是一场内在灾难，表示他内在的母亲以及K太太也灭亡了。

这时，理查德捡起一个玩具男孩，说那是他自己，他是唯一的生还者。

K太太诠释道，虽然看起来在最后他仿佛拯救了自己，但从刚开始的情况来看，其实只要母亲一死，所有人也会跟着死，包括他自己。

理查德把一个倒在桌上戴着红帽的玩具小孩拿起来，说它是红发女孩。他把它放到嘴里，过了一会儿又拿出来，然后跑到外面去吐口水，一边吐一边说："她的味道真恶心。"

K太太诠释说，理查德幻想自己吞食了敌人，也就是那个"气得说不出话来"的女孩，但她会待在他身体内部，使他窒息。在他心中，不仅认为他体内有死去的母亲（现在以K太太为代表），现在又吞并了母亲的小孩（就像他刚刚放入口中的那个小女孩），而且还觉得会被他们迫害。

理查德一副若有所思的表情，还吞吞吐吐地说他已经好久不曾玩玩具了，可能有两个月没玩了。过了一阵子，他又说，英国皇家空军再一次对柏林发动空袭，这是两个月以来的第一次。

K太太解释道，之前玩玩具时发生的灾难，代表着英国皇家空军对柏林的攻击，如他所言，这都是两个月以来的第一次，但柏林也同时也代表着K太太和坏母亲，母亲会变坏是因为她跟希特勒父亲混在一起，也有另一种可能，因为理查德嫉妒跟父亲在一起的母亲，所以攻击了她。

理查德又把两个玩具女人摆在一起，说那是K太太和母亲，还为她们编了一段对话，但这一次的对话比较普通和友善，不像昨天那么做作和亲昵。她们身边还另外加了两个小孩，一位是理查德，另一位是K太太的孙子。接着，昨天代表史密斯先生的玩具男人也加入进来。理查德说他是K先生，他又活过来了。直到理查德把火车扶正，他都没有去整理那些被撞倒的小孩，仍然让他们堆成一堆。随后，他将几个玩具小孩放在货车的两节拖车上。

K太太诠释说，他现在想试图修复灾难，并让货车上的那些小孩在母亲与K太太的体内复活。他说K先生又活过来了，意指父亲不应该死亡，即便死了也会复活的。

理查德支支吾吾地问，他能不能带一些“小孩”回家。

K太太回答说，她以前向他解释过，玩具、画画等东西最好还是交由她保管，这样更方便她下次全部带过来。她诠释说，把玩具小孩带回家，意指理查德想得到K太太与母亲的允许，让他分享她们体内的小孩（注记V）。

玩玩具的过程中，理查德曾指着一个受损的玩偶，低声说：“这是我。”以前他好几次都称这个玩偶是“笨蛋”，但指的是村里面的一位男孩。

K太太提醒理查德（之前也提过一次），他曾说很担忧自己的学习障碍，害怕自己没有长进，会变成“一无是处的笨蛋”。但他所谓的“笨蛋”不仅仅是担心自己一无是处，更害怕那些曾被他谋杀念头摧毁的坏人们包含在自己体内。

理查德轻轻哼着不同歌曲的片段，他以前很少这么做。哼完之后，他显得很哀伤，说他现在都不弹钢琴了，母亲一定对此很生气。他自己也觉得很可惜，因为他钢琴考试考得还不错，这表明他还是会弹琴的。这时他又感到疑惑，问道，既然他这么喜爱音乐，为什么一点都不想弹钢琴呢。

K太太分析道，音乐与和谐的旋律意味着好小孩们快乐地聚在一起发出美妙的声音，但此时的理查德不确定自己究竟是好是坏，他感到内在缺乏和谐，所以无法弹奏音乐。

在整个面谈过程中，理查德一直在全神贯注地玩玩具，所投注的热情及获得的乐趣通常只在年幼的孩子身上才可以看到。除留意史密斯先生外，他只有一次走到窗边，去看一位抱着小孩的妇人经过。他没有把铅笔放到嘴里，也仅有一次把手指伸进嘴里，但时间非常短。不再留意外面的人、几乎不太有吸吮的动作，这都表明他可以完全地表达内在世界的幻想与情绪。在离开的时候，理查德看起来非常满足，情绪也很平和（注记Ⅵ）。

在下次面谈前，K太太会先与理查德的母亲见面。

第七十一次面谈注记：

Ⅰ. 如果从移情的角度来诠释，精神分析师的私人物品扮演了至关重要的角色。我经常指出，移情情境密切关联着理查德对游戏室的爱与恨。在这起案例中，精神分析师的私人物品（包括手提包、时钟、雨伞等）对理查德而言具有情感上的特别意义，他玩游戏与画图时用的桌椅和我坐的椅子也比房内其他东西更重要。每次离开之前，理查德都会习惯性地把两张椅子并排放进桌子底下，有一次他还说，到下次面谈之前，他和我（的椅子）都会在一起，很显然是在表示我们能够和平共处。

Ⅱ. 这些同时发生的场景表达了他快速转变的情绪，也代表着他过去与现在的真实经验和幻想经验。我曾说过，试图抓住所有素材的细节并全部加以诠释是非常困难的，不管是画画、涂鸦，还是患者表现出来的各种表情与动作等。如果想详尽地诠释所有素材，精神分析过程可能会增加好几个小时。在我看来，不论分析儿童还是成人患者，面对如此大量、丰富的素材内容时，必须选择患者最主要的情绪和幻想、最强烈的焦虑情境以及相关的防卫来诠释。换句话说，精神分析师必须以移情情境为依据做出最适当的诠释。

Ⅲ. 根据之前的情境来分析，理查德的父亲不仅被摧毁了，还变成了学校里的一个小孩。货车能给那些想看火车经过的小孩带来欢乐，由此可见这个情境中所体现的两难情绪。有一点很值得一提，理查德昨天吸吮的那两棵树代表母亲的乳房，而引起他与父亲竞争乳房的因素之一，是嫉妒父亲因病变成了小孩，需要保姆的照料。这也促使理查德退回到婴儿期，再度怀疑父亲抢夺了本应属于他的乳房。拉着两节车厢的货车也代表着乳房，货车经过学校，但学校操场上的小孩（包括他父亲）都被铅笔做成的围墙挡住了，看不到货车，表示那些小孩无法接触乳房。我的结论是，理查德在婴幼儿时期怀疑父亲抢走了他的乳房而对其怀恨在心，想要报复，从而激起他产生了这种幻想。

Ⅳ．孤独感和对孤独的恐惧是造成理查德忧郁情绪的重要因素。在第一次面谈时就告诉我，他上床睡觉的时候会感到孤独和被遗弃，因此他会对孤独的人产生强烈的同情心。现在，他非常担忧父亲可能会死，所以也特别担心母亲会觉得孤独。他移情到我身上，借由担心我会孤独而表达出他的忧虑，他是在有意识地在思考这些感觉。从理查德的几张画画中也可以看出，之前被赶走的K先生后来又与我团聚，甚至连那位“脾气不好的老先生”（之前一直被理查德讨厌，担心他会来纠缠我），如今也变成了要来陪伴我的人。分析成人患者时，我发现他们对孤独或生病的女人所产生的同情心，会深深影响他们对伴侣的选择。

Ⅴ．理查德之所以想要与母亲一同分享孩子，是为了对抗那些危险的、“红发的”、有敌意的、被吞并的小孩，以避免他们在内部攻击他并让他窒息。此外，如果他能在母亲的允许下拥有几个小孩，他就不用在嫉妒与贪婪的驱使之下吞并他们了。简言之，就是与母亲共享小孩可以减轻因竞争带来的摧毁欲望，以避免所有可怕的后果。这样一来，那些小孩与父母就能与他和平共处，成为他内在的朋友，而不是死亡又危险的客体，他的内在世界就能够维持和平了。

Ⅵ．值得注意的是，在这次面谈中，理查德被激发出强烈的内在焦虑与外在焦虑，最后却能怀着满足与平和离开。一些早期的精神分析观点认为，试图诠释和分析精神病式的焦虑会非常危险，但以我之前的经验来判断，如果我们能深入分析这些精神病式焦虑的根源，反而对患者会更有帮助。这背后有很多原因，在此我只提出最重要的：分析这些深层焦虑可以使患者找到表达的途径，帮助他们面对精神现实。在这次面谈中，理查德借此举来体察并表达他对内在敌人（已死去且会迫害他）的焦虑和他对这些敌人产生的谋杀欲望以及因他们变得十分危险所带来的罪疚感。另外，我们也必须牢记，理查德在面对并表达这些焦虑的同时，也减弱了摧毁冲动。他非常谨慎又焦虑地从袋子里拿出玩具，还想把那些受损的玩偶带到医院治疗，并要我修好那个代表他自己的玩偶，这都显示他同时怀有修复的欲望与毁灭的焦虑。这次的“灾难”也并不像以前一样完全无法控制，理查德小心翼翼地让某几样玩具倒下，担心它们会受损或坠落，瑞士村庄和两棵树也保持站立了很长时间。大灾难结束后，他通常还会留下一个玩偶或玩具作为唯一的幸存者。毫无疑问，这表明他无法承受包括他自己在内的一切事物全然毁灭。因此，哪怕没有很坚定的生存信念，他还是尽可能让自己复苏。当他的焦虑程度减轻时，便怀有一线希望，相信自己和某些内在客体最终能被拯救。这次他只让一个玩偶复活，即那个小男孩，并且是在我说无人生还之后才这么做的。我认为，他不再有那么多怨恨与绝望，而是抱持了更多的希望，所以才更有勇气面对死亡的威胁。

我们通常过度地将嫉羡、嫉妒等摧毁冲动与其造成的后果分裂开来，因为这些摧毁冲动太过强烈，它们甚至是全能的，可以使客体或自体完全被毁灭，但这也会分裂好客体或好自体之间的爱与信任感。只有直接面对恨并让恨意与自体的其他部分相结合，才能够将怨恨的影响力降低。直面精神现实能够复苏好的精神面向，也能增强修复能力与希望。在这次面谈中，我们也可以看到理查德的希望：比如他把那个小男孩留在医院，等待我去修复，代表他认为在未来的某一天，我一定能够继续帮他进行精神分析。伴随着爱之能力的重现，摧毁冲动为之减轻，摧毁冲动的影响程度就会降低。如此，至关重要的整合过程才得以开展。

只有当这些内在过程发生，患者就可以提升适应外在现实的能力，外在的焦虑也不再那么强烈。在这次面谈中，理查德能更清楚地表达对父亲死亡的恐惧，担忧母亲会因此陷入孤独；同时，他也觉得我会孤独和不快乐，因此表达了对我的哀伤。此外，对于精神分析即将告一段落的事实，他也比较能够接受了。

第七十二次面谈（周一）

理查德在进入游戏室之前说，他已经向母亲提过K太太对他以后去上学的看法，也跟母亲说K太太不赞成他去大学校念书。面谈后，母亲还告诉他，她与K太太也讨论过以后继续让他接受精神分析，并认为精神分析迟早是要继续下去的，也可能会在战争结束后就带他去伦敦。理查德向母亲提出K太太的看法，显然是因为他不相信K太太，也不相信母亲，想借此确认她俩的意见是否一致。另外，他也想告诉母亲，他已经跟精神分析师讨论过这件事了。

一进入游戏室，理查德就立刻拿出玩具来玩。他把一个呈坐姿的玩偶放在椅子上，然后拿出秋千，很高兴地看到前天那个掉下秋千的玩偶被K太太黏回去了。他之前把这个玩偶放进“医院”里，与其他坏掉的玩偶摆在一起；他还说过这个玩偶被切了一半，其实这个黏在秋千上的玩偶只有上半身。他摆荡着秋千，说这个小女孩玩得很开心，但只过了一会儿，他就让K太太把秋千放到桌子的另一边。那边都是他准备好的场景，除被当成医院的盒子外，还有装玩具的袋子、手提袋和时钟，并且只留下一点点空间，刚好能够让火车绕行。他在最靠近他的桌面上用两间房子搭了一个车站，让火车刚好可以停在中间。他还在车站里放了一群面对面的玩偶，这些玩偶通常都扮演小孩的角色。理查德说，这些小孩都喜欢看火车，所以都站在这里。最靠近车站的小男孩，就是上次面谈时他说应该去医院的那个，代表他自己。K太太把这个小男孩黏在一个基座上，基座上原本应该放一个更大的玩偶，但她没有别的选择了。因为K太太修好了它，还把它安放到更好的位置，这让理查德很高兴。

理查德用便士的硬币围出一条路，在路上放了各种组合的玩偶：同样的两个女玩偶还是代表母亲与K太太，他让她们以友善而自然的方式打了招呼。之前代表史密斯先生的男玩偶离她们比较远，另一个女玩偶则比较近。狗站在几个玩偶中间，两棵树之间隔出了一些距离，安放在路的同一侧。理查德说牵引机和运煤卡车“正要出发”，但他真正移动的却只有火车。火车停靠在车站后面，那群小孩都被放在火车旁边。理查德说火车运来了牛奶，他让大家都喝了一点儿。

K太太提醒他，在上次面谈中，火车的车厢代表K太太和母亲的乳房。

理查德就让火车穿越车站，绕着桌子跑，说这些小孩现在都有乳房了。货车与火车轮流穿过车站，货车也给小孩带来了牛奶。理查德本来想把小孩放在火车车厢旁边，但突然改了主意，让他们站在了火车头旁边。

K太太将火车头诠释为理查德父亲的性器官，父亲的性器官跟母亲的乳房一样，都可以用来哺育婴儿。

两辆火车轮流绕着桌子行驶并穿过车站，过了一会儿，双方越来越接近彼此，眼看就要撞在一起了。这时，他突然停止游戏，走进厨房，往“水箱宝宝”里看，然后又开始用水桶舀水，还让K太太把水倒掉。他非常仔细地看着水箱里的水越来越少。

K太太的诠释跟之前的一样，两辆火车差点相撞代表着坏父亲的性器官与母亲的乳房混在一起的危险。她将这种焦虑关联到两个女玩偶（母亲与K太太）之间的对话上，并提醒理查德，史密斯先生一两天前曾参与她们的对话，但这次却被他放得比较远。他这么做，是为了赶走K太太体内的坏希特勒父亲与母亲体内的坏父亲，让对话能进展到他希望的结果：他不应该被送往大学校，跟那些年纪较大的男孩，也就是有敌意的哥哥们在一起。

理查德把小纸片丢进水箱，观察着接下来的状况。

K太太认为小纸片代表婴儿，理查德可能想知道母亲肚子里未出生的婴儿究竟怎么样了，想看看是谁摧毁了他们，究竟是他自己发动的轰炸，还是父亲的性器官在母亲体内造成了危险。

像以前一样，理查德又仔细检查了炉子和水箱，然后回到游戏室继续玩游戏。椅子上那个呈坐姿的男玩偶被他偷偷移走了，于是K太太问他玩偶去了哪里，理查德说玩偶被放进盒子里了，因为他已经没用了。

K太太分析说，椅子上的男玩偶代表生病而行动受限的父亲，理查德把他拿走，可能是因为一想到父亲的病就会觉得伤心和罪疚。

理查德同意K太太的说法并补充道，父亲现在依然很虚弱，但病情正在好转。说这些话时，他既哀伤又担忧。他让K太太拿来桌子另一边的秋千，说上面的小女孩只有自己一个人，太孤单了。他再次移动火车，让两辆火车停在车站里喂小孩喝奶。理查德说电车（乳房）在车站里停了太久，让另一辆火车的司机在车站外等得很不耐烦。当这位司机终于能把火车开进车站时，他没有停下来喂小孩，因为他太生气了。

K太太问他，其余的玩偶都在做什么。

理查德回答，K太太还在跟母亲交谈，所以她们还站在一起。

K太太问，那位离她们很近的女人是谁。

理查德说："喔，随便，她是谁都可以。"

K太太觉得这个女人可能代表理查德的保姆。他很希望母亲与保姆保持友好的关系，但如果她们交谈得太久，他又会嫉妒。同样地，理查德可能也喜欢K太太与母亲的关系良好，但太好了又会让他嫉妒。

对此理查德同意K太太的看法。

K太太诠释说，那个代表K先生和史密斯先生的玩偶被他放得比较远，这样一来就没有机会伤害理查德。这也表示理查德希望赶走母亲和K太太体内的希特勒父亲，因为他怕希特勒父亲会怂恿母亲来对付他。在这之前，理查德曾问过K太太，今天有没有见过那位"脾气不好的老先生"。这时K太太又提起这件事，并说这个问题同样与她有关，她认为理查德仍然不太相信她与母亲的谈话结果。

理查德问K太太那两棵树代表什么，一边微笑地说："你对它们有什么看法？"

K太太分析说，现在理查德正视图取代她，自己来当精神分析师，他也想要母亲的婴儿，还想取代母亲的位置，与父亲在一起。

理查德不同意K太太的分析，说他才不要当女人。

K太太诠释说，他当然害怕当女人，这样一来他就不再有男性的性器官，不能当男人了，可是，他又很想像母亲一样跟父亲生小孩，如他之前很喜欢的白萝卜种子代表好父亲的性器官，可以把小孩放进体内。不仅如此，他也希望能够哺育婴儿，如他在玩火车给小孩喝牛奶的游戏中，火车车厢就代表哺乳的乳房。他通过这些方式表达与母亲分享小孩的渴望，这样就不用被迫攻击母亲，也不会抢走或伤害那些小孩了。另外，这也表示他不再害怕那些代表了母亲孩子的小孩，如那位红发女孩。跑来跑去的火车和车站内部代表了K太太与母亲的内在，坐在秋千上的女孩则代表年纪最小、还未出生的婴儿，也是他不想要的妹妹，但在最后，理查德还是把秋千上的女孩拿了回来，由此可见，他还是希望妹妹能够出生的。他让K太太拿走秋千，是因为他不希望妹妹被自己攻击。

理查德让两辆火车比赛谁跑得快，于是火车不再停靠车站，变成面对面行驶，开得越来越快，有好几次都差点儿相撞，最后还是在车站相撞了。理查德把所有东西都推倒，那群小孩跌成一堆，最后只有电车幸免于难。理查德让它在桌上疯狂地乱跑，看上去有些失控。他指着电车说："这就是我。"说完又低声补了一句："这是胜利者"。

K太太诠释说，那位"脾气不好的老先生"既代表理查德也代表K先生，他俩在K太太的性器官内相互争斗，造成所有人的死亡与毁灭。除此之外，理查德也总是认为他与父亲在母亲体内的争斗会摧毁母亲和小孩，同时，也会摧毁父亲和他自己。

面谈即将结束，K太太忙着把玩具收回袋子里，理查德这时才看向外面的马路，这是今天他第一次这么做。他说路上有挺多人走来走去，并且问K太太，这些人是否都等着她来喂奶。

K太太于是提醒理查德，他之前曾经问过，如果住在X地的所有人都跑到山顶上，或都挤进公交车里会怎样，她也解释说，山顶与公交车都代表她，理查德认为她必须哺育所有人，所以担心她会精疲力竭，同时，也嫉妒每一个想接近她的人。

理查德望着K太太，露出赞同的表情。他说母亲现在也要搭公交车回家。

K太太诠释说，在理查德心里，母亲也是渴望被她哺育的小孩，而他也希望这么做，所以才会长时间地让那两个玩具女人待在一起，但另一方面，只要母亲与K太太有接触，他就会嫉妒。

面谈刚开始时，理查德问K太太，去见他母亲时会穿哪件衣服，很显然，他希望K太太能呈现她最好的一面，穿着那件他很喜欢的红夹克去赴约。他也觉得，如果K太太没有换上他喜欢的衣服，那么她与母亲会面的时候，其实是坏的K太太，不会对母亲说他希望的那些话，直到给他做精神分析时，才换上好看的红夹克，才变成好的K太太。

之后在公交车站，K太太遇见了理查德和他的母亲。理查德的母亲说，理查德大老远就认出了K太太，还说她穿着他最喜欢的红夹克。她还提到，理查德之前还很仔细地问她，当天稍早时，K太太与她会面时穿的是什么衣服。

第七十三次面谈（周二）

这次，理查德到得比较早，于是就在游戏室门前等候K太太。进入游戏室后，他就立刻坐下来开始玩耍。今天他心情挺好，但有些安静。他以前通常都在面谈开始前先打开水龙头喝水，但这次却没有。他看着K太太每天都带着的那个手提包，问她这个鳄鱼皮包是不是K先生送的。

K太太诠释道，他可能希望这个手提包是K先生送的礼物，虽然鳄鱼是一种危险的动物，但K先生送给K太太一个结实耐用的礼物，相当于一个耐用的好性器官，这表示K先生是一只“好鳄鱼”。

按照昨天的方式，理查德又将玩具摆放成了一个车站，不过这次位置有些不一样，离K太太比较远，还将各种不同的玩具摆放在K太太与车站之间。他沿着车站摆放了一排的玩偶，包括一个女人、代表“史密斯先生”的男人、所有的“小孩”，还有树、几只动物、牵引机、运煤卡车，最后是狗。理查德说，最前面的两个人是母亲和父亲，他们全家都要前往Z地。昨天代表K太太与理查德母亲的两个女玩偶，依然面对面摆放着，理查德再次让她们两个交谈，但今天她们交谈的态度更加做作，亲昵得十分不自然。除此之外，还有一个玩具女人站在她们不远处，背对着她们，显然与她们无关，K太太昨天诠释过这个玩具女人，它代表理查德的保姆。

K太太提醒理查德，她曾经说过，他如同喜欢母亲一样喜欢着保姆，但在他心目中，保姆的地位还是低于母亲，这使他在忠诚度上陷入了两难。

理查德让保姆加入母亲与K太太的对话，但没过多久就把K太太拿开了。理查德解释道，母亲对K太太说了不好听的话，伤了她的心，所以K太太自己走开了。接着，他又指着代表母亲的玩偶说：“这是坏母亲。”这时，他突然把代表他自己的玩偶从等火车的队伍中拿出来，对K太太说：“我要和你一起走。”

K太太问，这些等火车的人要去哪里，去伦敦吗？

理查德说，可能吧。

K太太对此的分析是，理查德在母亲与保姆之间左右为难，刚才母亲让K太太伤心的这件事又引发了他的这种情绪。K太太现在代表保姆，而他要与保姆联合起来，对抗“坏母亲”和其他家人。由此可推论，理查德可能曾听到过母亲与保姆发生争执，害怕母亲伤害保姆，或者担心保姆，为她游离于理查德的家人之外而感到寂寞。

对这种说法，理查德表示强烈质疑。他说保姆和他们在同一张桌子上吃饭，他也没有印象，母亲是否曾对保姆说过难听的话或做过不好的事，但他好像同意他确实有那种K太太所说的两难情绪（注记Ⅰ）……理查德把火车开出车站，说他与K太太都在这辆火车上。然后他让父母与小孩追着这辆火车跑，说他们想把他留下来。接着，他又让家人搭乘的货车（不过他没把玩偶放上去）去追逐这辆载着他和K太太的火车。这样一来，一辆火车代表着他和K太太，另一辆火车则代表着他的家人，紧随其后。接着，他把货车称为“父亲”，而火车代表着跟K太太在一起的自己，两辆火车之间的追逐变成了父亲与他之间的追逐。火车游戏刚一开始，K太太和理查德所搭乘的火车差点儿撞上他的家人，但他立刻挪开玩偶，让火车顺利通过。

K太太诠释说，让火车通过的车站现在代表着外在的K太太与母亲，同时，也代表她们的性器官。那辆火车就是理查德的父亲，不论于外在的K太太上，还是在母亲性器官内，都追逐并攻击着他。K太太也诠释说，就像在第七十一次面谈时说的那样，理查德想跟K太太一起离开，也想变成她的先生，这与理查德想跟母亲一起离开并独占母亲的欲望相互关联，但如果他这么做，父亲、保罗、甚至未出生的婴儿都会失去母亲，所以他们会追逐他。另外，理查德也认为分析对他很重要，他希望精神分析能继续下去，所以也想和K太太一起离开。

理查德让手中的游戏继续进行着。每次，两辆火车都差点儿相撞，后来他为了避免火车相撞，决定增加一条新的轨道。火车差一点儿相撞的主题以各种不同的形式呈现，而且持续了好一阵子……在游戏刚开始时，理查德手握着小椅子和椅子上的男玩偶，显然在考虑要不要把他放在桌上，但最后还是决定把椅子和玩偶放回盒子里。这样看来，理查德依然因父亲的病感到痛苦，但这痛苦与其他矛盾的情感一样，都被他强烈压抑着，仅仅以克制的方式表达出来……游戏中途，理查德几次跑向窗边，去看外面经过的行人。当他看到一位女士带着两个女孩经过时，说其中一个女孩盯着他看，她很坏，是他的敌人。可以推断，也许在之前，他们曾在街上相遇过。他还提到他今天遇见了那位红发女孩，但他们对彼此均视而不见。接下来，他指着一位刚刚经过的年轻男子，问K太太是否认识……游戏快结束了，这时火车一边蛇行，一边越跑越快，理查德还发出很大的嘶嘶声。最后，灾难再度发生，两辆火车相撞了。在游戏的最初，“教堂”被理查德放在了K太太的袋子附近，不在撞车的范围内，所以幸免于难。此外，他也将椅子上的男性玩偶（生病的父亲）和医院里的玩偶救了出来，它们一开始就没有被拿出来玩……之后，理查德拿出上面坐着小孩的秋千，让它荡了一会儿。除此之外，火车也没有被灾难波及，理查德把它握在手中，不安地看了看它，说火车很像摆动尾巴的鲸鱼。说完后他就拆掉了火车的第二节车厢，让火车撞翻并碾压了货车。这时候他压低了声音，哀伤地说：“万一父亲真的死了，该怎么办？”

K太太诠释说，那辆他跟K太太一起搭乘的火车代表他自己，而K太太代表他体内的好母亲；然而他觉得自己体内也含有那尾鲸鱼，即父亲那危险的性器官，他会被它影响而去做坏事，比如摧毁父母和小孩，所以他也想控制那尾鲸鱼，也就是心中的父亲。K太太也分析道，对父亲的病痛，理查德感到哀伤与罪疚，也恐惧父亲会死亡。这些情绪与他对父亲的恨意、嫉妒以及攻击欲望连在一起，这种关联表现在理查德用代表自己的火车碾压代表父亲的货车。与此同时，他又希望能拯救父亲，所以让代表上帝和父亲的“教堂”远离“灾难”的波及范围。K太太还提到，理查德在游戏中与父亲竞争，是因为他想成为K太太（母亲）的先生。

理查德停止了火车游戏，跑进厨房，从“水箱宝宝”里舀了一桶水。他说水变得干净了，水箱里的脏东西一定少了很多。这次，他似乎对玩水不感兴趣，花的时间比之前少，也没有把水装得很满。只玩了一小会儿，他就打开水龙头喝了一口水。

K太太解释说，现在的理查德似乎不再因为幻想自己在“水箱宝宝”里下毒而感到焦虑，而是相信K太太和母亲的内在以及里面的宝宝可以复原，甚至父亲也能恢复健康。虽然桌子上还是发生了“灾难”，但理查德在游戏最后，还是摇动了坐着小孩的秋千。这表示，他希望母亲体内的宝宝安然无恙，也希望父亲的性器官还能运作。

理查德走到外面，要K太太也跟着他。他望向山丘，一脸哀伤。

K太太问他，是不是因为跟母亲分开而感到难过。

理查德回答，只有到了周末他才能看见她。他停顿了一下又说，他的确非常难过。说完，他就从阶梯跳到庭院里，途中尽量避免碰到蔬菜；几天前他成功过，这次却失败了。这时，有一位女士正好经过，于是他急忙跑到屋里，站在窗边望着她，说她看起来很“高傲”。等那位女士离开，他才走出去继续和K太太说话，但显得有些意兴阑珊。他说他想带着游艇去游泳池。不久之前他曾告诉K太太，他非常期待去游泳池学游泳，但母亲不让他游泳。他于是口是心非地说，他自己也不想，还不如玩游艇算了。

K太太解释说，理查德似乎在怨恨母亲不让他游泳。

理查德否认了，并坚称自己不喜欢游泳。他回到屋里，跑到窗边去观察一位他认识的检票员小姐。他夸赞她非常漂亮，但又让他有些生气，因为她总嚷嚷着：“买半票的人请让座。”这让他不太高兴，但她还是非常漂亮的。他看了看时钟，当发现面谈时间只剩下十分钟时，他显得很开心，问K太太能不能提前结束面谈。在这次之前，他很少这么直接地表示自己想离开。

K太太于是回答，他想走的话，现在就可以离开，但她又诠释道，他想走是因为害怕承认自己在生K太太的气，因为她代表母亲，而母亲不准他游泳。在他看来，这代表他是小孩子，是那个“买半票的人”。对母亲的愤怒让他更讨厌美丽的检票员小姐，所以他也会觉得那位路过的女士很高傲，在瞧不起他。不让他游泳也让他觉得，自己的性器官跟大人的不同，他是虚弱且无用的。

理查德听后，好像又不想走了。他突然打开橱柜，看到里面有几颗球，于是拿出K太太袋子里的球，用力扔向橱柜。

K太太诠释说，橱柜代表母亲，那颗球正是他想展现的强壮的性器官。

他正在愤怒地攻击母亲。

理查德喃喃自语，说了一些和炮弹有关的话，然后要K太太跟他一起玩球。他安排K太太和自己各拿了一大一小两颗球，让它们滚动，互相碰撞。大球有时被他拿着，有时被K太太拿着。接着，他又拿出两颗一样大的球，说那是双球。他变得很和善，玩得也很专注。

K太太诠释说，如果她陪着他玩球，就表示她是好母亲，能帮他平复对坏母亲的怒气，不然，他就觉得自己可能会用炮弹攻击她。另外，玩球时，他与K太太是平等的，他们都有一对乳房（双球）、一根阴茎（大球）以及小孩（同样以双球为代表）。如此一来，他们就没有理由对彼此嫉羡或者愤怒了（注记Ⅱ）。

面谈结束后，理查德帮K太太把玩具收拾好，把球放回橱柜里。他盯着袋子里的玩具，不无担心地说："现在父亲、母亲和小孩全躺在一起了。"但他的语调和表情看上去仿佛在问："他们在袋子里会发生什么事呢？"

K太太诠释道，袋子是他内在的隐喻，里面包含着他的父母与他们的孩子，他很害怕，怕他们彼此争斗或被他摧毁，所以很担心他们在袋子里的情况。如同他看不到父母的时候就会担心，怀疑他们晚上在家时，不知道会不会做什么让他不快的事，他对K太太的态度也是如此。在离开前，理查德突然又说，他还是喜欢游泳的。走在路上时他回头看了山丘一眼，说乡下的风景很美。在K太太已经走到外面的时候，理查德从里面把门关上，这样看起来K太太就仿佛被关在了门外。K太太诠释说，这仍然与他埋怨母亲禁止他游泳有关，所以他想把母亲赶出门外。

在这次面谈中，理查德明显减缓了他的被害焦虑，开始更坦率地表达内心的愤怒。他曾问K太太有没有遇见过史密斯先生，但只问了一次，还是在K太太正好提到那个玩具男玩偶的时候，它不仅代表父亲，也代表着史密斯先生。在以往的精神分析中，他会一直坚持着重复问同样的问题，如史密斯先生有没有路过，什么时候路过的，K太太是何时遇见他的，诸如此类。但最近他对史密斯先生的顾虑减轻了，不会刻意走到K太太家附近去等她，因为他不再那么迫切地需要知道一些答案了，如K太太是否遇见史密斯先生以及她与史密斯先生的关系等。此外，他能更清楚地感知自己对母亲与保姆的矛盾情感，还有对父亲的复杂感受。除哀伤与忧虑外，他还怀有更多的希望。尽管如此，他仍然无法阻止“灾难”重演。

第七十三次面谈注记：

Ⅰ. 对于理查德这样的潜伏期儿童来说，去诠释他们在婴儿期针对父母亲的摧毁与施虐幻想虽然相当痛苦，甚至极度令人畏惧，但二者比较起来，这痛苦反而不及领悟当下情境与关系之间的冲突。特别是他在母亲与保姆之间、母亲与我之间，甚至在父母之间，都面临着忠诚度的两难困境。在这次面谈中，他可以更完整地体验并理解了自己的两难情绪，也越来越了解到自己对母亲的不信任，并且终于认识到，他心中的“浅蓝色”母亲与“畜生”母亲其实是同一个人。

Ⅱ. 有一点我要特别指出，由我诠释出他一直压抑着的、对母亲的愤怒与批评，其实更有助他处理自己的愤怒。比如，母亲不准他游泳，等同于阻止他变成男人。这也能让他重构好母亲的意象，如一个能陪他玩游戏的女人。经常有人质疑，让患者公开地表达对母亲的潜在批判是否安全，早在1927年我就反驳过这样的论点（《儿童分析论文集》《克莱因文集Ⅰ》）。基于我个人与同事的经验，不论患者是儿童抑或成人，协助他们去体验对父母的潜抑批判与幻想，确实会有不少帮助。

第七十四次面谈（周三）

理查德今天又在通往游戏室的路上与K太太碰面。最近，他经常在游戏室外等她。他说见到她就会很开心，所以想早点儿遇到她。他说这些话时，看起来很忧郁，很不高兴，于是K太太问他，是不是出了什么事。他似乎决定不要抱怨，于是说没有，还一边走一边模仿火车，发出呜呜的声音，然后解释说，他正与K太太一起搭火车。

K太太问他，火车要开往哪里。

理查德回答说要去伦敦。这时K太太稍稍往旁边走了一步，理查德立刻把她拉了回来，要她别离开铁轨，否则就不能跟他一起搭火车了。他们一进入游戏室，理查德就开始玩玩具，但是他看起来仿佛有心事，非常沉默，似乎是在刻意隐藏心里的忧虑。

K太太指出，他可能不喜欢住在威尔森家，但他又不想跟她抱怨。她问他，不说出心中所想，是不是怕她会告诉威尔森一家人，或者听到他说别人的坏话，她会不喜欢。

理查德立刻回答："都是。"然后他向K太太解释，他不喜欢的事情很多，如他不喜欢别人逼他吃不喜欢的食物，但他又补充道，威尔森一家有时候还是很好的，这么说显然是想对他们公平一些，但他看起来很难过，一直在克制自己的不满。突然，他很激动地说希望和K太太住，要是那样就太好了，能有什么问题呢？接着，他便哀求K太太，让他跟她一起住。

K太太问他，什么时候开始有这个想法的。理查德回答，他其实一直都想。

于是K太太回答，如果他要继续接受她的精神分析，就不能与她同住。

这时，理查德搭建好了车站，这次给车站安排的位置比较靠近K太太和他自己。还记得上次面谈时，他让车站尽可能远离了K太太。他把火车放进车站，让它待在里面。接下来，很不寻常的是，他搭建了第二个车站。第二个车站的位置在桌子的另一端，与上次面谈时相同。他将好几组的玩具放在两个车站之间，而且还挡住了第二个车站的一部分，他说这个车站要留给货车用。他解释其中一个玩具女人是保姆，而正在跟她谈话的另一个玩具女人，他本来要说“母亲”，却改口说成“粗鲁的女人”。另外，有三个小男孩彼此交谈着，还有两个男孩站在他们后方，更远的地方还单独站着另一个小男孩，“史密斯先生”也是独自一人。最后，正彼此交谈的是母亲与K太太。两辆火车是这次游戏的主要活动对象。除此之外，理查德没有移动任何玩偶。

K太太问他，那三个男孩是谁。理查德说，是他自己、约翰以及约翰的朋友。

K太太问他，另外那两个男孩与单独一人的男孩都是谁。

理查德表现出抗拒，说他不知道。他问K太太，这里面哪个玩具小孩是他，当K太太指出通常代表他的玩偶时，他表现得非常开心。

K太太诠释说，火车跟她靠得很近，还一直待在车站里，代表他想住进她家，而且不想离开她，理查德同意这样的说法。她继续分析说，车站也代表她的床与性器官，理查德不仅想跟她住在一起，还想把自己的性器官放进她的性器官里。

就在K太太诠释火车是理查德，且理查德不愿离开她之后，理查德让货车穿过另一个车站，路线与火车不同，而火车也开始行驶了。

K太太为此诠释说，理查德希望独占K太太，而不是母亲。如此一来，父亲（货车）就可以拥有自己的车站了（母亲），理查德就不再需要与他争抢了（注记）。

理查德问K太太，他能不能帮她拍张照。

K太太诠释说，理查德不仅想拍照片做留念，也想吞并K太太，将她保留在自己体内。而火车代表的就是前往游戏室的那条路，所以刚刚在路上的时候，理查德才会要求K太太再靠近他一点，跟他一起搭火车。同样地，在另外几次面谈中，他也说想跟K太太一起搭火车。这都代表了他想将她留在自己体内。

接下来，理查德让两辆火车在不同的线路上行驶，但只过了一会儿，它们开始越来越靠近彼此。先是货车跟着火车，随后又换成火车跟着货车，如此这般，两车终于相撞了，甚至开始相互“打斗”。最后，货车的两节车厢甩到了其他车厢上。

K太太说，如果这辆火车是人，那么他已经把这个人的四肢都弄断了。理查德大笑着表示同意。

K太太指出，现在的货车代表着威尔森先生。

接着，理查德让火车横冲直撞，撞倒了桌面上的全部玩具。他开始变得焦躁不安，也显露出被害感。他跑到窗边去看外面的行人，并用现在时态问K太太：K先生希望你当精神分析师吗？你当了多久的精神分析师？你开始当精神分析师时，已经结婚了吗？

K太太诠释说，理查德一直觉得K先生还活着，认为他不喜欢K太太和理查德在一起，也不喜欢她跟理查德或其他人讨论有关性器官的事，所以在理查德心里，觉得K先生可能会嫉妒他、气恼他，甚至会攻击他，就同史密斯先生的态度一样。他也认为史密斯先生在监视他们玩游戏，想知道他们都做了些什么。货车现在代表了威尔森先生、坏父亲与K先生，他之所以让这辆货车攻击了代表他自己的火车，是因为他想带着K太太一起逃走。理查德说，K先生会很生气的。

接着，理查德跑进厨房去检查“水箱宝宝”。他舀了一桶水，然后看着K太太将水都倒进马桶，之后又跑向窗边去看外面的路人。这时，有一位年轻男子经过，理查德问K太太那个人是谁，提问的口气仿佛很笃定K太太一定认识他。理查德要求K太太跟他一起走出屋子，等他们俩都出来后，他再度回屋关上门，将K太太关在门外。但没过多久，他又让她进屋了。

K太太诠释说，在理查德看来，每一个路过的男人都与K太太相识，他害怕K先生会嫉妒和生气。这也表示他并不信任她，觉得她会与K先生、威尔森先生、史密斯先生以及父亲联合起来，同时，K太太也代表体内含有坏父亲的母亲，会在坏父亲的怂恿下与他敌对。因此，他怀疑所有男人，认为他们都跟K太太有关系。

理查德拿出几颗球，把它们从游戏室的一边用力扔出去。球们穿过房门，落在通往厨房的小走道上，再从小走道滚进了旁边的厕所里。理查德曾在游戏刚开始时说，球是他的炮弹，他还将球扔向K太太坐的地方，击中了K太太挂在椅子上的袋子。理查德为此向K太太道歉，但也问他，自己这么做，是不是在潜意识中故意想攻击她和她的袋子。

K太太也认为他确实是故意的。她说袋子、走道以及“炮弹”穿过的门都代表她的性器官与屁股。理查德觉得她体内含有所有的坏男人（当时他认为每个男人都是坏的），而坏男人就代表母亲体内的父亲，所以想用他的性器官与“大号”（“炮弹”）攻击K太太的内在。K太太还提醒，母亲体内的“坏”父亲已经把她和K太太变成了“邪恶的畜生”。因此，每当他感到愤怒又怀疑，就会想把已经吞并到体内的K太太与母亲再扔出去。

K太太在面谈时还得知，约翰去拜访朋友时没带上理查德，这让他很受伤，所以那两个正在交谈的玩具男孩是约翰和朋友，而独自一人的男孩则是理查德，他认为自己被排挤了，感觉很孤单。她还诠释说，尽管理查德非常讨厌并远离其他小孩子，在内心深处却很想交朋友，希望他们能喜欢他，无法跟其他孩子好好相处让他非常痛苦。

理查德之前曾表示，害怕自己变成“笨蛋”，而在这次的面谈中，则更清晰地表现出了想交朋友的欲望与交不到朋友的哀伤。一开始是指与哥哥的关系，后来是指与其他同龄人的关系。所以，当K太太问那两位男孩与独自一人的男孩是谁时，他会显得如此抗拒。

第七十四次面谈注记：

这次他做了两个车站，其中一个给了父亲（货车），另一个靠近K太太和他自己。这么做是在寻找一个替代品，让自己脱离母亲，这在前青春期儿童中也比较普遍，借此用来降低与父亲进行危险竞争的可能性。在儿童的正常发展中，这一脱离的过程非常重要，可以使男人在某种程度上不再依赖母亲，从而获得独立。

第七十五次面谈（周四）

进游戏室之前，理查德在外面等着K太太。他指向一座山丘说，他昨天下午去爬了那座山，花了一小时才爬上去的，很累。一直到进入屋子里，他还在讲爬山的事情，语气并没有夸大，但显得挺得意。他说："虽然这座山爬起来很累，但跟斯诺登峰（Snowdon）比起来，还是差远了。"

K太太提醒他，他曾对她说过，在接受精神分析以前他还爬过另一座山。她问他那次是不是比昨天辛苦。理查德说没有，那次要轻松得多。他其实只爬了一小会，因为后来有一个男孩在追他，就没爬了。

理查德再次开口，很主动、很坦白地谈到了他与威尔森一家住在一起的难处。他不太喜欢威尔森先生，约翰对他也不太友好。这一点尤其让他难过。他不觉得约翰讨厌他，但还是希望约翰能更喜欢他一点。他还说，他知道自己经常挑衅别人，还总是嘲笑其他男孩，他也知道这不对，但他实在受不了别人嘲笑他。村子现在有不少女生都是他的敌人，其中一个还说过他"笨笨的"。说到这里，他转头问K太太："你可以治疗笨笨的男孩吗？"他又回忆起前天的事，约翰去找朋友玩，却不带上他，这让他很不开心。不过后来，他自己去爬山，心情就变得好多了，现在已经不难过了。

K太太诠释说，这次他似乎不再抗拒说出对威尔森先生的看法，是因为他不再担心K太太听到他批评别人时会不高兴了。上次面谈时，他觉得K太太可能也认识威尔森先生，而且威尔森先生也代表着K先生，所以听到有人批评他就会生气。她提醒理查德，在上次面谈时，他刚说完在威尔森家住得不开心，就跑去查看火炉和水箱，还用"炮弹"攻击了她。她为此诠释说，他觉得父母联手与他敌对，这引发了他的恐惧与不信任。

理查德没有反对这个说法，但他强调父亲是很好的人，不会对家里任何人不友善。

K太太提醒理查德，那个可能攻击母亲的“流浪汉父亲”，当他生气或嫉妒的时候，甚至希望他去攻击母亲。但与此同时，理查德也想保护母亲，不想让她受到任何伤害。现在，威尔森先生就代表那个邪恶的父亲。

理查德没有回答K太太的诠释，而是说舰队来了。虽然他不确定舰队想不想来，但他还是把它们都带来了。有一艘船不见了，他希望能找出来。他要求K太太拿出袋子里所有的玩具，他也在一旁帮忙。他将坐在椅子的玩偶男人拿起来，看了看，然后又放回袋子里。

K太太诠释，坐在椅子上的男人代表他的父亲，他刚刚的举动再一次表达了他想保护父亲的愿望，所以才将他放回袋子里。另外，他也在避免看见父亲，免得一想到他就担心他的病情。

理查德在靠近K太太的桌子边缘搭建了一个海岸小镇，以及一条沿着海岸铺设的铁轨（注记）。他用铅笔画出海岸线，然后把所有的玩具都摆在小镇里，只有秋千除外。镇上摆放了一群群玩具玩偶：“粗鲁的”女人一开始跟四个男孩站在一起，那四个男孩是两对“双胞胎”，因为他们的衣服颜色相同，后来他又加入了一对双胞胎；母亲与K太太又站在一起，保姆则在离她们稍远的地方站立着，但没过多久，保姆又和她们摆在一起了；代表“史密斯先生”的男玩偶同样也是父亲，他站在女人们附近。除此之外，还有好几组小孩：三个男孩、两个男孩和几个女孩。他还把狗、牵引机和运煤卡车都放在海边。另外，他还把三只动物的头摆在一起，让它们面对面，然后说这三只动物分别代表父亲、母亲和他自己。

K太太指着三只动物说，他们靠得如此之近，以至于可以很清楚地看见对方，也就没有任何嫉妒的理由了。

理查德又摆好火车，让火车跟在电车后面。接着，他排列出整个舰队，并说镇上的人都在观看和欣赏舰队。率先启航的是胡德号，罗德尼号与尼尔森号紧随其后，三艘船舰就这么来回航行。有时，罗德尼号比较靠近胡德号，有时又比较靠近尼尔森号，其他几艘驱逐舰就跟在这三艘船舰后面。理查德说，尼尔森号是好父亲。

K太太诠释说，他可能觉得大型的胡德号（当时真正的胡德号已经沉没了）是父亲死掉之后变成的鬼魂。他很害怕这个藏在K太太体内，或者藏在母亲体内的“坏”父亲鬼魂。

望着桌上的和平景象，理查德再次提醒，镇上的人都在观赏舰队。突然，他宣布这个小镇现在属于德国，舰队要攻击小镇了。他说，这些玩具都是德国制造的（确实如此），还问K太太父亲的国籍，但刚问完，他立刻又接着说：“他是奥地利人，是吗？”他似乎很怕K太太回答是德国人。接着他又问K太太，是否真的不介意他问起她的国籍，他不相信这些问题没有伤到她的心。类似的话，他之前也经常说。他让舰队将整个镇都炸毁。轰炸开始时，那个坐着小男孩的秋千被理查德拿到灾难现场，最后连秋千也倒下了，而那个代表理查德的小男孩是唯一的幸存者。接下来，他宣布现在整个舰队都属于德国，只留下一艘英国驱逐舰，并将德国舰队一一击沉。直到最后，唯一的幸存者就是那艘英国驱逐舰，理查德说那就是他自己。做完这些，他要求K太太收起了玩具。

K太太分析道，他这么做是想摆脱那些受伤或死亡的人。她也提醒理查德，在他心里，“德国人”都是坏人和敌人，所以当他说K太太不是英国人的时候，他不相信她不伤心。

理查德说，他也经常问母亲，他的话会不会让她伤心。

K太太诠释说，他之所以如此害怕会伤别人的心，是因为他总认为和平的情景难以持续。枪代表着他的性器官、尿，以及“大号”，他觉得自己迟早有一天，会拿着枪攻击K太太和母亲，伤害或杀死她们，以及她们体内的所有小孩。他觉得自己的攻击让她变得愤怒又粗鲁，他想让她变回好母亲，所以他把六个小孩（三对双胞胎）给了“粗鲁的”女人（之前也代表“坏”母亲），用来代替那些受伤的小孩。他说舰队并不想来，其实是因为害怕自己用舰队去攻击敌人K太太与母亲，但与此同时，他又想向K太太表达他的感受，想接受她的分析。舰队一开始代表英国，代表是幸存下来的好家庭；而德国小镇代表坏家庭，它们被摧毁了。这个游戏表明，他对好父母怀着强烈的不确定感，在他心中，好父母很容易变成坏的、有攻击性的父母。每当他生气、嫉妒或感觉被剥夺了什么时，就会在心中攻击他们。如此一来，和平的情景根本不可能出现，他们很容易变成坏父母，而理查德必须摧毁他们，才不至于被攻击。对K太太与母亲体内的小孩，他也有着同样的感觉，所以在他心中，任何一个看他或跟他说话的女孩都会变成敌人。为了弄清楚她们究竟是敌是友，理查德才会故意挑衅、扮鬼脸或者说一些不友善的话，他也经常告诉K太太他有这样的习惯。约翰去找朋友玩而不带上他，他觉得这是因为自己“笨笨的”，像一个“傻瓜”，这代表他很坏，还具有摧毁性。K太太提醒理查德，他内心其实很希望能和哥哥们，包括约翰在内的其他大男孩交朋友，但又觉得很害怕。因为在他心中，他们都代表着那些被攻击而受伤的小孩。

理查德指着桌上的玩具小孩说，他喜欢他们，也喜欢小宝宝，因为他们不会伤人。K太太诠释道，他其实很想见约翰的朋友，只要他心里不惧怕这些大男孩，他会很喜欢和他们在一起。理查德听了后很惊讶也很困惑，他一直以为自己不喜欢其他孩子，不希望他们来烦他，也不想与他们有任何关系……在游戏过程中，理查德还跑进厨房，从“水箱宝宝”里舀了一桶水，然后说：“我们来挤牛奶吧。”他还让K太太当挤奶女工，自己当挤奶工人。看着K太太把水倒掉，理查德说，幸好水没有洒出来，不然又会被今天来游戏室的女童子军看到了。听着水从水管流下去，声音很大，他微笑着说：“这是母牛在被挤牛奶。”接着，他很满意地说，水箱和水都挺干净了。随后，他跑到游戏室外，叫K太太也一起出来。他在阶梯上蹦来蹦去，一边蹦一边说，如果自己现在摔一跤，肯定会躺在蔬菜上。跳下阶梯时，他轻轻碰了一下K太太的脸，但马上又露出担心的神色。

K太太诠释说，摔倒后躺在蔬菜上代表着他用“大号”去攻击小孩，那些小孩之前是被奶牛喂养的，而奶牛就是母亲与K太太。但是，理查德想独占母亲的乳汁，他不仅会让那些小孩挨饿，还会伤害他们。之前理查德在看到“水箱宝宝”里的水很脏的时候，他就觉得是自己的错，他害这些小孩生病了。

理查德指着蔬菜说：“蔬菜喂饱我们。”然后望向山丘说，我们只能看见低处的山，高处的是看不见的，我多么希望看见山丘后面的山啊……玩舰队的过程中，理查德时不时地跑到窗边，去看外面的小孩。他观察他们的态度十分认真，但并不像往常那样怀有被害感与敌意，反而流露出想要好好了解他们的愿望。当一位女孩经过时，理查德说她看起来人很好，也很漂亮，他喜欢她。精神分析结束了，理查德在转角处与K太太说再见。他如今住在威尔森家，不用回村里了，但他在离开之前，还是问K太太，会不会去伊凡斯先生的店。听到K太太给出肯定的回答后，他发出失望的声音，但表现得并不太担心。此外，在这次面谈过程中，他也没有问起史密斯先生。

第七十五次面谈注记：

从第二十一次面谈结束后，理查德就不再同时玩舰队与玩具。之前的注记中我曾提过，他表达的媒介偶尔会有改变，他以这种分裂的方式来保有好的家人与好的那部分自我。在目前这个阶段，尽管他依然很容易动摇对好客体的信念，但他能够将两种重要的媒介（玩具与舰队）分别加以运用，以此来表达自己的潜意识，这显示出了他在整合方面取得的进步。刚开始的时候，他同时使用了两种媒介，但后来他放弃了玩具，因为玩具代表着受伤且有敌意的客体。现在，他的被害焦虑与忧郁焦虑均已经过某种程度的分析，而且同时使用舰队与玩具的行为也表现出了不同的意义。

第七十六次面谈（周五）

这一次，理查德显得很沮丧，还迟到了几分钟，这情况挺不寻常。他看上去不太高兴，似乎发生了什么不好的事。K太太问他怎么了，他没有回答。他坐下，说没有把舰队带来。这时，他突然看见K太太的购物篮里有一个准备要寄出的包裹，他立即拿起包裹查看上面的地址，包裹是寄给K太太的孙子的。他把包裹拿到鼻子前闻了闻，说里面仿佛是水果，闻起来像柳橙的味道。K太太说是柳橙，理查德听后，又问她这些柳橙是从哪里买来的。

K太太回答道，是昨天的杂货店老板，他卖给每位客人两个柳橙。

理查德听后，脸色因为愤怒、嫉羡而发白，他说他不喜欢柳橙。

K太太提醒他说，他也不喜欢牛奶。

理查德说，没错，他也不喜欢牛奶。

K太太诠释说，柳橙代表K太太的乳房与乳汁以及她对孙子的爱。虽然现在的理查德并不需要母亲的乳房或保姆的奶瓶了，但他还是感觉到婴儿时期想要乳房与奶瓶却不得时的那种愤怒与挫折感。当看到其他人得到任何代表奶瓶或乳房的东西时，他就会感到嫉羡。这意味着，K太太和以前的母亲把爱与关心给了另一个小孩。

理查德仍然表现得很沮丧、很不开心。他说他想买一张捕鱼网，可是他的钱快花光了，他没有钱买。他应该怎么做，才可以得到更多钱呢？事实上他每次拿到手的钱很多，但他也花得也很快。

K太太认为，他这么说是希望她能给他买渔网，或者给他钱，但归根结底，他只想确认一件事，那就是哪怕他感到嫉妒，还想抢走她给孩子的乳汁，但她（以及母亲）依然爱他。

理查德从袋子里拿出玩具。他把火车拿在手里，将两节车厢拆开又装上。接着，他问K太太，有没有听说昨晚Z地被轰炸了——不，是被龙卷风侵袭。两间房子被铲平了，一间是奥立佛的房子，另一间是吉米的房子。（奥立佛经常与他为敌，而吉米原本是他的朋友，后来变成了“叛徒”。）理查德说着这件事，脸上恢复了血色，原本沮丧无神的双眼中闪耀着光芒，还带着满足又想笑的神情。但随即他又改口说，他刚才的话不是真的，龙卷风是他在电影里看到的。

K太太问，奥立佛和吉米的房子在哪里，距离他家近不近。

理查德露出早就猜到这个问题的表情，回答道，其实奥立佛就住在他家隔壁。他把火车放在被他称为车站的两栋房子之间，然后拿起这两栋房子，将它们转向另一边。他还把两个小拇指放进嘴里，之后再拿出来，并显露出不安与绝望的样子。

K太太诠释说，这两栋房子代表她的乳房，他吸吮手指的动作则意味着他渴望和她在一起。

理查德一脸哀怨，问K太太为什么不带他走，他再一次哀求，让她把他带回家。

K太太问他想睡在哪里。理查德回答：“跟你一起睡。”

K太太分析说，K太太没给他柳橙，也没让他同住，这表示她不爱他，所以理查德认为，她已经与代表坏父亲的威尔森先生联合起来了。这让他更迫切地需要获得K太太的保证与爱。

理查德说，他很讨厌威尔森先生，尤其讨厌威尔森一家对吃糖果有十分严格的规定。他之前在自己家时，吃糖果是没什么限制的。他似乎对约翰也很失望，因为约翰几乎不怎么理他。

K太太认为，理查德现在终于想交朋友了，却交不到，这让他尤为沮丧。他失去了与其他孩子好好相处的希望，同时还意味着他真的与其他人一样——他是个“笨蛋”。

理查德不想听K太太的诠释，他说受不了K太太的话，却很期待地问她，可不可以让村里的小孩别说他的坏话。昨晚，他看电影时，有一个男孩叫他“疯子”，这让他很伤心……他一直盯着窗外经过的行人，每次有小孩经过，他都说“讨厌”，并说他们是敌人。他非常焦躁不安，一会儿往上跳，一会儿跑到窗边，一会儿又回到桌前坐下，显露出强烈的被害感。他几次三番让火车驶向K太太，又远离她，然后绕着装玩具的袋子不停地跑。他还走到厨房，不断地用水桶舀水，一直到K太太制止他才停手。

K太太诠释说，水代表乳房里的乳汁，理查德想用光全部的水，这样K太太的孩子就没有乳汁喝了。他也知道今天女童子军会来游戏室，她们现在代表着K太太的孩子和孙子，所以他要用光所有的水。

对于这个说法，理查德立刻表示同意。

K太太也诠释道，对理查德来说，K太太把桶子里的水倒掉是一种爱与关心的表现，所以他喜欢舀水玩。他还害怕父亲和保罗会迫害他，K太太这么做也像是在保护他。K太太就像保姆，为他做了很多事情，比如保护他，让他不被保罗欺负。

理查德回到游戏室里，但看上去不太想玩游戏。他只是将两辆火车拿起来比了比，然后让它们跑了起来，最后电车还把货车挤掉了。

K太太诠释说，她即将离开引发了他的忧郁和被害感，当她回到伦敦后会见到她的孩子、孙子以及病人，这让他感到嫉妒。他希望像龙卷风一样发威，将父母的房子夷为平地，这成了他发泄情绪的方式。他很气恼K太太即将离开他，所以也想破坏她的房子、伤害她的小孩，这样尤其加重了即将永远失去她的恐惧感。那一包柳橙让他对她的孙子感到愤怒与嫉羡，因此，他认为街上所有的小孩子都变成了更坏的敌人。他把父母与K太太的房子夷为平地，就是在摧毁K太太和母亲体内那些未出生的宝宝。那些未知的、大街上的小孩都代表未出生的宝宝、哥哥以及K太太的孩子。他觉得自己攻击了这些人，并且攻击还将持续下去。

理查德央求着K太太："你不要去伦敦，好吗？你非去不可吗？你不应该去的。"他想和她一起去伦敦，但表达完这个意愿，他又犹豫起来了，他喃喃自语道："我能住在哪里呢？我可不可以跟你一起住？不，我不想去伦敦的。那么，你什么时候能回来？"

K太太再次表示她将留在伦敦，不再回来了，但她和他母亲还是希望精神分析能够持续下去，她们也会尽力安排会面的。

理查德问K太太；"你会保留在X地的房子吗？你不会卖掉它的，对不对？"

K太太诠释说，理查德其实心里清楚她的房子是租的，他还见过房东太太，也知道其他同住的房客，但他这时却坚信K太太拥有那栋房子，还会保留它。这栋在村里的房子代表着理查德在Z地的老家，他深深依恋着老家，哪怕父母准备把房子卖了，他依然想回去，只有自己一个人回去都行。

接着，理查德很仓促地问K太太，明年冬天他能不能去伦敦。

K太太回答，她不觉得他母亲会这么安排，但以后可能会打算让他去。她诠释说，他之所以这么想留住K太太，不仅是因为他认为自己很需要接受精神分析，还因为她帮助他的时候代表着浅蓝色的母亲。他认为她给了他好的乳汁和爱，能够保护他，帮他对抗内在的敌人和愤怒的情绪，也帮他抵抗那些有敌意的小孩与坏父亲。

理查德再一次拿起包裹闻了闻，询问K太太的孙子今年几岁了。事实上，他以前就问过许多次，也知道答案。接着，他又看了看装画的信封，上面的收件人正好是K太太。他问地址是谁写的，他觉得应该是K太太的儿子。其实这个问题他之前也问过许多次，而K太太也告诉他，是一位朋友写的，于是他又询问起那位朋友的性别和教名。

K太太再一次告诉他那位朋友的名字。

理查德一听这个名字，立即联想到一艘沉船，但他又想起来，这不像是英国船舰的名字。他问K太太，这是不是德国船的名字？事实上，K太太说的是英国人名。接着，他又提到几艘以城镇命名的意大利船舰，并问K太太，上次战争中意大利是不是站在同盟国这一边的？没等K太太回答，他又开始画图（第六十五张画）。他一边画一边问K太太，在上次战争中，是不是很高兴看到英国胜利，而奥地利战败了。

K太太问他，如果看到她为自己的国家战败而感到高兴，他会怎么想。

理查德说，他一点也不会觉得高兴，但不管怎样，只要是英国胜利了，她还是应该高兴的，对不对？他看着K太太，恳求着她，要她除进行精神分析外，也要为英国获胜而感到高兴。

K太太说，他应该很清楚，希特勒用武力强占了她的祖国奥地利，是奥地利的敌人。

理查德反驳道，但希特勒是在奥地利出生的。

K太太回答，在他心中，这代表希特勒属于K太太，如同坏父亲属于母亲。当母亲与父亲晚上在一起时，理查德怀疑他们用性器官做了一些坏事，所以父亲很“坏”，他既是“希特勒”父亲，也是“流浪汉”父亲，不仅如此，他心中的母亲也变“坏”了，变成了“邪恶的畜生”，还与“坏”父亲联手一起对付他。他不信任母亲，以至于时时刻刻都想索取糖果与关爱，因此更加无法忍受别人拒绝他。

理查德画好了画，迅速把这幅图放回信封，跟其他画画放在一起，但K太太又把它拿了出来并提议跟他一起看。理查德磨磨蹭蹭地同意了，说他不想听这张图代表什么意义，然而却自己开始解释起这张图来：他的敌人奥立佛正率领一个装甲部队来攻击他，他就是右边那个小人，面前有一道墙作为掩护，正朝着一群坦克车投掷炸弹。

K太太提醒道，他看起来太小了，似乎没有能力对抗一整个师。

理查德回答说，有墙掩护着他，他还有一颗炸弹作为武器，但此时的他显得非常焦虑。他数了数坦克车，一共有九辆。

K太太诠释说，他听到大家都在谈论英国被入侵的危险，这成为他焦虑的重大诱因。他的敌人奥立佛代表着危险的希特勒父亲率领装甲部队攻击英国，炸弹代表着父亲那巨大而有力的性器官，正在攻击并摧毁他的性器官。K太太提醒他，在之前的分析素材里，他的性器官与父亲的性器官正在互相争斗，“坏的”奥立佛和入侵英国的希特勒一样，也代表了他自己的恨意、嫉羡与嫉妒，会摧毁K太太以及她的家人。这个坏的自己，理应被另一部分自己摧毁。

面谈接近尾声，理查德想与K太太商量一下，接下来的面谈如何安排。他不想住在威尔森家了，他问K太太接下来三周能否不去Y地，也就是他父母住的地方。

K太太回答这是不可能的，并且诠释说，理查德想独占她三个星期，不让她去见在X地的其他病人，他觉得那些病人是他的竞争者，也是他的敌人。

理查德说，他会想办法住在旅馆里，不然，他宁愿从家里坐车往返。他问K太太，是否愿意把会面的时间安排在其他早上或晚上。K太太回答说愿意。

离开游戏室前，理查德突然拿起包裹，然后半开玩笑地说，他可以咬破包裹，但他不会这么做。

K太太分析说，这个准备寄给孙子的柳橙包裹代表着她与母亲的乳房，他不想给其他小孩，咬包裹的动作意味着他宁愿把好乳房摧毁，也不愿意让别的孩子拥有；但是他又不想伤害K太太、母亲，或她们的孩子，所以最终忍住了，没有咬它。

离开的时候，理查德的心情变好了，很显然他也在思考解决之道。这次他又频繁地吸吮着黄色铅笔，这支铅笔以往代表父亲的阴茎，但我认为它也代表母亲的乳房。面谈进行到后半段，他稍微减轻了被害感，也不太容易被路人影响，但看路人的次数仍然比最近几次面谈时要多一些。（注记）。

第七十六次面谈注记：

我即将离开理查德，因此在这个阶段，他对失落的恐惧、所有的焦虑、被爱的需求都日趋强烈。我准备寄给孙子的那两个柳橙，完全激发了他在早期失去乳房时的失落感、嫉羡、嫉妒以及与其相关的被害焦虑。纵观整个面谈，这些早期情绪延伸至他所有的关系上，并且影响了与俄狄浦斯情境有关的被害焦虑。另外，理查德也完全显露出在心智和生活中克制攻击欲望的需求。

第七十七次面谈（周六）

理查德迟到了几分钟，但他似乎并不在意。他说他今天会乘公交车回家，而这次面谈的绝大部分内容都与搭公交车有关。他的心情远不像昨天那么低落，可能有一部分原因是他要回家了，这个星期里他一直都很想家。另外他也告诉K太太，他写信请母亲另作安排，他觉得她会如他所愿。接着，他开始说公交车上可能会很挤，但那位很漂亮的检票员小姐今天会在车上，他向别人确认过了。每当公交车很拥挤时，她就会说："买半票的请让座。"他喜欢的另一位检票员小姐就不会这么说，虽然不及前一位那么漂亮，但也不丑，她会出现在比较晚的那班公交车上。尽管他很担心自己可能得一路站着回家，但能跟漂亮的检票员小姐同行，他还是很高兴的。他不停地说检票员小姐很漂亮，他很喜欢看着她。

K太太对此的解释是，虽然检票员小姐不如"好"母亲那样完全是"浅蓝色的"，但他还是喜欢她。

理查德再次强调她非常漂亮，还开玩笑地补充道，不，她不是"浅蓝色的"，而是"深蓝色的"，她穿的是深蓝色的制服。可是，这么漂亮的女生却要戴着帽子、扣上衣领、打好领带，太可惜了（注记Ⅰ）。他看过她不穿制服而是穿着别的女性服装的样子，漂亮极了。接着，他说他知道K太太的意思，为什么说她不完全是"浅蓝色的"，这表示她还没有那么好，但也没有那么坏。他跑去水龙头边喝了口水，然后坐回到桌前。

K太太诠释说，他害怕拥挤的公交车，但又喜欢漂亮的检票员小姐，这代表他喜爱K太太，但又怀疑她。最近，他甚至觉得路上那些来来往往的人都是来找她的，她就像过度拥挤的公交车一样。她对母亲也怀有同样的恐惧，他觉得母亲非常漂亮，但她的内在也挤满了宝宝。昨天，他还十分嫉妒K太太的孙子，觉得自己已经攻击并摧毁了他。那一刻，街上的小孩纷纷变成了敌人，他们代表K太太的孙子，也代表母亲体内的宝宝。

理查德说，其实他一点也不在意那些柳橙，威尔森家也有，他什么时候想吃都可以。

K太太再次诠释说，她寄给孙子的那两颗柳橙有特殊的意义，关联了理查德对她的爱和对其他人的嫉妒。因为她即将离开，这些情绪越来越强烈，让他觉得她把爱与关心都投注在了其他病人和她的孩子身上。他感到很挫败，还充满了疑虑，对母亲也如出一辙；在他的认知里，如果K太太不够爱他，就会联合其他带有敌意的男人一起对付他。他嫉妒他们，并想攻击他们，所以在他的幻想中，他们变得十分可怕。昨天的面谈里，他因太过怨恨K太太的孙子而摧毁了他与K太太，于是让自己陷入绝望。他也怕自己会在嫉妒的驱使下摧毁那个给K太太写信的朋友，当他一看到装画画的信封上的寄件人，就立即联想到一艘沉船，但事实上，他自己也清楚，没有船舰会是这样的名字。

今天的理查德很专注地聆听着，也给出很不错的反馈，昨天还无法接受的诠释，今天都比较能吸收了。（注记Ⅱ）。他一直看着窗外的两个女孩，她们都是他的敌人，其中一个还曾叫过他“笨蛋”。

K太太分析道，理查德想弄清楚她们是不是敌人，所以前几次都是在故意激怒她们，想看看她们有什么反应。他越是害怕，就越想弄清楚这一点，但后来发现她们并没有伤害或攻击他，于是松了一口气。他在激怒她们时，也觉得K太太正在保护他。

理查德回到桌前坐下，一脸严肃地说：“你知道昨天发生了什么事吗？我的保姆死掉了。”

K太太相信了，问道：“你的保姆？”

理查德很严肃地重复了一遍：“是的，我的保姆。”没过多久，他就承认他刚刚说谎了。

K太太问：“如果这是真的，她为什么会死呢？”

理查德毫不犹豫地回答说：“因为她得了肺炎，身体里面很冷，她的乳汁都变冷了，还把她淹死了。”

K太太诠释说，这样的恐惧必须回溯到母亲让他断奶时。当他感觉被剥夺了乳房并痛恨母亲时，就想破坏并弄脏她的乳汁；如同在上次面谈一样，他想咬破柳橙，其实是想破坏并摧毁K太太的乳房，让谁也得不到它。K太太也代表着保姆，保姆曾经照顾过保罗，所以他以前也很嫉妒保罗。而现在父亲受着保姆的照料，同样的嫉妒心又油然而生。因此理查德会嫉妒父亲，不仅因为他是母亲的丈夫，还因为在他心中，父亲变成了与他竞争的小孩，但与此同时，父亲变成生病的小孩也让他感到恐惧与罪疚，因为他觉得是自己用"大号"和"小号"在母亲的乳汁里下毒了，昨天他想咬穿代表乳房的柳橙也是这个原因（注记Ⅲ）。

理查德今天不想玩游戏，也不想画画，只想坐在桌前跟K太太聊天，偶尔去看看外面路过的型人，但次数比以前少，也不怎么紧张和焦虑。他在游戏室里走来走去，到处看看图片，他还要K太太特别留意一张明信片，上面画的是企鹅宝宝趁着唐老鸭出门觅食时偷吃了金鱼。K太太解释说，企鹅宝宝代表理查德，尽管母亲正要喂他吃东西，但他吃了母亲的小孩（金鱼），因此感到非常罪疚。

理查德突然问K太太能不能帮他一个忙，她现在能不能用德语跟K先生交谈，假装他就坐在旁边？不同寻常的是，他这次一反常态，没有强调德语是奥地利语。

K太太问他，希望她用德语说什么话。

理查德特意说，她就假装K先生在场就好了，想说什么就说什么。

于是K太太用德文随便说了几句。

理查德很开心地听着外语的语调，还特别留意K太太脸上的表情与神态。他要K太太把刚刚的话翻译给他听，她翻译完之后，他显得非常满意。

K太太认为，理查德想知道过去她与K先生的关系。他曾问过她，喜不喜欢K先生，但没等她回答就立刻接着说，她当然喜欢他。所以他更想知道她与内在的K先生是什么关系，如果关系良好，那么她体内就没有坏希特勒父亲，没有被下毒或被迫害，非常平静。这也代表她不会被体内那个坏K先生影响，变成"邪恶的畜生"，与他敌对。K太太觉得，尽管他知道父亲是一个好人，但他对父母还是怀有同样的恐惧和疑虑。

理查德陷入沉思，满怀感情地凝视着K太太。突然，他开始伸懒腰，还要K太太拉着他的手，帮他伸展身体。

K太太问他，为什么想握她的手。

理查德听后有些失望地说："为什么不行？我其实早就知道你会这样问。"接着，他把手放在K太太的手上，而当时K太太的手正放在桌上。他说他能感觉到K太太，然后问她能不能感觉到他。过了一会儿，他问K太太，如果他跟她上床睡觉，她会怎么做。

K太太提醒道，他其实是想说他自己会怎么做。

理查德一脸害羞地说，他会搂着她，跟她贴得很近。他想了想又说，他不认为他想用性器官对她做任何事。从他的神情来看，对他而言，他无法接受这样的念头，也感到很害怕。接着他跑到厨房，从"水箱宝宝"里舀水。最近他把"水箱宝宝"联想成母牛的乳房，也直接称它为"乳房"。他装了两桶水，看着那两桶水说，一桶是脏的，一桶是干净的。事实上，其中一个桶有些生锈，但两个桶里的水几乎没有差别。

K太太分析说，这代表一个乳房是干净的，是"浅蓝色的"好乳房，而另一个乳房是脏的，是"坏"乳房。

理查德立刻接受了这个诠释，还问乳房为什么会变得这么脏。他抓了一只苍蝇，把它放到"脏的"桶里。苍蝇屡次脱逃，都被理查德一次又一次地抓回来。理查德抓着苍蝇，用很夸张的语气威胁说，要让它"死得很惨"。最后，他硬生生把苍蝇压到水桶里。接下来，他又抓了几只苍蝇放进"水箱宝宝"里，看看它们会不会逃到水桶里去。很显然，他在享受这个残忍的游戏。

K太太诠释说，攻击苍蝇代表着攻击她体内的小孩，从这里也可以理解，在理查德心里，K太太和母亲的乳房以及内在是如何被下毒和弄脏的。如果K太太和母亲体内含有死亡的小孩，那么她们也会死。他之前说保姆的死亡是因为体内的乳汁冷掉了，也是这个意思。另外，他想杀死母亲体内的小孩和父亲，这让他很怕被那些小孩（即路上的孩子们）报复。他让一个乳房保持完好，一个变坏，意指试图保有母亲好的那部分。他喜欢美丽的检票员小姐，但她不完全是好的，她说"买半票的请让座"时，就有一部分是坏的。K太太补充道，"浅蓝色"的母亲是指母亲的上半身，即乳房，而"邪恶的畜生"是指下半身。K太太和母亲的性器官与内在，就是受伤的、被弄脏且变黑的那一部分。理查德想搂住K太太，但又害怕她的性器官和内在，觉得那个部分已经被肮脏、死去的小孩（压扁的苍蝇）以及希特勒父亲弄脏、毒害了。所以，理查德害怕将自己的性器官放进这么危险的地方，尽管他很想这么做，尽管他已经长大了，但他也还是害怕。

理查德要K太太把水桶里的水都倒掉，她这么做的时候，理查德一如既往地感到满意，但同时又有些难为情……理查德继续抓着苍蝇，但抓到后就拿到窗边放走了。他放走一只大苍蝇和一只小苍蝇，说他把父亲和保罗放走了。过了一会儿，他说有一只苍蝇是红发女孩，他还说自己只杀了两只苍蝇，其余的都是水管杀的。他指着“水箱宝宝”里的水管，看它跟水龙头连在一起。他顿了顿，问道，这是父亲的性器官吗？

K太太诠释说，理查德觉得罪疚，想弥补他给苍蝇带来的伤害，因为它们代表了小孩，也代表父亲和保罗，所以他最后把它们都放了，但他也把错误归咎于母亲体内的父亲性器官。总体而言，理查德还是觉得这是自己的过错，是他把苍蝇放进水箱，害它们淹死在水管里的。

理查德让K太太和他一起走到外面。他从阶梯上往下跳了好几次，然后抬头望着山丘与天空说，他想在天上写一个大“V”，这代表俄国战胜了德国。在面谈过程中，理查德几次都提到他向史密斯先生买的白萝卜种子。

K太太认为，史密斯先生现在代表着好父亲，他给了理查德好的种子（好的小孩），让他可以放进母亲体内。之前，他一直不信任史密斯先生，而现在想补偿他。

理查德用槌子用力敲击地板，一边敲一边说，想知道下面有什么。

K太太解释说，他想闯进她体内，看看里面含着的性器官究竟是好是坏，是危险的K先生的性器官，还是能够把好种子（好小孩）放进去的好父亲的性器官。

第七十七次面谈注记：

Ⅰ. 他对漂亮的检票员小姐必须穿制服感到遗憾，是因为他希望母亲（如今以精神分析师为代表）应该保有女性特征，体内不应该含有她的丈夫（父亲），而男性制服则是内在的男性客体的代表。他心中认为，只有乳房才能代表纯粹的母亲，而不能跟父亲混在一起。他认为，女性下半身含有男性性器官，从而对女性性器官产生恐惧感与厌恶感，这种感觉极易造成性无能与性功能障碍。

Ⅱ. 这个例子与分析技巧有关。我们都清楚，每当同样的素材出现新的细节，精神分析师通常会重复之前的诠释，但除这一点外，让精神分析师必须回溯至之前的诠释可能还存在其他原因。虽然理查德在昨天接受了某些诠释，但当时他极度焦虑与绝望，无法获得完全的领悟。另外，他一直为我的即将离去和父亲的病重而焦虑，接下来，还因为必须去适应一个很不习惯的新环境而感到十分不安，再加上他从未在缺少母亲陪伴的情况下离开家，所以他才会觉得自己被赶出家门。综合以上各种因素，柳橙事件就被赋予了特殊的意义。

由此可见，虽然他昨天理解了某些诠释，让这些诠释发挥了一些作用，但他仍然没办法完全领悟我说的话。在这次面谈中，之前的诠释减轻了他的某些焦虑，他的反馈积极，可以更进一步地了解那些重要的素材了。另外，我同意更改面谈时间，让他能住在家里，这代表我在乎他，感觉更为可靠，这显然也让他安心。更重要的是，他可以向母亲表达他的想法，希望将面谈另行安排，也相信母亲会如他所愿。这让他的焦虑更为减轻了。

因此，我决定回溯至之前的诠释，更深入地加以分析，同时，也产生了一些新的素材，如他对检票员小姐以及拥挤的公交车所产生的复杂情感，所以我现在不仅是在重述之前的诠释。这一点我尤为强调，在特定的情况下，哪怕新的素材细节不多，重复先前的诠释也是很有必要的。

Ⅲ. 我在《嫉羡与感恩》（1957，《克莱因文集Ⅲ》）一文中更进一步探讨过，对母亲的乳房与生育能力的嫉羡会激起婴儿的嫉羡，导致婴儿产生攻击乳房和夺走乳房的欲望。虽然我认为婴儿接受母乳喂养是正确的，但细究起来，被哺育与能带来一切满足仍是两回事。

第七十八次面谈（周一）

这一次理查德抵达游戏室很准时，他显得非常镇定，似乎打定了主意要尽量配合精神分析。他说带了东西给K太太，接着往桌上放了一个巧克力盒，要她猜里面是什么。

K太太猜里面装的是舰队。

理查德很好奇为什么K太太一猜就猜中了，他认为在他放下盒子的时候，她可能听到了里面的沙沙声。

K太太说有这个可能，但也提醒他，他之前就是把舰队放在盒子里的。她问道，他给她带了舰队游戏，是否意味着他愿意为了她而配合精神分析？之前他说过，他来接受精神分析只是为了父母。

理查德说他是为了K太太才这么做的，态度很坚决。

K太太继续说，他也有可能是为了自己。

理查德否认了。这一点很值得注意，因为理查德一直相信精神分析很有必要，能对他有帮助，所以极少反驳和否认。他拿出舰队，排列成战斗的模式，说尼尔森号是舰队的领导，但胡德号才是最大的。这时，理查德停了下来，对K太太说，她应该问他一个问题的，却没问，但他不会告诉她那个问题是什么，她得自己想。

K太太说，他指的是父亲的病情。以前每个周末过后，K太太都会问这个问题。

理查德说，没错，但为什么今天没问呢？

K太太解释道，昨天晚上她给他母亲打过电话，讨论更改面谈的时间，母亲说过父亲复原得还不错，这件事理查德也是知道的。

理查德微笑着问K太太："你知道为什么昨天母亲打电话讲到一半要暂停吗？"他解释道："因为我跑进房间了，她得把我赶出去。你听见大声关门的声音了吗？门是我关的。"对于自己的叛逆行为，理查德似乎很得意。

K太太诠释说，理查德很好奇她与母亲之间的谈话，并抱持着怀疑的态度。K太太也提醒，他在游戏中总是出现她与母亲交谈的情景，他总觉得她们在谈论他。

理查德暂停了游戏，拿出他之前送修的那块手表与K太太的手表相比，说他的声音比较大，他又看见K太太的时钟上的时间与两块表有些落差，便要求K太太调整一下时钟，这样三个时间就完全相同了。理查德一如既往地检查着时钟，看看它是不是外国制造的（他其实知道是瑞士制造的），然后又比了比两块手表。接下来他让几艘船舰绕着桌子航行，先是在K太太的手提袋后面躲起来，然后停泊在时钟旁边。他说这里是北海，一场战事马上要开打了。船舰刚刚出航时，理查德哼着“天佑吾皇”的歌，其实这些船应该属于英军，但在时钟旁边停泊时，它们却变成了德军，会被其他船舰攻击。

K太太认为，理查德害怕她的内在和性器官又坏又危险，就像外国制造的时钟、K太太（母亲）体内含有死去的父亲、保罗和小孩以及那些被他杀死的苍蝇。他曾表示想和K太太一起睡，也想搂着她，但又非常害怕她的性器官。他刚刚比较他们两个人的手表，代表着他希望自己和K太太有一样的性器官。因为她的性器官和内在对他而言很可怕，所以她也应该有阴茎，要么他们俩就都不该有阴茎。他也清楚“外国制造的时钟”代表K太太的内在（见第十一次面谈），当他把时钟打开或关上，意味着他在查看K太太的内在。当他把船舰放到时钟旁边时，它们就变成了德军，这代表着K太太的内在含有敌军，她很危险。敌军的船舰会被英军攻击，其实是父亲或K先生的危险性器官在K太太与母亲体内，被他自己、好哥哥与好父亲攻击。

理查德说，英国皇家空军正在对柏林展开猛烈的空袭，说到这里时，他突然停住了，露出了惊恐的神色。他站起来，模仿飞机的声音，假装他正从上空轰炸舰队，说他正在攻击沙恩霍斯特号与格耐森瑙号。俾斯麦号（父亲）与尤坚号（保罗）被炸伤，但最终还是得救了，而胡德号（母亲）则被击沉。这期间，理查德的舰队游戏变化得非常快，他一会儿代表英军，一会儿又代表德军；他有时站在母亲（胡德号）这边，有时又站在父亲（俾斯麦号）这边，为俾斯麦号感到难过。有时候的场景是一艘驱逐舰孤军奋战，对抗所有的船舰，代表理查德（或父亲）被所有家人迫害，有时候他又会为了救父亲而牺牲自己或者反过来。由于游戏变化得太快，K太太无法掌握其中每一个细节。游戏过程中，理查德还屡次提到他从史密斯先生那里买了某样东西。

K太太诠释说，理查德认为女人或女孩的性器官是红色的，还受了伤，是因为她们没有阴茎，为此她们感到愤怒，想吃掉男人的性器官，也就是苹果，吃的时候还会气得噎住。K太太补充道，因为理查德害怕母亲的内在与性器官，所以让代表母亲的胡德号沉没，并且与父亲结成联盟，一起对抗母亲。由于父亲的病情，因此他在舰队游戏中特别忧心代表父亲的俾斯麦号，但他又很害怕失去母亲，所以也想让母亲取得胜利，但过不了多久，他又变成站在父亲那一边。他就是这样再三转变立场，重复又重复的。

理查德说他对女性的性器官没有印象，但他大概知道男女的性器官是不同的。

K太太再次分析说，理查德觉得女性的性器官受了伤，她们想要阴茎，所以包括红发女孩在内的所有女孩都讨厌他。这些女孩也可能代表因为受伤而展开报复的母亲的性器官。

理查德拿着厨房里的两个水桶，脱口说出他是个挤奶女工，但很快又改口了，说自己是挤奶工人，K太太才是挤奶女工，他们要一起为“水箱宝宝”挤奶。舀水时，理查德发现水上有泡沫，于是说，这是很好的牛奶，上面还有奶泡。他根本没注意到，水上还漂浮着他在上次面谈时杀死并丢弃的苍蝇尸骸。接着，他开始查看水是如何流进水箱的，还要确保水都流进去了。他说他想不停地舀水和挤牛奶，但是水流得太慢了，挤出的牛奶太少了，他为此很生气。

K太太问，如果只有这么一点点牛奶，他想不想喝。

听到这个问题时，理查德有些吃惊，他说不想喝，他本来就不喜欢喝牛奶。

K太太诠释说，尽管他现在不喜欢牛奶了，但在他心中，婴儿时期给他奶水的母亲（乳房——母亲）依然是完美的“浅蓝色”母亲。他非常依恋乳房——母亲，是因为他十分害怕母亲的下半身那受伤的性器官以及含有死亡的、可怖的小孩（苍蝇残骸）的内在。他对她受伤的性器官和身体内部感到恐惧，因为那里面有死去的可怕小孩，如同那些他杀死的苍蝇。他刚刚脱口而出说想当挤奶女工，意味着他这样就能拥有母亲的乳房，也代表他体内还能保有好的乳房——母亲。只要他和K太太都是挤奶女工，他就可以完全摆脱男性性器官了，他和母亲都不会有阴茎，他们的身体里也不再有父亲的性器官。

理查德回到桌前继续玩游戏，他拿着一艘小型驱逐舰，说它是吸血鬼号，让它沿着桌边航行。他还弯下腰，将视线与桌面保持水平，眯着眼睛检视这艘船航行的路线是否为直线。看了一会儿，他说这艘船确实在沿着直线前进，而且它还是自己移动的。吸血鬼号（通常代表理查德）行驶到尼尔森号旁边，两艘船的船尾碰了一下。这时，理查德又说他见到了史密斯先生，一边说一边拿起尼尔森号放进嘴里。

K太太诠释说，吸血鬼号保持直线前进还能自己移动，表示理查德不希望自己的性器官受伤，也意味着他在把玩自己的性器官，想看看它长什么样子。他让吸血鬼号和尼尔森的船尾互相触碰，代表他渴望触碰并吸吮父亲的阴茎，刚刚他把尼尔森号拿起来吸吮也是这个意思。最近他喜欢去史密斯先生的店里，是因为史密斯先生代表会给他好种子的好父亲。他想看看父亲的性器官，并从他那里得到小孩。这样，他就能变成挤奶女工，取代母亲的角色了。以上这些渴望都由于对父母的坏性器官产生恐惧感而增强。

理查德说，他前几天做了一个梦，他很想把这个梦告诉K太太，却又怕她伤心，然而他还是马上开始诉说了这个梦境：他换了另一个精神分析师，不再接受K太太的精神分析了。他在叙述梦境的时候，一直吞吞吐吐，欲言又止，K太太必须以提问的方式来引导他。他说新的精神分析师穿着深蓝色的套装，使他想起了旅馆里一位带着小猎犬的女士。那只小猎犬叫詹姆士，他喜欢那只小猎犬，但不喜欢小猎犬的主人，对她一点儿兴趣也没有。

于是K太太问，那位女士长得怎么样。

理查德强调道："哦！她没有你漂亮。"接着，他开始称赞K太太有一双美丽的眼睛。说这些时，他一直勉强自己看着她的眼睛。他带着哀求的神情，问K太太会不会很难过，他希望她听到这些后不会觉得伤心。他还很认真地问道："还有其他人可以继续帮我分析吗？男人可以吗？"

K太太把话题转到梦境上，问他，新的分析师在哪里与他会面，也在游戏室吗？

理查德回答，有意思的是，他们并没有在游戏室会面，似乎是在马路转弯的地方开始分析的。

K太太认为，他害怕母亲的性器官与内在，所以转而投向父亲那具有吸引力的性器官。刚刚理查德在舰队游戏中反复改变立场，显示出他所面临的困境，即在父亲与母亲之间左右为难，不知道该选择谁。理查德对梦里那位新的女精神分析师不太感兴趣，但那位女士拥有他喜欢的小猎犬，如同父亲的性器官在母亲体内（道路转弯处）。K太太在诠释这些时，理查德把驱逐舰吸血鬼号推到了她的钥匙圈下面，还碰了碰钥匙圈，这个动作他以前从未做过。这也表示，他渴望碰触K太太体内那个好的男性性器官。他害怕K太太与母亲体内的坏希特勒性器官，于是更渴望拥有好的阴茎，所以舍弃K太太而求助于其他精神分析师，放弃好的乳房——母亲，转而追求有吸引力的父亲的性器官（那只小猎犬）。因此，他很担忧这样会让K太太伤心，同时，他也想借着离开K太太来报复她，所以也感到罪疚，这一切都让他十分痛苦。K太太补充说，由于理查德跟K太太的精神分析即将告一段落，因此他特别想要寻找新的精神分析师，于是她也再次表明，如果有机会，他完全可以寻找到另一个精神分析师继续接受精神分析。

这时候，理查德站了起来，走到外面四处张望。他说有几个马铃薯被挖出来了，还说天空是淡蓝色的，然而事实上，当时的天空中乌云密布。

K太太诠释说，理查德否认天空被乌云笼罩，是因为这样的天气即将下雨，而雨会攻击并伤害山丘，他其实想否认K太太在伦敦可能会遭到炸弹攻击。

理查德走回游戏室，谈论起K太太身上那件蓝底白点的洋装。他指着洋装下摆那些不同方向的线条说，它们适合去拍洗衣粉的广告。

K太太诠释说，理查德想强调K太太的性器官与内部很干净（以洋装下摆为代表），借此来隐藏他对K太太肮脏又危险的下半身的恐惧感；也因为对K太太的下半身有如此不堪的念头或描述，他感到很愧疚，于是想用这个方式来弥补她。

理查德带来舰队，很明显是想给分析师一份礼物，同时，也决心要在精神分析过程中尽力配合。他这么做是想要消除自己的不忠诚所引起的罪疚感，这种感觉在面谈中就已表现过。对他而言，来接受K太太的精神分析并与她建立关系，等于对母亲不忠；而当他离开K太太回到家里，同样也感到两难。他觉得他已经不再那么依赖母亲，也不再那么重视母亲了，所以感到罪疚。他的女性心理位置让他对母亲产生了强烈的认同，以至于在他看来，母亲一定会因为不再被需要而感到痛苦。另外，对母亲的认同也让他对自己的同性恋欲望感到更加罪疚。在整个面谈过程中，他都很亲切、很热情，虽然偶尔会有些严肃和忧郁，但对路人的被害感并不太强烈。

第七十九次面谈（周二）

理查德带来了行李，准备在面谈结束后回家。他又拿出自己的表跟K太太的手表对时间，他还是希望两只表的时间能一样。他说他的手表比K太太的慢了一些，但立刻又自我安慰道，其实也只差了一点点。他详细地形容他的手表，说它昨天晚上“饿肚子”了，需要上发条，上紧好发条后，它就安静地睡着了。

K太太解释说，他就是这支手表，需要K太太为他进行精神分析。由于他昨晚没有接受精神分析，以至于他总觉得缺了一些什么。这种感觉跟他小时候很相似，在他渴望母亲来喂养他、爱他的时候，她却不在他身边。他希望他与K太太手表的时间保持一致，是希望他们俩有一致的想法与感觉。手表也代表理查德的性器官，他希望他与K太太拥有相同的性器官。这样一来，他们俩就不分彼此了，这也意指她应该永远留在他体内，与他融为一体（注记Ⅰ）。此外，给手表上发条则代表搓揉性器官，满足它的需求，但与此同时，他又害怕把玩性器官会伤害到它。在上次的面谈里，他的性器官就是驱逐舰吸血鬼号，他想确认吸血鬼号沿着直线航行，还说它是自行移动的，也是在表示他的阴茎没有问题。

在K太太诠释理查德的自慰行为时，他看上去非常难为情。刚开始他还否认会把玩自己的性器官，没多久后他就承认了，他有时的确会这么做。接着，他宣布舰队来了，它们都在他的行李箱里。他原本不打算玩舰队，但后来还是想玩，于是从行李箱里拿出舰队，将它们摆在桌上。

K太太解释道，上次面谈时她没来得及在舰队游戏上做太多诠释，这可能让他有些难过。上次大量的素材很快速地出现，有太多东西更需要诠释，所以她不太可能像以前一样，仔细留意舰队的一举一动。

理查德同意K太太的话，并给她查看行李箱，里面有张他的身份证。他问，K太太有没有这种防水夹用来放身份证呢？他将身份证慢慢地放回行李箱中，先让它进去一半，然后再更深入，直至完全放入行李箱中。他从口袋里拿出公交车票，检查它有无折叠或破损，因为回程还要用到，所以他显得很担心，看到那张公交车票完好无损，他便小心翼翼地把票放回口袋里。接着，他拿出日记给K太太看，说他每天都会写到她。他的日记从没给人看过，K太太是第一个。他一遍又一遍地读着有关K太太的日记，还提到了厨娘和每天发生的事。他要K太太也读他的日记，看上去对她完全信任。

K太太诠释说，理查德愿意跟她分享秘密日记，代表他可以信任她，愿意让她了解他对性器官的忧虑，而K太太对这件事的诠释也让他如释重负，所以他后来决定把舰队带过来。他担心回程的车票可能会破损，其实是害怕自己的阴茎会因为受伤而无法使用。另外，把身份证慢慢地放回行李箱也表达了他把玩性器官时的感觉。他这么做时，可能会想到把阴茎放入K太太或母亲身体里。此外，他害怕把玩性器官会导致失去它，可能破损的公交车票和可能消失的身份证就表达了他这种惧怕。

这时，理查德已经调动起舰队，战争开始了。情况非常复杂，也变化得十分快速。在舰队游戏的初始，理查德先哼了一首曲子，接着又哼国歌。他说道："天刚亮，舰队就悄悄地、慢慢地出发了。"叙述的口吻非常夸张。胡德号最先现身，理查德说那是他自己；尼尔森号和罗德尼号紧随其后，尼尔森号排在胡德号的左边。理查德说尼尔森号是领导，它后面跟随着几艘驱逐舰。理查德指着其中一艘驱逐舰说："这艘是小型驱逐舰队的领导。"接着他又指出"大型"驱逐舰队的领导。他还在尼尔森号和罗德尼号中间放了一艘"小型"驱逐舰，并说那艘船也是他自己（注记Ⅱ）……游戏过程中，理查德说："这样的战争以前从没发生过。"他还发出引擎与炸弹的声音，声音越来越大，他也越来越投入。理查德完全沉浸在游戏中，几乎不留意外面的情况。只有面谈一开始时，他看见有一位老人经过，便问道："他就是那位脾气不好的老先生吗？"但很快又说他从没见过那位老先生。

K太太诠释说，与之前出现过的情况相同，尼尔森与罗德尼中间的那艘驱逐舰代表着父亲的性器官。理查德想让父亲（尼尔森）获得他应有的东西，也同意他占有母亲（罗德尼）。理查德可以让父母团聚，并且发生性关系，但前提是父亲必须与他共享某些权利，所以理查德把自己（胡德号）排在了尼尔森的右边。他自己也是“小型”驱逐舰队的领导，代表孩子王，表明他希望能有弟弟和朋友来让他带领。理查德也试图给保罗应有的地位，于是让他成为“大型”驱逐舰队的领导（注记Ⅲ）。摆在罗德尼与尼尔森中间的那艘驱逐舰不仅代表父亲的性器官，也代表他自己。这表明，在另一方面，他还是想拆散父母，干扰他们。

理查德突然转变了心情，游戏的场景也随之发生变化。在这个阶段，他虽然玩得非常投入，神情认真、若有所思，但也仿佛在压抑着什么，感觉正要试图去解决内心的某种矛盾。这时，代表他自己的驱逐舰吸血鬼号开始绕着桌子航行，先躲到K太太的手提袋后面，一会儿后又再次现身。还有三艘他带领的驱逐舰，行驶着与吸血鬼号会合。他们现在是德军，正要与几艘英国船舰开战。战争打响后他们逃跑了，随即又与其他的英国船舰展开了战斗。他们躲了起来，被包围了，一会儿虚张声势，一会儿又躲起来伺机而动。三艘紧随其后的驱逐舰被击沉了，只剩下理查德（吸血鬼号）继续孤军奋战，之后又有一艘驱逐舰加入他的阵营。理查德大喊道，吸血鬼号“猛烈攻击”罗德尼，而罗德尼“火力全开”，吸血鬼号（理查德）与罗德尼（母亲）之间的战斗越来越激烈。最后，吸血鬼号被击沉，但仍有一艘德国驱逐舰对英国舰队开火，直到将对方一一击沉，而它成了唯一的幸存者。在整个战斗过程中，理查德十分兴奋，不断发出各种声音，并且深深陷入挑衅、躁狂与叛逆的情绪中。

K太太对此解释说，摧毁一切之后幸存下来的驱逐舰就是理查德的性器官，他现在认为自己的性器官强而有力，极具破坏性。刚才吸血鬼号（理查德）“猛烈地”攻击罗德尼号（母亲），意指理查德正在攻击体内含有坏父亲的母亲，和含有坏K先生的K太太。这个“邪恶的畜生”坏母亲“火力全开”，向他展开反击，意指她用体内所有的坏父亲的性器官来攻击他。此时的理查德觉得自己真正拥有了性器官，但这个性器官非常具有破坏性，它甚至还是叛国的，变成了德国的驱逐舰，对在英国的家人发起了进攻。

这时，理查德飞快地走进厨房舀了一桶水，说这是牛奶。接着，他走向庭院，还要K太太跟他一起出来。他看向天空说，就要放晴了，但事实上，今天的天气是多云。以前他只要看到多云的天空，就会抱怨，云为什么不快点儿散去。

面谈结束了，理查德与K太太一同走回屋里，他对她说：“你猜，是谁帮我打的领带？领带现在还系得好好的，对吧？”他没等K太太回答就接着说，这是他去威尔森家的时候，他家的女佣帮他打的。

希望天空放晴，庆幸女佣帮他打的领带还保持完好，都表达了他更加相信K太太能帮助他，相信她会修复他的阴茎，并且能治好他。理查德的母亲反映，上周末理查德变得活泼了一些，也不再那么神经质，但同时也比平常更叛逆（注记Ⅳ）。

第七十九次面谈注记：

Ⅰ. 这一点我想更为深入地探讨。在某些成人个案身上，我发现到他们有种强烈的控制客体的欲望，这源自婴儿期的潜意识深层，希望客体的思考、感觉，甚至外表都与主体一致。这样的欲望可能会一直存在，使他们在任何关系中都无法获得真正的满足，同时，也会延伸为内射性认同及投射性认同。这种强烈的掌控欲望在于吞并客体（分析师）并进入客体，使主、客体变得一模一样。这样的心理过程即便在人格发展健全的个体身上依然可能运作，只是从表面上看，他们并不会显露出控制欲，或不能体谅他人。从某种角度而言，掌控与占有客体的欲望也是属于婴儿情绪以及自恋状态的一部分。

Ⅱ. 通常理查德会同时扮演好几个角色，这也是儿童游戏中经常出现的现象。这种人格特质的不稳定现象我们很容易在某些个体身上观察到。这类患者往往没有能力去认同某个客体或维持某个发展面向，以上两种能力的挫败也会互相影响。我曾在《对某些类分裂机制的评论》（1946，《克莱因文集Ⅲ》）以及《论认同》（*On Identification*）文中提及这种削弱自我的分裂过程。在我看来，不加区分地内射各式各样的客体，与投射性认同的强度相辅相成。投射性认同会让患者感觉部分自体被分离出去了。这样的感觉也会反哺并强化这种未经区分的认同。通常在梦境里，我们会比较容易观察到这种角色变换的情形。做梦之所以能带来一些纾缓作用，是因为某些精神病性质的历程，透过这些梦境表达出来了。

Ⅲ．有一点很值得关注，这些在社会关系上的进展，如愿意承认父亲与哥哥的权威，密切关联着他对自己现在或未来的性能力的信心。从前几次面谈中可以看出，经过精神分析后，他对自慰的恐惧已逐渐减轻，因此他现在已经能够接受自己作为男性的角色，也能接受自己拥有阴茎的事实，只不过他的阴茎极具攻击性。在舰队游戏中，唯一幸存的驱逐舰代表着他的阴茎。对自己性能力比较有自信了，从而愿意承认父亲、哥哥及父权代表者的权威，这种因果关系也适用于大部分的人。从以往分析男性病患的经验中，我发现阉割或性无能恐惧会导致男性对老师或其他父权代表产生敌意与嫉羡。当这样的恐惧减轻时，他们就能比较容易接受其他男性的优越地位与权威。

阉割恐惧与性无能感不一定会让人变得反叛，反而可能会屈从于任何握有权力的人，甚至不经过思考就屈服。而在焦虑降低之后，这样的男性会比较有能力和自信，并证明自己能与他人平等了。

Ⅳ．这次面谈中理查德更直接地展示了攻击性，也不再那么压抑自己，变得更加活泼，这些态度上的转变与最近出现的素材相吻合。理查德的阉割感很明显地减轻了，对拥有阴茎也怀有更强烈的信念，所以开始展现出自信。以前，他总是否认自己拥有性器官，并且觉得自己性无能，是因为在他的幻想中，他的性器官可能变得非常危险，会摧毁所有家人，导致所有人一起迫害他。通过诠释与分析，他开始能够面对这个在他看来依然危险的所有物，能以正确的态度去重视它，认识到它所隐含的是主动权、力量与捍卫自己的能力，还有更重要的生育能力。这次面谈中所显现的焦虑，更进一步揭示了某些抑制男性性能力的因素。我发现，害怕阴茎会使患者变得具有摧毁性，让母亲和自己陷入危险，导致男性对拥有性能力感到畏惧。这些恐惧可能会增加对母亲的认同，从而强化女性的心理位置。一位个案就曾这样说：“我宁愿当受害者，也不愿当加害人。”

第八十次面谈（周三）

理查德在通往游戏室的那条路转角处遇见了K太太。他哼着歌，告诉K太太他哼的是“如果我是一只小小鸟”。他刚见到K太太，就立刻告诉她昨天发生了一件惨事：他养的金丝雀小笛死了。“没办法，鸟本来就很容易死掉。”他这样说着，显然想装作很平静来掩饰自己的悲伤，但他其实非常喜爱那只金丝雀。进入游戏室后，他告诉K太太，从现在开始，她只需拿出一棵树和一些玩具就够了。在过去的游戏中，那两棵树通常代表他的两只金丝雀。他说他现在要帮孤单的阿瑟（剩下的那只金丝雀）找一个太太，但不要长尾鹦鹉，它会把阿瑟撕烂的。

K太太诠释说，理查德刚刚哼的歌代表他希望自己是只小鸟，如此他就能陪伴那只孤单的金丝雀了。这只金丝雀也代表母亲，如果父亲死了，母亲就会陷入孤单；反之，如果母亲死了，他也想陪伴着父亲。K太太提醒他，那两只金丝雀其实就是他的父母，他经常恐惧于父母之间的危险性关系，所以他觉得父母应该有相同性器官。

理查德在心里否认男女有不同的性器官，就如同他想把两只手表的时间调成一致的。他很担心自己的性器官变得危险，也害怕母亲的性器官与内在。长尾鹦鹉与金丝雀属于不同种类的鸟，这仍然表示父母的性器官是不同的。他经常说那两只金丝雀都是雄性，但又说它们代表父母。另外，他还担心父亲的病情，害怕父亲会死亡，所以长尾鹦鹉也代表那个对他火力全开（第七十九次面谈）的危险母亲（罗德尼号），而这个坏母亲可能会杀了父亲。

理查德看上去很哀伤，鸟死了让他很伤心，他很想念那只鸟。他一边唱着各国国歌，一边在纸上画出一条铁轨。突然间，他又想到家里那辆玩具火车的铁轨位置被改掉了，顿时觉得厌烦，也不喜欢火车了。他此时显得非常忧郁。

K太太认为，他极不情愿失去她，想阻止她坐火车离开。他在昨天的游戏中对抗罗德尼号，也就是母亲与K太太，还用强大又危险的性器官（战胜的驱逐舰）杀死了全家，因此他很害怕自己的摧毁欲望会成真。

理查德听完诠释，在纸上胡乱涂鸦了一会儿。

K太太诠释说，因为她即将坐火车离去，所以他正在轰炸火车，但如果他这么做了，她就会像金丝雀一样死去。

接着，理查德写了一个纸条，署名给K太太："亲爱的K太太，我很喜欢精神分析，我会非常想念你的。理查德敬上。"他写的时候用手挡住纸条，不让K太太看到，但一写完就立刻拿给她看。他说最下面的叉叉代表亲吻，当K太太不在时，他就会给她写信。接下来，他又在另一张纸上涂鸦，画完后拿给K太太看。他说，纳粹党徽很容易就能变成英国国旗，他以前确实也是这么做的。

K太太解释说，理查德是发动轰炸的德军，他杀了即将离去的K太太，然而他也可以扮演另一个贴心的理查德，会给她写亲切的信。在上次面谈中，驱逐舰代表着理查德危险的性器官，是属于德军的，然而现在又能变成英军，把纳粹党徽变成英国国旗也就是这个意思。在他婴幼儿时期，曾经因为母亲不在身边而怀恨在心，所以他一直很害怕母亲死去，现在又害怕K太太死去。

理查德又开始在另外一张纸上涂鸦，还非常大声、愤怒地唱着歌。

K太太诠释说，他正在用歌声轰炸她，如同他在上"大号"，感觉既愤怒又充满怨恨。她还特别指出，他的涂鸦里有一个看不太清楚的23，那是她即将离开的日期。

理查德开始画第六十六张画。当他画完之后望着这张画，惊讶地喊道，他把下面那个School（学校）里的S写成3了；3的前面有一个2，于是又变成了23，这次更加明显了。

K太太诠释出理查德对她陷入爱恨交织的挣扎。在画画中，上面那个代表她的小人身上写了"可爱的K太太"，这表明他试图把K太太想成好人；但他没给她画手和头发，也根本不想把她画得好看一点，这又说明他并不是真心觉得K太太人很好。他其实痛恨K太太，因为她就要丢下他，去见其他病人和她的儿孙了。

理查德却坚持他画的K太太很可爱，因为她的身体是一颗心，中间那支小箭代表着爱。这时候理查德脸红了，还将手指屡次放进嘴巴里，他看上去想极力克制自己的恨意，同时还夹杂着被害焦虑与忧郁焦虑。理查德问K太太，有没有因为即将离开而难过？她会不会住在儿子家？她会住在伦敦市中心吗？这时候他突然意识到刚刚讲了“心”这个字，一脸惊讶地指着图说：“这里就有一颗心。”

K太太诠释说，她身体上的那颗心代表着伦敦，被爱（小箭）与炸弹伤害了。理查德希望自己能爱K太太，但又担心自己，因为她的离开而变成希特勒，对她展开轰炸（注记）。这让他更害怕她会死亡、自己会孤独，她的离去也更让他感到悲伤。

这时，理查德说他要去拿一些牛奶。他把水从水箱里舀出来，装到桶里，但很小心地不把水桶装满，他应该记得K太太说过，如果装得太满，她会提不动。这一次K太太根本没办法约束他，厨房的地板被他弄得到处都是水。他还杀了很多只苍蝇。他用手把窗边的苍蝇捏起来，丢进“水箱宝宝”里，再把它们放走，然后又都抓回来。他一边把水倒进“水箱宝宝”里，一边又舀出来装进桶里，他坚持把每个容器都装上水，但不能装得太满。当他杀死前两只苍蝇时，嘴里念出两位男孩的名字，他们都是他在Z地的敌人。

K太太诠释说，水箱一直以来代表着她的乳房，理查德刚刚说要从水箱里拿点牛奶，表示他想从她身上索取一些好东西，然后吞并到自己体内。苍蝇代表她的小孩与病人，他因为嫉妒，在心中杀死了K太太的儿子和孙子。把水倒进容器还有另外一个意思：他想喂养K太太的孩子（她的病人和小孩），以及母亲的孩子（包括保罗）。K太太提醒他，他其实很想交朋友，想要有更多兄弟。昨天他在代表自己的驱逐舰旁边放了三艘同样大小的船舰，代表着他有朋友和兄弟相互扶持。这样的渴望与嫉妒完全背离了他想攻击母亲的坏小孩的欲望，嫉妒与攻击使他对其他孩子充满怀疑和恐惧，就更想摧毁他们。K太太进一步诠释道，理查德把厨房弄得一团糟，是因为她即将离开，所以想报复她。混乱的厨房也代表有毒的“大号”和

“小号”，同他之前生气唱歌一样表达了他的愤怒。然而他又希望K太太没有生气，如果她不生气，就表示她不恨他；如果她把厨房清理干净了，就证明他并没有伤害到她。

离开的时候，理查德又用铁锤使劲敲打地板，他敲得很大力，K太太不得不阻止他。

K太太分析道，理查德想闯入她的内在，试图把里面那些有毒又死去的小孩以及K先生拿出来，如此才可以拯救她。他对母亲也一样，想把母亲体内的坏东西都掏出来。

这次的面谈很不寻常，他的脸部表情与动作很清楚地表达了他的愤怒与绝望。他不断磨牙，还会把手指放到嘴里。涂鸦时，他还因为力气太大而弄断了笔尖，然而，他也再三努力克制自己，对K太太的怨恨与愤怒中也夹杂着对她的爱与关心。

第八十次面谈注记：

极度缺乏安全感的人没办法信任他们所爱的人，任何外在的影响或内在的压力，都可能引发他们对所爱之人的摧毁冲动，这也导致他们害怕自己会伤害到客体。诠释这样的不安全感在我的经验中是很有用的，但这样的不安全感不同于在愤怒与怨恨的驱使之下摧毁客体，相反地，能够成功建立起好客体的人更容易抵抗这些恐惧，并坚信自己能够控制摧毁的冲动。

第八十一次面谈（周二）

理查德又在转角处等着K太太，他问她，是不是再过十六天她就要走了。进入游戏室后，他按照K太太的时钟调整自己的手表。他打开时钟检查，响了一下闹铃，然后不停地把皮套打开又关上，还抚摸着它。他用手指在自己的手表上划了一圈，说他的表虽然慢了点，但它会“自己走”，没有人也没有其他的表能命令它停下来……他迅速地瞧了瞧厨房，不安地看了“水箱宝宝”一眼，看见水箱上面有些铁锈，他很不开心。他试图把铁锈刮下来，直到K太太拿了把刷子刷掉铁锈，他才露出一脸感激。水箱刷干净后，理查德立刻回到桌前，再次确认时钟有没有走……他对K太太说：“告诉你一个秘密，我昨晚骑自行车经过了你的房子，一直骑到路的尽头。路的尽头还有一条小路，那条小路会通向哪里呢？”他还问K太太，昨晚八点四十五分时在做什么，这其实是他昨天经过她家的时间。他问她，如果那时他正往屋子里看，K太太会不会生气？不等K太太回答，他就继续说，他前一天就借了自行车，骑遍了整个村子，他本来还想骑往另一个村子，但时间太晚了。他继续描述着自行车之旅的细节，说他骑车的时候非常开心。当骑到下坡时，他还发出声音，假装自己是公交车（注记Ⅰ）。

K太太诠释说，理查德检查时钟意指查看她的身体，他想确定一切安好，而查看厨房四周也是一样，因为他昨天杀死了苍蝇，把厨房弄得一团糟。他害怕这些举动会伤害K太太。他愿意骑自行车出去，表示他不再害怕其他小孩子了，于是他能借由骑车来满足好奇心。骑车经过K太太的住处代表探索她的身体，而那条小路代表她的性器官。他想知道，如果把阴茎（自行车）放进去会发生什么。他好像也不再害怕自己的阴茎会是危险的武器，摧毁欲望可能成真的恐惧也减轻了，这无疑降低了他对自己的恨意。他的表虽然慢了些，但会“自己走”，代表他的性器官虽然比较小、性能力比较弱，但完好无缺。他开始接受自己现在只能拥有男孩的性器官，但希望将来能够变成男人的。他让自己的手表与K太太时钟的时间保持一致，表明他们可以彼此了解，而他能把K太太当朋友，同时在体内保有她。

理查德开始把玩时钟，并激动地问道："我们一定要分开吗？"他走到屋外，望向天空，低声地、充满感情地说："真像天堂一样美啊。"他回到屋内后四处张望，接着拿起铁锤用力敲打地板。这时候他说道，那只还活着的金丝雀马上要回家了，他对此很期待。之前那只金丝雀一直放在保姆家，她结婚之后就住在附近，理查德能经常看到她。

K太太认为，理查德想用铁锤敲破地板，把里面那些死了的小孩掏出来，他也想寻找还活着的小孩，即那只将被送回家的金丝雀。

理查德走向钢琴，说想弹一弹。这架钢琴之前被转过去面对着墙壁，上面还堆放着一些杂物。在以前的分析中，理查德偶尔会看看钢琴，但直至今日，他也只打开过一次，弹了几个音符（第五次面谈）就结束了。而现在他再次想弹钢琴，他要K太太帮他把钢琴转过来，并拿走琴盖上的东西。K太太照做了。在钢琴的旁边立着一面很大的英国国旗，理查德说他会好好注意，不让它倒下来。起初，他只用一根手指有些迟疑地弹了一下，随即停下来，说上面有灰尘，还问K太太可不可以帮他把灰尘掸掉。K太太掸掉灰尘后，理查德再次尝试弹琴，只过了一小会儿他就一脸沮丧，说忘了怎么弹了，但那首奏鸣曲他之前是会弹的。他又试了试其他曲子，最后干脆抓了把椅子坐下来，开始弹奏他自创的旋律，还低声说他以前也经常这么做。弹了一会儿，他问K太太想不想弹琴，她照做了。这让理查德非常开心，又接着弹了一些旋律，并低声说，等他回家以后，如果还能弹钢琴就太开心了。他把钢琴的盖子掀开，要K太太弹几个琴键，他想看看钢琴"里面"长什么样子。突然间，他察觉到自己刚刚用过的字眼，神情复杂地看着K太太说："又是里面。"随后，他用手肘敲击琴键，很大力地踩着踏板。他抓住英国国旗包住自己，在里面大声唱着国歌。他的脸涨得通红，大吼大叫，仿佛想以对国家的忠诚来抵抗愤怒和充满敌意的情绪。他看向窗外，看见对面的老人，便说："那里有熊。"过了一会儿，他问史密斯先生有没有路过。在此之前他都不怎么留意外面的路人，然而现在却紧张了起来，开始变得疑神疑鬼。

K太太诠释说，钢琴代表她的身体内部，弹钢琴的动作意味着他把性器官放入她的性器官内，以及用双手抚摸她，如同之前抚摸时钟一样。他觉得那些黑色琴键就像黑色苍蝇，都代表着死亡的小孩，他弹钢琴可以让死亡的小孩复活。他偶尔会提到一些“可爱的”婴儿，美妙的音乐就如同他喜欢的小孩们发出的声音。时钟与手表依然在走动，代表他体内的K太太、母亲与她们的小孩都还活着。不久后，他又开始害怕K先生、史密斯先生与对面的“熊”，其实是在害怕坏父亲。当他准备开始弹琴时，说会好好留意那面英国国旗，其实是在提防父亲。不仅如此，他还觉得充满敌意的外在父亲和母亲体内的父亲正在监视他，所以他弹到一半就停下来了，还用手肘敲打钢琴。那时，母亲与K太太正在他体内争斗。

听完K太太的诠释后，理查德稍稍缓和了些许不安，不再那么焦虑地频繁注意路人了。K太太继续分析道，理查德其实很担心弹钢琴会引发自己的痛苦。他一直很喜爱钢琴，刚才还说回家以后若是能再弹钢琴，一定会很开心的。钢琴代表了他喜爱的母亲，然而这个母亲是无声的。他一直很怕母亲会死（注记Ⅱ），危险的战争以及害怕K太太去伦敦后会被炸死，都加深了他对母亲死亡的恐惧。

理查德要K太太帮他把钢琴转回原位。接着他打开行李箱，拿出日记本，像往常那样写下短短几句话，内容大概是他去见K太太，和她一起玩，以及英国皇家空军发动攻击。他写完日记后，将它拿给K太太看。

K太太诠释说，有两件很重要的事他没写。一件是他昨晚骑自行车经过K太太的家，他骑自行车很开心；另一件是他过了这么久后终于又开始弹钢琴了。弹钢琴给他带来了快乐与希望。他没在日记里写这些事，是因为他虽然觉得这些事很重要，却不相信自己那些美好的感觉，他害怕到最后都会变成不好的事。尽管他把自己的日记视为秘密，也只给K太太一个人看，但事实上，日记里并没有写到什么私密的事，但他依然很想把日记当作秘密，因此才会说里面写的都是秘密。

理查德拿出几张他拍的照片给K太太看。有一张拍的是日落时的风景，背景是多云的天空。理查德特别强调，这张照片中的云拍得很清楚，他很喜欢。他想帮K太太拍一张照片，K太太同意了。突然，他看着其中一张底片说它“拍坏了”，于是向K太太要了小刀，将底片切成了小碎片。他的动作越来越激烈，还拿了几片小碎片放进嘴里，又吐出来，怀疑它们有毒。最后，他用小刀在桌上划了一小道划痕。

对这张“拍坏了”的底片，K太太的诠释是：为K太太拍照代表了把她吞并到自己体内，然而理查德又会担心，她体内含有邪恶且有毒的父亲性器官。帮K太太拍照的时候，他所吞并的不是朋友，而是敌人。另外，他把这张底片切成碎片，放入嘴里，然后又吐出来，表明他对自己的吞噬欲望与贪婪感到恐惧。因此他可能没法好好保有K太太。这张“拍坏了”的底片与那张他很喜欢、且代表好母亲的风景照放在同一个信封里，他也担心，如果他把母亲体内的父亲性器官，以及K太太体内的坏希特勒性器官切碎并摧毁，也可能连带伤害她们。桌子通常都表示K太太，他在桌子上划下刻痕，表明他怀疑自己没有能力保护好K太太，让她不受伤害。

这次面谈的过程中，理查德拿铁锤不停地用力敲打着地板，还把水都弄到了厨房的地板上。离开前，他问K太太去不去杂货店，听到她说不去的时候，他似乎松了一口气。他在路上很安静，但感觉并没有不开心。他今天要回家，他说他问过今天的公交车上会是哪一位检票员小姐，他很高兴不是会叫他让座的那一位。不管怎样，他似乎不再担心这件事了。

第八十一次面谈注记：

Ⅰ. 这个阶段的理查德正面临着极大的压力，因为分析即将告一段落，还有父亲的病情，都让他不轻松，但他仍然尝试着去处理这些情绪，这一点很值得关注。在最开始接受精神分析的时候，他很害怕单独出门，哪怕大白天也一样，然而现在却敢借一辆自行车，在晚上骑车出去玩。不仅如此，他骑车经过我家却没来见我，也显示他足够克制自己。

Ⅱ. 有一点越来越清晰：理查德压抑着弹琴的欲望，是因为钢琴象征着母亲的内在，以及他与母亲的性关系，我认为这也跟他的自慰幻想有关。放弃自己喜爱的音乐让他感到惋惜，也与他担忧“无声的钢琴”有关，他所舍弃的钢琴代表着那个被他舍弃并无声的（死去的）母亲。他想通过弹钢琴让母亲复苏，但又怕弹钢琴时透露出他与母亲的性关系，以招致父亲的惩罚。这个例子呈现了升华的抑制现象。

第八十二次面谈（周五）

很可惜，这次面谈的详细记录遗失了，不过凭着记忆，加上推演分析前后几次面谈的素材，仍然可以将当天面谈的主要情况重新整理出来。

理查德显得极度焦虑，而且难以掌控。他用力地敲打地板，将厨房弄得到处都是水，还用小刀划桌子。在上一次面谈中也多次出现这些状况，但在弹完钢琴之后，他暴烈情绪已经有所克制，但现在，这些情绪以更强烈地方式表达了出来。他再次要求K太太更改面谈时间，但K太太无法照办，这让他心生埋怨，也感到愤怒与绝望。他变得十分暴力，K太太不得不阻止他，甚至一度对他失去耐心，这让他吓了一大跳。

在分析中，理查德的行李箱里的东西往往扮演着重要的角色。这一次他买了一只龙虾带回家。我认为这只龙虾似乎是一个他不太信任的客体。他先说龙虾很好吃，他很想吃，但很快又对龙虾生气，还用小刀狠狠地攻击了它。

K太太诠释说，行李箱代表着他的内在，这只龙虾很像前几次面谈中出现的章鱼，是个不好的客体，而他、K太太与母亲的内在都含有章鱼。他使劲敲打地板，代表想闯入母亲的内在，把里面那个父亲的坏阴茎拿出来；同时，他也表达了对分析师的不信任，尤其当K太太失去耐性后，她就变成了“畜生”母亲。

第八十三次面谈（周六）

理查德照旧在转角处等着K太太。他偷偷地瞄了K太太一眼，听到K太太说最后还是按照他的意思安排时间，他似乎很满意，但还是没有正面注视她。他说他安排了一个“远足”计划，准备跟约翰·威尔森及其朋友去爬山。进入游戏室后，理查德打开行李箱，说龙虾不见了，但马上又改口说他瞎编的，龙虾其实还在，行李箱里还有照片、相机和其他东西。

K太太指出理查德不太敢直视她，可能是因为昨天的面谈把他吓坏了。K太太对他失去耐心，让他觉得她似乎已经变成了“邪恶的畜生”。

理查德讽刺地说：“希特勒说过，我的耐心用完了。”

K太太诠释说，在他心中她完全变成了希特勒。他更使劲地敲地板、拿刀割桌子，就是要把她身体里的希特勒切掉。昨天他对龙虾的描述与章鱼父亲有关，他觉得龙虾在自己与K太太的身体里，但他又希望它可以是好的、美味的性器官。他刚刚说龙虾不见了，事实上它还在行李箱里，这表明了他对龙虾抱持着怀疑的态度，所以龙虾与好的风景照放在一起，代表着理查德体内含有好母亲与坏父亲的性器官。他将K太太比作希特勒，其实意指他一直都在怀疑K太太，他觉得K太太用故作冷静、隐藏愤怒来假装“亲切”，她伪装成了“浅蓝色”母亲。当感到愤怒并想啃咬和攻击她的时候，他觉得她会生气，他也是这样看待母亲的，因此他经常会问K太太，也会问母亲，是不是伤了她的心。

理查德说，他现在想在庭院里帮K太太拍照，他们之前就说好的。理查德友善地看着K太太，要她笑一笑。拍完照后，他要K太太检查他的鞋带，确认鞋带系紧了没有松开。此时，他对K太太真诚而友善，还忧心忡忡地提到外国人现在必须登记的事。其实他很清楚K太太已经是英国公民，但从未真正接受。他接着说，这个规定不适用于K太太，因为她已经超龄了，然后，他非常认真地说，不管怎样，K太太有更重要的事情做，她必须照顾她的病人。

K太太看着理查德的鞋带诠释说，他想吞并那个微笑的、“亲切的”和“浅蓝色的”K太太，这样就能永远在体内保有她，但在此之前，他需要K太太提供保证，他真的可以把她当作朋友。

理查德开始画第六十七张画。在涂鸦时，他提到了亲切的K太太，说她就藏在涂鸦下面。

K太太问她在哪里，她好像成了一堆碎块（注记Ⅰ）。

理查德说没错，她就是这样的，然后立即指出K太太的脸（a）、乳房（b、c）和腿（d、e），还有代表胜利的V（f）。突然，他盯着K太太的手指，问她是不是流血了，其实K太太没受伤也没流血。接着，他问英国皇家空军有没有发动空袭。

K太太诠释说，理查德代表英国皇家空军，把德国的希特勒（K太太）炸成粉碎。他假装自己喜欢K太太，也假装对她很亲切，但他还是摧毁了她，获得了胜利，所以图中有个代表胜利的“V”。他在表达对K太太的愤怒，埋怨她上次面谈时没有按照他的意愿更改面谈时间。当母亲把乳房抽走时，他也有同样的感觉，并怀疑她把乳房给了保罗或父亲。他突然认为K太太的手指在流血，表示他怀疑自己咬伤并摧毁了她的乳房，导致它流血了。

这时，理查德开始画第六十八张画。他前倾着身子，直视K太太的眼睛，说她的眼睛非常迷人，但听起来感觉很做作，一点都不诚恳。他刚说完就在图上加了一个阴茎，还问K太太，乳房上面那个东西（指乳头）到底叫什么。

K太太诠释说，她的肚子是一张脸，理查德认为那就是她体内的希特勒的脸，他刚刚加上的阴茎好像也是希特勒的。

理查德吓了一跳，他说他之前完全没有发现，但听K太太这么说，他也觉得是这样的。接着，他又在另外三张纸上涂鸦（我只附上其中一张，作为第六十九张画）。他画得越来越愤怒，涨红着脸，眼睛炯炯有神，还时不时磨牙、使劲咬铅笔，尤其当我讲到乳房或代表乳房的圆圈时，他甚至将纸从画本上一张又一张地撕下来。他问了K太太好几个以前经常问的问题，如有没有见过“好”史密斯先生，她的儿子和孙子近来怎么样，还有她会不会说奥地利语。理查德指着其中一张涂鸦说，这也是K太太，也是一些碎块。讲到第六十九张画时，他指着（a）说，这是K太太那双“迷人的眼睛”，（b）是鼻子，（c）是她的肚子和一个乳房，而（d）是另一个乳房。到了第三张涂鸦，他却说这是轰炸机司令部发给战斗机司令部的一封密码信，感谢他们在不列颠空战中取得胜利。这封信以点和线写成，其中还有几个代表胜利的“V”。

K太太诠释说，这代表着理查德的感谢，感谢有人帮他打败和摧毁了K太太这个外国的、有敌意的“畜生”母亲。

理查德没出声，继续画了第七十张图。他说上面的那条线（c）正对着K太太。

K太太提醒理查德，他的第六十三张图也画了类似的形状，他说那是香蕉，代表着他和父亲的巨大的阴茎；而这张图里的香蕉——性器官（a）中有一条延伸出来的线对准了K太太，意指他要用性器官攻击K太太。在“Darling”（b）这个字里也有一个香蕉图形，代表着K太太与母亲体内那个危险的父亲性器官。理查德把龙虾放在行李箱里（他的内在），是想以此来对抗含有希特勒的坏母亲。他体内那个强大的龙虾和章鱼（性器官）就是战斗机司令部，而他自身的另一部分则是感谢它帮忙的轰炸机司令部。

理查德又画了另一张画，说那是X地。图中的正方形都代表商店，他指着其中一个小正方形说，那是伊凡斯先生的商店。伊凡斯先生给了他一些好吃的糖果。商店附近的线条代表铁路。

K太太问，火车旁边那几个涂鸦的圆圈是什么。理查德没有回答。

K太太解释说，那些圆圈是理查德投下的炸弹，落在了K太太离开时搭乘的火车上。她离开时还带了糖果，即为他做的那些精神分析工作，这些糖果也代表着他最初的缺失，也就是母亲的乳房。在最初失去母亲的乳房时以及后来每当感到不满足时，他都会转而投向“好”史密斯先生、“好”伊凡斯先生，他们其实代表着父亲强而有力的性器官。他被父亲的性器官吸引，如同他喜欢可口的龙虾，但与此同时，他也痛恨和嫉妒父亲的性器官，因此把它当成了体内的敌人，用作伤害母亲的武器（注记Ⅱ）。所以他觉得他对母亲和K太太的爱，以及对父亲和父亲性器官的爱都是不诚恳的，他其实是个“大坏蛋”。

理查德又画了第七十一张画。他说里面有个满月（a）、1/4月（b），还有一架飞机（c），而他正驾着那架飞机射击月亮。

K太太诠释说，满月代表她，也代表她的乳房和肚子，四分之一月代表K先生放在她体内的性器官。理查德正朝着她和K先生发射。

理查德不停地涂鸦，还说有一列火车要经过车站。

K太太将火车诠释为母亲体内的父亲性器官。理查德一直觉得母亲体内含有父亲，而K太太体内含有希特勒（注记Ⅲ），危险的父母联合起来背叛了他，这一直是他愤怒的根源。

理查德在另一张纸上涂鸦，一边涂一边说：“这就是那辆K太太要搭乘的火车。”他十分用力地在纸上画圆点，脸部表情与动作让他看起来越来越愤怒和绝望。接着他画了第七十二张画，说（a）也是K太太要搭乘的火车，组成火车的一个个图形则是车厢。他指出K太太坐在（b）上，然后说他要炸掉火车。一开始他还小心翼翼地画着圆点，想要避开K太太乘坐的车厢，但没过多久，他开始变得失控，狂点乱画一通，然后说整列火车都被他炸毁了。他跳起来，对板凳又踢又踩。他一脚踩在某张板凳上，说那板凳就是K太太。他用力举起又长又重的帐篷柱子，又突然放手让它掉到地上，然后用铁锤敲打板凳，接着再次举起柱子，说要用它来射击史密斯先生和希特勒。

K太太问他，射击希特勒时，希特勒站在哪里。

理查德毫不迟疑地回答，希特勒就站在K太太现在站的位置。

K太太为此诠释道，那些凳子就像是她的儿孙和病人，K太太即将离开理查德而去与他们见面，所以理查德想射杀、轰炸他们。她还说，理查德害怕K太太去伦敦后会被炸死，但他又无力阻止，所以陷入绝望中。既然他无法拯救她，那么必须攻击、摧毁她（注记Ⅳ），并且一起摧毁她体内的坏父亲性器官。

听了这些诠释，理查德明显改变了刚刚的态度。他来到厨房，挑了两个白色水桶去舀水，他说这是在取牛奶，牛奶看起来很新鲜。他看着K太太倒光了那些装得不太满的水桶，要她和他一起走向屋外。他往四周看了看，从阶梯上跳到菜园中间，但没踩坏任何东西。这时，他看上去非常平静，也很友善。离开时，他说今天公交车上的检票员小姐会是他喜欢的那位，就是那位不会说“买半票的请让座”的姑娘。他说公交车可能很拥挤，但他并不担心。接着，他问对面的老人（“熊”）是不是那位“脾气不好的老先生”。理查德一直很想看看他，但之前他处于盛怒状态时，看都不看外面一眼。

第八十三次面谈注记：

Ⅰ. 我想问这个问题其实有两个原因：仔细观察这张图，如果我真的隐藏在涂鸦后面，唯一的可能就是那一堆模糊不清的碎块。另外，在前两次面谈中，理查德一直想打破地板，显示出他想把我撕裂的欲望；他在厨房里洒了比平常更多的水，则表示他增加了尿道施虐的冲动，我认为这都是退回至幼儿期的现象。由于各种复杂的因素，这个时期的婴幼儿无法描画出完整的人形，如缺乏绘画技巧与整合能力，还有可能是将母亲乳房或母亲撕裂所引起的罪疚感。

此外，驱使理查德攻击我的，是他的被害焦虑与怨恨。从他的一系列反应来看，画画上那个表示胜利的“V”代表他战胜了我，他成功地将我撕裂，借由撕碎我这一方式来战胜我。由此可见，退回至早期的撕裂或啃咬式的攻击以及随之而来的被害焦虑，都是成功消除忧郁与绝望的手段。我也认为，当忧郁的心理状况无法融通时，患者往往会退行到早期的偏执、分裂的状态。

Ⅱ. 这个议题非常重要，关系到患者的性爱意识能否正常发展。在某种程度上，婴儿对乳房的渴望会转移到父亲的阴茎上。如果对母亲乳房的怨恨、嫉羡与愤怒非常强烈，同时，又对父亲的阴茎产生欲望，他们会无法建立异性恋意识，也无法建立同性恋意识。对母亲的怨恨与嫉羡也会连带着转移到父亲的阴茎上，所以反而会干扰与父亲之间的关系，同性恋就变成了一种对抗手段，与有敌意的父亲联合起来共同对抗母亲。只有当对母亲乳房的欲望转移到父亲阴茎上时，不再附带着那么强烈的怨恨和愤怒，与父母亲之间的关系才能有比较良性的发展，他们在长大成人后，也可以与男人和女人建立良好的关系（参见《儿童精神分析》第十二章）。

Ⅲ. 我在《儿童精神分析》一书中说过，联合父母的意象在儿童早期心理发展的阶段十分重要。在理查德的心中，这个联合父母的意象一直非常强烈，从中可以看出他的早期焦虑与幻想一直存在，这也是导致他不信任父母或任何人的一个关键因素。在儿童潜意识的幻想中，联合起来的父母意象之强度，关系到他将危险、不可靠的父亲性器官内化的程度，而后者会导致他们产生与父亲联合起来对抗母亲的感觉。这一观点亦可参见本书第二十五次面谈注记Ⅰ。

Ⅳ. 昨晚英国国家广播（BBC）做了有关不列颠空战的报道，给了理查德写那封感谢信的灵感。在听到新一波空战的新闻后，他更加担心我在伦敦会有生命危险。有一点很明显，由于他无法修复那些受伤或死去的爱的客体，也不能让他们复苏，于是只得让他们变成迫害者。对自己那些危险的恨意与嫉妒，他感到极其罪疚，罪疚到让他觉得应该为精神分析师的死亡风险负责，他无法承受这样的悲伤与罪疚，所以也连带加强了怨恨与被害感。另外，他也试图于内在建立并保有好母亲，帮我拍照就是这种想法的外化。有一点很值得注意，他对内在好客体所抱持的希望，与他在涂鸦时对我这个外在客体的愤怒，这两种情绪是分裂开来的。对此的相关论述可参见我的论文《论躁郁状态的心理成因》，1935，《克莱因文集Ⅰ》。在我看来，增强攻击性与被害焦虑可能是为了避免忧郁，让自己从忧郁的心理位置退行至偏执、分裂的心理位置。

理查德真心实意地在为我担忧，觉得我必须去办理外国人登记，但与此同时，他在涂鸦里又充分展现出对我、我的家人和病患的攻击性以及我即将离去的愤怒。通过涂鸦表达情绪是他发脾气的一种方式。他小时候就经常发脾气。我觉得发脾气一定与绝望的情绪相关，当儿童处于愤怒之中并开始攻击时，也越发觉得是自己摧毁了爱的客体，而且无法修复他们，对内在客体更是如此。通过诠释这些素材，理查德的态度随即完全改变了。另外，我也分析了他如何将爱与恨、内在与外在的情境分裂开来。比如，他内在希望保有我，但外在行为却指向摧毁我。在他怀着愤怒与绝望的情绪涂鸦的时候，依然尝试着保留一些爱给外在的我，只不过他所表达的爱非常做作，一点也不诚恳。他一边说我很“亲切”，有“迷人的眼睛”，一边在涂鸦中摧毁我。他说龙虾很“可口”，但他又觉得这个客体既可疑又危险。

听理查德的母亲说，他对某些女人的态度非常轻蔑，表面上在讨好和恭维，私底下却嘲笑她们，这非常像他对我表现出的虚情假意。这也是我第一次看到理查德对我如此不诚恳，这种不诚恳的态度跟母亲与他内化的阴茎素材有密切的联系。一开始，理查德说行李箱里的龙虾是他想要的，但没过多久又开始怀疑、讨厌它，把它也变成攻击坏母亲的武器。他心里觉得坏母亲体内含有坏父亲，但在表面上又假装自己喜爱母亲。我认为这个过程深刻影响着一个人的人格塑造，如果儿子觉得自己夺走了母亲本该拥有的好父亲阴茎，因此必须讨好母亲，但同时又与内在父亲联合起来与她敌对，这肯定会导致潜意识里的不诚实与不真诚。当理查德想保护我，不让我被坏父亲攻击，或是觉得他被内在的父亲迫害，转而寻求我的庇护时，他对我的爱是真诚的；但当他觉得拥有自己强壮的阴茎，与父亲结盟对付我时，他就会变得非常虚伪和不诚恳。在这种分裂的心态里，他对父亲的情感也会变得极其不真诚，因为内化的阴茎本该是令人渴望的好客体，然而父亲一旦变成对抗母亲的邪恶盟友，它也就变成了坏客体。

第八十四次面谈（周一）

理查德在路口转角处等着K太太，一副郁郁寡欢的样子。他说后来远足没去成，因为威尔森先生反对，他很失望。他走进游戏室里坐下，沉默了很久。他望着K太太，眼睛里有哀求的神色，说他不想再听到任何不开心的事了。他低下头看自己的手腕，发现今天没戴手表，然后又抬起头，看着K太太说很喜欢她，尤其喜欢她的眼睛。过了一阵子，他说龙虾很恐怖，他只吃了一小口就吐了，说完，又重复道，龙虾真的很恐怖。突然，他把头靠在K太太的肩膀上，再一次表示他很喜欢她，还说她的外套很漂亮。很显然，他正在努力克服心中的忧郁。

K太太指出，理查德在上次面谈时攻击了她，为此他感到十分罪疚。在他的幻想里，他的攻击可能已经杀死了K太太，他已经永远失去她了。她提醒理查德，她搭乘的火车被炸毁了，在他愤怒的涂鸦中，她还被切成了碎片。K太太解释说，在理查德看来，她的离开意味着好的浅蓝色母亲消失了，他因自己的生气和嫉妒，无法继续在体内保有她。最后，他的内在只剩下那只龙虾了。龙虾原本是很令人渴望的，但当他拿刀攻击它之后，它开始变得又坏又危险，哪怕是吃了它，它也会变成内在的敌人。跟之前的章鱼一样，龙虾代表父亲的性器官，理查德以啃咬、吞食的方式攻击它。在他心里，K太太的内在也有这样的敌人，如那个邪恶的希特勒性器官。

理查德去厨房舀水，说这些水足够给所有的小孩子喝。他把水舀到每个水桶里，不一会儿就把厨房的地板弄湿了，但这次K太太可以阻止他，理查德也很在意K太太的反应，不想让她生气。他还打开了火炉的门，把手伸进煤灰里。

K太太诠释说，上次面谈时，他觉得自己把“大号”放入她体内，现在他正在探索她的身体内部，检查里面是否充满了具有爆炸性的坏“大号”。被弄湿的“厨房”也代表她的身体，他也把“小号”倒进去了。另外，他也想试探K太太，经受了这些攻击，还必须清理善后时，能不能保持友善。

等K太太把地板擦干，理查德回到游戏室里，玩起K太太的一串钥匙来。他让一把小钥匙走路，还和大钥匙一起跳舞，说这是K太太和他自己。他哼着美妙的曲子，让钥匙跳舞嬉戏，但没过多久就让钥匙跳了起来，还大声唱歌，同时，做着鬼脸。之前他曾说过，做这个鬼脸会让他看起来像希特勒。他说起在路上遇到的两个男孩，他们很“没礼貌”。其中有一位男孩他以前还遇到过一次，那个男孩很“没礼貌”地盯着他。接着，他拿了根木头柱子，使劲把它斜握在性器官上方，再放手让它掉落，并说这根柱子他可以用来射击希特勒。

K太太分析说，那根斜握在他性器官上方的柱子代表了内在希特勒性器官，他用它来攻击外在的坏希特勒性器官，即那位无礼的男孩。他在内心里爱护着好母亲和好K太太，想与她们好好独处。两把钥匙在钥匙圈里一起跳舞，代表着理查德在K太太体内，也代表着K太太在理查德体内，但他觉得K太太与自己体内都有坏希特勒，他会干扰、攻击他们，阻止他们共舞与相爱。无法控制自己的怨恨和愤怒是他最大的恐惧，让他陷入忧郁与焦虑之中。

理查德经常在面谈中出现长时间的沉默，偶尔也会站起来四处走走，然后再坐下，很显然他一直都在极力抵抗自己的忧郁，也在努力克制怒气。他玩钥匙时很活泼，但维持不了太久。当做出“希特勒鬼脸”时，他觉得自己充满了坏父亲与攻击性，而这会干扰并妨碍他与K太太以及母亲之间的关系。

第八十五次面谈（周二）

理查德今天的态度友善而积极，忧郁也减轻许多。他一到游戏室就立刻拿起钥匙来玩，一边与K太太说话，一边让钥匙做各种各样的动作。他让大钥匙与小钥匙一起走路，钥匙圈也跟着一起走，再次强调这是他和K太太，他们正在一起散步。接下来他提到英国皇家空军最近的空袭行动。他把小钥匙取下，让它独自行走。

K太太诠释说，理查德和她一起前往伦敦，但他突然害怕伦敦被敌军攻击，想要逃跑，所以他刚才把小钥匙取下来，让它独自行走。钥匙圈也代表K太太的身体，理查德在她身体内部，小钥匙独自行走也代表他脱离了她的身体。不过他也觉得钥匙圈代表着他的身体，而K太太是其他钥匙。

理查德提到他昨晚骑着自行车绕了整个村子，他明天想跟约翰和他的朋友一起爬山。他问K太太，能否更改面谈时间。他取下两支钥匙，让它们一起跳舞，同时哼着一小段古典音乐（注记Ⅰ）。

K太太诠释说，他取下钥匙，是想要她作为外在客体来陪伴着他，两支钥匙共舞，代表他渴望把性器官放进K太太的性器官里（注记Ⅱ）。他对骑自行车和爬山越来越感兴趣，同样代表着这方面的渴望，因为这两件事都意味着性关系。他刚刚一边哼着旋律一边让钥匙共舞，表示他越来越相信他与K太太的性关系会是和谐的，不会出现争斗的情形，自己的性器官或K太太的性器官也不会受伤（注记Ⅲ）。他愿意与其他男孩一起爬山，代表着他愿意与其家人和病患共享K太太，以及与父亲和保罗共享母亲。这样一来，不论是外在世界，还是在母亲的性器官内，他都不需要与竞争对手争斗了。

这时候理查德开始留意外面的行人，变得越来越紧张，带着警惕和提防。他说他骑车时差点儿被一辆汽车碾过，车里有一个男人大声警告他，旁边还坐着几个男人。

K太太分析说，理查德原本以为能与K太太和母亲发生一段美好的性关系，也可以完全了解她们的内在，但很快又开始害怕父亲。他幻想把自己的性器官放入K太太的性器官里，探索她与母亲的内在时，本来应该非常愉悦和安全，但很快就被危险的K先生与父亲（差点开车碾过他的男人）扰乱了。

理查德回答说，车里的男人是K先生、史密斯先生、“脾气不好的老先生”，以及保罗和父亲。接着他问K太太：“昨晚我遇见你的时候你要去哪里？你是要回家吗？为什么你刚好走了那条路？”事实上，昨晚他骑车时遇到了K太太，但当时并没有叫住她。

K太太问：“你觉得我要去哪里？”

理查德说，他不确定她是否要去见史密斯先生。然后他又突然想到，史密斯先生的家并不在那条路上。

K太太认为理查德很想单独占有母亲，他一直担心母亲跟他在一起时并非一个人，而是还含有着父亲，他不确定那是坏父亲还是好父亲。他现在跟K太太在一起时，也不确定她体内含有的是希特勒的性器官，还是好的K先生的性器官。

K太太诠释时，理查德把那两把跳舞的钥匙放回钥匙圈里，然后再让它们移动。

K太太诠释说，这代表他对她的内在很好奇，他也害怕在里面会遭遇危险。

理查德说起坐公交车回家的事。他今天会遇到自己最喜欢的检票员小姐，虽然现在只要公交车上的人一多，所有的检票员小姐都会说：“买半票的请让座。”但他还是最喜欢那位检票员小姐。他告诉K太太检票员小姐的名字，还描述她们的长相。其中一位小姐很漂亮，另一位则逊色一些，但绝不丑，他最喜欢这个。另外，还有一位小姐，她总是“浓妆艳抹”。

K太太指出，他喜欢的那位检票员小姐代表着保姆。当时她还没结婚，不像母亲一样有丈夫。当他不信任母亲时，就会去找保姆以获得安慰。那位漂亮的检票员小姐则代表着母亲，她比保姆更漂亮，但有时候，理查德还是比较喜欢保姆的，这让他对母亲感到罪疚。

理查德说，保姆也很漂亮，她一点也不丑。昨天他转车的时候还看到了她，她给了他一些糖果。似乎直到现在，他才发觉自己仍然喜爱着保姆。他接着说，K太太不是那位“浓妆艳抹”的小姐，她虽然非常漂亮，但比不上母亲。他问K太太，他这么说会不会伤了她的心。

K太太认为，她代表的是母亲与保姆的混合体。

理查德说他做了一个梦，很可怕但也很刺激。几天前的晚上，他梦见两个人正在把他们的性器官放到一起。叙述梦境的过程中，他表现得很享受，描述细节的方式生动又夸张，讲到惊险之处时还装出邪恶的声音，而描述到高潮之处，他的双眼开始闪耀光芒，脸上洋溢着喜悦与希望。

在梦里，每隔两星期才会有公交车开往Y地。他看见K太太站在村里的公车站牌前，等待着前往Y地的公交车，但总也等不到。一辆公交车经过，却没有停下来。说到这里时，理查德很生动地模仿着公交车经过的声音。

梦里的理查德赶紧跑着去追公交车，但公交车很快消失了……他还是上了车，但坐的是小货车。车上与他同行的是很快乐的一家子。父亲和母亲都是中年人，带着好多小孩，他们都很友善。另外，这家人还带了一只很大的猫，最开始，猫咬了他的狗一口，但很快它们就和平共处了。接着，有一只新来的猫追赶着他们的猫，过了一会儿，它们也相处得很愉快。那只新来的猫不是普通的猫，它的牙齿像珍珠，看起来也很像人，不过它也很和善。

K太太问，那只猫像女人还是像男人。理查德回答，它像一个绅士，也像个友善的女士。

在梦里他们经过一座小岛。那座小岛在一条河上，河岸上方的天空很黑，树是黑色的，人也是黑色的，不过沙子的颜色还算正常。小岛上还有各种生物，有鸟、动物和蝎子，他们也都是黑色的。所有的人和生物都是静止的，看起来好可怕。

说到这里时，理查德露出惊恐与焦虑的神情。

K太太问，那个小岛是什么样子的。

理查德说，小岛不是黑色的，可周围的河水和天空都是黑的，但小岛上有一块绿地，绿地上方那一小块天空是蓝色的，一切都静止不动，很可怕。梦里的理查德突然大喊一声："喂！"那一刻，所有的人和东西都活了过来。他们刚刚一定是中了魔法，而他把魔法破除了。岛上的人开始唱歌，蝎子和其他生物都跳回到河里去了。所有人都欣喜若狂，每件东西都亮了起来，整个天空也都变成蓝色的。

K太太问，在梦里，刚刚等在站牌前的她发生了什么事。理查德回答说，她那时候正躲在别人后面，只露出了一半的身体。

K太太问，那个人长什么样子。理查德先是说不知道，然后又说，他觉得K太太躲在一个男人后面。

K太太问他，这个男人让他想起了谁。理查德说，那个男人很高，然后停顿了一下，又说他看起来像父亲。

在叙述梦境时，理查德也一边开始画画。他画了"像人"的猫、理查德的狗、真正的猫、静止不动的黑色的人、黑色的树、小岛，还有货车行驶的道路。当他提到岛上的人都活过来时，他要K太太拿来装玩具的袋子。接着，他打开袋子，拿出了火车。他把两节车厢转了一圈后接起来，然后拿出秋千让它开始摆荡。他把秋千放到火车上，移动火车，过了一会儿，又拿下秋千，让火车继续行走。随后，他将货车所有的车厢都连接了起来。

理查德问K太太，是否愿意去Y地见他和他的家人，还劝她有机会一定要去看看。他希望K太太和他一起走一小段路，如此一来，他就能带她见见他转车的地方。他诚恳地问着K太太："你真的不来看我们吗？为什么呢？要是你能来，能见见我的父亲就好了。"说最后这句话的时候，理查德相当激动。

K太太诠释说，他所有车厢都连接起来是他从没做过的事，这次却这么做了，代表他把K太太与她的小孩都当成了自己的家人，也就是在梦中和他一起乘坐货车的快乐的一家子。这也表示包括保姆在内，所有他爱的人都能在他的内在和平共处，在结婚之前，保姆也是他们家的一分子。他希望K太太能跟他一起走一小段路，一起都到Y地，到保姆住的地方去看看，这样她去伦敦以前，就可以和保姆再见上一面了。

从他的梦境中可以看出，在他心中的某一部分，一家人欢聚在一起，然而在他心中另一部分，他们又是分离的。这表示他将自己内在的好人与坏人分开了。黑色的人和动物，以及黑色的蝎子，代表着有毒的“大号”与性器官。由于他在嫉妒与生气时把“大号”放到K太太体内，他觉得她的内在也有那些黑色的人。她也是装着煤灰的炉子，当他清理炉子时，代表着把那些危险的坏“大号”、小孩以及黑色的性器官从K太太与母亲的体内掏出来。但是，在梦里他也让那些危险的坏生物都活了过来，最后他们都发亮了，整个天空也变成蓝色的，这也意味着他心目中那个“浅蓝色的”母亲。

昨天他在厨房里舀的水代表着牛奶，这些牛奶不仅给他自己，也给那些他想喂养、保护与爱护的小孩们（注记Ⅳ）。跟过去一样，火车的两节车厢代表母亲的乳房，他把一个坐着小孩的秋千放到火车上，表示在喂养那个小孩。他希望将K太太及其家人也纳入他的家庭，其实是希望她与自己不再分离，这样一来，他就不会再感到恐惧、怨恨与嫉妒，于是不论外在或内在的K太太和母亲，他都可以保有了。

理查德一边叙述梦境，一边玩着玩具，但很快就停了下来。此时，他眼中不再有光芒，脸上显出忧郁的神色，看上去心不在焉，仿佛没在听K太太的诠释。他似乎很不安，并显露出被害感。当他叙述完梦境之后，心情很明显的变好了。虽然一时之间梦里的情景仍让他心有余悸，但当他生动地描述梦境时，也显得乐在其中。他看起来似乎很有成就感，还说要把这个梦告诉每个人。

K太太诠释说，他开始担心自己还是不能像梦中一样，让所有黑色的坏人复活，并把他们变好。随着今天的面谈接近尾声，这样的担忧也越发强烈，因为他清楚，结束之后他就要离开，K太太也将很快去往伦敦。她提醒理查德，在面谈刚开始时，他还说起另外一个梦，她问那个梦是什么。

之前理查德一直站在窗前望着外面，仿佛没有在听K太太说话，而现在他又变得活泼起来，好像很高兴能叙述他的另一个梦。他说，在梦里他看到两个人躺在一起。场景是在X地的某处，看起来像是户外。他们就像亚当和夏娃一样光着身子。

K太太问理查德，有没有看到他们的性器官。

理查德说，他看到了，他们的性器官很巨大，非常难看。

K太太问道，它们长什么样子。

理查德回答，他其实不知道女人的性器官长什么样子，但梦中那两个人的性器官很像书里的那只怪兽。在书里，那只怪兽很庞大，衬得旁边的小人显得特别矮小，理查德之前看书时就说过，那只怪兽看起来很高傲，他很崇拜它。除此之外，理查德没有再提出更进一步的联想。

K太太诠释说，他一直觉得父母的性器官一样巨大，而他就是书中那个对着怪兽眼睛射击的小人，正准备攻击父母的眼睛与性器官。

面谈最后，理查德将一颗球从房间的一端滚到另一端，说这是K太太正在搭乘的火车。球一直滚到角落的包裹堆里，理查德便说那是路障，但他不太确定火车有没有受损。接着，他先丢出一颗小球，再丢出一颗大球，说这是史密斯先生跟随着K太太，但立刻又改口说，这是他自己跟着K太太。面谈到此结束，理查德再次向K太太要求更改下次面谈的时间，因为他明天想去远足郊游。

第八十五次面谈注记：

Ⅰ. 这是一个由内在情境转变为外在情境的例子。我想强调的是，只要分析师能充分掌握素材的变化，就可以清楚地发现这样的转变。理查德越来越喜欢骑踏车和爬山，是因为他不再只专注于内在情境。当内在焦虑情境经过诠释减轻之后，外在情境往往会浮现出来，这一点非常重要。

Ⅱ. 此时理查德表现出了一项进步：他觉得可以跟代表母亲的我在一起，而且不受我与他内在客体的干扰。内在与外在的情境能达成平衡，这一点非常重要。以理查德这个案例来分析，他的内在迫害者，即联合父母的意象渐渐失去了影响力，至少在短期内是如此，这就是进步的表现。但我也很清楚，这些转变仍未达到完全稳固。

Ⅲ. 音乐通常代表着内在的和谐。在此次面谈中，这个和谐还延伸出另外一个意义，即理查德认为和平、没有争斗的性交是有可能的。在乳房与性器官之间，以前的理查德必须面对一场非此即彼的选择与争斗，他也感觉内在的迫害者正在监视甚至残害自己，而现在，这些情境所引起的焦虑都逐渐减轻，促成了外在的和谐，于是，能展现出一场愉悦且不具摧毁性的性交。他在这个时候可以欣赏音乐，同样也是和谐的表现。

Ⅳ. 这是属于忧郁心理位置中的一个重要焦虑情境。如果理查德觉得自己充满了被攻击和变坏的客体，如被攻击且危险的苍蝇与龙虾、危险的排泄物等，他内在的好客体就会摇摇欲坠，极其危险，由此陷入极度的焦虑中，担心他内在的一切都已死去。他解决这个困境的方法，是掏出那些又坏又危险的部分，比如炉子里的煤灰。而他有安全感时则寻求另外一种解决方式，那就是让坏客体复苏并且变好，如同他在梦里梦到的那样。有意思的是，那座小岛不全是黑的，还有一块绿地，绿地上方还有一小块蓝天。它们代表着好乳房、好精神分析师、好保姆以及好父母，可以和平共处。这个好的中心让他满怀希望，可以将生命力与修复力扩散出去，火车与秋千的游戏就能表现出这一点，秋千上的好小孩也代表着生命力的复苏与维系。理查德之前就说过，他非常喜欢小婴儿，还经常要求母亲再生一个孩子。母亲说她年纪太大了，他会嗤之以鼻，说她肯定还能再生小孩。对分析师K太太，他大概也抱有同样的想法。

我认为，自我发展的一项重要前提，是以好乳房作为自我核心的。浅蓝色母亲一直是理查德保持的信念，这个理想化的母亲与迫害可疑的母亲并存，但是，理想化的能力源自原初好客体的内化程度，在面临所有焦虑时，这是他唯一的依靠。精神分析进行到这个阶段，理查德的自我整合能力以及统御各个客体的能力都提升了，他开始能够在潜意识的幻想中改善坏的客体并复原和重塑死去的客体。这也关系到他用爱缓和恨的能力。在他的梦中，理查德能以和平的方式让父母相聚，但并没有完全成功。在他的梦中，当我躲到男人背后时，我就被遗忘了。这表明理查德依然不相信父母的团聚真的会是一件好事，这也再次显示了联合父母的意象。

第八十六次面谈（周三）

理查德和K太太在转角处相遇。今天很冷，风也很大，理查德说今天的面谈时间很不寻常，因为K太太配合他的远足计划把面谈时间改到了晚上。理查德说，由于下雨，他们最后没去爬山，于是他跟约翰一起去找约翰的朋友。他问K太太，是否介意在这个时间与他见面，她一般不会在这么晚的时间与病人见面的，对吗？不等K太太回答，他就接着说，他在山坡上看到了一架英国战机的残骸，里面的驾驶员已经死了。

K太太诠释说，那架失事的飞机一直在他心中萦绕不去，所以他更加担心，怕更改面谈时间会给她带来麻烦。他很怕她遭到伤害，还认为自己就是罪魁祸首，内心更加罪疚。每当他感到愤怒与受挫，就通过各种方式表达他希望K太太在伦敦遭到轰炸，如今他更加担忧K太太未来的遭遇。

刚才理查德一直吸吮、啃咬着黄色铅笔，这时，铅笔被他从嘴里拿了出来。他一脸哀伤，看上去很沉默，仿佛在想着什么。

K太太问他，是不是因为没有去爬山而感到很失望。理查德回答，他其实不在乎爬不爬山，他今天还是过得很愉快的。

K太太问，他们是否改天再约着一起去爬山。理查德说可能会，但他不会去。

K太太问为什么，理查德没有回答。

K太太指出，可能就因为这样，他才要求她把面谈时间改成晚上的。

理查德否认了，但感觉没什么说服力。他再次强调他不想去爬山，那样会很累。他打开暖炉，一股温暖让他十分开心。他指着暖炉说，是好母亲给了他这么美好的温暖。

K太太分析说，理查德希望于外在和内在都维系她（代表母亲）的生命，只要她还在提供温暖，就证明她还活着。K太太提到上次面谈的梦境，指出小岛上有绿地和一小块蓝天，这代表他在体内保有了一部分好母亲与好乳房。她还提醒理查德，在他的王国画画中，浅蓝色的领土大多处在中央，有一次他还说浅蓝色正在扩散，并将占领更多领土。这个王国代表了他与母亲的内在，也因为有了这些希望，这个梦才会让他这么快乐。

听到这样的诠释，理查德表达了深深的赞同，也显得很高兴。他对K太太说："你很喜欢我专心地听你说话，对不对？我今天听得很专心，你说的每一个字我都听到了，昨天也一样。"这时，他又拿起铅笔用力吸吮。他说他想画画，但不知道要画什么。这很不寻常，以前他都是不假思索就开始画了。过了一会儿，他说他知道要画什么了，然后很刻意地画了一辆回家的公交车。

这几次理查德都没有提过父亲，于是，K太太问起他父亲的情况。理查德回答，父亲不太好，总是很疲惫，不过总体而言，他恢复得还不错。说这段话时，理查德的脸上都是担忧和哀伤。

理查德刚刚画的图中，有一个小人正要搭公交车，而且图中还有公交车司机和"浓妆艳抹"的检票员小姐，公交车中间有一个座位，那是他想要坐的位置。他说这辆公交车看起来摇摇晃晃的，在公交车的正上方还有一架飞得很低的飞机。接下来，他又提到那三位检票员小姐，这一次他说三个人他都喜欢，因为她们都对他很友善。他还特别说到那位非常漂亮的检票员小姐，强调她也很友善。

K太太说，那三位检票员小姐分别代表母亲、保姆和她。理查德希望能她们都能保持友善，也希望她们都对他好，因为K太太即将离开，他感到悲伤和担忧。

理查德问，距K太太离开的日子还有几天？其实他一直都知道离开的具体日期。

K太太提醒说，他刚刚觉得公交车"摇摇晃晃的"，这跟他早上看见飞机残骸有关。理查德其实是在担心K太太年纪大了，让他想起奶奶去世时的情形。

理查德问K太太晚上要做什么，看书还是弹琴，或者听广播？

K太太问，他希望她做什么。

理查德回答道，他希望她坐在暖炉前听听广播，或者看看书。接着，他指了指这时候恰巧经过的一位老人，继续问道，那“脾气不好的老先生”晚上都在做什么呢？他是不是那位老先生？

K太太说不是，然后诠释说，理查德在担心她不能如他所想，度过一个宁静的夜晚，因为“脾气不好的老先生”可能会来伤害、打扰她，或是扰乱她的内在。这位先生代表着坏K先生或是史密斯先生。

理查德问K太太：“如果我晚上来见你，你觉得怎么样？你会跟我说话吗？还是你不喜欢我来找你？如果我遇到了很大的麻烦，晚上跑来见你，你会不会介意？”

K太太问他，很大的麻烦是什么意思。

理查德说，如果他无处可去，K太太会不会收留他，帮助他？他坚持K太太必须直截了当地回答这个问题，他近似哀求地问，她究竟愿不愿意帮助他。

K太太说，他害怕失去自己的家，所以总担心自己无处可去。如果父亲想把他赶走，他不确定母亲是否还会站在他这一边；如果父亲死了，母亲就会觉得孤单。他想知道母亲晚上孤单时会做些什么。他一方面为父亲的病情感到难过和忧虑，另一方面又害怕那个生病或可能死去的父亲，怕他会变成不怀好意的鬼魂来骚扰母亲。由于这些恐惧，理查德想确认K太太能否帮助他、保护他。

理查德说，他想杀死希特勒，只有坏德国人才会喜欢希特勒，但K太太已经加入了英国国籍，所以她不是德国人。他走到屋外，抬头望着天上的云，说这天气大概要下“暴风雨”了。他抠掉手臂上的痂，伤口流血了。他说他喜欢吸自己的血，还尝过手帕上的血的味道。他问K太太：“我的血看起来是健康的鲜红色，对不对？”似乎担心起失血的问题，他又问道：“你瞧瞧，我的血的颜色看起来健康吗？”

K太太诠释说，理查德觉得自己杀了内在的希特勒父亲，所以现在不确定流出来的血究竟是属于自己的还是希特勒的，究竟是好的还是坏的。K太太再次说到他梦境中的亚当与夏娃，问他们是以什么姿势躺着的。

理查德回答说：“他们抱在一起躺着，看上去很好。”

K太太提醒他，昨天他说过他们很“可怕”，只要一想到父亲和母亲在一起，用性器官做一些事，他就感到痛苦和害怕，他希望自己能把这种事想成是好的，但是做不到。

理查德抗议道，父母不可能发生性关系，因为这么多年来他们都不再生小孩了。他又走到外面，张望着四周的景色。回到屋内后，他指着图中飞机上方两支瞄准的机枪，说那是母亲的乳房，它们正在喂养小孩。

K太太分析说，这表示他觉得乳房不是浅蓝色的，也不好，反而是像机枪一样危险的东西。

这次面谈中，理查德努力尝试着让每样东西都变好，所以他修正了关于亚当与夏娃的梦境。他经常沉默不语，若有所思，让面谈停顿了好几次。虽然他不说，但依然表露出对K太太的喜爱与温柔。他不仅专心聆听，努力画画，还尽力配合精神分析，表明他非常想取悦K太太。他不想让她担心，所以尽量克制自己对那架失事飞机的担忧与恐惧。面谈过程中，他屡次表达他想杀死希特勒，其实是想保护K太太。他不愿跟其他男孩去爬山，也是因为不想要求K太太把面谈时间改成晚上。由于面谈时间很长，外面狂风暴雨，理查德似乎有一种不寻常又诡异的感觉。他听着外面呼啸的风声，觉得既刺激又害怕。另外，他还画了一张脚很长的自画像。

第八十七次面谈（周四）

理查德在转角处等着K太太，他又说不想和其他人去爬山，因为太累了。他虽然这么说，脸上却都是失望的神情。他突然说牙疼，但又立刻改口说，等一会儿就不疼了。没过多久，他说他还是牙疼，他问K太太，可不可以答应他，别把他牙疼的事告诉母亲？如果母亲知道，他就得去拔牙了。他非常担心牙疼的事，不停地摸着牙龈，告诉K太太，疼的那颗是新长出来的牙，不是旧的。他借此来安慰自己。接着，他又说一定是得蛀牙了，但他的第二颗牙齿是好的。

K太太诠释说，理查德不想去爬山，一是因为不想要求K太太更改面谈时间，二是因为牙疼让他联想到对性器官的恐惧。爬山意味着他用性器官爬进K太太与母亲体内，而他的性器官（牙齿）出问题，所以他不认为自己办得到。他在上次面谈时说父亲一直都很疲惫，他为此感到很难过。K太太则认为，父亲很疲惫是因为他的性器官被理查德伤害和折断了，所以理查德也认为，如果他把自己的性器官放进母亲体内，那么也会被折断。他甚至还觉得它就应该被折断，因为把母亲从父亲身边抢走是不对的。上次面谈时，理查德画了一张脚很长的自画像，这意指他把父亲的性器官抢走了，他变成了父亲，还拥有了性能力。他经常觉得自己吞并那个又累又病的父亲，因此他也觉得很累，还觉得他的内在也含有坏的希特勒父亲。昨天，他痛击了希特勒，当他抠掉手臂上的结痂让伤口流血时，在他心中，他的血已经与希特勒的血混淆在一起了。他内在的希特勒也受了伤，也在流着血。

理查德说，他想跟伊凡斯先生买一些太妃糖。他在吃糖时，可以用一小块太妃糖把牙齿黏出来，或者他还能羞辱他的敌人奥立佛。当奥立佛朝着他的下巴挥拳时，他的牙齿就能掉下来了。

K太太诠释说，理查德觉得他的性器官（牙齿）跟父亲的性器官（伊凡斯先生卖给他的太妃糖）混在一起了，因为他之前经常想吸吮或吃掉父亲的性器官（最近的代表是龙虾）。如果他因为这样的方式失去了牙齿，那么就确实是太妃糖造成的，或者是父亲造成的，是父亲把两个性器官一起扯出来了。

理查德拿起玩具玩了起来。他把代表K太太的玩偶放在拖车上，再把代表母亲的玩偶摆在K太太玩偶对面，让她们两个交谈起来。

K太太问，她们在谈什么。

理查德说，她们在讨论该不该拔掉他的牙齿。随后他让拖车紧紧跟随着电车。

K太太指出，代表理查德的电车正在监视母亲与K太太，也想加入到她们的对话中。K太太解释说，拖车上的两个女人代表着理查德内在的两个人，也许是好母亲与坏母亲，也许是父亲与母亲，而理查德不太能确定，内在的母亲与K太太，还有他内在的父母对他的态度，究竟是友善还是敌意。所以他有时候很不信任K太太，总担心她会泄露他的秘密。

理查德让载货火车的车头奔跑于装玩具的袋子和K太太的手提袋之间，说它是自己在移动，他还要K太太用手指挡住它，让它停下来。

K太太诠释说，火车头代表理查德的性器官，它自行移动意指它自己进入K太太的性器官（她的手指），并非理查德的意愿，不过，他也希望K太太摸他的性器官，所以要K太太拿手指挡住它。

理查德把小凳子分成两堆，据他所说，一边是父亲、K先生、史密斯先生、希特勒、戈林与保罗的性器官。其中，希特勒的性器官是一张巨大的木头凳子，是这一边里最大的。另一边是他精心挑选的一张最漂亮的凳子，代表着自己的性器官。他特别喜爱这张凳子，上面有毛茸茸的坐垫。理查德的这一边还有另外三个男人的性器官，他说是好保罗和好父亲的，但第三个他不知道是谁的。他拿起两边的凳子，轮流朝另一边扔。有好几次敌人都被消灭了，但后来似乎又复活了。最后，理查德说他这一方赢得了胜利。

K太太诠释说，这些凳子不仅代表性器官，还代表了整个人。对他而言，最终的结局是坏父亲的死亡。

理查德听后，惊讶了好一会儿，然后说："如果父亲死了，那就太糟了。"说这句话时，他看上去真的很害怕。过了一阵子，他拿起巨大的帐篷柱说，这是他的秘密武器，并将它扔向敌人的性器官。在这个游戏里，他表现出很强的攻击性，制造出各种声响，还差一点儿把凳子打坏了。

K太太分析说，内化而强大的父亲性器官就是他的"秘密武器"（当时战争的热门话题）。最近以龙虾为代表，他用这个内在的性器官来对抗内在与外在的敌人。

理查德把凳子扔来扔去时说："可怜的游戏室，它很快就要被毁掉了。"

K太太诠释说，游戏室也代表K太太，因为她即将离去，所以理查德想摧毁她，就好比昨天的飞机残骸和"摇摇晃晃的"公交车。如果他攻击她体内的坏K先生，就会连带摧毁她。同样地，如果他攻击母亲体内的坏希特勒父亲，也会连带摧毁母亲。尽管如此，他仍然觉得必须消灭这些男人，否则他们就会伤害K太太与母亲。

理查德开始变得极其兴奋，并具有攻击性，他的脸涨得通红，偶尔还会磨牙。他坐回桌前，开始玩玩具。他做了一个公车站牌，放在保姆住的村子里。他把拖车、运煤卡车、载货火车头都当作公交车，每辆公交车都朝不同的方向行驶。理查德自己则坐在火车（现在是公交车）上来回行驶。每当这些车相遇时，理查德就发出怒吼声，但他仍然避免它们相撞。这期间他又提起那些检票员小姐，还补充说，除了那三位他特别留意的检票员小姐，其他检票员小姐也都很和善、亲切，也很有礼貌。

K太太解释说，理查德用开往不同方向的公交车表示来往X地与Y地的各种路线，它们也代表他最近留意的各个检票员小姐，包括K太太、母亲和保姆。公车站牌代表K太太或母亲的内在，也代表这几个检票员小姐的内在，而公交车则代表各位男人，包括父亲、保罗、K先生和史密斯先生。尽管这几个男人依然不和，但他们已不太有摧毁性，所以避开了相撞的情形。之前，他们在凳子游戏中相互厮杀，这表明好父亲、好保罗与坏父亲、坏保罗以及坏K先生的联系更紧密了，而理查德也开始理解好父亲和好保罗的处境。在刚刚互相摧毁凳子的游戏中，由于希特勒父亲、大坏蛋史密斯先生和外国间谍K先生属于完全邪恶的一方，所以他们必须被消灭（注记）。

理查德将其他车辆放到一边，只移动火车，这时的他哼着轻柔的旋律。他还把两把钥匙（代表他和K太太）从钥匙圈上拿下来，让它们开始跳舞。

K太太诠释说，当他自己独处的时候也觉得很开心，所以他刚刚让电车独自行驶，一边还哼着歌。他取下两把钥匙并让它们共舞，表示他正和外在的K太太待在一起，他们非常愉快。之前的钥匙圈则代表他与K太太的内在。

稍早一些的时候，理查德曾问K太太，他的领带是不是还系得好好的。离开以前他又问了一遍。在和K太太一起走回村里的路上，他们遇见了威尔森太太。威尔森太太告诉理查德，那些男孩正要去爬山。理查德听后犹豫了一下，他似乎想跟他们一起去爬山，可这样一来他回家就挺晚了。最后他还是决定回家，很显然是在挂念父亲。

刚开始面谈时，理查德既羞怯又焦虑，还对生病充满了恐惧。他屡次提到牙疼的事，显然十分担忧。随着诠释的深入，理查德变得越来越活泼且具有攻击性，在凳子游戏中显露强烈的摧毁性。直到玩公交车的时候他还涨红着脸，甚至还会磨牙。这时的他很躁狂，几乎不回应K太太。但很明显的是，他在很努力地克制自己的攻击性，也试图寻求解决之道，避免让公交车相撞就是很明显的例子。从最近几次的面谈来看，他之所以努力克制攻击性，是希望能以友善的方式与K太太道别，同时，也担心自己会伤害父亲，但他内在的挣扎依然非常激烈，唯有竭尽全力才能应付困境。尽管如此，他能让两把钥匙共舞，表示他仍然可以享受与K太太独处的时光，并获得片刻的舒缓，这是自我（Ego）开始变得强壮的征兆。

第八十七次面谈注记：

我曾提到理查德的自我整合能力与统御客体的能力都已逐渐增强，理想化的浅蓝色母亲与“邪恶的畜生”母亲的连接也越来越紧密，现在对父亲也同样如此。这表明理查德用爱缓和了恨。在他的幻想中，那些极坏的客体也逐渐能与现实客体结合。值得强调的是，这都与他能寻找到替代精神分析师和母亲的人有关，比如他最近留意的检票员小姐就是如此。以前，除理想化的母亲、K太太与保姆外，他对其他女人都是轻蔑的态度。现在，他能够接受这些替代者，表明他开始渐渐脱离对母亲的依赖。还有另外一个层面的进展，尽管他对生病且可能死去的父亲怀有焦虑情绪和攻击欲望，但也逐渐表现出对父亲的爱以及对他病情的担忧。

第八十八次面谈（周五）

这次理查德迟到了一小会儿。他坐下来望着K太太，然后从口袋里拿出一颗松果，说这是他今天捡到的第一颗，他觉得可能对分析有帮助，于是就带来了。他看上去很希望K太太称赞这颗松果，并将其用在分析上。他又从口袋里拿出一株罂粟，将它放在松果旁，还拿起来尝了一小口。他说罂粟有毒，于是把罂粟和松果都丢到一旁……这时发生了一段小插曲，有一位男子来查电表，在他进入厨房后，理查德小声地说一句："他是闯入的父亲。"不过，这个干扰没给理查德带来很大影响，不像之前有人修窗户时那样，那时他表现出很明显的被害感（第五十四次面谈）。当那位男子离开后，他立即要K太太帮他把房间变暗，然后他把电灯和暖炉打开，说这里很舒服，而他也显得非常开心。

K太太分析说，当时外面正下着倾盆大雨，理查德拉上窗帘并打开灯，一是不想看到讨厌的雨，二是不让入侵者进来。她也诠释说，理查德带松果和罂粟来，也是希望能够尽量协助精神分析顺利进行。他还希望K太太称赞松果的形状，因为松果代表着他的性器官，而有毒的罂粟如同可口但有毒的龙虾，则代表着被吞食的父亲的性器官，也就是上次访谈中出现的内在的"秘密武器"。他觉得这个内化的父亲性器官已经和他自己的性器官混在了一起，于是想把它吐出来，转而用自己那个比较无害的小阴茎满足自己。但他无法分开两者，于是只能将罂粟和松果一起丢掉（注记Ⅰ）。

理查德对着地图讨论了一下战争的情况。他很担心俄国，但还是希望他们能坚守阵线。敌我双方似乎马上要展开一场冬季战役，他用铅笔在地图上指出战役的路线，从英伦三岛开始，经过地中海，最后到埃及的亚历山大。这时，他模仿出开船的声音，说自己是一个商人，船上携带了食物、弹药和枪。他用铅笔在海上划下记号（面谈快结束时，他又把这些记号擦掉），说自己在扫雷。他还惋惜地说，由于法国人在海中放置了水雷，他不能经过黑海到俄国，之前的盟军如今竟然成了我们的敌人，想想就觉得恐怖。

K太太诠释说，清除水雷代表着清除K太太和母亲内在的危险性器官“大号”，这些都是他与父亲联合起来放进去的。清理完坏性器官后，他就能把他的好性器官放入她们体内，即商人所携带的那些商品。他的好性器官要生小孩并且保护K太太和母亲，让她们免遭父亲的伤害，所以他必须携带弹药。

理查德开始画图，他先画了一幅地图，然后又画出那位去往亚历山大的商人与敌船的动向。画完地图后，他就陷入了沉思。他说他一直在想继续接受分析可能性，如果K太太在伦敦遭到了空袭，不幸死去，是否还有人能继续帮他分析？从他说话的方式来看，对待这个问题，他显得比较成熟与理性。他对K太太说：“就因为这样，我才想去伦敦的。母亲给你写过一封信，对吧？她都写了些什么？”他一边问一边看着桌上的信，但感觉上，好奇心不像之前那么强烈了。

K太太承认了，她的确收到了母亲的来信，信里谈到了安排他接受教育的事，就和她们之前的讨论的一样。

理查德说，母亲让他每天上两小时的课，除此之外，幸好他不用再上其他课程了，而且他还说起了对音乐课的想法。事实上，对他是否想上音乐课，他母亲一直保持怀疑，因为除那两小时的课程外，其他课程理查德一概拒绝，包括法文课等。

他K太太问他，还想不想上音乐课。

理查德回答，他可能想，但他已经很久没上了。

K太太提醒他，在最近的一次面谈中他弹了一小会儿钢琴，也明白了钢琴代表她和母亲的内在。那次面谈结束后，他的恐惧减轻了不少，不再害怕那些死去的小孩（苍蝇），而是相信小孩还活着（以优美的音乐为代表）。另外，对于那面代表着父亲的章鱼性器官的吓人的英国国旗，他也不再那么害怕了。

理查德又陷入了沉思。他说他现在真的什么都不想做，什么都不做就是最好玩的事。他虽然这么说，但看起来十分哀伤，只是在故意装作很轻松的样子。他沉默了好久，才把心中反复考虑的决定告诉K太太：他想去伦敦，和K太太一起把精神分析进行下去。他也很想看看伦敦，但那不是最重要的，最重要的是他想继续接受K太太的分析。如果不这么做，他担心没法继续“保持”他现在的状况。这件事对他非常重要，所以甘愿冒着被轰炸的风险。他又问了K太太一连串的问题：K太太会住在伦敦市中心吗？他能不能跟她一起住？或者她能否帮他安排住的地方？她能不能写封信给他母亲，让母亲支持他的想法？毕竟，他觉得如果自己跟母亲说，母亲一定不会同意，但她会听K太太的。还有，如果俄国可以抵挡住德国的进攻，伦敦应该就不那么危险了，而按照现在的情况来看，他们应该是撑得住的（注记Ⅱ）。

于是，K太太问理查德，这样一来，他就必须离开母亲很长一段时间了。他会不会想家？会不会觉得孤单？

理查德回答，如果K太太能帮他精神分析，那些困难他就都可以忍受。他不想等到战争结束，如果K太太被轰炸了或死亡了，谁还可以帮他呢？他应该还是可以与她推荐的人继续进行精神分析的，对吧？如果父亲复原的速度能像现在这样快，或许母亲也可以跟他一起去了。他继续问道，K太太会帮他吗？她能否答应他，一定可以帮忙？

K太太回答，她现在真的不能建议他母亲这样做，虽然她很明确地告诉他母亲，他的分析应该要尽快继续下去，但他现在不应该去伦敦，那样太冒险了。K太太问理查德，刚刚他说担心自己“无法维持”现在的情况时，具体指的是什么。

理查德说，他没法解释具体是什么意思，但他清楚自己得到一些东西，他害怕再次失去。他感觉自己比最开始分析的时候好多了，还列举了一些收获。比如，他不再那么忧虑了，也不那么怕小孩了，还准备好好上课等。

对于这些收获，K太太很赞同，同时，还补充说，除这些进步外，理查德现在也比较有安全感了，因为他觉得他的内在有好母亲和浅蓝色母亲，浅蓝色母亲最近就是K太太。理查德觉得K太太会保护他，帮他对抗内在那些受伤的坏小孩以及坏父亲的性器官。好母亲也能帮他控制恨意与嫉妒，他担心精神分析一旦停下来，他就会失去好母亲。在这些情绪的驱使下，他如果摧毁坏母亲，也会连带摧毁好母亲和他自己。

K太太问理查德，他是什么时候决定去伦敦的。

理查德回答，这件事他考虑了很久，但一直没法下定决心。

K太太提醒他，以前他从未这么直接地说过这些想法。

理查德回答道，他喜欢想明白之后再把事情说出来，他要确定话说出口后不会伤人。他不希望自己的想法像涓涓细流，而是能像洪水一般涌出来。他在与K太太对谈时一直看着地图，又提到到基辅市被包围后，和勇敢的小多布鲁克一样死守住了阵线。

K太太分析道，他虽然只是一个孩子，但还是想去伦敦保护K太太，对抗力量强大的希特勒，这也成为他想和K太太一起去伦敦的理由。在分析刚开始时他就说过，他会誓死保护母亲，不让她遭受希特勒父亲的伤害。

在这次面谈中，理查德几乎不留意外面的行人，总体而言，他的被害焦虑已经减轻了。哪怕听到K太太不赞成他去伦敦时，虽然感到失望，但也没表现出很明显的被害感。由此可以推断，他拥有了好母亲，决心与K太太共患难，想保护她，让她活下去，从而让精神分析持续下去，这样的决心抵消并减轻了内在与外在的被害恐惧。如同那位商人愿意为运送商品（意指小孩）而冒极大的风险，他所做的决定也隐含着具有生育能力的意义。

第八十八次面谈注记：

Ⅰ. 理查德认为自己的性器官与内化的父亲阴茎混淆在一起，所以想要摆脱它，这恰恰是迈向独立人格的关键一步，也意味着他开始在某种程度上摆脱内化父亲（以及母亲）的影响。好客体如果控制或要求过度，也会变坏，变得具有迫害性，这时，他就觉得内化父母是坏的，觉得他们会牵制并主宰自己，想摆脱这些变坏的好客体的需求就会油然而生。我在《儿童精神分析》（第十二章）里曾指出，在男性心中，阴茎就代表自我；在《论躁郁状态的心理成因》一文中，我也阐述过，好客体如果被视为想控制或要求过度，就会变得具有迫害性。

Ⅱ. 我相信理查德肯定经过一番深思熟虑才提出这个建议。我也认为，如果能取得他母亲的同意，并且做一些恰当的安排，他也许可以来伦敦继续接受精神分析。几个月前，他还是那个很容易受惊吓、神经质、饱受焦虑之苦的小孩，不敢和其他小孩一起玩。如今的他比起以前，取得的进步实在是很大。从移情的角度来看，尽管我经常必须分析他的负向移情，但他对我仍然有着相当强烈的正向移情的情感，正负移情之间也互有关联。正向移情的强化显示，尽管他内在充满焦虑和不信任，需要将母亲理想化，但他的好客体仍然逐渐地建立起来，经过精神分析与诠释，这种良好的内在关系也得以增强，因此也加深了他内在的安全感。

我在《焦虑与罪疚感的起源》〔*The Origins of Anxiety and Guilt*〕中写过，在战争期间，儿童与父母（或者父亲不在，只剩母亲）之间的关系只要足够稳固，即使身处险境，也可以忍受困难。从这一点与其他观察中，也能得出结论：只要能稳固地建立一个内在好客体，就可以忍受外在的险境。但我们也必须认清一个事实：儿童可能不足以完全了解外在的危险，但也不应该低估他们。住在伦敦的儿童当然能很快意识到日常生活中必须面临的危险，这同样也适用于理查德。

第八十九次面谈（周六）

关于这次面谈的纪录非常简短，究其原因，是理查德带来的素材太少，面谈过程中也出现了不少长时间的停顿。由于即将与我道别，理查德陷入极度的忧郁，我在上次面谈时不赞同他和我一起去伦敦，更加深了他的忧郁和焦虑。外面下着倾盆大雨虽然也是让理查德忧郁的原因之一，但在这个阶段，下雨的影响已经没那么大了。

理查德在游戏室外遇到了K太太，见她戴了一顶雨帽，于是说她看起来很漂亮。他还补充道，虽然她很漂亮，但不是年轻姑娘的那种美，而是上了年纪女士的那种美。说完，他又立刻问K太太，是否介意他这么说，有没有觉得受伤，还问她面谈结束后会不会去村里。这个问题对他特别重要，因为当天他会独自坐公交车回家，当K太太买完东西后就会经过公车站，那时，他就可以在公交车上对K太太挥挥手。

理查德说不想见到可怕的雨，要K太太帮他把窗帘拉上。他打开电灯和暖炉，说现在的游戏室感觉很棒、很舒服。

K太太提醒说，他昨天丢掉了有毒的父亲性器官（罂粟），而“讨厌的雨”会让他联想到父亲的性器官里的坏尿液。他尽量避免坏性器官接近他和K太太的内在，这样他就能够跟K太太在一起，不被坏的内在希特勒打扰。他想独占母亲，所以不让她和她内在的父亲混在一起，如此她才能完全得到他的信赖（注记）。

理查德说，他知道K太太昨晚给母亲打了电话，他想知道她们都讨论了什么。事实上，他母亲一如既往地把所有谈话内容都告诉了他。

K太太回答，她们都知道他想尽快继续接受分析，也赞同他这样的想法，但母亲与K太太都认为，至少在这个冬天他还不能接受精神分析。

理查德非常失望，但听到K太太的语气这么肯定，不容反驳，他反而变得宽心了。之前，他一直不确定这么做究竟是对还是错，但现在显然没有怀疑的必要了。在K太太跟他解释这些时，理查德拿出铅笔，在昨天画的那张地图上标记出英国舰队演习的路线。在稍早之前，他还把地画画得更大了一些。演习开始了，有一艘从德国来的战舰想趁着夜晚偷偷通过直布罗陀海峡，结果在地中海被水雷炸沉了。在这次面谈中，理查德大部分时间都在描述舰队的演习。

K太太诠释说，地中海现在代表伦敦，表明理查德非常担忧她在伦敦遭遇危险。她还提醒理查德回忆最近的情况，如他不停地轰炸她要搭乘的火车，还让大球（代表坏的史密斯先生）跟随着代表她火车的小球。

理查德说他做了一个梦，梦里他和K太太一起上了一辆公交车，发现车上空无一人，也没有检票员小姐。他们旁边还有一辆车，里面坐了一些人，有一个小女孩躺在座位上，那辆车很平坦。

K太太问了很多问题，但理查德对这个梦境没有做出任何联想。她诠释说，那辆空荡荡且没有检票员小姐的公交车，代表着没有接受精神分析，也没有内在好母亲的理查德，没有人可以引导他。

第八十九次面谈注记：

我在《儿童精神分析》一书中反复提到，在俄狄浦斯情结的早期阶段（四至六个月的婴儿），联合父母意象扮演着非常重要的角色。我在该书中（以及其他论文中）所得出一项结论：如果这个联合父母意象深深烙印在婴儿心里，就会影响儿童的性能力与整体发展。作为联合父母意象的幻想之一，是含有一个或许多个父亲阴茎的母亲。进一步的观察显示，更年幼的孩子甚至会幻想母亲的乳房里含有父亲的阴茎，这种幻想往往会干扰他们对乳房的爱，让他不再相信乳房是好的。或许有人会认为，这个与部分客体有关的潜意识幻想属于俄狄浦斯情结最早期的阶段，但我的结论是，婴儿会在一个短暂的时期内，感觉母亲及其乳房专属于他。这个时期的持续时间因人而异。因为没有任何第三个客体介入，这个时期在客体关系的稳定发展上有着决定性的影响力，尤其是在爱情与友情方面（参见《精神分析之发展》〔*Developments in PsychoAnalysis*〕，第十二章）。

第九十次面谈（周一）

理查德在转角处等着K太太。当K太太刚一走近，他就从树后面跳了出来，他说他就是想开个玩笑，然而这样的心情没有维持多久，才过了一小会儿，他就变得极度忧郁，眼睛很红，但没有哭。他说他的肚子有些“怪怪的”，但又不是消化不良，他也不清楚为什么会有这种怪怪的感觉。他问，这是最后一个星期了，他什么时候能去K太太住的地方看她？接着他解释说，他的意思是他们可以在K太太住的地方分析，不一定非得在游戏室。

K太太诠释说，理查德想离开游戏室，因为他想在一个没被他摧毁过的地方结束精神分析，如K太太的住处。这意味着一切重新开始，他才可以在体内将K太太保有为活着的好母亲。他刚刚说这是最后一个星期，也表达了他对K太太死亡的恐惧。

理查德画了第七十三张画，画中有一架飞机，理查德说它将飞往伦敦，K太太在飞机上，他也一样。他还说这架飞机看起来像个人，并指着一前一后的机轮说，那是两个乳房，然后又指着飞机的最前端说：“我们就坐在这里。”接下来他画了另一张图，上面有一辆公交车准备去Y地。他问K太太：“你什么时候可以来看望我们？这周我回家时，你能不能挑一天过来？周六怎么样？”他就这样不停地哀求着她：“我好希望你能来看看我转乘的那辆公交车。你为什么不能来我家看看我呢？”

K太太说，她很抱歉，她实在没法过去，但在去伦敦的路上经过他换车的那个村子时，她或许会顺道去看一下的。

理查德说，在刚刚画的那辆公交车上，他标出了自己经常坐的座位。K太太问他，右边那两个空位和左边那一个空位是给谁的。

理查德说，他右边的每个座位要给两个人坐，一张给母亲和父亲，另一张给K太太。这时，他顿了顿，然后说：“和K先生。”他左边的座位是给保罗坐的。

K太太诠释说，公交车代表着他自己，他希望他们全家其乐融融，也希望与K太太保持友好的关系，所以他才会迫切希望她能在离开前来看望他的家人，而且也希望自己内在能保有这个友好的关系。

接着，理查德在另一张纸上列出K太太搭乘火车到公交车转车处的时间。他说他也会尽量去等她，即便她没看到他也没关系。

K太太问理查德，比起从X地来的公交车，他是不是更喜欢他要转乘的那辆公交车。

理查德说，两辆他都喜欢，因为它们都会载他回家。

K太太提醒说，通常她都会在看到他上公交车之前就离开了，尤其在星期六更是如此，这样会让他觉得他将她一起带走，并安放于自己的内在。如今他希望她能看着他坐上另一辆离家比较近的公交车，这表明她会更接近他、保姆和家人。

接着，理查德画了第七十四张图。他说这是条铁轨，还用铅笔在铁轨上描描画画，每描一次就代表一趟火车之旅。他说他想成为一个探险家，也想阅读跟旅游有关的书籍。

K太太指出，这条铁轨就像女性身体的曲线，他这是想探索母亲（现在也代表K太太）的内在。

理查德继续让火车（铅笔）在铁轨上行驶。听到K太太的诠释后，他指着靠近顶端的圆圈说，那是乳房，而比较小的圆圈则是乳头。他突然用铅笔在纸上使劲一敲，将圆圈中央敲出一个圆点，但又立即克制自己继续敲下去，显然是想阻止自己摧毁K太太的乳房和身体。接下来他又画了另外一张图：两架德国飞机停在地上，另外还有一架在空中，这三架飞机都被两架英国战斗机摧毁了。理查德说那两架英国飞机代表他和K太太，他们正一起飞在伦敦上空。之后他又画了一张图，图中是一艘日本战舰，它刚刚中了英国潜水艇索门号的鱼雷，被击沉了。他突然又要在船舰里面画上水手和锅炉。一开始，他说那艘潜水艇是K太太，但很快又想起索门号一直都代表着他自己，于是改口说，索门号上方的鱼是K太太，索门号右边的海星是母亲，K太太和母亲都在帮助索门号对抗日本战舰，但她们待在那里非常安全。角落里还有一条鱼，他不知道那是谁，那条鱼差点儿被螃蟹抓了，但在关键时刻斩断了螃蟹的螯，逃过一劫。

K太太诠释说，当理查德探索她的身体时，一直很担心会伤害并摧毁她和她的乳房（第七十四张画），如果失去了她，他会十分生气。在母亲给他断奶时，他就非常愤怒，所以在心里攻击了她的乳房，如今同样的怒意再次被激发出来。日本战舰的那张图里，他联合K太太与母亲，一起对抗坏希特勒父亲，如此K太太在伦敦的时候就会安全了。不过伦敦也代表被攻击的母亲，并且受两架英国飞机（K太太和理查德）的保护。索门号既是K太太也是理查德，代表理查德处于K太太的内在，或者K太太处于理查德的内在。角落里的那条鱼也是K太太和母亲，它被外在与内在的坏性器官抓住了。理查德觉得他攻击了她们俩，所表现出来的就是他在第七十四张图上用力画出的黑点，但在攻击的时候，他也在试图保护K太太和母亲。

理查德又说起检票员小姐，提到很漂亮的那一位时，他说："我这辈子都不会想拥有她。"相比之下，那位没那么漂亮的就和善多了。

K太太诠释说，他现在可能喜欢K太太胜过喜欢母亲，但他觉得K太太没有母亲漂亮。之前他也可能比较喜欢保姆，但她一样不及母亲美丽。

理查德先说这不可能，母亲与保姆之间，他不可能更喜欢保姆。但他又回想了一下，然后说，他以前可能真的是那样的。

接着，K太太问起他昨天那场梦境的细节，当他看到公交车上没有检票员小姐时，为什么会下车？

理查德回答说，那辆公交车感觉很诡异，也很恐怖。他按铃时，公交车慢了下来，然后不等公交车停下，他就跳下了车。他很高兴看到威尔森太太站在那边，于是让她带他回家。汽车里的人让他想起了住在旅馆里的一些人。

K太太问，那些人对他好不好。

理查德说，他们很好，都很喜欢他，对他很亲切。当他离开时，他们还给了他半克朗。

K太太问他，是不是觉得如果自己被抛弃了，他们可能会照顾他？在梦里他发现公交车上没有检票员小姐，于是觉得自己被抛弃了，幸好还有威尔森太太带他回家，这让他很开心。

理查德同意了这个说法，他说旅馆里的那些人都喜欢他，他们或许会照顾他。

K太太问，那位小女孩躺在哪里?

理查德说，她躺在一个男人身边，但突然就变成一只猎犬。“长得就像波比。”他这么形容道。

K太太问车子为什么很平坦，但理查德对此没有任何联想。K太太诠释说，汽车里的那些人，甚至是带他回家的威尔森太太，都代表了他在失去家人之后想寻求的安慰。他早先的一些恐惧，比如害怕被赶出家门，或害怕家人死亡等，现在都因为害怕失去K太太而再度显现出来。那位小女孩或许代表着他一直希望拥有的妹妹，她变成波比表示他希望妹妹能像波比一样爱他。

面谈过程中，理查德几乎不注意路人，似乎非常不高兴。有那么几次他就趴在桌上，下巴枕着手臂，一副茫然无措的样子，显然是希望K太太能摸摸他、抱抱他。他也表示想抱抱K太太，但又觉得她不会允许他这么做。他屡屡把手放在K太太的手臂或手上，说不希望K太太离开。出了游戏室后，他说好遗憾，她就要离开了。

K太太也觉得很遗憾，也很抱歉。她非常希望可以继续帮他和其他病人分析。

在面谈的某一阶段，当K太太像平常一样问起他父亲的康复情况时，理查德抬起头，给了她一个真心的微笑，看上去非常温暖。这或许跟公交车的座位安排有关。当K太太说她很抱歉，她必须离开时，他显得比较有活力了，也开心了一些。在面谈的后半段，理查德活泼了许多。

第九十一次面谈（周二）

理查德在游戏室前等着K太太，和昨天相比，他看起来好多了，也活泼了不少，不再那么忧郁和绝望。他说游戏室还是跟以前一样好，说完立刻开始玩玩具。他先把火车从袋子里拿出来，然后摆荡起了秋千（注记Ⅰ）。接着，他把运煤卡车和牵引机放到货车的车厢上，还搭建了车站，并在代表车站的两栋小屋子间留出足够的空间，让火车或货车通过。一开始，货车前往伦敦，K太太就坐在上面，其他人也都在。火车跟着货车，上面载着理查德，但不久后，两辆车开始分道扬镳，行驶在不同的路线上。火车绕着桌子跑，路过K太太的手提袋和篮子后方。后来，两辆车越来越接近，就快要撞在一起了。这时候理查德搭建了一个更大的车站，在两辆车即将相撞时，他突然拿起它们放回了袋子里。接下来，他让火车从伦敦出发，往西走，之后便来来回回地行驶。在两辆车快要相会的时候，理查德发出的愤怒的声音，看上去相当具有攻击性。游戏过程中，他变得很吵闹，不听K太太的话，但同时又很努力地克制自己的恨意，避免“灾难”发生。

K太太问，牵引机和运煤卡车是来做什么的。

理查德回答，牵引机和运煤卡车要为英国皇家空军运送弹药。但他似乎不太喜欢这两部车，当其中一部车从货车上掉下来的时候，他看起来挺开心的。

K太太诠释说，牵引机和运煤卡车代表着K太太内在的K先生、史密斯先生、希特勒和坏人，他们都是理查德想攻击和摧毁的对象，但是，如果他发动攻击，也肯定会毁掉代表好K太太的货车，于是他把这两部车放在货车上，方便他随时移走。因此，当其中一部车掉下来时，他才会那么开心。

这时，理查德看到史密斯先生路过，便走向窗边对史密斯先生微笑，而史密斯先生也很友善地回应了他。理查德站在窗帘后面，十分专注地观察着史密斯先生，似乎想看清楚他的相貌。但他已经不像以前那样多疑，被害感也减轻了不少。史密斯先生走后，理查德拿起那张曾代表史密斯先生性器官的凳子说："我要把他的性器官丢给他"一边说一边把凳子往地上摔。

K太太再次将"秘密武器"（第八十七次面谈）诠释为被吞并的内在希特勒性器官，理查德借此来攻击他认为与K太太和伦敦有关系的男人。

理查德又开始玩车，并说现在这些玩具代表着公交车，他把牵引机、载货火车的车头、火车和运煤卡车排成一列，让这些公交车开往不同的方向。他又一次发出十分愤怒的声音，但当火车开到公交车站牌前时，他又哼起轻柔优美的曲子。

K太太诠释说，对那些与她有关的人，他还是无法克制内心的愤怒，包括她的病人、朋友和家人。他们起初以货车上的人为代表，接下来又以不同的公交车为代表，而它们都驶向代表着她的公交车站牌。理查德极度希望自己能成为唯一亲近她的人，所以对其他人既生气又嫉妒。另外，他也希望借由表达愤怒来摆脱这种情绪，这样一来，在K太太离开以前，他们还可以继续做朋友。

理查德仿佛不想听K太太的诠释，他再次强调，无论如何他都不想伤害K太太。然而一分钟后，除开那辆代表他自己的"火车公交车"，他把所有的公交车都扔下了桌子，说那是悬崖。他涨红着脸，显得异常兴奋。可是，当发现火车头的前两个轮子掉了时，他又立即担忧起来。他问K太太有没有生气，能不能修好它。

K太太说她能修好它并诠释说，理查德想知道他是否真的伤害了她的孩子和朋友，如果是，她能否让他们复原，以及会不会原谅他。

理查德走到厨房里，舀了好几桶水出来，还说水不干净，但看上去他似乎并不太在意。他说想把水都舀光，这样水箱就变干净了。他一边舀水一边望着水箱内部，想看看水是怎么流进水管，然后把脏东西带走的。

K太太诠释说，理查德想清理掉她和母亲内在的坏"大号"、坏小孩与坏性器官。他攻击代表K太太的货车，其实是想拯救和保护K太太，让她与放在货车上的弹药分开，即脱离坏希特勒。可是他也嫉妒她，如同他独处时，一想到父亲和母亲在床上就感到嫉妒一样，所以他又把车丢下了悬崖。那些公交车代表与他竞争的父亲（包括好父亲）、保罗以及所有还未出生的小孩。

面谈最后几分钟，理查德打开K太太的伞来玩，他不停地旋转那把伞，说很喜欢看它转的样子。他看了看伞的标签，满意地说它是英国制造的。他撑着伞不停地转啊转，转得头都晕了，他嚷着："整个世界都在旋转。"不知道伞要把他带去哪里。他还让雨伞轻轻地落下，将它当成用来着陆的降落伞，但他不确定它能否顺利降落。他告诉K太太，有一天风很大，他把母亲最好的一把伞拿来当降落伞，结果把伞弄坏了，母亲"气得说不出话来"。

K太太将伞诠释为她的乳房。伞是英国制造的，代表好乳房，所以母亲的乳房也是好的，但理查德对她的内在仍然怀有疑虑，不知道里面的K先生究竟是好还是坏。打开的伞代表乳房，但伞柄代表着K先生的性器官。由于里面混着K先生的性器官，理查德在吞并乳房的时候，不知道是否该信任它，如同他也曾幻想过，自己体内的父母的性器官混淆在了一起。为此，他也感到非常疑惑。雨伞不知道会带他去哪里，表示他不确定他们是否从内在控制他。不停旋转的世界就是在他吞并乳房的时候，连带吞进去的那个世界，那里有与父亲混合在一起的母亲、母亲的小孩以及母亲体内所含的一切。他觉得那个内化而强大的父亲阴茎是秘密武器，是有力的工具，能让他对抗外在的敌人，但这个武器和工具如果从内部攻击并控制他，就会变得非常危险。不管怎样，他还是比以前更信任外在或内在的父母，因此他在用K太太的伞时，会比以前用母亲的伞时更加小心（注记Ⅱ）。

面谈接近尾声，理查德看到"浓妆艳抹"的检票员小姐经过，便走到窗前跟她打招呼，但又立刻担心起来，万一她问他在房子里做什么，他该如何回答呢？他没办法跟她解释什么是精神分析，但他又太喜欢她了，不想对她说谎，于是他决定，说他在这里是准备和某人碰面的。

第九十一次面谈注记：

Ⅰ. 有一个特点普遍出现在最近这几次甚至最后一次面谈中，即理查德在意识与潜意识上都想以友善的方式结束精神分析。对精神分析师而言，要做到这一点并不困难。每当显露出攻击性时，理查德就努力加以克制，这一点非常值得关注。想与我以友善的关系结束分析，这一愿望也影响了他的活动、游戏和画画。直至最后，他都在尽力做好自己称为“工作”的事情。在这次面谈中，他又玩了玩具，而在上次面谈中，他还画了一张有船舰和鱼的图，这很像他在早期精神分析时的状态。他会有这样的愿望，不想承认精神分析即将结束肯定是原因之一。另外，他想让精神分析划下美好的句点也很关键。

Ⅱ. 这次面谈中，理查德几乎不留意经过的路人，只有在史密斯先生经过时他看了一眼，显然他的注意力都放在了内在情境上，这表明他比以前更有安全感了。他的内在情境更为安定，更加信任好乳房能够保护他，外在表现就是紧急状况时能够拯救他的降落伞。尽管不久之后他心中的好乳房似乎又与阴茎混在一起，但不管怎样，好乳房还是比以前更为可靠。他依然对K太太内在的K先生阴茎以及母亲内在的父亲阴茎感到怀疑，但他降低了不信任感，更能相信父亲的好。最近理查德的攻击性多数情况下都是针对坏的希特勒父亲，也能与好母亲联合起来，帮助她保护自己。每当焦虑显现，他也不再立即产生对乳房的攻击欲望，反而用一种更稳定的方式维持他对乳房和母亲的信任，同时，勇于面对与父亲的争斗，对内在的好母亲和好父亲的信任感也日趋增强。这种态度的转变，是他以一种更“自我协调”（Ego-syntonic）的方式疏导攻击性后的成果。

上次面谈时，他表达了被K太太抛弃的忧郁，害怕孤独的情绪也让他重现了早期阶段被父母遗弃的恐惧，但到了这次面谈时，这些情绪都逐渐减弱，让他更加信任父母以及父母的良好关系。这一点，从他的画画中也可看出，他让父母在公交车上坐在一起就是例证。从上次面谈到这次面谈，他从强烈的忧郁转为更深的安全感，他想信任内在的K太太与母亲，也信任好父亲，借此来抵抗因离别而产生的恐惧和忧郁。

第九十二次面谈（周三）

从面谈一开始，理查德就感觉很心不在焉，还显得很忧郁。他说他之前跟约翰·威尔森和他的朋友一起玩耍了。刚一说完，他就拿出火车，然后建造了一个车站，足以停放两辆火车。理查德说电车的目的地是Z地，他和K太太都在车上。紧接着货车也开出站了，但理查德没有说它要开往哪里。这个游戏的目标是不让两辆火车相撞，每当这两辆火车稍微靠近彼此时，理查德就会发出愤怒的声音；有时它们已经靠得非常近了，几乎马上就要撞在一起了，但理查德还是能在千钧一发之际阻止灾难发生的。很显然，这种紧张的冲突给他带来极大的心理压力。在游戏过程中，理查德一再地提议要更改面谈时间，但他挑的时间都是K太太与其他病人有约的时段，其实他也很清楚这一点。

K太太说，她实在没法按照他的意思安排，但她还是提供了别的选择。

当两辆火车都停进车站时，理查德突然脸色发白，说他肚子疼。

K太太诠释说，车站代表着他的内在，电车里有K太太和好妈妈，而货车则代表着所有生气的病人和小孩。他一直觉得终有一天，自己内在的电车会与充满敌意的货车相撞；他之所以想更改面谈时间，是因为他想把K太太从病人和小孩身边抢走，带着她一起逃回自己的家乡（注记Ⅰ）。他极力避免两辆车相撞，是因为他不想伤害K太太、妈妈及她们的小孩，而且希望和平地结束分析。但他似乎不相信自己可以避免内在的冲突，依然觉得他和K太太会遭到竞争对手的伤害，所以在刚刚玩游戏的时候，他会紧张到肚子疼（注记Ⅱ）。

听完上述诠释，理查德的脸色逐渐恢复红润，他惊讶地看向K太太，说：“现在我的肚子几乎不疼了，这是为什么呢？”

K太太分析道，就跟之前他在面谈时喉咙疼一样，刚刚那阵疼痛也与他内在的焦虑有关，当他理解并有意识地经历过这种焦虑后，疼痛随即消失了。

理查德继续玩火车游戏。他现在让货车跟随着电车，在两车即将相撞的那一刻，才把它们停住，然后移动货车到桌子的另一端。过了一阵子，货车的车头与车厢脱离了，独自驶入了车站。尽管理查德很努力地想让自己相信，灾难不会再次发生，但他看上去依然很不确定。没多久后，他就把货车车头放到K太太的手提袋后面，生气地对自己说：“笨蛋！”

K太太诠释说，她现在就是电车。刚刚电车从货车旁边开走，但又随时可能被货车撞伤，代表着理查德想把她从她的病人和小孩身边带走。理查德还用不同的方式表达了同样的焦虑：货车车头也代表着K太太，这个被理查德放到手提袋后面并称为“笨蛋”的家伙独自开进车站，代表K太太已经不能和他在一起了。车厢则代表着爸爸、病人和小孩，他们现在全变成了理查德的竞争对手（注记Ⅲ）。货车车头同时也代表着外在的K太太，即他最主要的支柱——好妈妈。

理查德指着其中一节车厢说，那是他自己，而另一节是K太太，然后强调说，K太太和他都在电车上。他把两节车厢脱钩，又重新连在一起，然后说他和K太太在一起，他们的性器官也在一起了。

K太太诠释说，理查德突然意识到，她不会再和他在一起了，而是去见家人和其他病人，他认为自己再也不能阻止灾难降临到他和K太太身上，于是他把两节车厢脱钩，又重新挂在一起。

理查德说，要是K太太离开了其他病人，跟他没有关系。

K太太解释说，理查德会对她这么生气，还把火车头叫作“笨蛋”，是因为他觉得K太太其实并不想离开她的小孩和病人（车厢）。他不认为K太太会留下来跟他在一起，于是只好去拆散他们。

理查德很快又将货车的车头和车厢组合在一起，并让两辆火车相撞，但动作非常小心。在玩火车时，他问K太太能不能帮他保守一个秘密，却露出不信任的表情。他说出一个人的名字，并说那是一个非常重要的人，他今天早上看见那个人经过了X地。说完这个秘密后，他又立刻要K太太保证，她不会告诉别人。

K太太诠释说，由于她即将离开他，所以他对她的不信任感日渐加深，在他心里，她越来越像那个“邪恶的畜生”妈妈。

理查德问K太太，就像其他医生治疗身体那样，她是不是专门治疗心理的医生。K太太说是，也可以这么说。

理查德说，心理比身体更重要，但他觉得鼻子也很重要。

K太太诠释说，鼻子代表着他的性器官，他担心他的性器官会受伤、会出问题，或是无法健康成长，从而变成他所厌弃的“笨蛋”。他不知道K太太能否在治好他的心理时，也治好他的性器官。

两辆火车相撞之后，理查德就把玩具摆在了一边。K太太又提到上次面谈时的一张画画，问他对画画下方那条被蟹螯夹住的鱼有什么想法。理查德说，那只螃蟹长得很像以前几张画中的章鱼。他再次强调那条鱼最后还是逃出来了，然后还补充说，螃蟹的两只螯就是两个乳房。

K太太诠释说，那两只螯代表了理查德的愤怒，但与此同时，他也希望乳房可以拯救自己，把螯斩断。在攻击了乳房之后，他又觉得自己变成了那条鱼，乳房也变成了螃蟹的螯，正在攻击着他，而他为了自救，必须把乳房切断（注记Ⅳ）。

理查德看着之前那幅画，并指着分隔线以下的地方说，他不想再看水里的情况，他又指着他开心画下的那艘船，补充道，他认为应该看看水面上的情况，然后，他提起最近跟约翰·威尔森和他朋友一起玩的事，说他在他们的游戏中轰炸了滇缅公路。

K太太说，如果他轰炸了滇缅公路，那他就是日本人。

理查德显得一脸疑惑，说道，那他一定是日本的船舰。

K太太再次诠释出他人格的各种面向，这些面向的外在表征，就是英国潜水艇索门号和日本船舰。英国潜水艇则代表好的他，含有好的K太太和妈妈；而日本船舰则代表坏的他，内里含有坏的爸爸。这种多变的情况他以前也曾出现过，如一会儿是德国人，一会儿又变成英国人。那艘代表他自己的船舰还载着一些小人，也就是他害怕的坏爸爸。如同他害怕内在的希特勒性器官（“秘密武器”）会驱使他去伤害K太太或妈妈一样，他也担心坏爸爸会伤害他内在的妈妈。

整体来看，这次面谈很像第九十次面谈，理查德不高兴，还很紧张。他不断触碰K太太，可见他越来越想被拥抱。他甚至还把东西丢到地上。这样一来，他就可以趁着捡东西的时候摸K太太的腿。很显然，他也很怕伤害到他所爱的客体，所以一直在压抑自己的攻击性。

第九十二次面谈注记：

Ⅰ. 好客体也会变成坏客体，变坏的原因是他攻击他们，还想抢夺他们的东西。好客体与坏客体相撞，代表着好的自己与坏的自己之间产生了冲突，好的自己与好客体联盟，而坏的自己则与坏客体联盟。

Ⅱ. 有一点很重要，必须考虑到内在情境与外在情境的不一致。在外在情境中，理查德想要修复一切，以避免灾难的发生，但终究无法摆脱内在会产生灾难的预感，于是他借由生理上的痛苦与心理上的紧张表现了出来。从以往精神分析的案例上也可以看到，患者之所以努力处理外在情境与内在的关系，不仅是想要改善与外在世界的关系，也包括修复原初的外在客体，还想减缓与内在世界的焦虑。外在关系也是测试内在关系的手段，如果外在世界与内在世界之间难以达成良好的平衡，那么之前的努力都会白费。

Ⅲ. 对于自我的研究，我也可以提供另外一个角度的诠释。我曾分析过，好的那一部分的自我将联合好的客体，一同对抗具有摧毁性的坏客体，但在理查德这个案例里，他的自我力量还不能应付即将发生的灾难。因此，他放在我手提袋（之前往往代表我本人）后面的火车头，代表着他难以控制的摧毁冲动终究要依靠好客体来控制，这个好客体也可以被视为具有约束力、能起到帮助作用的超我。当他的超我还不足以强大到控制内在的灾难时，就必须由精神分析师来帮忙克制。

Ⅳ. 从这个例子可以看出，个体为了控制摧毁冲动、修复一切所做的努力，并不能阻止他将其摧毁冲动投射到客体上。他撕裂了我的乳房，因此乳房转变成他不信任的客体，会啃咬和抓伤他，这展现出各种复杂的心理历程同时运作时的状态。在这个例子中，我们不仅可以看到摧毁冲动的外在表现，还可以看到控制摧毁冲动的欲望。个体甚至想完全将其消灭，如同消灭自体中的某个重要部分（参见《对某些类分裂机转的评论》）。这个方式确实可以拯救好客体，但与此同时，好客体依然有可能因为想报复而变得危险，个体对它的不信任感依然会存在。

第九十三次（最后一次）面谈（周四）

在整个面谈过程中，理查德显得很安静，也很哀伤。他呈现出几个很明显的特征，虽然一直保持着长时间静默，但仍然努力地为了自己、为了K太太尝试开口说话，尽可能地让精神分析继续下去，也努力抵抗忧郁。一开始，理查德说K太太要离开他，这让他很难过……他想起在Z地听到过一位女士好像也在做类似的精神分析，于是问K太太知不知道她的名字，不过，他还是对那位女士做的事情心存疑虑，觉得她仿佛像一个女巫婆……他说他已经跟那位漂亮的检票员小姐变成朋友了。

K太太为此解释道，因为理查德觉得自己即将失去她，也无法在精神分析中获得明显的帮助，为免遭充满敌意的人攻击，他开始努力交朋友。在他的认知里，漂亮的检票员小姐是好与坏的综合体：好的部分象征着心目中美丽的母亲，而坏的部分则代表她看待他的方式。她把他当成一个小孩。尽管如此，在K太太离开之前，他还是想和那位检票员小姐建立一种友好的关系。

在面谈过程中，理查德还抓了一只苍蝇，然后走到窗边把它放走，说它要飞去“熊”的庭院里。

对“苍蝇”这个意象，K太太也有诠释，苍蝇在前面几次与理查德的面谈中扮演过许多角色。理查德有时会杀了它们，那时的苍蝇往往代表坏小孩，甚至可能是坏父亲的象征；有时候他又会像刚刚那样放走它们，他说苍蝇会飞往“熊”的庭院，而“熊”就代表没有攻击性的父亲。

理查德若有所思地说：“熊是深蓝色的父亲。”但他又说真正的父亲是浅蓝色的。这是他第一次用“浅蓝色”来形容父亲——这个词一般只用来形容理想的母亲或用在K太太身上。

K太太诠释说，理查德这时用浅蓝色来形容父亲，似乎是用来表示对他的爱，这对他来说也不失为一种替代性的慰藉。在他看来，虽然就要失去K

太太了，但与此同时却拥有了一个几乎跟母亲一样好的父亲。

这期间理查德还走进厨房，然后凑到水龙头前喝水。K太太对此的诠释是，如果不能拥有母亲的好乳房，那么他就要吞噬父亲的好阴茎。

在这次面谈中，理查德还花了不少时间玩弄时钟。他反复抚摸、把玩着时钟，把它打开又阖上，还对时钟搞起了破坏，在做这些动作时他显得尤为专注。他设定了闹钟的时间，说道："这是K太太正在对全世界广播。广播的内容是：我要让每个人都获得应有的和平。"然后他害羞地学着K太太讲话时的腔调，补充道："理查德是个好孩子，我很喜欢他……"他还拿了一个水桶，在里面装满水，并解释说，他想要好多的好多的牛奶，越多越好。而且他还想清理水箱，把水箱的水都舀光。另外，他还执迷于到处杀苍蝇，并且把苍蝇切成两半。他甚至想杀光游戏室里的苍蝇，当杀苍蝇时，他说他会获得一个大大的"V"，他在与苍蝇的战斗中取得了胜利……当他回到桌边时，发现K太太的手提袋打开了，于是他迅速地掏出她的皮夹，一边问K太太："你不会介意吧？"一边把皮夹打开。他先拿出里面的硬币看了看，然后把它们放到一边，再拿出几张纸钞。他说："K太太你似乎有不少钱啊，这些是你全部的钱吗？或者你还有钱存在银行里了？"他把掏出来的硬币放到一边，同时，把手放在硬币上，做了一个看似想据为己有的动作。

对于理查德拿水桶装水、在游戏室杀苍蝇和打开钱包拿硬币的一系列行为，K太太也有客观的诠释。在与她道别之前，理查德想拿走她的牛奶和"大号"（也就是硬币），能拿多少就拿多少，可是，他又害怕他拿得太多了，留给她的太少，所以才会问她除了钱包里的，她在银行里还有没有存款。这些矛盾的心理和行为揭示了理查德内心的不安，他既想向K太太索取温暖与帮助，却又怕自己会让她精疲力竭。他杀光"所有的苍蝇"，是为了保护K太太和母亲，同时，也是为了对抗他体内那些坏小孩，他认为他们可能会伤害K太太和母亲。

和前几次面谈一样，理查德一有机会就去碰触K太太。有一次，他还问她想不想坐在那张有绒毛坐垫的凳子上。在之前的面谈中，这张凳子就代表他的性器官。K太太在那张凳子上坐了一会儿并解释道，理查德不仅想像对待时钟一样抚摸她，还想进一步碰触她，因为他觉得他能够借由碰触她而将她更进一步地吞并到自己体内，并且让她留在里面。

这时候，理查德又开始踢凳子，然后用之前他们在第五十二次面谈时的方式抛绳子。他一边抛绳子一边要K太太帮他回想，之前他拿着这条代表父亲阴茎的绳子时，他是怎么使用它的……除绳子外，K太太的钥匙也被理查德玩了好一会儿，他先是取下小钥匙，把它放到另外一把钥匙边，让它们一起走，走了一会儿，又把小钥匙装了回去。K太太诠释说，理查德刚刚玩钥匙的动作表达了他内心的一些想法。他就是小钥匙，这种行为代表他想和她一起去伦敦，可又想先回到母亲身边，然后再与她会合。

理查德还拿出一张纸，要求K太太把手放在纸上，用笔贴着K太太的手，描画出她手的轮廓。紧接着，他在这张纸上也描画出他自己的手形。画完后，他叠好了这张纸打算带走。K太太诠释，如同之前理查德让她坐在带绒毛的凳子上并碰触她一样，这也是他把她放在自己体内的另一种方式。

理查德又玩起了时钟，他先把时钟折叠到几乎要完全关上，却又用手撑住，不让时钟关起来。过了一会儿，他又把时钟整个关上，再迅速打开它。做完这些动作后，他说："现在她又好了。"

K太太解释这个时钟是理查德内心里一个关于她的象征。他认为，她需要他的支持才能继续活下去，他想去伦敦的也是为了保护她，他怕她会倒下。时钟也代指了理查德内在的那位K太太，他害怕他心中那个内在的K太太无法支撑，因此，无论如何，他都下定决心要让外在与内在的K太太都存活下去。虽然他仍在怀疑自己，害怕自己做不到，却满怀希望，希望能达成心中所愿。

面谈进行到最后，理查德已经十分沉默，但他仍然很努力，说他决心在以后一定会与K太太一起将这个精神分析坚持下去。

理查德不想让K太太看着他上公交车，于是最后他是和K太太一起走回村里的，但他在抵达后，就立刻与她道别了。

纵观整个面谈过程，理查德都在努力对抗着忧郁，他似乎觉得K太太也很难过，所以竭尽所能让自己与K太太都舒坦一些。他寄希望于未来，相信他有一天还能够再见到K太太，还能继续接受她的精神分析。他有很多行为都表现出对精神分析的配合，直到面谈的最后一刻，他都尽力表现出专注与认真，如他在丢绳子时还提醒K太太绳子之前代表的意义，这都是正向与积极的表现。

结 语

诚如我在引言中所提到的，从某些层面上来说，以上所呈现的精神分析过程并不与过去的典型完全符合，但理查德的案例与我的诠释皆阐述了一些基本技巧原则，它们也同样适用于分析潜伏期与前青春期儿童的心理问题。因此，我把这本书当成《儿童精神分析》的续集，应该对学习精神分析，尤其是儿童精神分析的学生来说有所帮助，这也是我出版此书的主要目的。

注记中一我也一再强调，在精神分析过程中，某些进展确实已不复存在，但我仍然认为这些进展具有相当的价值，因为即使无法完全确立这些进展，每个过程中的细微改变仍是精神分析师值得仔细探究的主要工作之一。一项精神分析的整个过程必定包含了诸多改变，为期更长的精神分析过程更是如此。只有密切留意这些变动并且加以分析，精神分析师才可以站在变通的角度诠释新的素材细节，产生新的领悟，在当下处理焦虑内容与形式上的变化，达到通悟的目的。

这个短期精神分析所能带来的影响，从某个角度来看，是被害焦虑的减轻与内化过程和认同有关。我得以在精神分析中一再减轻理查德的被害焦虑，正是借由精神分析他与内在客体及摧毁冲动有关的焦虑而达成的。从另一方面来说，理查德与他和好客体之间的关系有所改善，与在此期间的精神分析进展直接关联，这也让我确信，这个结论在每个案例中都基本适用，也能够带来持久而良好的转变。我曾明确地分析过，理想的“浅蓝色”母亲是理查德所爱的客体，类似的关系也投射到了他与精神分析师，也就是K太太之间。理想化必然关联了一种不同程度的被害感，当精神分析进行到一定程度，显现出理查德与理想母亲以及精神分析师之间的被害性质时，精神分析就有可能出现大幅进展。如果对理查德这种理想化与被害感两种层面相互粘连的心理状态加以分析，就会发现他与母亲的关系不完全是理想化的，在某种程度上，他所需要的理想化借由被害焦虑与分裂过程被一再唤起。当这些焦虑减轻之后，他与母亲这个原初好客体的关系变得更为稳定，这将更加巩固他对母亲的信任与爱。另外，分析理查德具有强烈偏执特质的俄狄浦斯情结，可以让他更深切地体会到对父亲的爱，同时，减轻他对其他人的疑虑与被害焦虑，由此改善他与父母之间以及客体之间的关系。

这些转变表明理查德已经更能够面对、控制和抵消他的摧毁冲动、嫉羡、贪婪与被害焦虑，也代表他的自我已经可以接受超我，并且与之融合。在精神分析过程中，他原本相当强烈的投射性认同与内射性认同逐渐减弱，也成为另外一个强化自我的因素。当理查德变得越来越有自信，对自己的天分以及好的人格特质越来越认同时，他的自我也得以进一步强化。比如，当他能够释放更多性器官幻想时，他对自己未来的性能力抱有更多希望。

在精神分析一开始时，我们就发现理查德饱受被害焦虑与忧郁焦虑之苦，经常挣扎于摧毁冲动与爱的冲动之间。每次玩玩具都以“灾难”收场，显示出他有极度的不安全感。这样的“灾难”意味着外在与内在世界的毁灭，也意味着他自己的毁灭。从他的王国画画中也可以看出，他无法控制自己的贪婪、嫉羡和竞争性，不管他最初本意如何，到最后的结果总是相似的，那就是他所拥有的领土总是比其他人多。

随着精神分析的进行，这个情况渐渐有所改变。我之前分析过，嫉羡、嫉妒与贪婪，在我看来都是死之本能的表现，而理查德减轻了这些情绪，最重要的原因是他逐渐能够面对并整合他的摧毁冲动，而且还发挥了爱的能力，爱把恨逐渐冲淡了。由此，他更能够包容别人与自己的缺点。罪疚感往往与被害焦虑共存，当这种感觉减轻，就意味着他的修复能力有所提升。事实上，当精神分析进行到后期时，他已经能够将他的忧郁心理调试、排遣、通悟到某个程度了。

他不再需要离开被摧毁的客体，反而对他们产生怜悯之心，这也象征了他的生之本能与爱的能力逐渐居于主导地位。我之前说过，最初，理查德原本十分痛恨威胁英国的敌人，当精神分析取得一些进展后，他开始同情那些被摧毁的敌人。另外，他也会对柏林和慕尼黑所遭受的攻击表示遗憾，还认同被击沉的尤坚号。在生之本能与死之本能（嫉羡、嫉妒与贪婪）的挣扎与融合中，生之本能逐渐占了上风，加上后来逐渐增加的爱的能力缓和了恨，促使他对未来持续接受精神分析抱持着希望，哪怕精神分析过程相当痛苦，他也在意识与潜意识懂得，精神分析对他来说仍是至关重要的。

尽管理查德依然怀着怨恨、失落感与极大的焦虑，但他对精神分析所抱持的希望，以及竭尽所能与精神分析师维持的良好关系，都给了我正面的反馈，印证了我的观点。那就是精神分析稳固了他的内在好客体，提升了他内在的安全感，使其生之本能逐渐增强。虽然这个精神分析在我看来还不够完整，但它所带来的这些改变是能够持续下去的。